U0924820

普通高等教育“十二五”规划教材

AutoCAD建筑制图

主　编　张多峰

副主编　汪文萍　张彩凤　赵　崇

中国水利水电出版社
www.waterpub.com.cn

内 容 提 要

本书依据高等职业院校建筑工程技术专业人才培养方案的基本要求，按照“任务驱动，教、学、做一体化”的课程教学模式编写。教学内容按照建筑工程施工员的岗位任职要求选取，学习任务设计贴近工程实际。与中国水利水电出版社出版的张多峰主编的《AutoCAD 建筑制图习题集》配套使用。

全书在 8 个教学项目模块中设计了 29 个学习型教学任务，内容包括：制图基本知识，AutoCAD 制图技能，绘制物体三视图，绘制物体轴测图，AutoCAD 三维实体模型创建，组合体视图识读训练，建筑形体图示表达，识读和绘制房屋施工图。

本书可作为高等职业院校建筑工程类专业的教材，也可作为社会人员的自学用书。

图书在版编目（CIP）数据

AutoCAD建筑制图 / 张多峰主编. -- 北京 : 中国水利水电出版社, 2012.6
普通高等教育“十二五”规划教材
ISBN 978-7-5084-9848-5

Ⅰ. ①A… Ⅱ. ①张… Ⅲ. ①机械制图－计算机辅助设计－AutoCAD软件－高等学校－教材 Ⅳ. ①TU204

中国版本图书馆CIP数据核字(2012)第143317号

书　　名	普通高等教育“十二五”规划教材 **AutoCAD 建筑制图**
作　　者	主编　张多峰　　副主编　汪文萍　张彩凤　赵　崇
出版发行	中国水利水电出版社 （北京市海淀区玉渊潭南路 1 号 D 座　100038） 网址：www. waterpub. com. cn E-mail：sales@waterpub. com. cn 电话：(010) 68367658（发行部）
经　　售	北京科水图书销售中心（零售） 电话：(010) 88383994、63202643、68545874 全国各地新华书店和相关出版物销售网点
排　　版	中国水利水电出版社微机排版中心
印　　刷	北京瑞斯通印务发展有限公司
规　　格	184mm×260mm　16 开本　17 印张　404 千字
版　　次	2012 年 6 月第 1 版　2012 年 6 月第 1 次印刷
印　　数	0001—4000 册
定　　价	**32.00** 元

凡购买我社图书，如有缺页、倒页、脱页的，本社发行部负责调换

版权所有·侵权必究

前言

QIANYAN

AutoCAD建筑制图课程是建筑工程类专业一门制图理论和识图技能兼具的技术基础课。作者在开发教材的过程中，积极贯彻教育部《关于全面提高高等职业教育教学质量的若干意见》的精神，依据专业人才培养方案的基本要求，设计"任务驱动，教、学、做一体化"的课程教学模式，突出学生实践能力培养。

本书在8个教学项目模块中设计了29个学习型教学任务，主要内容包括：制图基本知识，AutoCAD制图技能，正投影原理与三视图绘制，正等轴测图和斜二轴测图绘制，AutoCAD三维实体模型创建组合体三视图识读，建筑形体图示表达，房屋建筑施工图识读和绘制，房屋结构施工图识读和绘制，房屋基础施工图识读，平面整体表示法结构施工图识读，钢结构图识读，室内给排水施工图识读等。

本书有以下几个突出特点：

(1) 按照建筑工程施工员岗位的任职要求构建课程教学内容，以必需、够用为原则，降低理论深度，将制图理论学习、AutoCAD技能训练和工程图识读能力培养紧密结合。

(2) 按照"任务驱动，教、学、做一体化"的课程教学模式编写，将知识点组织到各个教学任务中，使学生在完成实训任务的过程中学习和掌握必要的制图理论和绘图技能，边教、边学、边做，提高学习效率。

(3) 案例联系工程实际，绘图技能方法来自于工程技术人员的实践经验总结，争取职业能力培养和职业岗位要求"零"距离接轨。

(4) 贯彻《房屋建筑制图统一标准》(GB/T 50001—2010)，力求图形严谨规范、概念叙述准确、语言通俗易懂。

本书适合于高等职业学院建筑工程类专业作为教材使用，也可作为建筑工程技术人员的参考用书。

本书由张多峰担任主编，汪文萍、张彩凤、赵崇担任副主编，董光敏参加了本书的编写。

由于作者水平有限，书中难免存在错误和不当之处，恳请读者批评指正。

作　者

2012年2月

目　录
MULU

项目一　制 图 基 本 知 识

教学任务	教学目标	
	知识目标	技能目标
任务一　课程了解与制图工具准备	1. 了解课程的地位和作用； 2. 了解课程的教学目标、内容及要求； 3. 了解课程的学习方法； 4. 了解手工制图常用工具	1. 掌握磨削铅笔的正确方法； 2. 掌握应用绘图板、丁字尺、三角板绘制直线的方法； 3. 掌握圆规铅芯的磨削和圆规使用方法
任务二　制图标准学习	1. 掌握房屋建筑制图图线标准； 2. 掌握房屋建筑制图尺寸标注标准	1. 能够正确使用绘图工具； 2. 能够绘制符合国家标准的图线； 3. 能够正确注写符合国家标准的尺寸和文字； 4. 能够正确绘制图框、标题栏； 5. 能够正确布图
任务三　绘制平面几何图形	1. 掌握正三边形、五边形、六边形的绘图方法； 2. 掌握椭圆的绘图方法； 3. 掌握圆弧连接的绘图方法； 4. 掌握平面图形线段分析方法和绘图步骤	1. 能够使用圆规绘制正多边形、椭圆； 2. 能够使用圆规绘制圆弧连接平面图形

任务一　课程了解与制图工具准备

一、本课程的地位和作用

在现代房屋工程建设中，无论是砖石砌筑还是混凝土浇筑、基础开挖、建筑设备安装等，都离不开建筑工程图样。所谓建筑工程图样，就是表达工程建筑物的形状、大小、材料、构造以及各组成部分之间相互关系的图纸。在建筑工程技术领域，建筑图样是建筑工程技术人员用以表达设计意图、组织生产施工、交流技术思想的重要技术资料。设计人员通过图样把房屋工程结构和尺寸表达出来，施工人员通过图样组织建筑施工，使用者通过图样进行房屋维护和改造，因此，工程图样是工程技术人员的“共同语言”。

本书是学习绘制和阅读工程图样方法的一门课程。它是高职高专土建类专业的一门制图理论和计算机绘图技能兼具的专业基础课，它不仅为后续的建筑施工技术、建筑工程项目管理、建筑工程计量与计价等课程提供必要的基础知识，也为工程实际中识读和绘制建筑施工图样和从事相关领域的专业技术工作提供必要的基本知识和基本技能，是建筑工程技术专业的主干核心课程。

二、本课程的教学目标、内容及要求

本课程的教学目标是培养学生达到房屋建筑工程一线施工员所应具有的绘制、阅读工程图样的能力水平，其具体的教学内容和要求是：

1. 制图基本知识

要求掌握建筑制图基本标准；正确使用制图仪器；掌握 AutoCAD 绘图的基本技能，掌握平面图形的绘图方法。

2. 正投影原理和制图方法

要求掌握正投影的基本原理及各种图示方法，能够图示表达常见形体结构；掌握正等轴测图和斜二轴测图的画法。

3. 专业制图

要求掌握房屋建筑相关专业制图标准；掌握工程图的图示特点、表达方法，能够识读和绘制房屋建筑施工图、钢筋混凝土结构施工图、钢结构施工图、室内给排水施工图等图样。

三、本课程的学习方法

1. 理解制图原理

正投影原理是工程制图的基本理论，课堂学习重在理解制图原理，注意分析物体与平面图形的对应关系，逐步培养空间想象能力。

2. 掌握制图方法

不同特点的工程建筑物制图方法存在不同，课程的主要内容就是解决各种形体的制图方法和读图方法。绘图和读图方法的掌握运用主要是通过完成一系列的学习任务来实现的，所以学习中最重要的环节是制图和读图的实训。

3. 教、学、做一体化

本书按“任务驱动，教、学、做一体化”的教学模式设计，将知识点有序地组织到学习型工作任务中，以完成一个个的学习型工作任务为目标组织教、学、做活动，制图和识图实训任务较多，成果要求质量高。

四、手工制图常用工具

1. 绘图板、丁字尺和三角板

绘图板是铺贴图纸用的，要求板面平滑光洁；又因它的左侧边为丁字尺的导边，所以必须平直光滑，图纸用胶带纸固定在绘图板上。当图纸较小时，应将图纸铺贴在绘图板靠近左上方的位置，如图 1-1 所示。

丁字尺由尺头和尺身两部分组成。它主要用来画水平线，其头部必须紧靠绘图板左边，然后用丁字尺的上边画线。移动丁字尺时，用左手推动丁字尺头沿绘图板上下移动，把丁字尺调整到准确的位置，然后压住丁字尺进行画线。画水平线是从左到右画，铅笔在

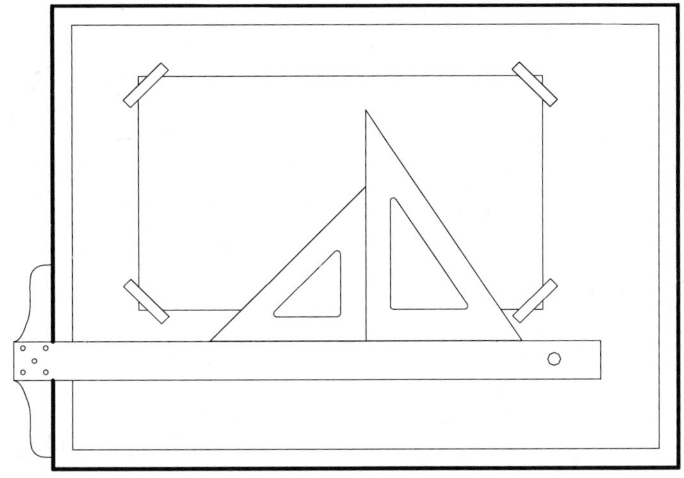

图 1－1　绘图板、丁字尺和三角板

画线方向稍向前倾斜。有多条水平线时，按先上后下的顺序依次画出，如图 1－2（a）所示。画竖直线是从下向上，在画线前进方向略有倾斜，有多条竖直线时，按先左后右的顺序依次画出，如图 1－2（b）所示。

三角板分 45°和 30°、60°两块，可配合丁字尺画铅垂线及 15°倍角的斜线，如图 1－2（c）所示。用两块三角板配合可以画任意角度已知直线的平行线或竖直线，如图 1－3 所示。

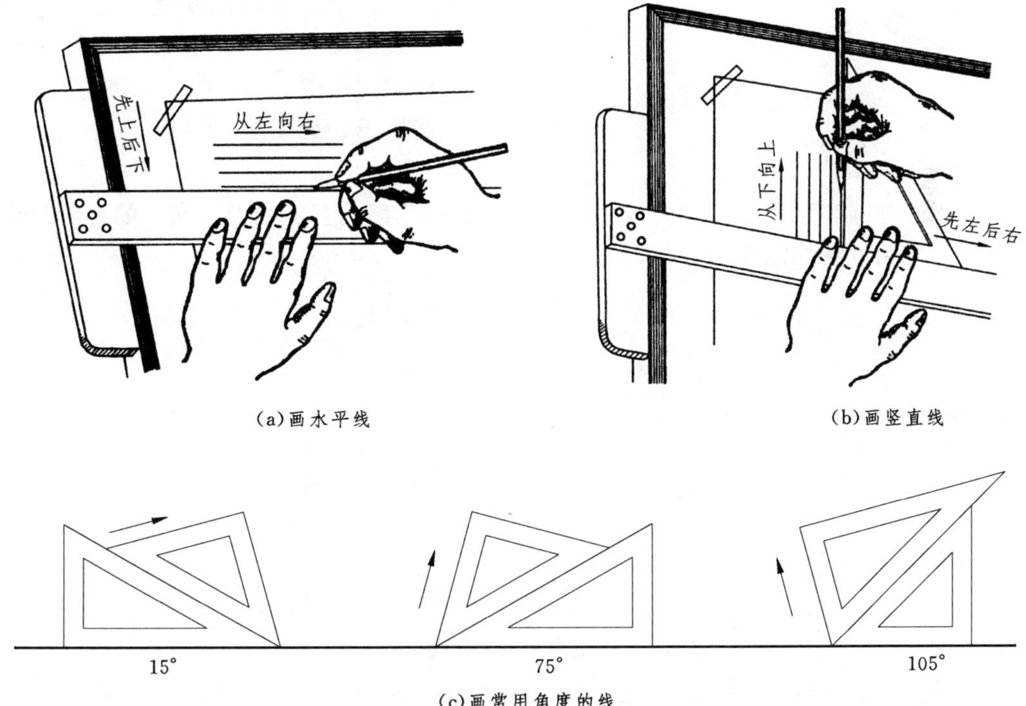

(a)画水平线

(b)画竖直线

(c)画常用角度的线

图 1－2　丁字尺和三角板的配合使用

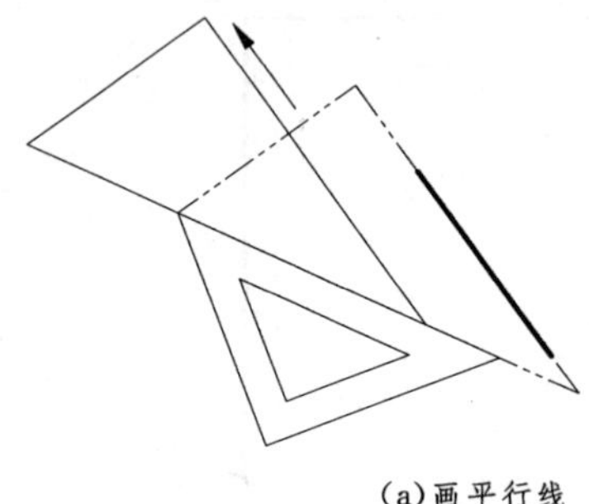

(a)画平行线　　　　(b)画垂直线

图 1-3　三角板画平行线和垂直线

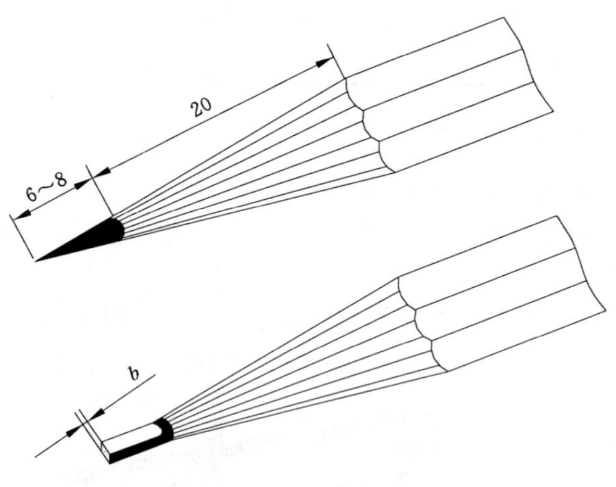

图 1-4　铅芯的形状图

2. 铅笔

绘图用铅笔的铅芯分别用 B 和 H 表示其软、硬程度，绘图时根据不同使用要求，应准备以下几种硬度不同的铅笔：

B 或 HB——画粗实线用；

HB 或 H——画箭头和写字用；

H 或 2H——画各种细线和画底稿用。

其中用于画粗实线的 B 或 BH 型铅笔磨成矩形，其宽度 b 为粗实线的线宽（一般 $b \approx 0.7$mm），其余的磨成圆锥形，如图 1-4 所示。

3. 圆规和分规

圆规用来画圆和圆弧。画图时应尽量使钢针和铅芯都垂直于纸面，钢针的台阶与铅芯尖应平齐，使用方法如图 1-5 所示。

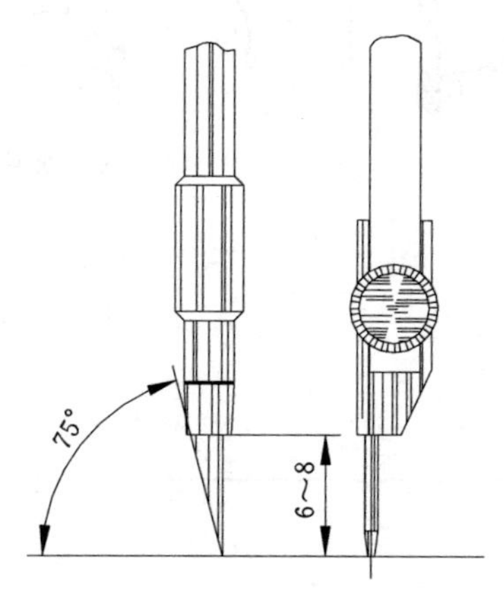

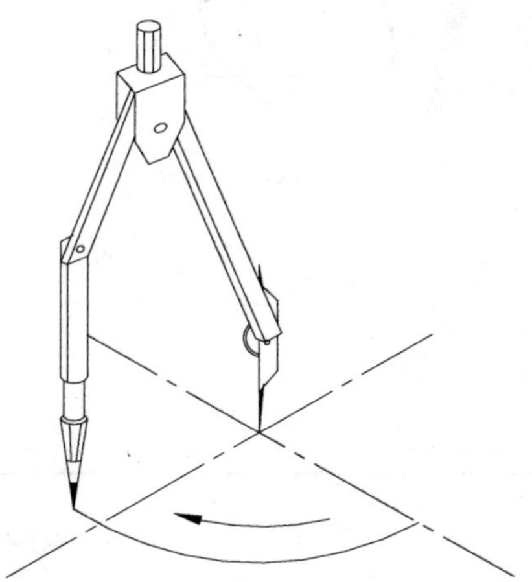

图 1-5　圆规的用法

分规主要用来量取线段长度或等分已知线段。分规的两个针尖应调整平齐。从比例尺上量取长度时，针尖不要正对尺面，应使针尖与尺面保持倾斜。用分规等分线段时，通常要用试分法。分规的用法如图 1-6 所示。

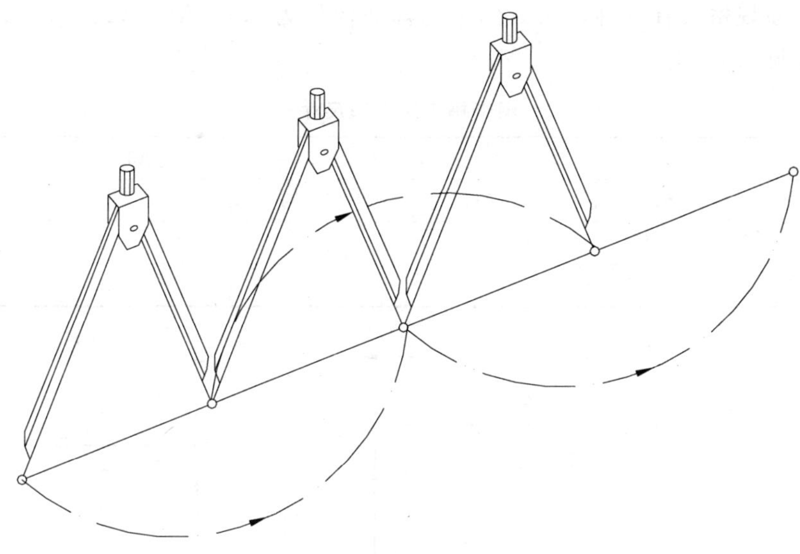

图 1-6　分规的用法

五、实训

1. 实训任务

按教师要求准备绘图板、丁字尺、三角板、绘图铅笔、圆规、图纸等制图工具。

2. 实训要求

(1) 画粗实线的 B 型或 BH 型铅笔按图 1-4 样式磨成矩形，其宽度 b 约为 0.7mm；画细线的 2H 型铅笔磨成圆锥形。

(2) 画粗线圆的铅芯用 2B 型或 B 型，磨削成矩形；画细线圆的铅芯用 H 型或 BH 型，磨削成圆尖形或斜尖形。

(3) 练习并熟悉制图工具的使用方法。

任务二　制图标准学习

一、制图国家标准

我国国家标准代号为“GB”(“GB/T”为推荐性国标)，现行的有关建筑制图的国家标准有：《房屋建筑制图统一标准》(GB/T 50001—2010)、《总图制图标准》(GB/T 50103—2010)、《建筑制图标准》(GB/T 50104—2010)、《建筑结构制图标准》(GB/T 50105—2010)、《建筑给水排水制图标准》(GB/T 50106—2010)、《暖通空调制图标准》(GB/T 50114—2010)。其中《房屋建筑制图统一标准》是各相关专业的通用部分。

本部分学习《房屋建筑制图统一标准》的基本规定，主要包括图幅、图线、字体、比

例、尺寸标注等。

（一）图纸的幅面和格式

1. 图纸幅面、图框

图纸的幅面规格共有五种，从大到小的幅面代号为 A0、Al、A2、A3、A4。各种图幅的幅面尺寸见表 2-1。

表 2-1　　**图纸幅面代号和尺寸**　　单位：mm

幅面代号	A0	A1	A2	A3	A4
$B \times L$	841×1189	594×841	420×594	297×420	210×297
a	25				
c	10			5	

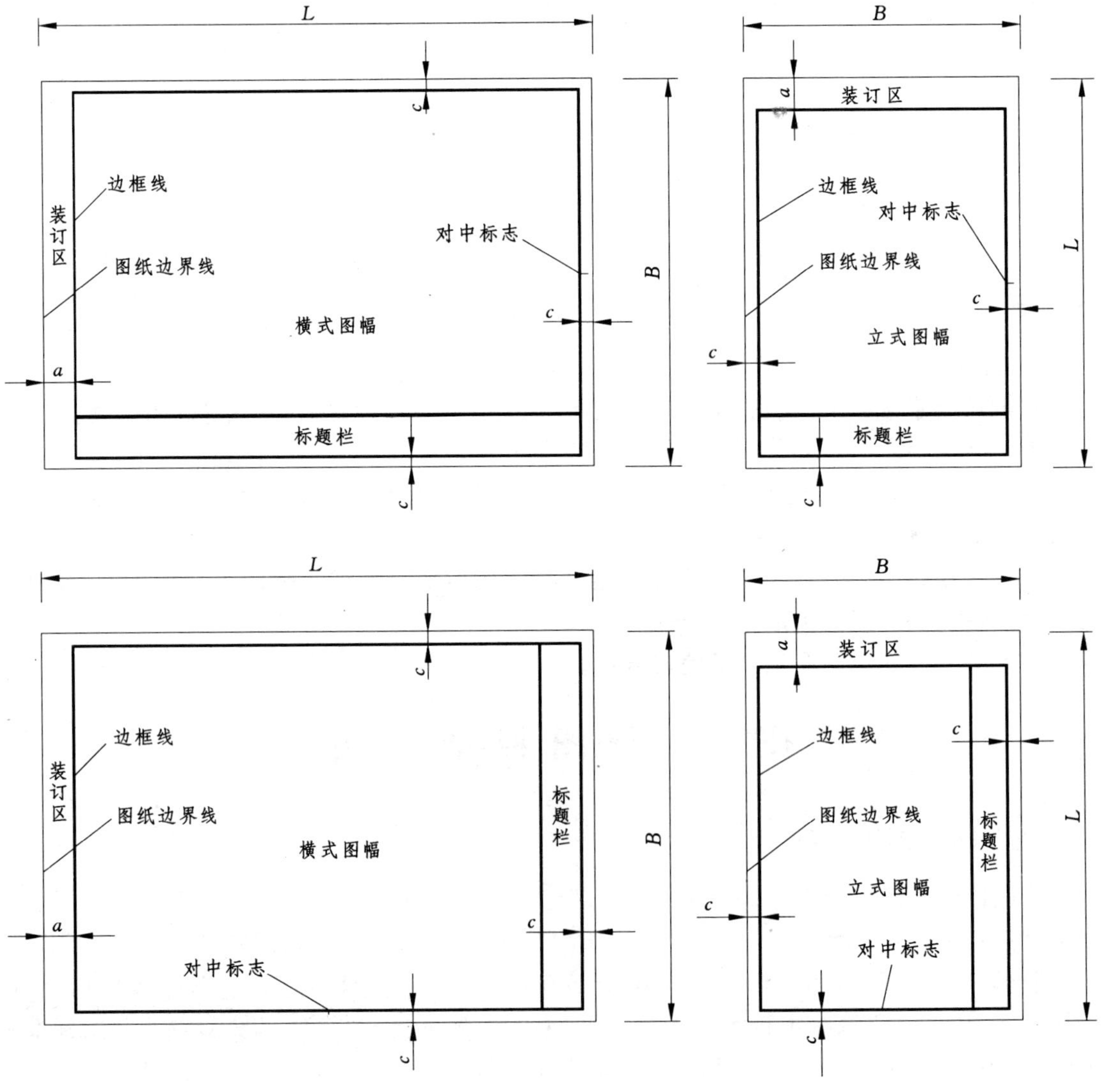

图 2-1　图框格式

A0 图幅的面积为 $1m^2$，A1 图幅由 A0 图幅对裁而得，其他图幅依此类推。

长边作为水平边使用的图幅称为横式图幅，短边作为水平边的称为立式图幅。A0～A3 图幅宜横式使用，必要时立式使用，A4 图幅只立式使用。

在图纸上，图框线用粗实线画出，如图 2－1 所示。图形必须画在图框之内。

2. 标题栏

标题栏是用来说明图样内容的专栏。每张图纸都应在图框的右下角设置标题栏，位置如图 2－1 所示。标题栏格式如图 2－2 所示，根据工程需要选择确定其尺寸、格式及分区。签字区应包含实名列和签名列。

设计单位 名称区	注册师 签章区	项目经理 签章区	修改 记录区	工程 名称区	图号区	签字区	会签栏

设计单位 名称区
注册师 签章区
项目经理 签章区
修改 记录区
工程 名称区
图号区
签字区
会签栏

图 2－2 标题栏

（二）图线

1. 线型

房屋建筑制图最常用的几种线型见表 2－2。一般情况下，虚线的每划长宜为 3～6mm，点划线的长划宜为 8～12mm、短划宜为 1mm 左右，虚线和点划线每划间隔宜为 1mm 左右。

表 2－2　房屋建筑制图中的图线

名称	线型	线宽	用途
粗实线	———	b	主要可见轮廓线
中粗实线	———	$0.7b$	可见轮廓线

续表

名称	线型	线宽	用途
中实线	————	0.5b	可见轮廓线、尺寸线、变更云线
细实线	————	0.25b	图例填充线、家具线
粗虚线	— — — —	b	新建的给水排水管道线、总平面图中的地下建筑物或地下构筑物等
中粗虚线	- - - - -	0.7b	不可见轮廓线
中虚线	- - - - -	0.5b	不可见轮廓线、图例线
细虚线	- - - - -	0.25b	图例填充线、家具线
粗单点长划线	—·—·—	b	起重机（吊车）轨道线
细单点长划线	—·—·—	0.25b	中心线、对称线、定位轴线等
粗双点长划线	—··—··—	b	预应力钢筋线等
细双点长划线	—··—··—	0.25b	假想轮廓线、成型以前的原始轮廓线
折断线	——\/——	0.25b	断开界线
波浪线	～～～	0.25b	断开界线

2. 线宽

房屋建筑制图图线的宽度 b，宜从下列线宽系列中选用：1.4mm、1.0mm、0.7mm、0.5mm、0.35mm、0.25mm、0.18mm、0.13mm。选定基本线宽 b，再根据线宽比就可以确定中粗线和细线的宽度。图线宽度不应小于 0.1mm，每个图样应根据复杂程度与比例大小，选用表 2-3 中相应的线宽组。同一张图纸内，相同比例的各图样，应选用相同的线宽组。

表 2-3　线宽组　单位：mm

线宽比	线宽组			
b	1.4	1.0	0.7	0.5
0.7b	1.0	0.7	0.5	0.35
0.5b	0.7	0.5	0.35	0.25
0.25b	0.35	0.25	0.18	0.13

图纸的图框和标题栏线，可采用表 2-4 的线宽。

表 2-4　图框和标题栏线宽

幅面代号	图框线	标题栏外框线	标题栏分格线
A0、A1	b	0.5b	0.25b
A2、A3、A4	b	0.7b	0.35b

3. 图线的画法规定

（1）相互平行的两直线，其间隙不宜小于其中的粗线宽度，且不宜小于 0.7mm。

（2）虚线、单点长划线或双点长划线的线段长度和间隔，宜各自相等。

（3）单点长划线或双点长划线，当在较小的图形中绘制有困难时，可用实线代替。

（4）单点长划线或双点长划线的两端不应是点。点划线与点划线交接或点划线与其他图线交接时，应是线段交接。

（5）虚线与虚线交接或虚线与其他图线交接时，应是线段交接。虚线为实线的延长线时，不得与实线连接，如图2-3所示。

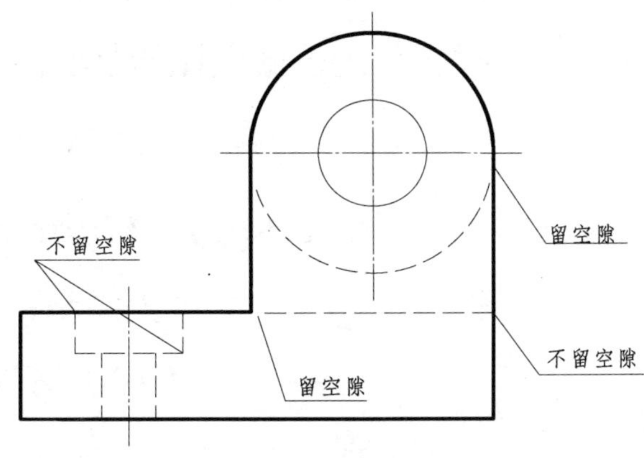

图2-3 图线的画法

（6）图线不得与文字、数字或符号重叠、混淆，不可避免时，应首先保证文字等的清晰。

（三）字体

房屋建筑工程图中书写字体的基本要求是：

（1）图纸上所需书写的文字、数字或符号等，均应笔画清晰、字体端正、排列整齐；标点符号应清楚正确。

（2）文字的字高，应从如下系列中选用：3.5mm、5mm、7mm、10mm、14mm。如需书写更大的字，其高度应按$\sqrt{2}$的比值递增。

（3）图样及说明中的汉字，宜采用长仿宋体或黑体，同一图纸字体种类不应超过两种。长仿宋体字的宽度与高度的关系应符合表2-5的规定。大标题、图册封面、地形图等的汉字，也可书写成其他字体，但应易于辨认。

表2-5　　长仿宋体字高宽的关系　　单位：mm

字高	20	14	10	7	5	3.5
字宽	14	10	7	5	3.5	2.5

书写长仿宋体字的要领是：横平竖直、起落分明、笔锋满格、布局均匀。图2-4所示是长仿宋体字的书写示例。

横平竖直　注意起落　结构均匀　排列整齐

图2-4 长仿宋体字书写示例

（4）拉丁字母、阿拉伯数字与罗马数字的字高，应不小于2.5mm。数量的数值注写，应采用正体阿拉伯数字。各种计量单位凡前面有量值的，均应采用国家颁布的单位符号注写，并应采用正体字母。拉丁字母、阿拉伯数字与罗马数字，如需写成斜体字，其斜度应是从字的底线逆时针向上倾斜75°。

拉丁字母、阿拉伯数字与罗马数字的示例如图2-5所示。

ABCDEFGHIJKLMNOPQRSTUVWXYZ

abcdefghijklmnopqrstuvwxyz

ABCDEFGHIJKLMNOPQRSTUVWXYZ

abcdefghijklmnopqrstuvwxyz

1234567890

1234567890

Ⅰ Ⅱ Ⅲ Ⅳ Ⅴ Ⅵ Ⅶ Ⅷ Ⅸ Ⅹ

Ⅰ Ⅱ Ⅲ Ⅳ Ⅴ Ⅵ Ⅶ Ⅷ Ⅸ Ⅹ

图 2－5 拉丁字母、阿拉伯数字与罗马数字示例

（5）分数、百分数和比例数的注写，应采用阿拉伯数字和数学符号，例如：四分之三、百分之二十五和一比二十应分别写成 3/4、25％和 1：20。

（四）比例

（1）图样的比例，应为图形与实物相对应的线性尺寸之比。比例的大小，是指其比值的大小，如 1：50 大于 1：100。

（2）比例的符号为"："，比例应以阿拉伯数字表示，如 1：1、1：2、1：100 等。

（3）比例宜注写在图名的右侧，字的基准线应取平；比例的字高宜比图名的字高小一号或二号。比例标注的示例如图 2－6 所示。

平面图 1：100　　② 1：100

图 2－6 比例标注示例

（4）绘图所用的比例，应根据图样的用途与被绘对象的复杂程度，从表 2－6 中选用，并优先选用表中常用比例。

表 2－6　　绘图所用的比例

常用比例	1：1 1：2 1：5 1：10 1：20 1：50 1：100 1：150 1：200 1：500 1：1000 1：2000 1：5000 1：10000 1：20000 1：50000 1：100000 1：200000
可用比例	1：3 1：4 1：6 1：15 1：25 1：30 1：40 1：60 1：80 1：250 1：300 1：400 1：600

（五）尺寸标注

1. 尺寸的组成

图样上的尺寸标注，包括尺寸界线、尺寸线、尺寸起止符号和尺寸数字，如图 2－7 所示。

（1）尺寸界线。尺寸界线应用细实线绘制，一般应与被注长度垂直，其一端应离开图样轮廓线不小于 2mm，另一端宜超出尺寸线 2～3mm，图样轮廓线可兼用作尺寸界线，

如图 2-8 所示。

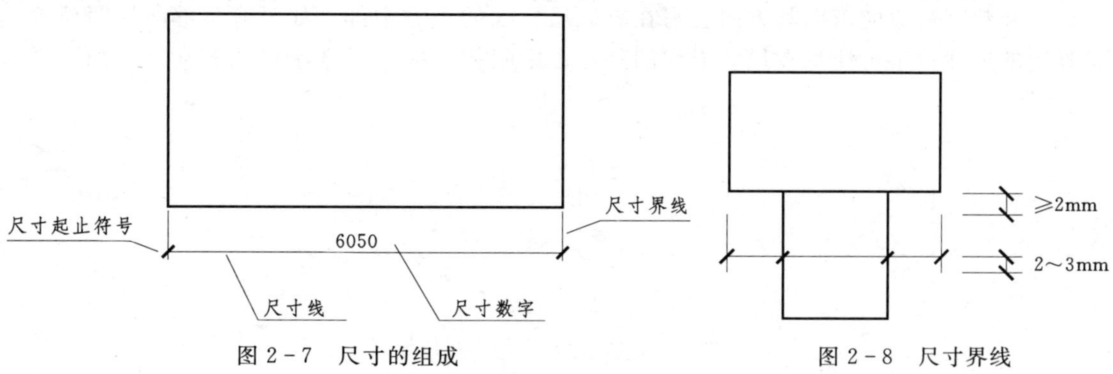

图 2-7 尺寸的组成　　图 2-8 尺寸界线

(2) 尺寸线。尺寸线应用细实线绘制，应与被注长度平行，如图 2-7 所示，图样本身的任何图线均不得用作尺寸线。

(3) 尺寸起止符号。建筑制图中尺寸起止符号一般用中粗斜短线绘制，其倾斜方向应与尺寸界线成顺时针 45°角，长度宜为 2～3mm，样式如图 2-9 (c) 所示，半径、直径、角度与弧长的尺寸起止符号，宜用箭头表示，箭头尺寸如图 2-9 (a)、(b) 所示。

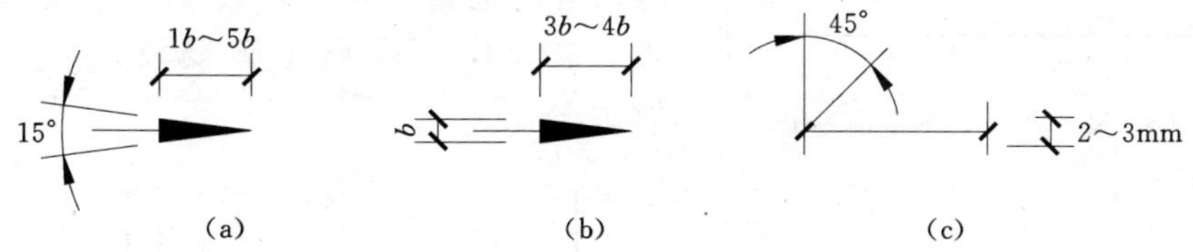

图 2-9 尺寸起止符号画法

(4) 尺寸数字。图样上的尺寸，应以尺寸数字为准，不得从图上直接量取。图样上的尺寸单位，除标高及总平面以米 (m) 为单位外，其他必须以毫米 (mm) 为单位。

尺寸数字的方向有如下的规定：水平尺寸注在尺寸线的上方，字头向上；竖直尺寸注在尺寸线的左方，字头向左；倾斜尺寸注在尺寸线的上方，字头有朝上的趋势，如图 2-10

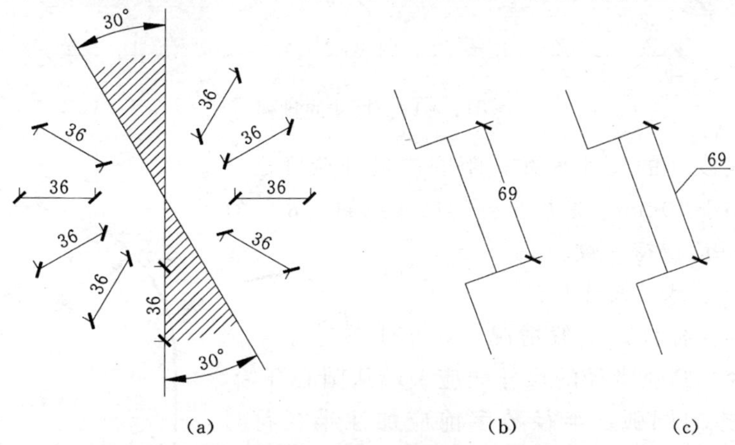

图 2-10 尺寸数字的注写方向

(a) 所示；若尺寸在30°斜线区内，宜按图2－10（b）、（c）所示形式注写。

尺寸数字一般应依据其方向注写在靠近尺寸线的上方中部。如没有足够的注写位置，最外边的尺寸数字可注写在尺寸界线的外侧，中间相邻的尺寸数字可错开注写，如图2－11所示。

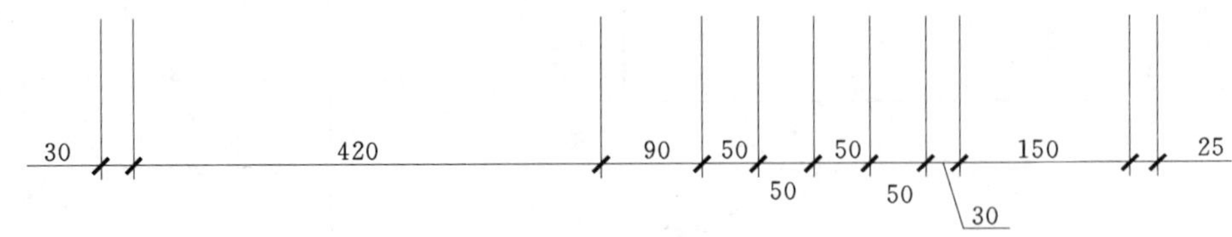

图2－11 尺寸数字的注写位置

2. 尺寸的排列与布置

尺寸宜标注在图样轮廓以外，不宜与图线、文字及符号等相交，如果尺寸数字与图线相交不可避免，则应将图线断开，如图2－12所示。

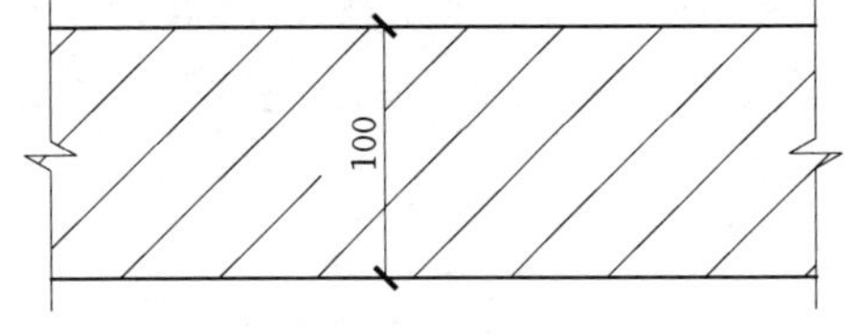

图2－12 尺寸数字处图线应断开

互相平行的尺寸线，应从被注写的图样轮廓线由近向远整齐排列，较小尺寸应离轮廓线较近，较大尺寸应离轮廓线较远，如图2－13所示。

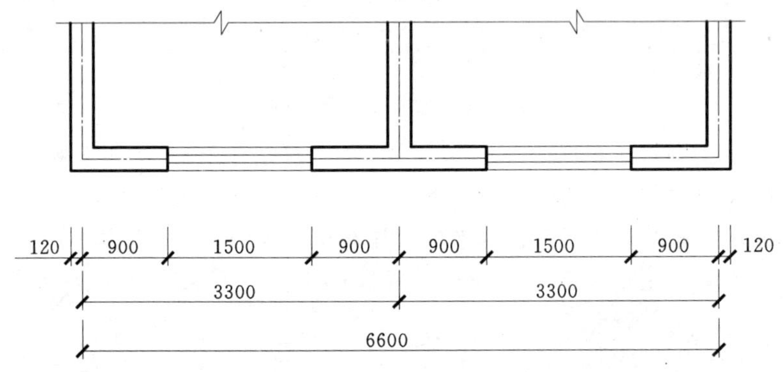

图2－13 尺寸的排列

图样轮廓线以外的尺寸界线，距图样最外轮廓之间的距离，不宜小于10mm。平行排列的尺寸线的间距，宜为7～10mm，并应保持一致。

3. 圆弧、圆、球的尺寸标注

（1）圆弧半径标注。一般情况下，小于或等于半圆的圆弧标注半径。圆弧半径的尺寸线应一端从圆心开始，另一端画箭头指向圆弧，半径数字前应加注半径符号“R”，样式如图2－14所示。

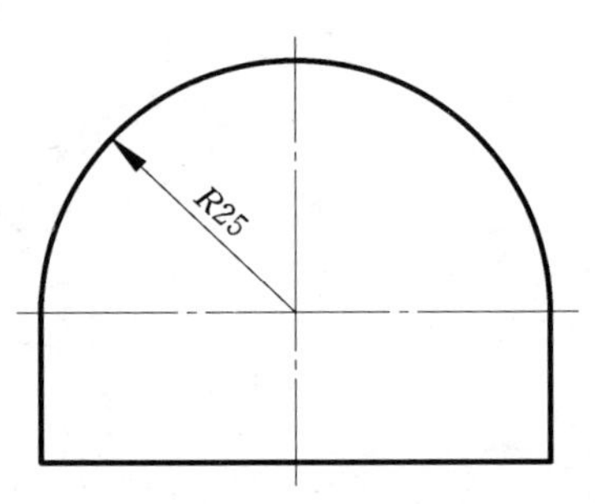

图2－14 半径标注方法

较小圆弧的半径，可按图2－15样式标注。

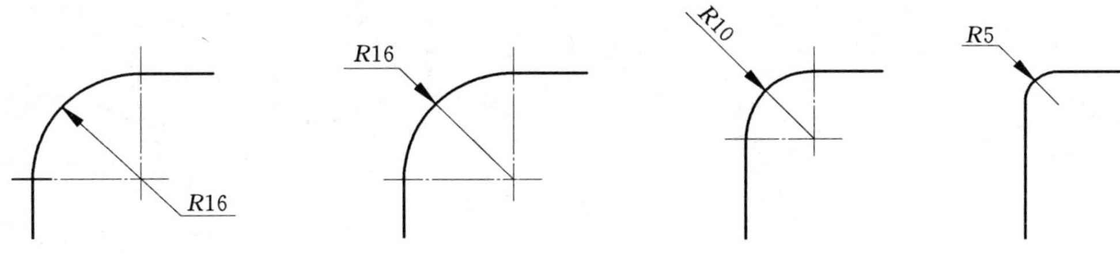

图 2 - 15　小圆弧半径标注

较大尺寸圆弧的半径，可按图 2 - 16 样式标注。

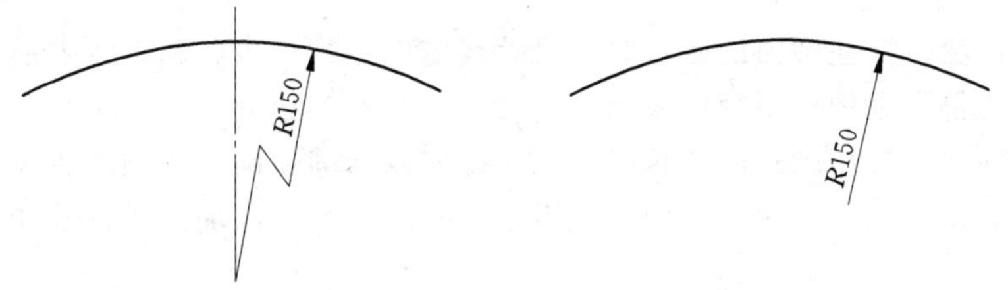

图 2 - 16　大圆弧半径标注

（2）圆直径标注。一般情况下，圆或大于半圆的圆弧标注直径。标注圆的直径尺寸时，圆内标注的尺寸线应通过圆心，直径数字前应加直径符号 ϕ。在两端画箭头指至圆弧，样式如图 2 - 17 所示。

较小圆的直径尺寸，可标注在圆外，样式如图 2 - 18 所示。

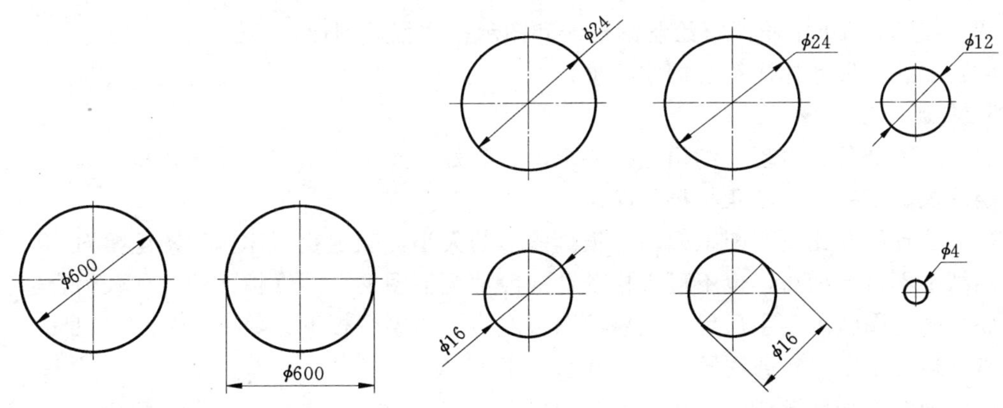

图 2 - 17　圆直径标注　　　　图 2 - 18　小圆直径标注

（3）圆球标注。标注球的半径尺寸时，应在尺寸数字前应加注符号"*SR*"；标注球的直径尺寸时，应在尺寸数字前加注符号"$S\phi$"。注写方法与圆弧半径和圆直径的尺寸标注方法相同。

4. 角度、弧度、弧长的标注

（1）角度标注。角度的尺寸线用细实线圆弧表示，该圆弧的圆心为角的顶点，角的两条边为尺寸界线，起止符号应以箭头表示，如没有足够位置画箭头，可以圆点代替，角度数字方向应沿尺寸线方向注写。如图 2 - 19 所示。

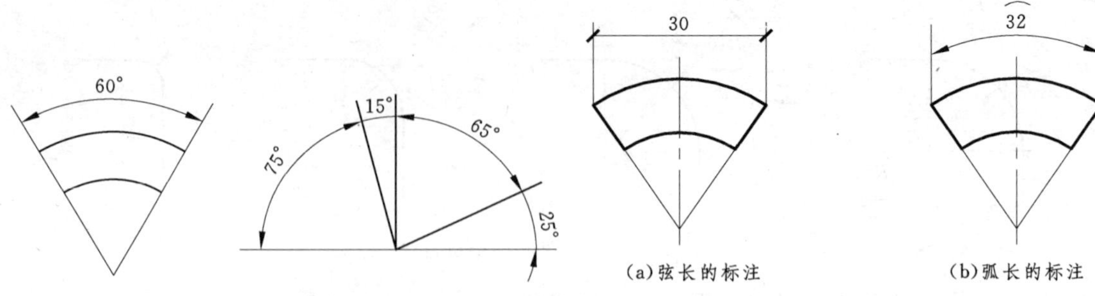

图 2-19　角度的标注　　　图 2-20　弧度、弧长的标注

(2) 弦长标注。标注圆弧的弦长时，尺寸线应以平行于该弦的直线表示，尺寸界线垂直于该弦，起止符号用中粗斜短线表示，如图 2-20 (a) 所示。

(3) 弧长标注。标注圆弧的弧长时，尺寸线应以与圆弧同心的细圆弧线表示，尺寸界线应垂直于该圆弧的弦，起止符号用箭头表示，弧长数字上应加圆弧符号“⌒”，如图 2-20 (b) 所示。

二、实训

1. 实训任务

按照制图标准，铅笔绘制如图 2-21 所示的平面图形。

2. 实训要求

(1) 准备好绘图工具，正确使用铅笔和圆规。

(2) 在 A4 图纸上绘图，绘制图框线和图示标题栏，图形对中。

(3) 图线、尺寸标注符合国家标准。

3. 实训指导

(1) 绘图准备。将粗、细铅笔按要求削、磨好；圆规的铅芯同样准备粗、细两种削磨好；绘图板、丁字尺、三角板擦干净。

(2) 选择绘图比例和图纸幅面。根据图形的大小，确定绘图比例和图纸幅面，所绘图形在图纸中不可太拥挤，也不可太松散，一般情况下图形占图纸幅面的 2/3 较为合适。

(3) 固定图纸。丁字尺尺头紧靠绘图板左边，与绘图板下边保留 1～2 个尺身的距离，将图纸下边与丁字尺对齐用胶纸粘贴在绘图板上。

(4) 画图框和标题栏。按规定要求画出图框和标题栏，注意最好先用细线画最后再描深，这样可减轻绘图时反复摩擦图面造成的污损。

(5) 布图。设想、计算布图方案，画出图形的基准线，如中心线、对称线、底边线等。

(6) 绘制底稿。绘制底稿时用细而轻的图线，便于擦涂和修改。

(7) 标注尺寸。用中实线标注所有尺寸，图形尺寸要准确无误。

(8) 检查、修改和清理。检查图形，修改错误，清理作图线。

(9) 描深。描深指的是将粗、细线描到规定的线宽，将点划线和虚线按标准画好。描深时顺序应为：先点划线、虚线，再中实线，最后粗实线；在描同一线型时应先圆后直线。

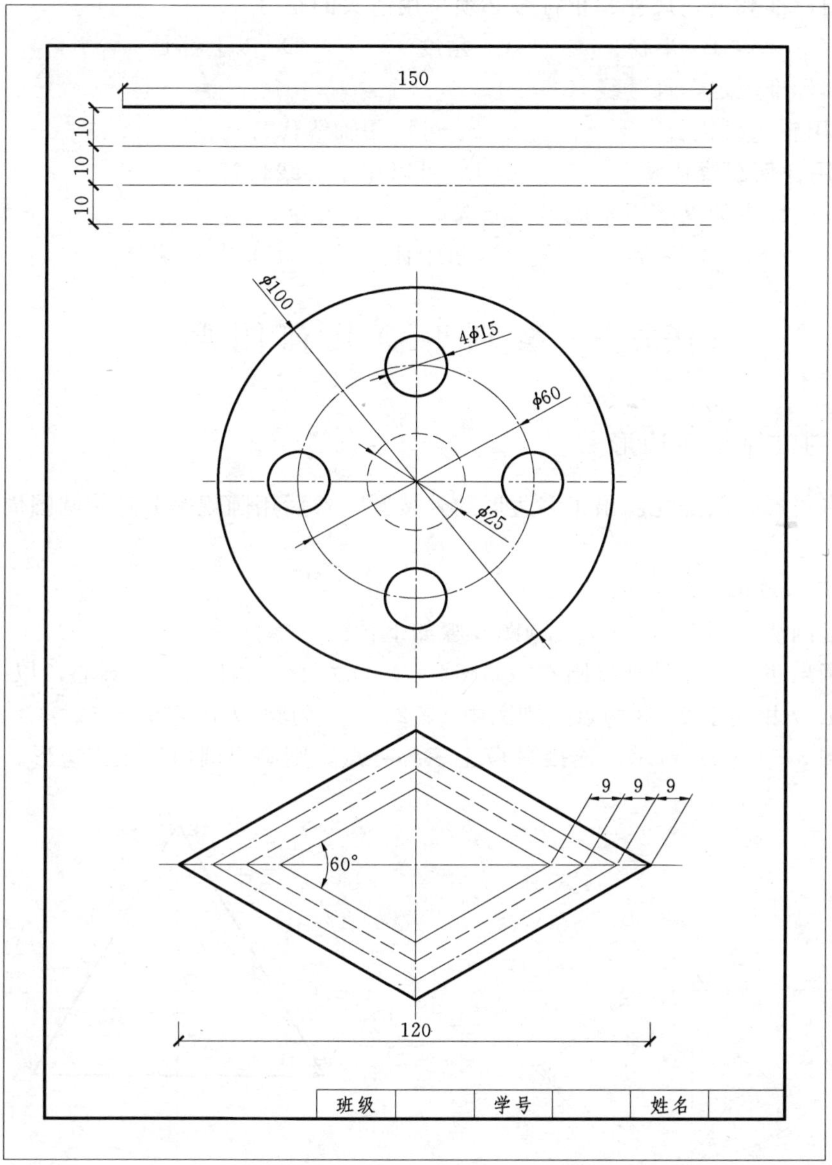

班级		学号		姓名	

图 2－21　国家标准绘图练习

三、课外拓展练习

(1) 制图标准规定，铅直尺寸线上的尺寸数字字头方向是（　　）。

A. 向上　　B. 向左　　C. 保持字头向上的趋势　　D. 任意

(2) 在线性尺寸中尺寸数字 200 代表（　　）。

A. 物体的实际尺寸是 200mm　　B. 图上线段的长度是 200mm

C. 比例是 1：200　　D. 实际线段长是图上线段长的 200 倍

(3) 制图标准规定，尺寸起止符号必须采用箭头的是（　　）。

A. 弧长　　B. 半径　　C. 角度　　D. 以上都是

(4) 制图标准规定，尺寸线（　　）。

A. 可以用轮廓线代替　　B. 可以用轴线代替

C. 不能用任何图线代替　　D. 可以用中心线代替

(5) 工程图样中的汉字通常应尽可能选择（　　）字体。

A. 楷体　　B. 宋体　　C. 仿宋体　　D. 长仿宋体

任务三　绘制平面几何图形

一、绘制常见正多边形

绘制正多边形一般是先画出正多边形的外接圆，然后用圆规等分外接圆圆周，再连接等分点。

1. 绘制正三边形

正三边形画法如图 3－1 所示，画图步骤如下：

(1) 先画出正三边形的外接圆 O，如图 3－1 (a) 所示，以 O_1 为圆心，以 $R_1=R$ 为半径画弧与圆 O 相交于 2、3 两点，则图中 1、2、3 点为圆 O 上三等分点。

(2) 如图 3－1 (b) 所示，连接圆 O 上三等分点，则画出圆内接正三边形。

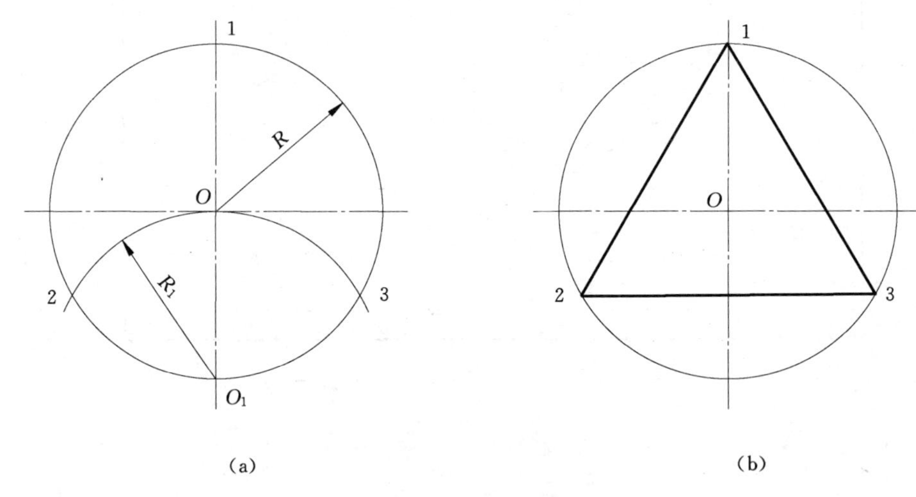

图 3－1　正三边形画法

2. 绘制正六边形

正六边形画法如图 3－2 所示，画图步骤如下：

(1) 如图 3－2 (a) 所示，先画出正六边形的外接圆 O，分别以 O_1、O_2 为圆心，以 R_1、R_2 ($R_1=R_2=R$) 为半径画弧与圆 O 相交于 3、4、5、6 四点，则图中 O_1、O_2、3、4、5、6 点为圆 O 上六等分点。

(2) 如图 3－2 (b) 所示，连接圆 O 上六等分点，则画出圆内接正六边形。

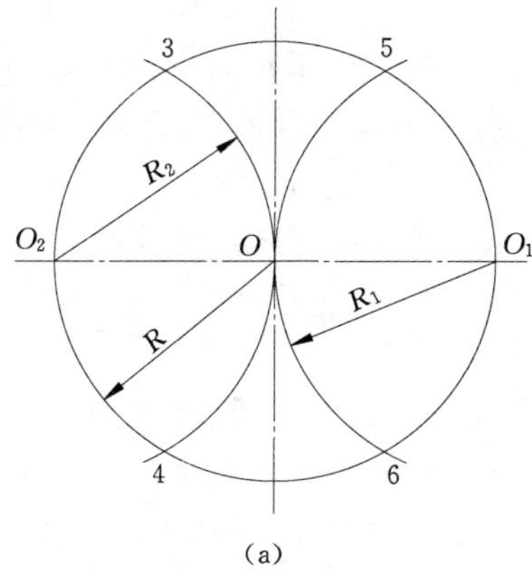

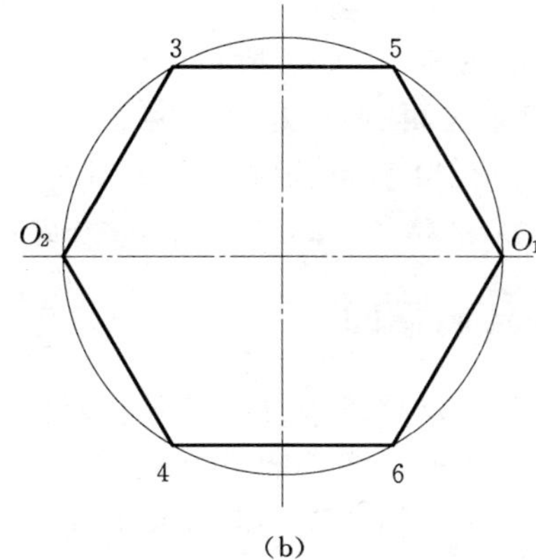

图 3-2　正六边形画法

3. 绘制正五边形

正五边形画法如图 3-3 所示，画图步骤如下：

(1) 如图 3-3 (a) 所示，先画出正五边形的外接圆 O，以 O_1 为圆心，以 R_1（$R_1=R$）为半径画弧与圆 O 相交于 A_1、A_2 两点，连接 A_1、A_2，与圆 O 的水平中心线交于 O_2 点。

(2) 如图 3-3 (b) 所示，以 O_2 点为圆心，以 R_2（$R_2=O_2O_3$）为半径画弧与圆 O 的

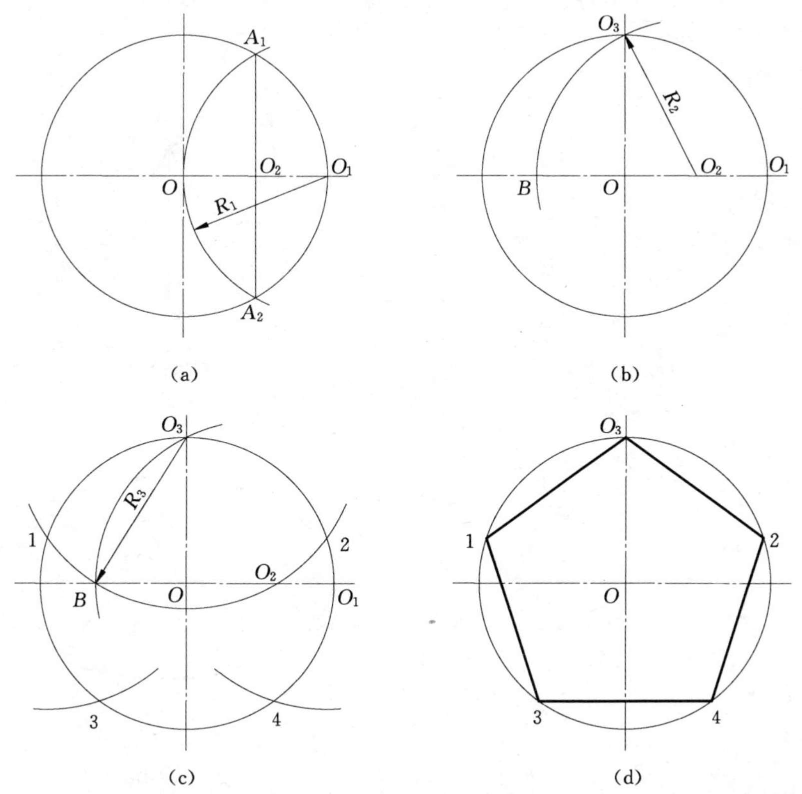

图 3-3　正五边形画法

水平中心线交于 B 点。

(3) 如图 3－3 (c) 所示，以 O_3 点为圆心，以 R_3 ($R_3=O_3B$) 为半径画弧与圆 O 交于 1、2 两点。再分别以 1、2 两点为圆心，以 R_3 为半径画弧与圆 O 交于 3、4 两点。则 O_3、1、2、3、4 五点为圆 O 的五等分点。

(4) 如图 3－3 (d) 所示，连接圆 O 上五等分点，则画出圆内接正五边形。

二、绘制椭圆

椭圆有两条相互垂直而且对称的轴，即长轴和短轴。常见的椭圆画法主要有同心圆法和四心圆法两种。同心圆法是先求出椭圆曲线上一定数量的点，再徒手将各点连接成椭圆；四心圆法是用圆规将四段圆弧连接成近似椭圆。下面分别介绍其画法。

1. 同心圆法

已知椭圆长轴和短轴，用同心圆法绘制椭圆的步骤如下：

(1) 以长轴和短轴为直径画两同心圆，如图 3－4 (a) 所示。

(2) 过圆心作一系列直线与两圆相交，本例将圆周 12 等分，过等分点和圆心均匀画出直线，直线与内外圆均有交点，如图 3－4 (b) 所示。

(3) 如图 3－4 (c) 所示，从每一个直线与外圆的交点画竖直线，再从每一个直线与

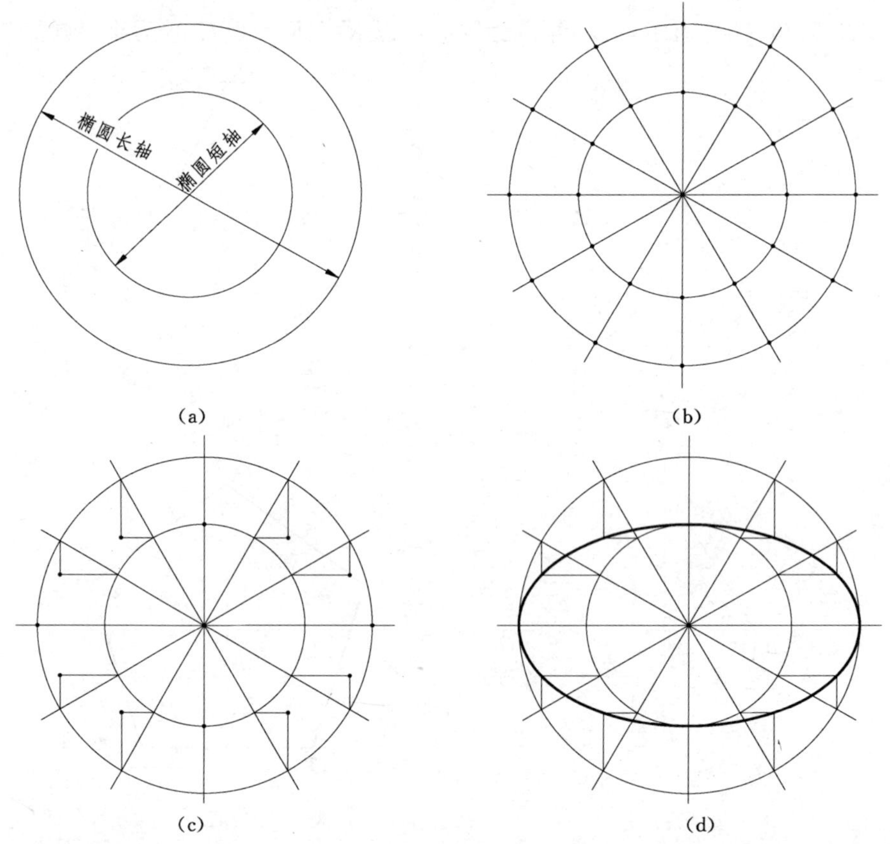

图 3－4　同心圆法画椭圆

内圆的交点画水平线，水平面和竖直线的交点就是椭圆上的点。

（4）徒手连接各点，即得所求椭圆，如图 3-4（d）所示。

2. 四心圆法

已知椭圆长轴 AB 和短轴 CD，用四心圆法作椭圆的步骤如下：

（1）如图 3-5（a）所示，画出椭圆的长短轴中心线，量取长轴 AB 和短轴 CD。

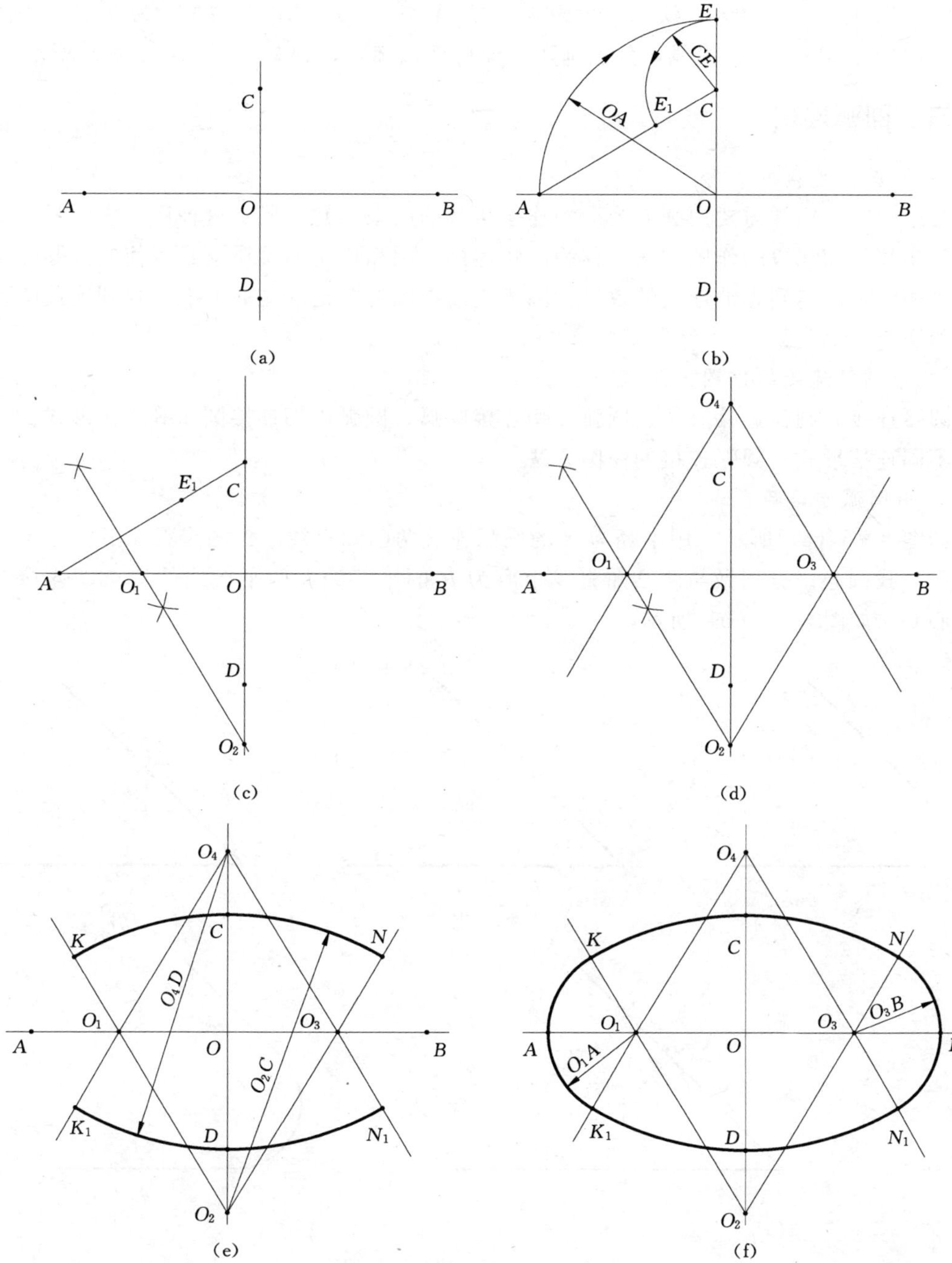

（a）　（b）

（c）　（d）

（e）　（f）

图 3-5　四心圆法画椭圆

(2) 如图 3－5 (b) 所示，连接 AC，以 O 点为圆心，OA 为半径画圆弧交 OC 延长线于点 E，再以点 C 为圆心，CE 为半径画弧交 AC 于 E_1 点。

(3) 如图 3－5 (c) 所示，作 AE_1 的垂直平分线，与长、短轴及延长线分别交于 O_1、O_2 两点。

(4) 作对称点 O_3、O_4，连接 O_1O_4、O_2O_3、O_3O_4 并延长，如图 3－5 (d) 所示。

(5) 以 O_1、O_2、O_3、O_4 各点为圆心，AO_1、CO_2、BO_3、DO_4 为半径，O_1O_2、O_1O_4、O_2O_3、O_3O_4 为分界线，分别画弧，即得近似椭圆，如图 3－5 (e)、(f) 所示。

三、圆弧连接

(一) 圆弧连接的概念

在绘图时，经常需要用圆弧光滑的连接相邻的两条已知线段。这种用一段圆弧光滑的连接两相邻已知线段的作图方法，称为圆弧连接。圆弧连接的实质就是要使连接圆弧与相邻线段相切，以达到光滑连接的效果。圆弧连接作图的关键就是如何准确找到连接圆弧的圆心和切点。

(二) 圆弧连接的作图方法

圆弧连接有圆弧连接直线、圆弧外切连接圆弧、圆弧内切连接圆弧等连接形式。下面介绍不同连接形式下圆弧连接的作图方法。

1. 用圆弧连接两直线

如图 3－6 (a) 所示，用半径为 R 的圆弧连接两已知直线。作图步骤如下：

(1) 找圆心。分别做与两已知直线距离为 R 的平行线，两平行线的交点即连接圆弧的圆心 O，如图 3－6 (b) 所示。

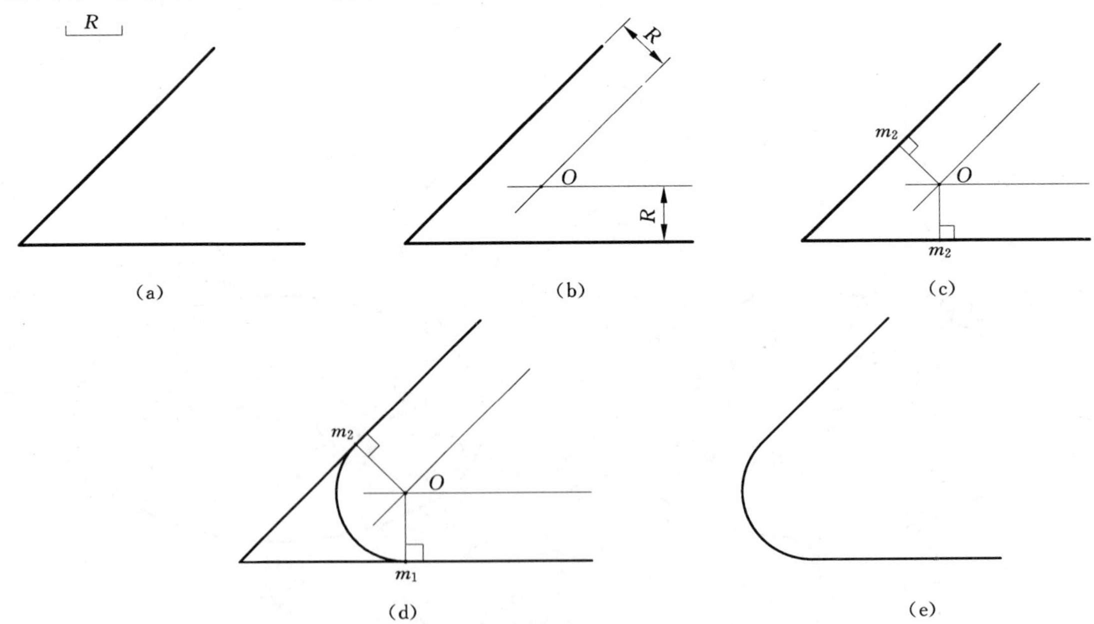

图 3－6　用圆弧连接两直线

（2）找切点。过连接圆弧的圆心分别向两已知直线做垂直线，垂足即为连接圆弧与已知直线的切点 m_1、m_2，如图 3－6（c）所示。

（3）画连接弧。以 O 为圆心，用圆规连接 m_1、m_2，画出连接圆弧，如图 3－6（d）所示。

（4）擦除作图线和多余图线，得到的连接圆弧如图 3－6（e）所示。

2. 用圆弧外切连接两圆弧

如图 3－7（a）所示，用半径为 R 的圆弧外切连接两已知圆弧。作图步骤如下：

（1）找圆心。分别以 O_1、O_2 为圆心，以 R_1+R、R_2+R 为半径画圆弧交于 O 点，O 点即连接圆弧的圆心，如图 3－7（b）所示。

（2）找切点。分别连接 O_1O 和 O_2O，两连心线与圆 O_1、O_2 的交点即为连接圆弧与已

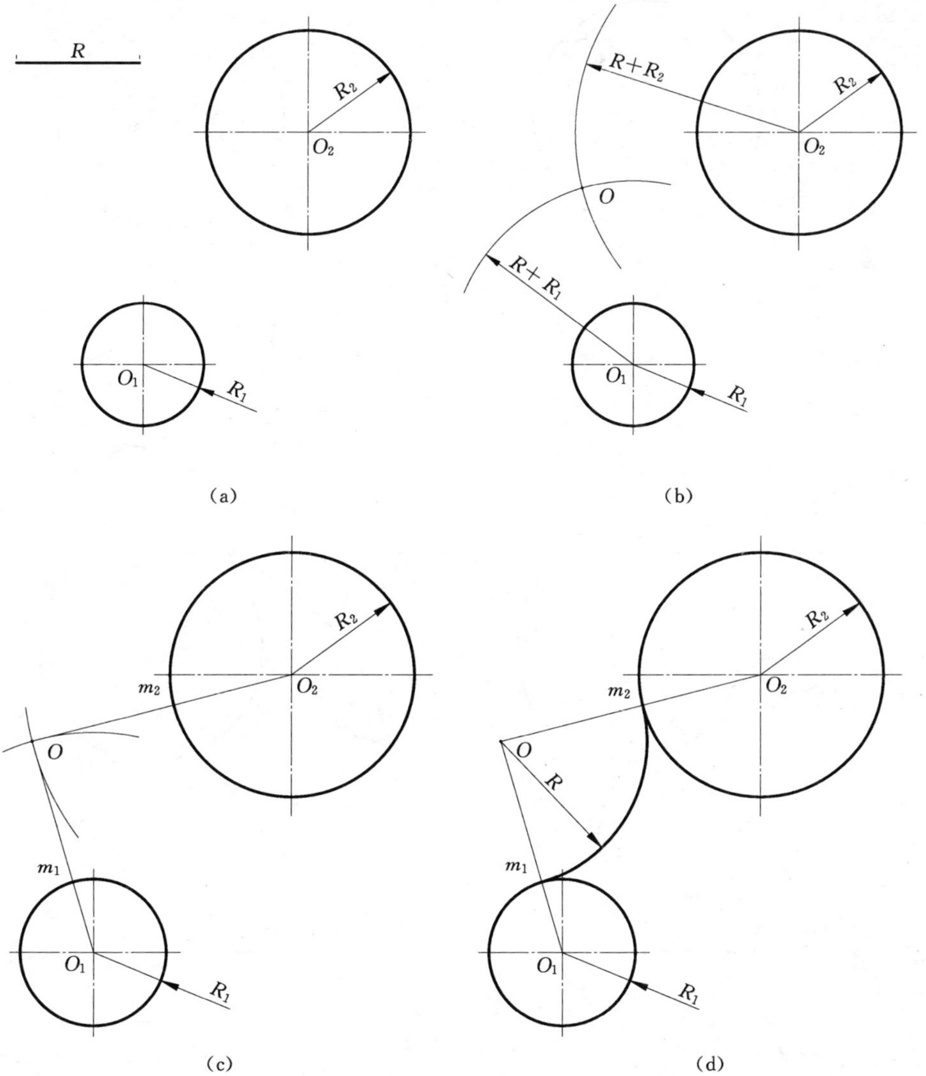

图 3－7　用圆弧外切连接两圆弧

知圆弧的切点 m_1、m_2，如图 3－7（c）所示。

（3）画连接弧。以 O 为圆心，用圆规连接 m_1、m_2，画出连接圆弧，如图 3－7（d）所示。

3. 用圆弧内切连接两圆弧

如图 3－8（a）所示，用半径为 R 的圆弧内切连接两已知圆弧。作图步骤如下：

（1）找圆心。分别以 O_1、O_2 为圆心，以 $R-R_1$、$R-R_2$ 为半径画圆弧，两圆弧交于 O 点，O 点即连接圆弧的圆心，如图 3－8（b）所示。

（2）找切点。如图 3－8（c）所示，分别连接 O_1O 和 O_2O 两连心线并延长与圆 O_1、

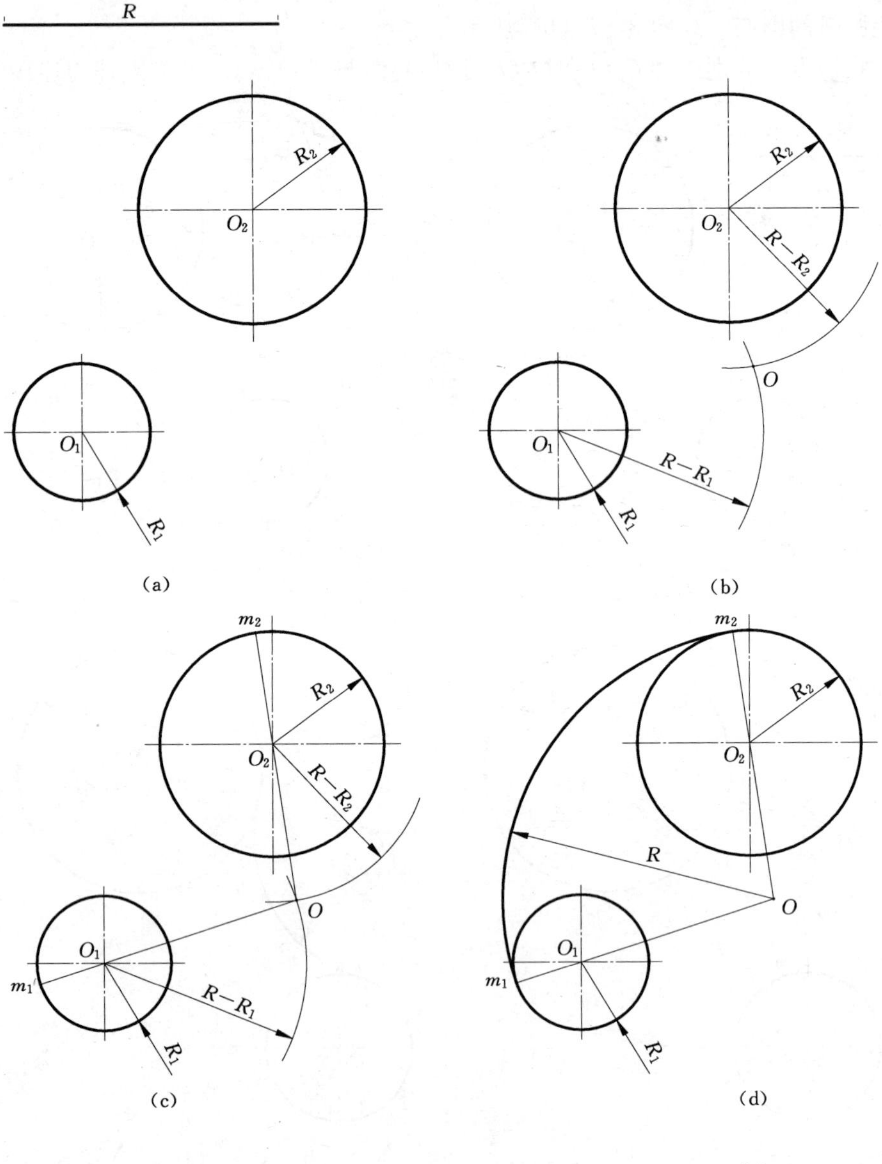

（a） （b）

（c） （d）

图 3－8 用圆弧内切连接两圆弧

O_2 相交，交点即为连接圆弧与已知圆弧的切点 m_1、m_2。

（3）画连接弧。以 O 为圆心，用圆规连接 m_1、m_2，画出连接圆弧，如图 3－8（d）所示。

4．用圆弧内外切连接两圆弧

如图 3－9（a）所示，用半径为 R 的圆弧外切连接 O_1 圆弧，内切连接 O_2 圆弧，作图步骤如下：

（1）找圆心。以 O_1 为圆心，以 $R+R_1$ 为半径画圆弧；再以 O_2 为圆心，以 $R-R_2$ 为半径画圆弧。以上两圆弧交于 O 点，O 点即连接圆弧的圆心，如图 3－9（b）所示。

（2）找切点。连接 O_1O 连心线与圆 O_1 相交，交点即为连接圆弧与 O_1 圆弧的切点 m_1，连接 O_2O 连心线并延长与圆 O_2 相交，交点即为连接圆弧与 O_2 圆弧的切点 m_2，如图 3－9（c）所示。

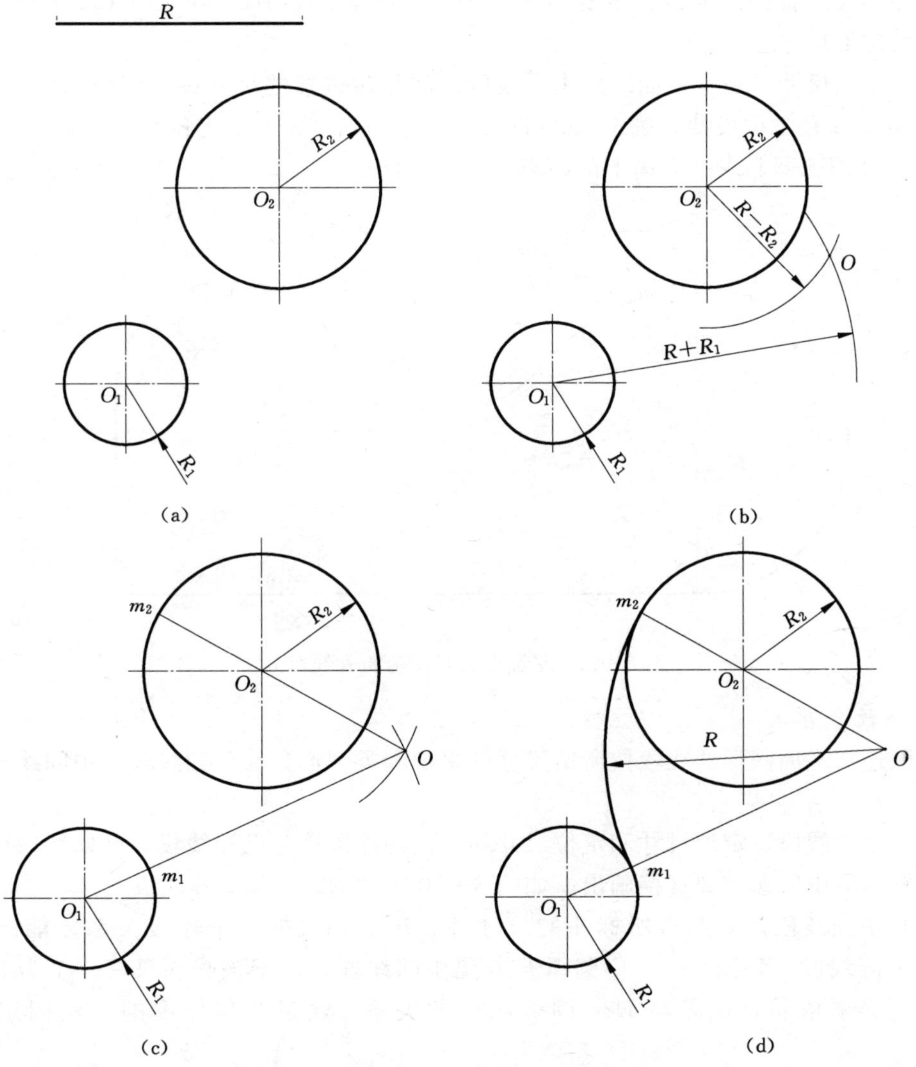

（a）

（b）

（c）

（d）

图 3－9　用圆弧内外切连接两圆弧

(3) 画连接弧。以 O 为圆心，用圆规连接 m_1、m_2，画出连接圆弧，如图 3-9 (d) 所示。

四、圆弧连接平面图形分析与绘图步骤

1. 尺寸分析

圆弧连接平面图形的尺寸按其作用分为定形尺寸和定位尺寸。为了确定画图时所需要的尺寸数量及画图的先后顺序，必须首先确定尺寸基准。

(1) 尺寸基准。尺寸基准是标注尺寸的起点，一个平面图形应有两个方向的尺寸基准。平面图形的尺寸基准一般以图形的对称线、较大圆的中心线或主要轮廓线作为基准线。在图 3-10 中大圆的中心线是长和高两个方向的尺寸基准。

(2) 定形尺寸。确定平面图形中各线段形状大小的尺寸称为定形尺寸，如直线段的长度、圆和圆弧的直径或半径、角度的大小等。如图 3-10 中的 $R20$、$R15$、$R16$、$R30$ 等尺寸均为定形尺寸。

(3) 定位尺寸。确定平面图形中各线段之间相对位置的尺寸称为定位尺寸。如图 3-10 中的 60、6 是定位尺寸，确定 $R20$ 和 $R15$ 圆心位置。3 也是定位尺寸，确定 $R30$ 圆弧圆心与 $R20$ 圆弧圆心水平方向上的距离。

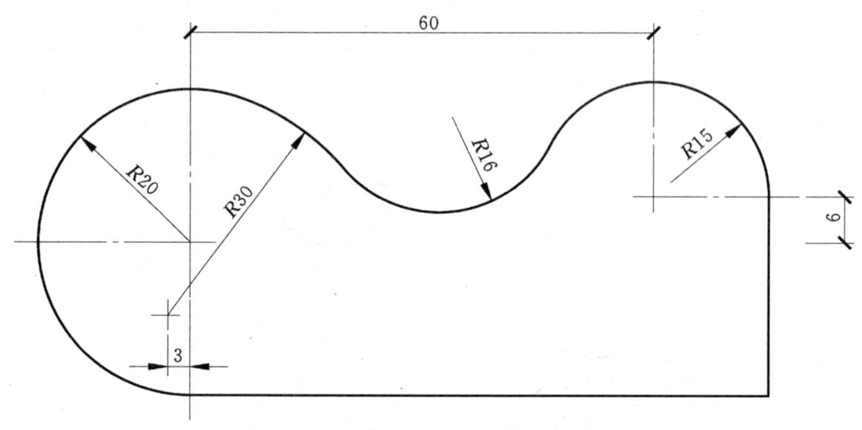

图 3-10　平面图形尺寸分析和线段分析

2. 线段分析

圆弧连接平面图形的线段按所给尺寸的多少和类型可分为已知线段、中间线段和连接线段。

(1) 已知线段。定形尺寸和定位尺寸均给出的线段称为已知线段。已知线段可根据基准线位置和图中所注尺寸直接画出。如图 3-10 中的 $R20$、$R15$ 等线段。

(2) 中间线段。除图形所标注的尺寸外，还需要根据一个连接关系才能画出的线段称为中间线段。如图 3-10 中圆弧 $R30$ 属中间线段。由于该圆心只有一个为 3 的定位尺寸，还必须依靠该圆弧与 $R20$ 圆弧相切的关系，通过几何作图的方法确定圆心的位置。

(3) 连接线段。没有定位尺寸，需要根据两个连接关系才能画出的线段，称为连接线

段。如图 3-10 中的 $R16$ 线段。$R16$ 是利用与 $R30$ 和 $R15$ 相切，再利用几何作图的方法找到圆心。

3. 绘图步骤

通过对圆弧连接平面图形的尺寸与线段分析可知，在绘制平面图形时，首先应画已知线段，其次画中间线段，最后画连接线段。图 3-10 所示圆弧连接平面图形的绘图步骤如下：

（1）绘制基准线。绘制两圆的中心线作为图形的定位基准线，如图 3-11（a）所示。

（2）绘制已知线段。绘制 $R20$ 和 $R15$ 已知圆弧和已知直线，如图 3-11（b）所示。

（3）绘制中间线段。相距圆心 O_1 的竖直中心线为 3 画一条竖直线，再以 O_1 为圆心，以 $R10$(30－20）为半径画弧，则该圆弧与竖直线的交点为圆弧 $R30$ 的圆心 O_3，连接 O_1O_3 并反向延长，交于圆 $R20$ 圆弧于点 m，m 点即为 $R30$ 与 $R20$ 两圆弧的切点，以 O_3 为圆心，m 为切点，画出中间圆弧，如图 3-11（c）所示。

（4）绘制连接线段。以 O_3 为圆心，以 $R46$(30＋16）为半径画弧；再以 O_2 为圆心，以 $R31$(15＋16）为半径画弧；两弧的交点为 $R16$ 连接圆弧的圆心 O_4，连接 O_3、O_4 交 $R30$ 圆弧于 h 点，连接 O_2、O_4 交 $R15$ 圆弧于 p 点，以 O_4 为圆心，h、p 点为切点，画出连接圆弧，如图 3-11（d）所示。

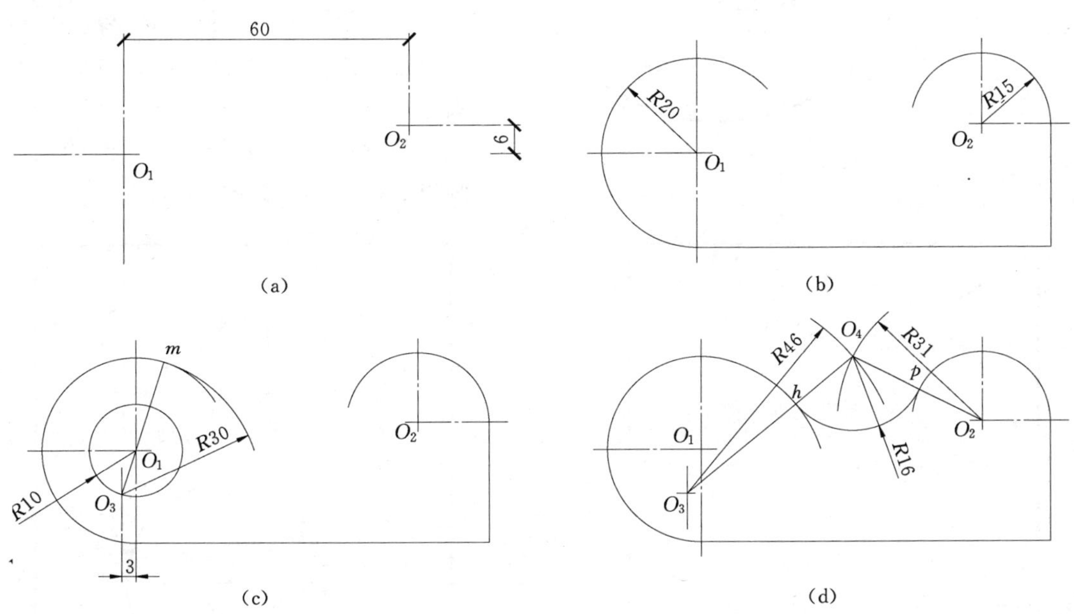

图 3-11 圆弧连接图形绘图步骤

五、实训

1. 实训任务

绘制图 3-12 所示的“吊钩”的圆弧连接平面图形。

2. 实训要求

(1) A4 图幅，绘制边框线和标题栏，绘图比例 1：1。

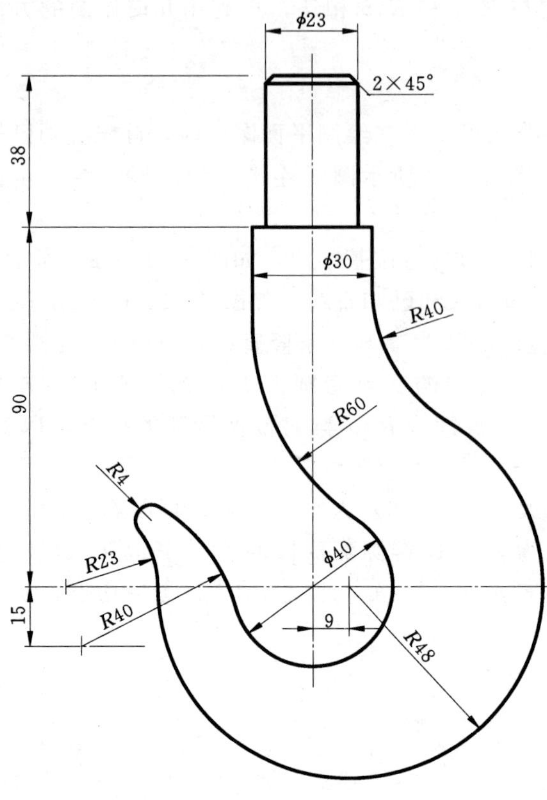

图 3-12　吊钩

(2) 绘图步骤和方法正确。

(3) 图线和尺寸标注符合国家标准要求。

3. 实训指导

(1) 平面图形分析。定位尺寸有：90、15、9，其余为定形尺寸。已知圆弧有：ϕ40、R48；中间圆弧有：R23、R40；连接圆弧有：R40、R60、R4。

(2) 绘制基准线和已知圆弧。先布图定位圆中心线，然后绘制上部直线和ϕ40、R48 两圆，如图 3-13 所示。

(3) 绘制中间圆弧。

1) 绘制 R23 的圆弧。从 R48 圆心向左量取距离 71（23+48）即为 R23 的圆心，与 R48 圆弧的切点在水平中心线上，可绘制 R23 的圆，如图 3-14 所示。

2) 绘制 R40 的圆。画出与 ϕ40 圆的中心线相距为 15 的水平线。然后以 ϕ40 圆心为圆心，60(20+40) 为半径画圆，该圆与水平线的交点为 R40 圆的圆心，画出 R40 圆弧，如图 3-14 所示。

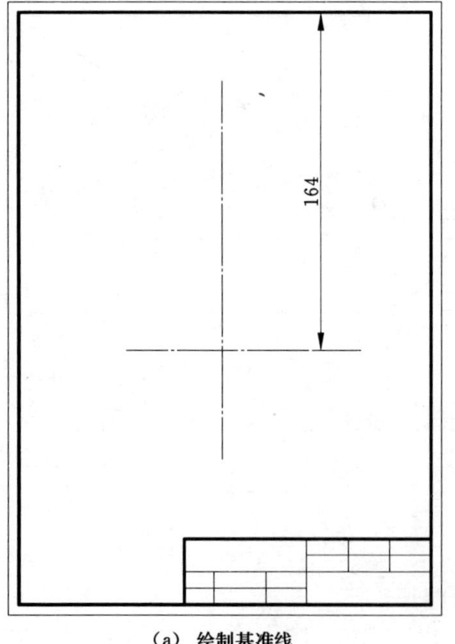

(a) 绘制基准线

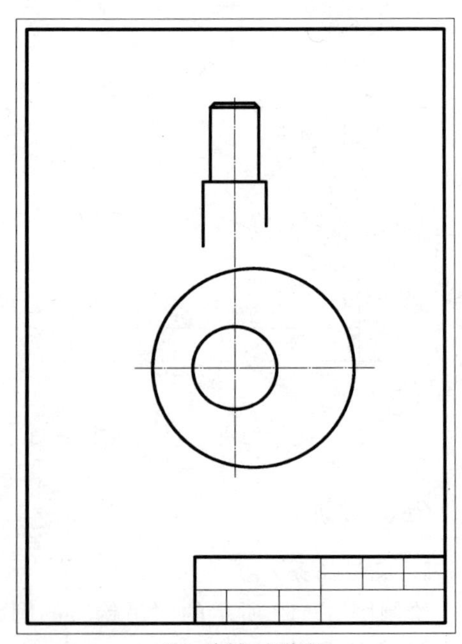

(b) 绘制已知线段

图 3-13　绘制基准线和已知线段

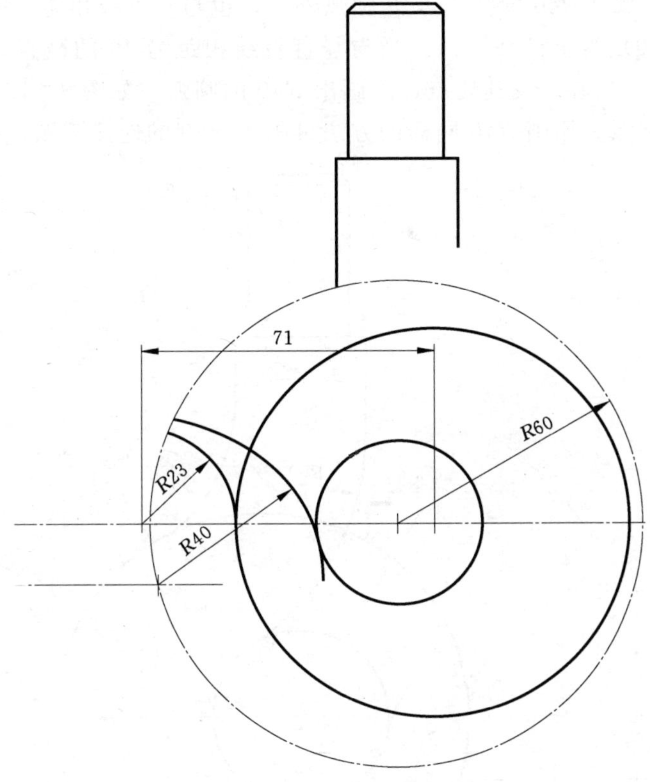

图 3-14　绘制 $R23$ 和 $R40$ 的圆

（4）绘制连接圆弧。

1）绘制 $R4$ 圆弧。$R4$ 圆弧与 $R23$ 圆弧外切，与 $R40$ 圆弧内切。以 $R23$ 圆弧圆心为圆心，以 27(23+4) 为半径画弧；再以 $R40$ 圆弧圆心为圆心，以 36(40－4) 为半径画弧。两圆弧的交点即是 $R4$ 的圆心。分别连接圆心找到切点，可画出 $R4$ 的圆弧，如图 3-15 所示。

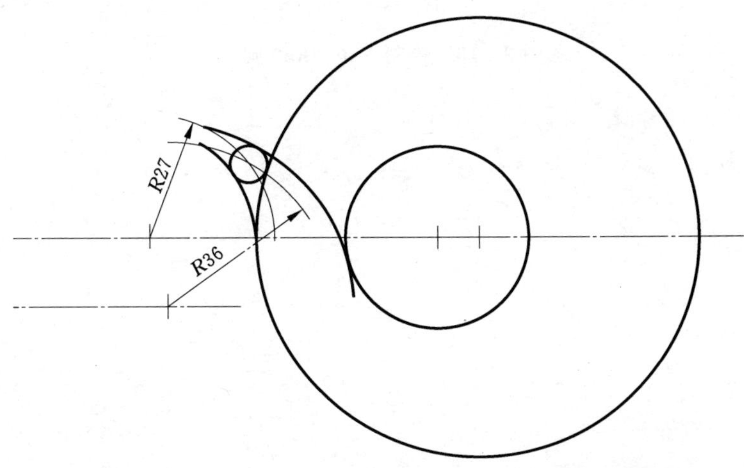

图 3-15　绘制 $R4$ 圆

2）绘制 $R40$ 圆弧。$R40$ 圆弧与 $R48$ 圆弧外切，也与竖直线相切。以 $R48$ 圆弧圆心为圆心，以 88(48+40) 为半径画弧；再画与竖直直线相距为 40 的竖直线，该竖直线与圆弧的交点即是 $R40$ 的圆心。找到切点，可画出 $R40$ 的圆弧，如图 3-16 所示。

3）绘制 $R60$ 圆弧。用画 $R40$ 同样的方法可画出 $R60$ 的连接圆弧，如图 3-16 所示。

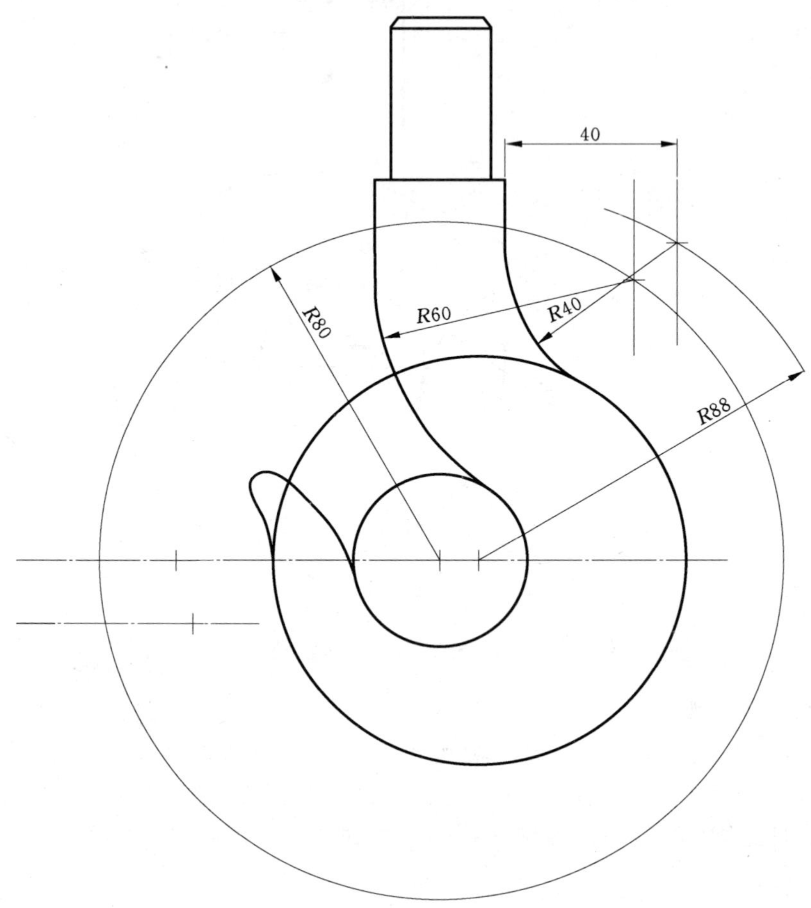

图 3-16　绘制 $R40$、$R60$ 圆弧

项目二　AutoCAD 制图技能

教学任务	教学目标	
	知识目标	技能目标
任务四　AutoCAD 绘图设置	1. 掌握房屋建筑制图图线标准； 2. 掌握房屋建筑制图尺寸标注标准； 3. 了解 AutoCAD“图层”和“特性”工具栏的作用	1. 能够利用 AutoCAD 图层设置图线特性； 2. 能够利用 AutoCAD 特性工具栏设置图线特性； 3. 能够进行图线“线型比例”的设置； 4. 能够正确进行尺寸标注样式设置
任务五　AutoCAD 绘制直线构成平面图形	1. 掌握常用的 CAD 绘制直线段的几种方法； 2. 掌握 CAD 功能按钮的设置方法； 3. 掌握线性尺寸标注和角度尺寸标注的设置方法	1. 能够绘制直线段构成的平面图形； 2. 能够标注平面图形线性尺寸和角度尺寸
任务六　AutoCAD 绘制圆弧连接平面图形	1. 掌握圆弧连接图形的尺寸分析和线段分析方法； 2. 掌握“圆”、“圆弧”、“圆角”命令的应用方法	1. 能够熟练绘制圆弧连接平面图形； 2. 能够正确标注半径、直径等尺寸
任务七　平面图形绘制与打印	1. 掌握 CAD 图形文字样式设置和文字注写方法； 2. 掌握 CAD 图形的模型空间打印设置和打印方法	1. 能够绘制较复杂平面几何图形； 2. 能够正确注写标题栏文字； 3. 能够正确设置和打印平面图形

任务四　AutoCAD 绘图设置

一、AutoCAD 经典绘图界面

AutoCAD 是“Autodesk Computer Aided Design”的缩写。其中，CAD 是泛指一种使用计算机进行辅助设计的技术；AutoCAD 是指美国 Autodesk 公司开发的 CAD 应用软件。它的基本功能有二维绘图与编辑功能、三维造型与渲染功能、图纸管理功能、输出与打印功能、网络资源访问功能、协作设计和参照功能。工程图绘制是 AutoCAD 最重要的组成部分，因为无论哪种设计，最终的设计结果都离不开图。目前，AutoCAD 已经成为世界上应用最广泛的 CAD 软件之一，广泛应用于建筑、机械、纺织、气象、水利、农

业、冶金、土木工程等领域。

AutoCAD 从 1982 年问世以来，版本一直在不断更新，目前版本每年更新一次，但这些版本的经典绘图界面是基本相同的，下面以 AutoCAD2008 版本为例，介绍 AutoCAD 经典绘图界面，如图 4-1 所示。

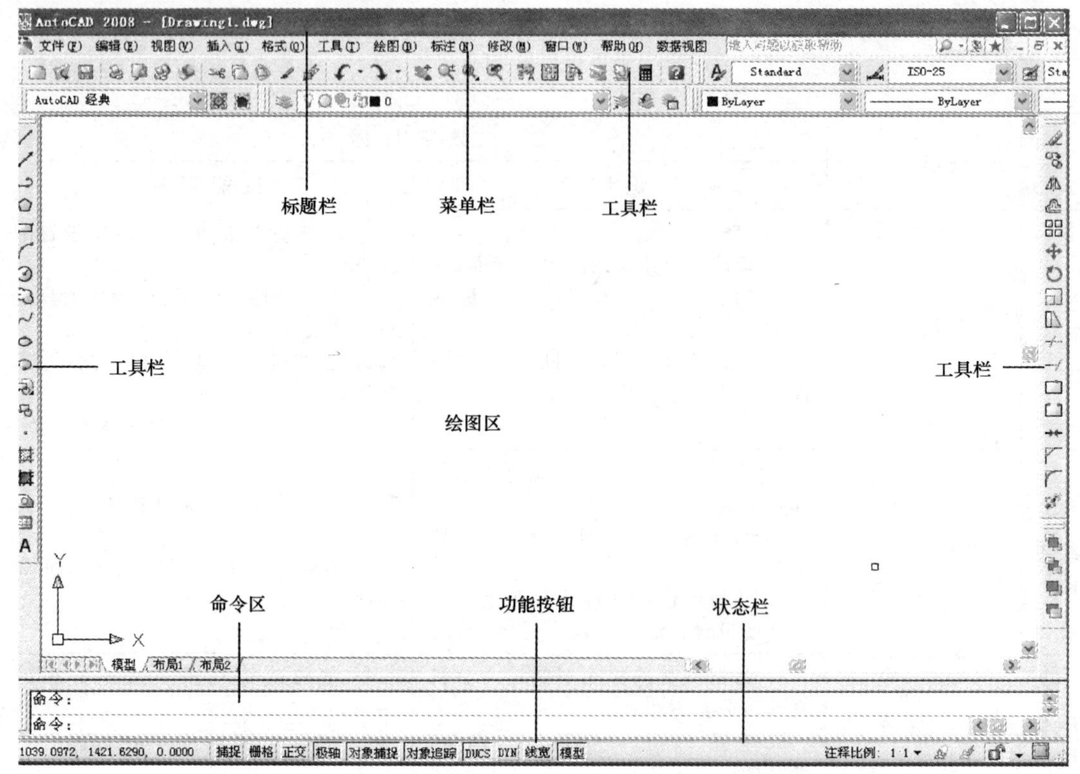

图 4-1　AutoCAD2008 中文版经典绘图界面

AutoCAD 的经典绘图界面主要由标题栏、绘图区、下拉菜单栏、各种工具栏、状态栏、命令行等部分组成。各部分功能简介如下。

1. 命令区

命令区在工作界面的下方，它是一个命令输入和命令提示窗口，默认状态下显示 3 行命令文字，如图 4-1 所示，也可以拖动边界调整显示窗口的大小。操作者使用键盘输入命令字符，按回车键（或空格键）后即执行输入的命令。

2. 工具栏

工具栏是包含启动命令的按钮。设置工具栏的目的是快速调用命令，单击工具栏中图标按钮，即可执行相应的命令。

在 AutoCAD 中，系统已提供了 30 多个已命名的工具栏。默认情况下，AutoCAD 绘图界面显示“绘图”、“修改”等工具栏，大多数处于隐藏状态。

将鼠标光标放置在已显示的任意工具栏上，单击右键，在显示的右键菜单上用鼠标点击相应的工具栏即可显示或隐藏该工具栏。

3. 绘图功能按钮

“绘图功能按钮”在状态栏中，如图 4－2 所示，左键单击按钮即可打开或关闭各按钮。

图 4－2　状态栏中的绘图功能按钮

常用的功能按钮有“极轴”、“对象捕捉”、“对象追踪”。下面分别介绍其功能。

“极轴”打开时，光标追踪用户设置的极轴角度，这样可以利用极轴追踪功能绘制各种倾斜角度的直线。“极轴”角度的设置方法是：将鼠标移到“极轴”开关按钮上，单击鼠标右键，弹出右键快捷菜单，如图 4－3 所示，在快捷菜单中选择“设置”命令，弹出显示“极轴追踪”设置选项的“草图设置”对话框，如图 4－4 所示。其中，打开“增量角”选择框可以选择或输入追踪角度，设置后能够追踪该角度和其所有倍角。单击“附加

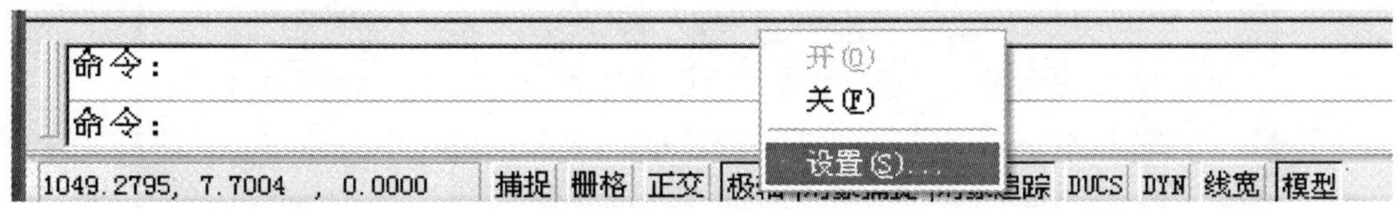

图 4－3　“极轴”按钮的右键菜单

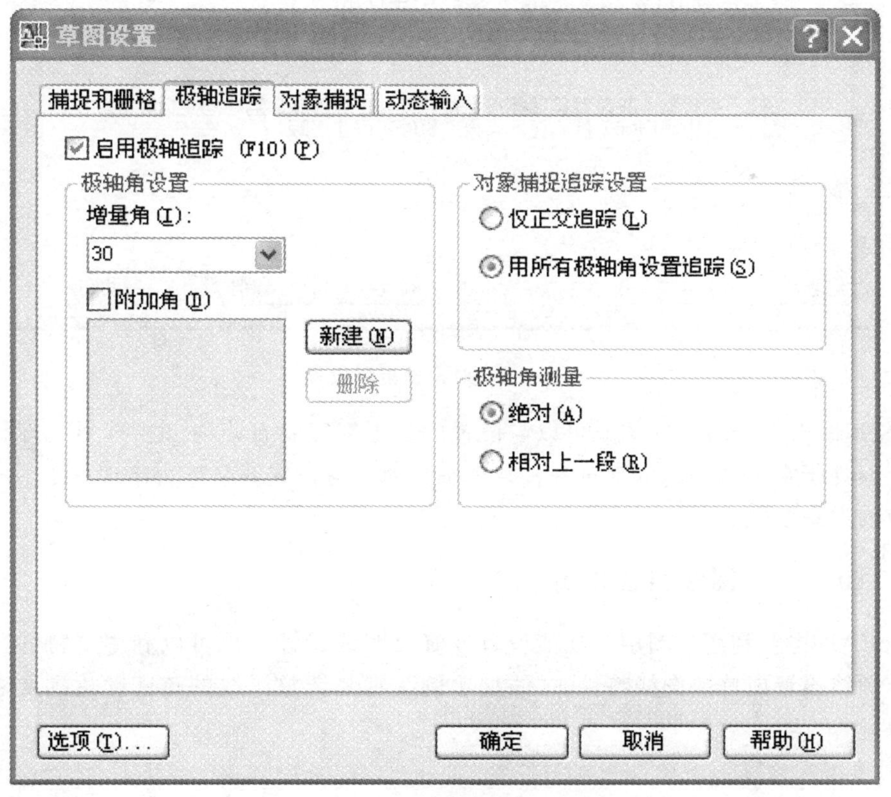

图 4－4　“极轴追踪”设置

角”“新建”按钮，可以输入附加角度，设置后只能够追踪其本身角度，而且在“附加角”前选择框打钩时该功能才启用。

“对象捕捉”功能按钮打开时，绘图时能够自动捕捉到设置的图形对象特征点，如圆或圆弧的圆心、线段的端点、交点、中点、垂足等。图 4－5 所示为“对象捕捉”设置对话框，其中，包含 13 项特征点捕捉，单击每项前的选择框，即显示一“对号”，表明该项自动捕捉功能被启用，选择后单击“确定”按钮即确定设置。如图 4－5 选择了“端点”、“圆心”、“交点”、“延伸”4 个特征点捕捉为自动对象捕捉点。

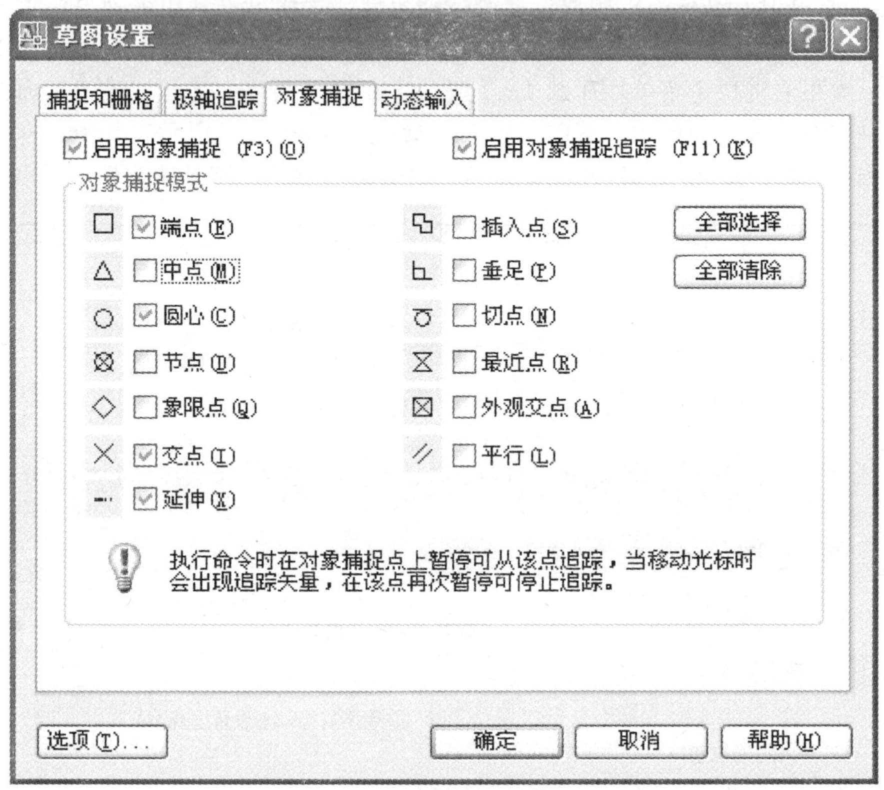

图 4－5　“对象捕捉”设置

“对象追踪”打开时，绘图时可以与设置的图形对象特征点对齐，即当光标移动到与某个特征点处于水平对齐、垂直对齐、某极轴角对齐等位置时，就会出现一条对齐线，并显示相应的追踪参数。

二、AutoCAD 图线特性设置

AutoCAD 主要利用“图层”功能设置或修改图线特性，也可以利用“特性”工具栏进行当前图线设置或修改图线特性。“线型比例”则是调整图线的疏密度达到要求的屏幕显示效果。

1. 利用图层设置图线特性

(1) 图层“颜色”设置。在工程图中，为 CAD 标准检查的需要，相同类型的图线应

采用同样的颜色。《CAD 工程制图规则》（GB/T 18229—2000）规定了各类图线的颜色设置。表 4－1 是我国 CAD 标准规定的图线颜色。

表 4－1　　　图线标准颜色

图形类型		屏幕上的颜色
粗实线		白色
细实线		绿色
波浪线		
双折线		
虚线		黄色
细点划线		红色
粗点划线		棕色
双点划线		粉红色

（2）图层"线型"设置。AutoCAD 建筑制图常用的线型型号及特性见表 4－2，在绘制房屋建筑工程图时，虚线线型推荐选用"JIS _ 02 _ 2.0"（小图）或"JIS _ 02 _ 4.0"（大图）；点划线线型推荐选用"JIS _ 08 _ 15"（大图）或"JIS _ 08 _ 11"（小图）。

表 4－2　　　图线线型样式及特性尺寸　　　单位：mm

名称	线型样式	线型型号	间隙	短划长	长划长
虚线		HIDDEN2	1.5	3.0	
		JIS _ 02 _ 2.0	1.0	2.0	
		JIS _ 02 _ 4.0	1.5	4.0	
点划线		JIS _ 08 _ 11	0.6	0.6	11.0
		JIS _ 08 _ 15	0.75	0.75	15.0
		CENTER2	3.0	3.0	19.0
双点划线		PNANTOM2	3.0	3.0	16.0
		JIS _ 09 _ 08	0.5	0.5	8.0
		JIS _ 09 _ 15	0.9	0.9	15.0

（3）图层"线宽"设置。线宽按《房屋建筑制图统一标准》的要求设置，推荐选用 0.7、0.35、0.18 或 0.5、0.25、0.13 线宽组。

（4）图层设置举例。按线型设置图层样例如图 4－6 所示。

2. 利用"特性"工具栏设置图线特性

在默认设置的 AutoCAD 界面上，在绘图区的上部显示"特性"工具栏，如图 4－7 所示，工具栏中包括"颜色控制"、"线型控制"、"线宽控制"三个特性控制窗口，"颜色"、"线型"、"线宽"都可以通过控制窗口设置。

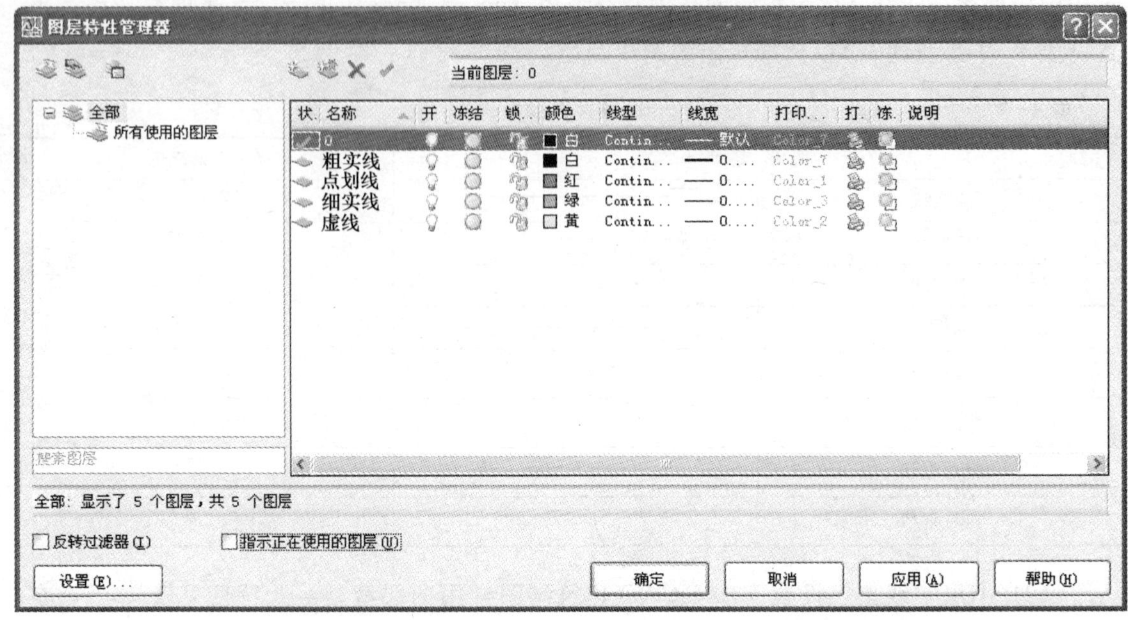

图 4-6　按线型设置图层

图 4-7　“特性”工具栏

如果将特性值设置为“ByLayer”（随层），则绘制的图形对象的特性为当前图层设置的特性。例如，如果“图层 0”为当前图层，“图层 0”的图线颜色设置为“红色”，“特性”控制窗口中指定颜色“ByLayer”，则绘制出的直线的颜色将为红色。

如果将特性值设为指定的值，则该值将替代当前图层设置的值，且不随当前图层的改变而变化。例如，如果将“图层 0”上的直线指定为“蓝色”，则此后绘制的直线的颜色均为蓝色，直到重新修改“控制窗口”中的这个特性值为止。

应该注意的是，通过“特性”工具栏来设定对象的特性，容易引起记忆不清，不利于图形的修改和参照，所以在绘图中尽量不要使用“特性”工具栏，它仅是一种个别对象的特性控制方法。

3. 线型比例设置

线型比例的设置是放大或缩小虚线、点划线等线段的划长和间隔，使之能够在屏幕上正常显示。方法如下：

在“格式”菜单中，单击“线型...”，弹出“线型管理器”窗口，如图 4-8 所示。

其中，“全局比例因子”输入框设置后，该图形文件中的所有线型（包括已绘制和以后绘制的图线）的疏密都随着该比例值发生变化，如“全局比例因子”设为 100，则“JIS_02_4.0”线型的每划长为 400，每划间隙为 150。

图 4－8　线型比例设置

“当前对象缩放比例”输入框设置后，新绘制的图线线型疏密随着当前比例值发生变化，此前绘制的图线不受其比例影响，当前比例值＝全局比例因子值×当前对象缩放比例。如全局比例因子设为 100，当前对象缩放比例设为 0.2，则以后所画图线执行的比例值为 20。

“全局比例因子”的具体设置与选择的线型、打印方式、打印比例等因素密切相关，以后根据具体的任务再讲述。

三、AutoCAD 尺寸样式设置

尺寸样式是指尺寸要素的外观形状、大小、特性等，在尺寸标注时常常要设置尺寸样式。

系统默认的标注样式为“ISO－25”和“Annotative”，该样式仅为基础样式，绘图时一般要新建或修改尺寸标注样式。新建标注样式时，在“格式”菜单或“标注”工具栏中，打开“标注样式管理器”对话框，如图 4－9 所示。

1. 新建标注样式

单击“新建”按钮，打开“创建新标注样式”对话框，如图 4－10 所示。在“新样式名”输入框中输入新建尺寸标注样式的名称，默认的新样式名为“副本 ISO－25”。在“基础样式”选择框中，可以打开下拉列表，从中选择一种样式作为基础样式。新建的标注样式只修改与基础样式不同的特性。

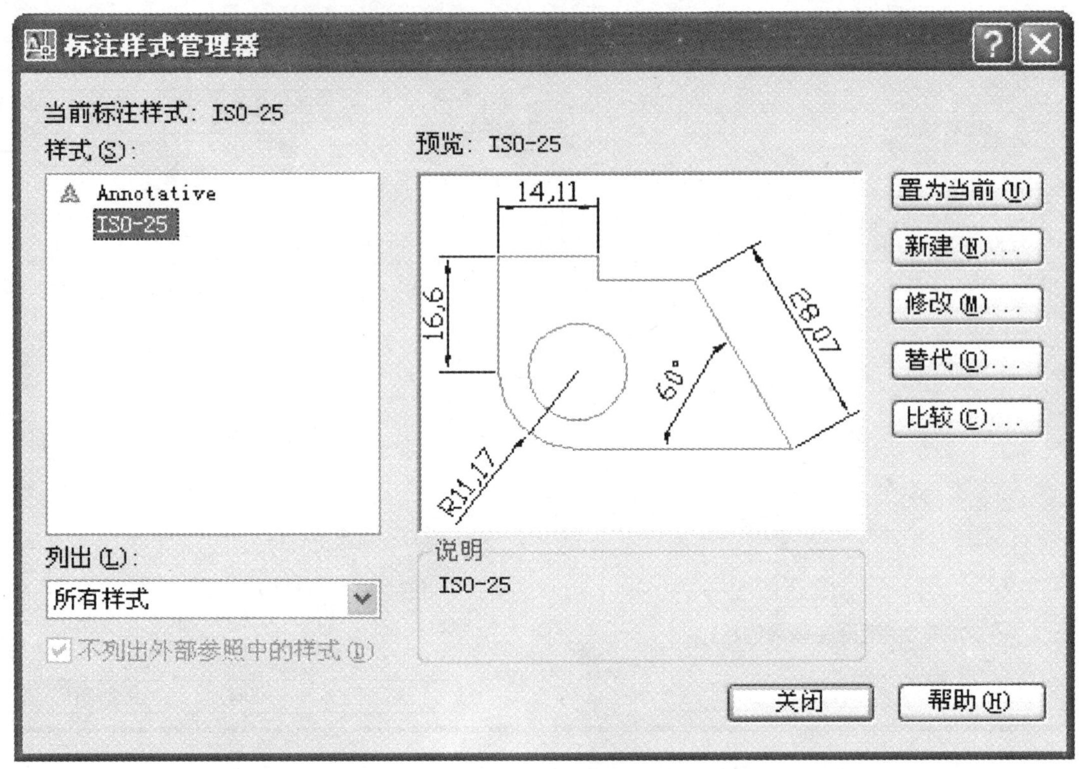

图 4-9　“标注样式管理器”对话框

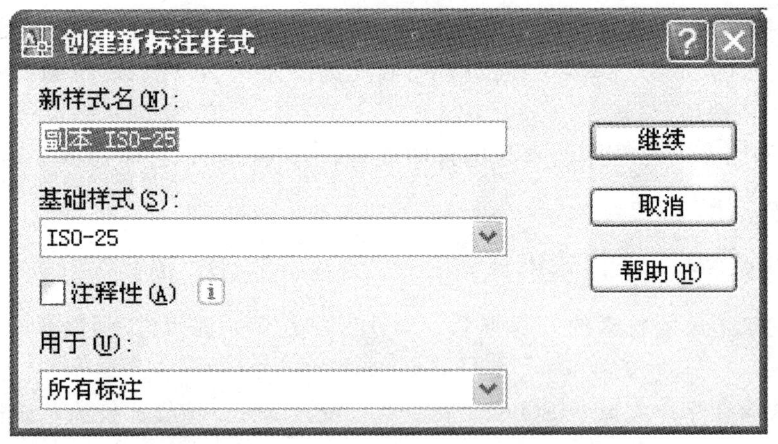

图 4-10　“创建新标注样式”对话框

在“用于”选择框中，打开如图 4-11 所示的标注子样式列表，从中选择一种标注类型作为标注子样式。单击“继续”按钮，弹出“新建标注样式”对话框，如图 4-12 所示，从中对新样式进行设置。

2. 修改标注样式

单击“修改”按钮，打开“修改标注样式”对话框，内容与图 4-12“新建标注样式”

创建新标注样式
新样式名(N):
副本 ISO-25
继续
基础样式(S):
ISO-25
取消
注释性(A)
帮助(H)
用于(U):
所有标注
所有标注
线性标注
角度标注
半径标注
直径标注
坐标标注
引线和公差

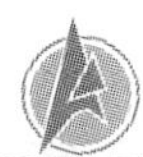

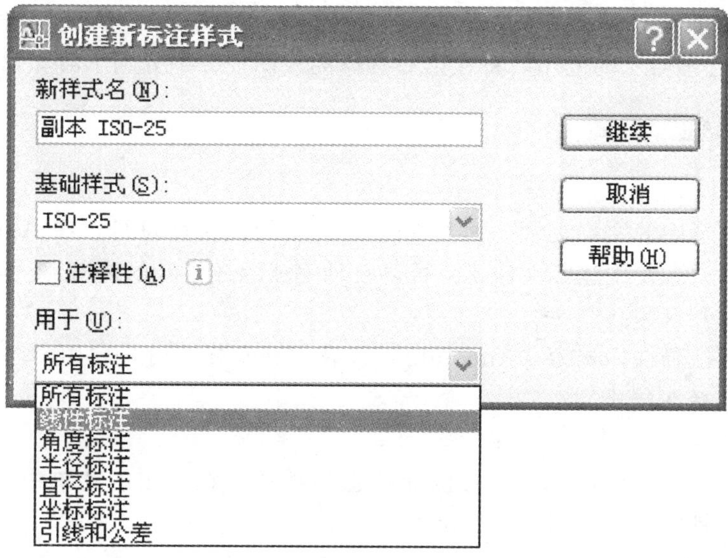

图 4-11 标注子样式列表

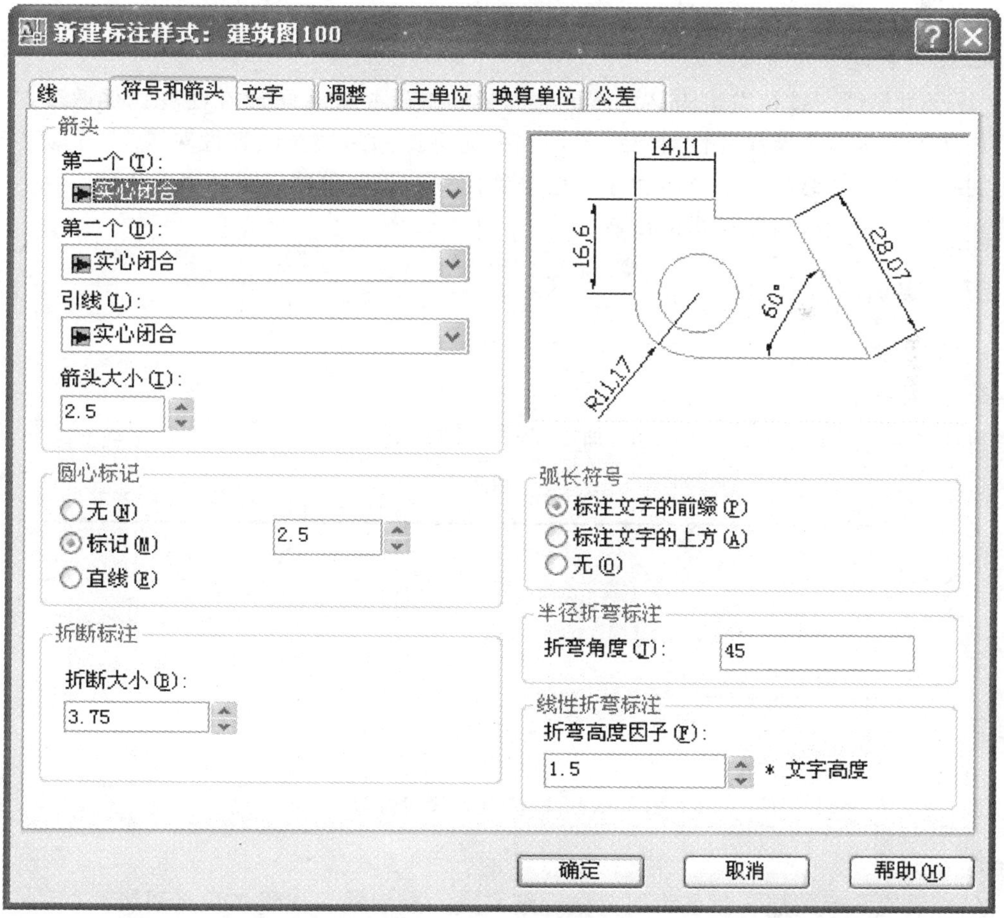

新建标注样式：建筑图100
线
符号和箭头
文字
调整
主单位
换算单位
公差
箭头
第一个(T):
实心闭合
第二个(D):
实心闭合
引线(L):
实心闭合
箭头大小(I):
2.5
14,11
16,6
28,07
60°
R11,17
圆心标记
无(N)
标记(M)
直线(E)
2.5
弧长符号
标注文字的前缀(P)
标注文字的上方(A)
无(O)
半径折弯标注
折弯角度(J):
45
折断标注
折断大小(B):
3.75
线性折弯标注
折弯高度因子(F):
1.5
* 文字高度
确定
取消
帮助(H)

图 4-12 “新建标注样式”对话框

对话框相同，从中可以对标注样式进行重新设置，单击“确定”按钮后原样式即被修改。

“标注样式管理器”的应用，将在以后具体的绘图任务中分别学习和掌握。

四、“注释性”设置

1. 注释性

注释是指图形中的文字说明、尺寸标注或其他的说明性符号。在 AutoCAD2008 中，新增加注释性样式，使用注释性样式，可以自动完成缩放注释的过程，从而使注释能够以正确的大小显示和打印。

系统默认的注释性样式为“Annotative”。在创建新样式时，启用“注释性”复选框，即创建为新的注释性样式。

2. 注释比例

单击状态栏中“注释比例”右边的比例选择按钮，在弹出的菜单中选择相应的比例值，即是该注释性样式的比例。

3. 注释可见性

单击状态栏中的“注释可见性”按钮，可以转换注释性对象的显示方式，“显示所有比例的注释性对象”或“仅显示当前比例的注释性对象”。

4. 比例更改方式转换

“注释可见性”按钮右边为“比例更改方式转换”按钮，可以在注释比例改变时，选择“自动将比例添加至注释性对象”还是“手动将比例添加至注释性对象”。手动更改注释比例时，选择“修改”菜单中“注释性对象比例”子菜单中“添加当前比例”命令，然后选择注释性对象以更新至当前比例。

五、实训

（一）实训一

1. 实训任务

应用 AutoCAD 绘制如图 4 - 13 所示的平面图形。

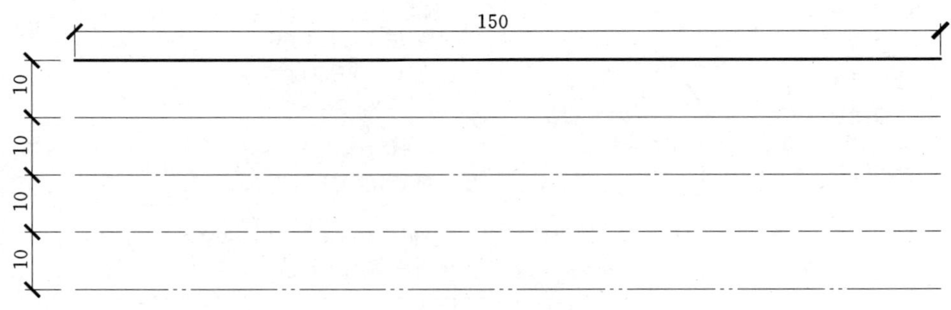

图 4 - 13　CAD 绘图设置练习一

2. 实训要求

（1）设置 5 个图层，命名为粗实线、细实线、点划线、虚线、双点划线。

（2）在图层中，粗实线、细实线线型设置为 continuous；点划线线型设置为 JIS _ 08 _

15；虚线线型设置为 JIS _ 02 _ 4.0；双点划线线型设置为 JIS _ 09 _ 15。

(3) 新建尺寸标注样式，命名为“4-13 样式”，设置为原图所示样式。

（二）实训二

1. 实训任务

应用 AutoCAD 绘制如图 4-14 所示的平面图形。

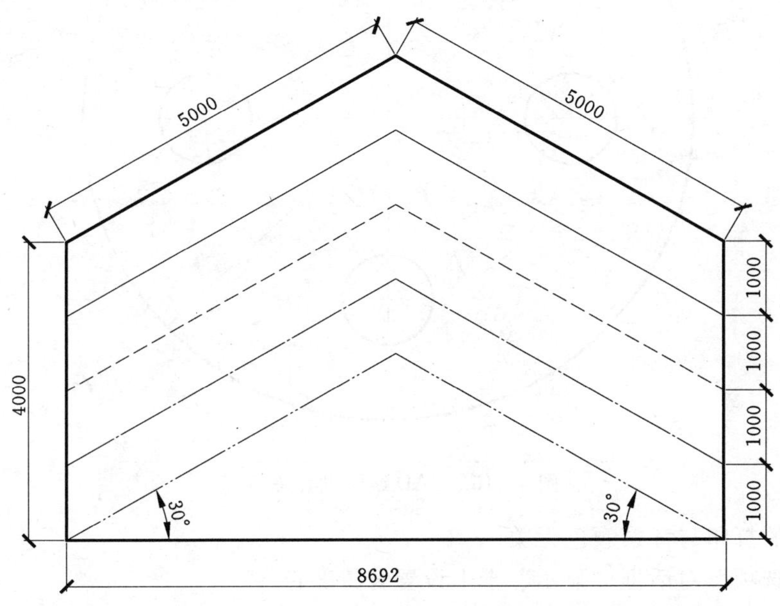

图 4-14 CAD 绘图设置练习二

2. 实训要求

(1) 新建并设置图层，点划线线型设置为 JIS _ 08 _ 15；虚线线型设置为 JIS _ 02 _ 4.0；双点划线线型设置为 JIS _ 09 _ 15。

(2) 设置合理的“线型”、“全局比例因子”，能够清晰显示线型。

(3) 新建尺寸标注样式，命名为“4-14 样式”，照原图标注尺寸。

（三）实训三

1. 实训任务

应用 AutoCAD 绘制如图 4-15 所示的平面图形。

2. 实训要求

(1) 新建并设置图层，点划线线型设置为 JIS _ 08 _ 11；虚线线型设置为 JIS _ 02 _ 2.0。

(2) 设置合理的“线型”、“全局比例因子”，能够清晰显示线型。

(3) 新建尺寸标注样式，命名为“4-15 样式”，标注为原图样式。

六、课外拓展练习

(1) 关于绘图窗口的背景颜色，描述错误的是（ ）。

A. 可以更改为其他颜色

B. 打印图纸之前一定要改为白色

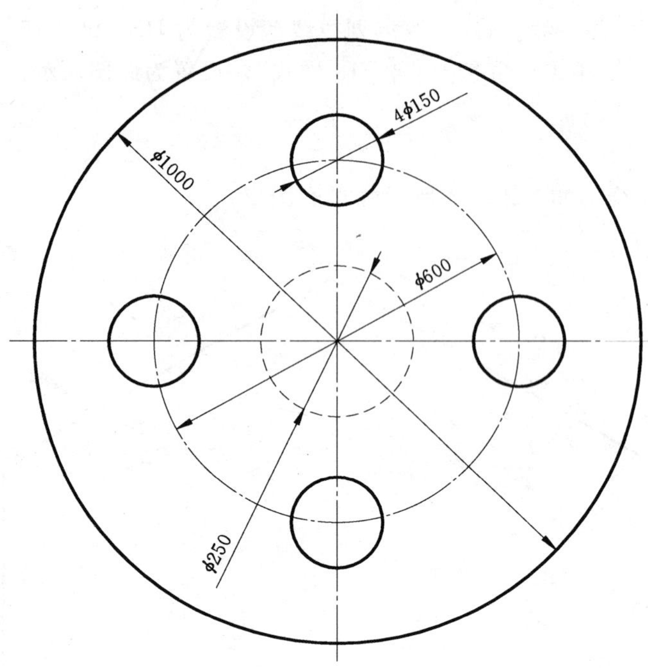

图 4－15　CAD 绘图设置练习三

C. 图形的打印与背景颜色无关

D. 在“选项”对话框“显示”卡上设置背景颜色

(2)“对象追踪”不能单独使用，必须同时打开（　　）一起使用。

A. 对象捕捉　　B. 捕捉　　C. 极轴追踪　　D. 延伸捕捉

(3) 利用“极轴”工具绘制角度 60°的直线，以下设置错误的是（　　）。

A. “极轴增量角”为 60°　　B. “极轴增量角”为 30°

C. “附加角”为 60°　　D. “附加角”为 30°

(4) 极轴增量角设为默认的 90°，绘制直线时，以下正确的说法是（　　）。

A. 只能向上画 90°垂直线　　B. 只能向上画 90°或向下画 270°垂直线

C. 可以画水平线和垂直线　　D. 还要打开正交才能画水平线和垂直线

(5) 绘制长度为 10000 的水平直线，为使“JIS _ 02 _ 4.0”线型在全屏时显示清晰，合适的线型“全局比例因子”为（　　）。

A. 1　　B. 10　　C. 50　　D. 100

任务五　AutoCAD 绘制直线构成平面图形

一、AutoCAD 绘制直线段的几种方法

1. 极轴追踪法

将“极轴”按钮打开，利用极轴追踪功能，用鼠标指定直线的方向，在绘图界面“命令区”输入直线段的长度，按回车键确认，即可绘出给定长度和方向的直线，此方法称为

极轴追踪法。将“对象捕捉”和“对象追踪”按钮打开，可以以设置极轴角度捕捉对齐端点、中点等对象要素，此方法称为对象追踪法。

【例 5-1】 根据所注尺寸，用“极轴追踪法”绘制图 5-1 所示平面图形。

（1）打开状态栏中的“极轴”、“对象捕捉”、“对象追踪”按钮开关。

（2）启用“直线”命令，用鼠标指定绘图界面中任一点作为绘图的起始点，本例可以指定 40 直线段的上端点。

（3）用鼠标指引绘制直线的方向竖直向下，输入长度 40，按回车键；然后用鼠标指引水平方向，输入 80，按回车键；再用同样的办法绘出 70、30 直线段。

（4）用鼠标在竖直方向上捕捉 40 直线段的上端点并追踪对齐点后单击左键，如图 5-2 所示。绘出 30 左端的竖直线。

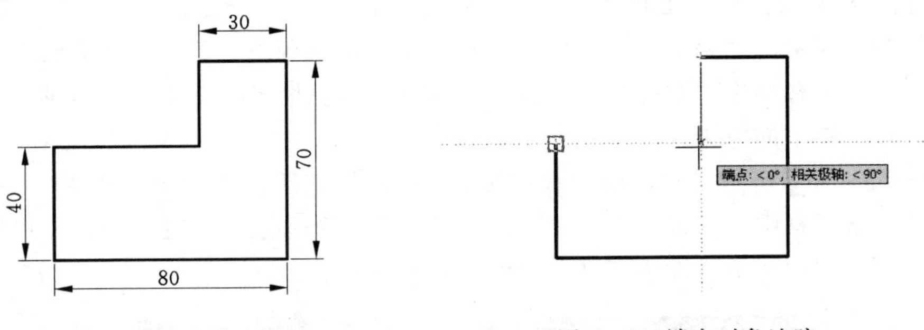

图 5-1　极轴追踪法图例　　　图 5-2　端点对象追踪

（5）输入字符“C”，按回车键，直线段与起点闭合，“直线”命令自动结束。

2. 直角坐标法

在 AutoCAD 中，有绝对坐标和相对坐标两种输入法，绝对坐标是默认的世界坐标系，绝对坐标的输入格式为“x，y”；相对坐标表示该坐标点是以前一个输入点为坐标原点，相对坐标的输入格式为“@x，y”。

直角坐标法一般用来绘制具有水平和竖直尺寸的直线。绘图时，相对坐标使用较多，如图 5-3 所示，在画该直线时，如果先确定 A 为起点位置，则输入相对坐标值“@100，60”，然后按回车键；如果先确定 B 为起点位置，则输入相对坐标值“@-100，-60”，然后按回车键。

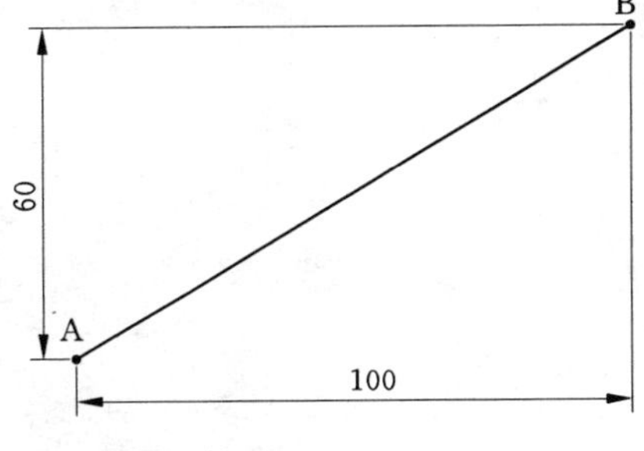

图 5-3　相对坐标法图例

3. 极坐标法

在 AutoCAD 中，也有绝对极坐标和相对极坐标两种输入法，绝对极坐标是默认的世界坐标系，绝对极坐标的输入格式为“L<θ”；相对极坐标表示该坐标点是以前一个输入点为坐标原点，相对极坐标的输入格式为“@L<θ”，L 为直线的长度，θ 为直线的极轴角度。

系统对极轴角的默认设置是：以直线的起点为中心，X 坐标轴的正向水平线为基准（0 角度），逆时针方向为正角度，顺时针方向为负角度。

极坐标法一般用来绘制标注长度和角度的倾斜直线，常用的是相对极坐标法，如图 5-4 所示，在绘制该直线时，如果先确定 A 点为直线起点，则输入相对极坐标值

“@120<31”，然后按回车键；如果先确定 B 点为直线起点，则输入相对极坐标值“@120<211”，然后按回车键。

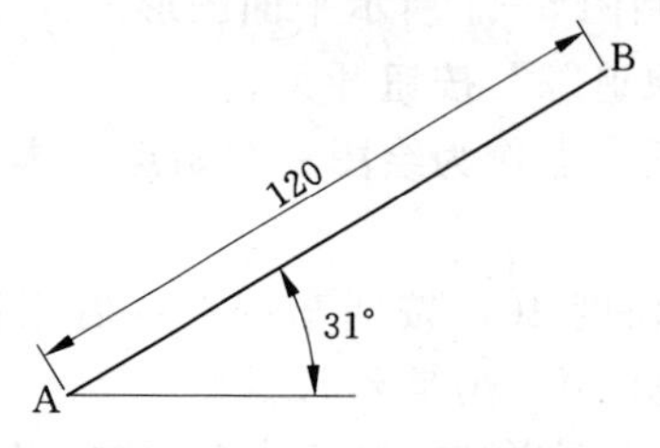

图 5-4 相对极坐标法图例

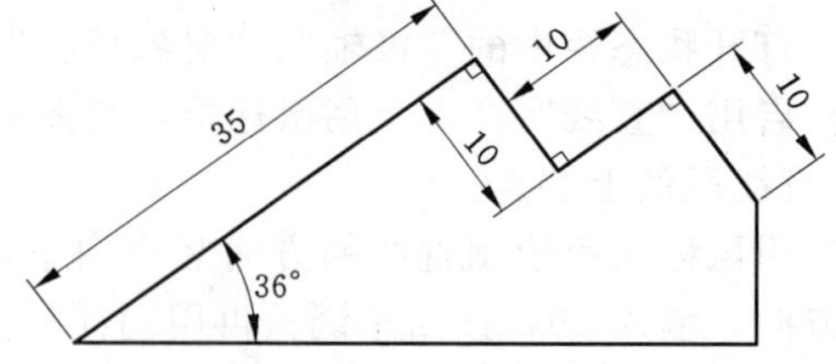

图 5-5 “相对上一段”追踪法图例

4. 设置“相对上一段”追踪法

采用极轴设置中的“相对上一段”选项功能来追踪绘制直线段的方法，称为“相对上一段”追踪法。此种办法主要绘制相互间有角度的直线段图形。下面举例说明“相对上一段”追踪法在绘图中的应用。

【例 5-2】 根据所注尺寸，用设置“相对上一段”追踪法绘制图 5-5 所示平面图形。

(1) 打开状态栏中的“极轴”、“对象捕捉”、“对象追踪”按钮开关。将极轴“增量角”设为“90”，“附加角”设为“36”，如图 5-6 所示。

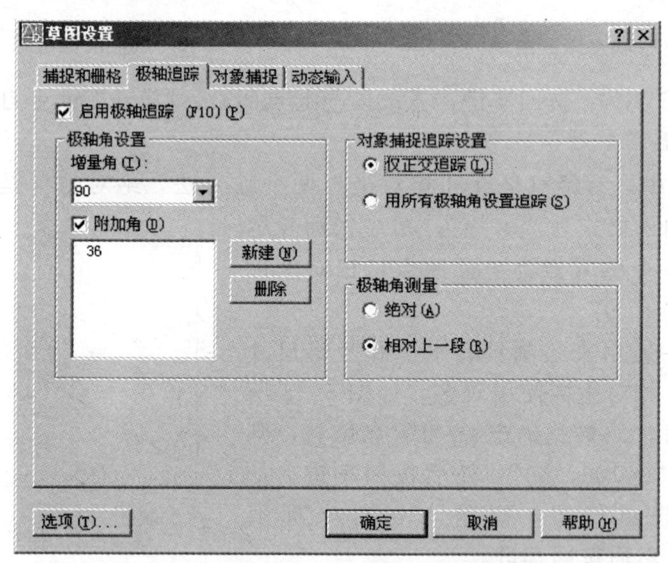

图 5-6 设置“相对上一段”及追踪角度

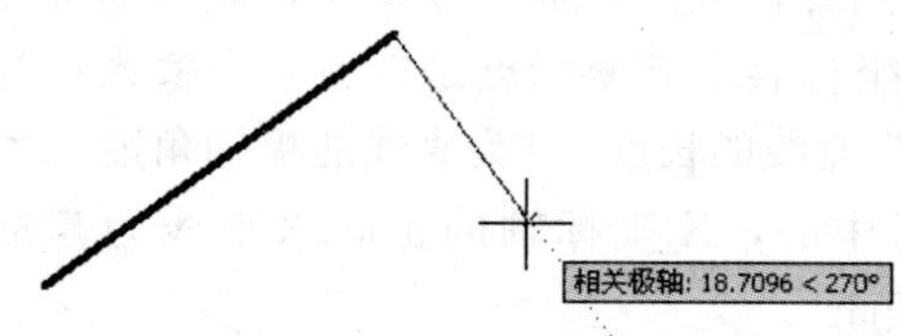

图 5-7 “相对上一段”极轴追踪

(2) 启用“直线”命令，35 线段的下端点作为绘图的起始点。

(3) 用鼠标指引 36°角追踪方向，输入 35，按回车键。

(4) 用鼠标指引相对 270°角追踪方向，如图 5-7 所示，然后输入 10，按回车键。

(5) 用鼠标指引相对角度90°角追踪方向，然后输入10，按回车键。

(6) 用鼠标指引相对角度270°角追踪方向，然后输入10，按回车键。

(7) 鼠标指引竖直向下找到与起点水平追踪线的交叉点，如图5-8所示，然后单击左键。

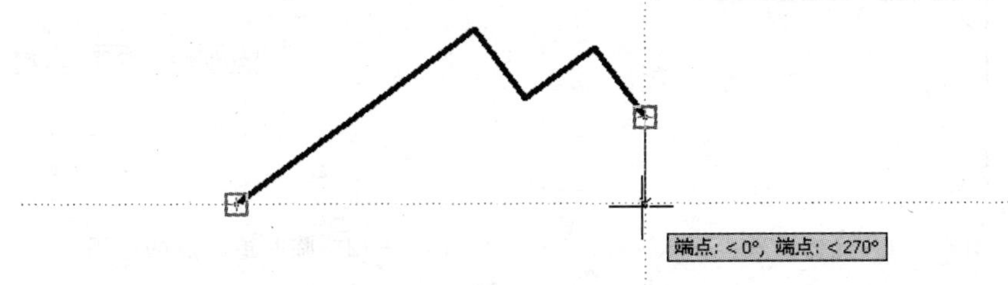

图5-8　对象追踪

(8) 输入字符“C”，按回车键，直线段与起点闭合，“直线”命令自动结束。

5. 利用“临时追踪点”追踪法

如图5-9所示标注角度和垂直线性距离的倾斜直线，可借助“临时追踪点”功能确定直线端点位置，这种绘制倾斜直线段的方法称为利用“临时追踪点”追踪法。

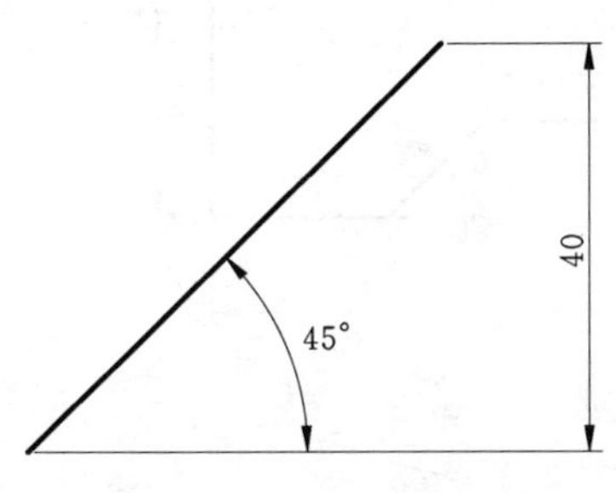

图5-9　“临时追踪点”应用

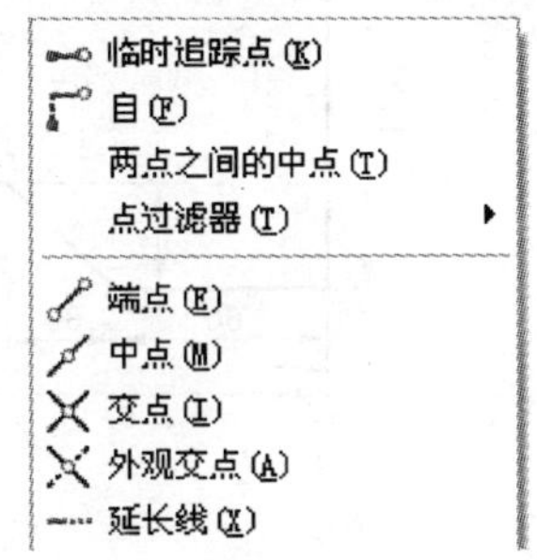

图5-10　临时追踪快捷菜单

在绘制该直线时，将极轴“增量角”设为“45”，启用“直线”命令，在绘图区用鼠标指定一点作为45°角的下端点，然后按住“shift”键，再单击鼠标右键，弹出临时追踪快捷菜单，如图5-10所示。松开“shift”键，单击其最上的“临时追踪点”命令，用鼠标从起点竖直向上指引方向，如图5-11所示，此时从命令区输入“20”，按回车键，则出现黄色十字标注。再直接移动鼠标寻找临时追踪点的水平追踪线与45°极轴角追踪线的交叉点，如图5-12所示，然后单击左键，该线段被正确绘出。

二、实训

(一) 实训一

1. 实训任务

绘制图5-13所示平面图形。

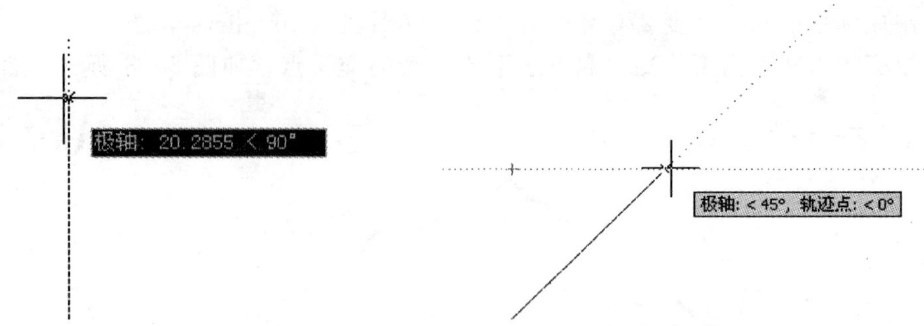

图 5-11　光标位置　　　　图 5-12　临时追踪点的应用

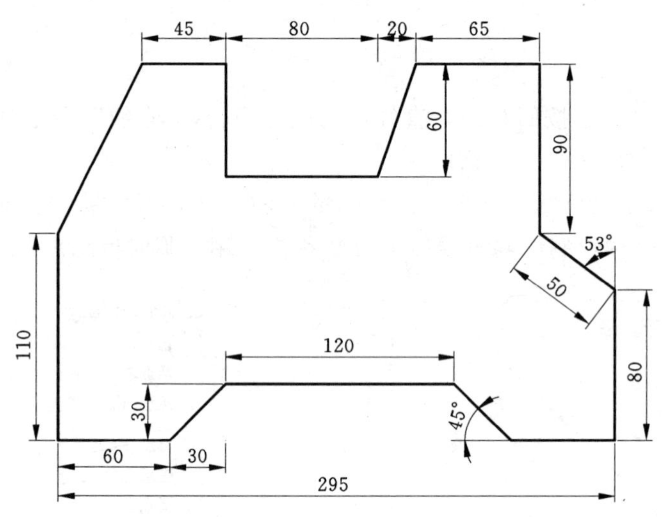

图 5-13　实训一

2. 实训要求

（1）启用一次“直线”命令完成绘图，需反复训练，达到熟练作图，绘图时间不超过 3min。

（2）新建尺寸标注样式，按图示样式进行尺寸标注，时间不超过 6min。

3. 实训指导

（1）确认打开状态栏中的“极轴”、“对象捕捉”、“对象追踪”按钮，关闭“动态输入”功能按钮。

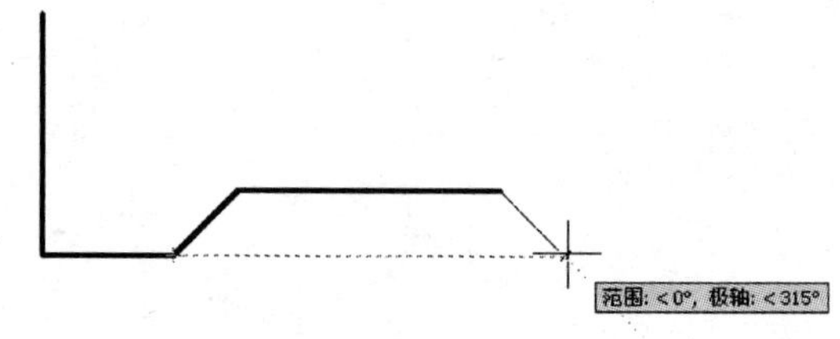

图 5-14　对象追踪和极轴追踪

（2）启用“直线”命令，将图中 110 直线的上端点作为起画点，拖动鼠标指引方向，用极轴追踪法绘出 110、60 竖直和水平线段。

（3）从命令区输入“@30，30”，按回车键，绘出倾斜线。

（4）用鼠标指引追踪水平方向，输入

120，按回车键。

(5) 将“极轴增量角”设置为“45”，追踪对齐左边端点，绘制315°倾斜直线。如图5-14所示。

(6) 将鼠标放置于110线段的下端点上稍许，约1s，然后稍快速向右水平移动鼠标，鼠标光标向线下放置，则出现如图5-15所示追踪线，这时，输入295画出底端最右的一段直线。

(7) 用极轴追踪法绘出80竖直线段。从命令区输入“@50<143”极坐标值，用相对极坐标法绘出50的倾斜直线。

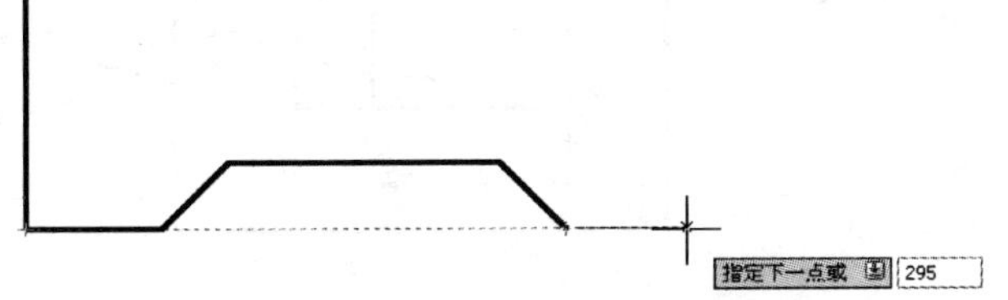

图5-15　临时追踪点追踪

(8) 用极轴追踪法绘出90、65的直线段。从命令区输入“@-20，-60”相对坐标值，用相对坐标法绘出上部的倾斜直线段。再用极轴追踪法绘出45的直线段。

(9) 从键盘输入“C”字符后按回车键，图线与起点自动连接，“直线”命令结束。

(10) 启用“标注样式”命令，在弹出的“标注样式管理器”对话框中，单击“新建”按钮，又弹出“创建新标注样式”对话框，在新样式名一栏中输入“图5-13”样式名，然后单击“继续”按钮。

(11) 在弹出的“新建标注样式”对话框中，单击“调整”标签，将“使用全局比例”输入框中的值改为“2”，单击“确定”按钮，返回“标注样式管理器”对话框，单击“置为当前”按钮，然后关闭该对话框。

(12) 将鼠标光标放置于任意工具栏上，单击鼠标右键，弹出快捷菜单，从中单击“标注”，则弹出“标注”工具栏。

(13) 应用“图5-13”标注样式，启用“线性”、“对齐”、“角度”等标注命令，对全图的尺寸进行标注。

(二) 实训二

1. 实训任务

绘制图5-16所示平面对称图形。

2. 实训要求

(1) 启用“直线”命令完成绘图，不用作图辅助线，反复训练，达到熟练作图，绘图时间不超过5min。

(2) 按图示样式进行尺寸标注，熟练标注时间不超过3min。

3. 实训指导

此图作图方法较多，从直线练习的角度考虑，对称图形从对称线为起点作图较方便。

(1) 启用“直线”命令，以左下角点为绘图的起始点，绘出100×60的矩形。

(2) 启用“直线”命令，追踪左边竖直线的中点，输入“10”后，按回车键，确定20×35矩形线框的中点为起点，绘出20×35的矩形，如图5-17所示，

(3) 启用“直线”命令，追踪右边竖直线的中点，输入“50”后，按回车键，确定

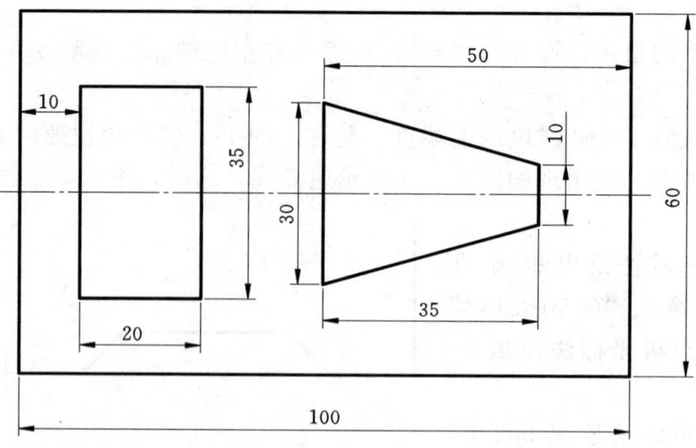

图 5-16 实训二

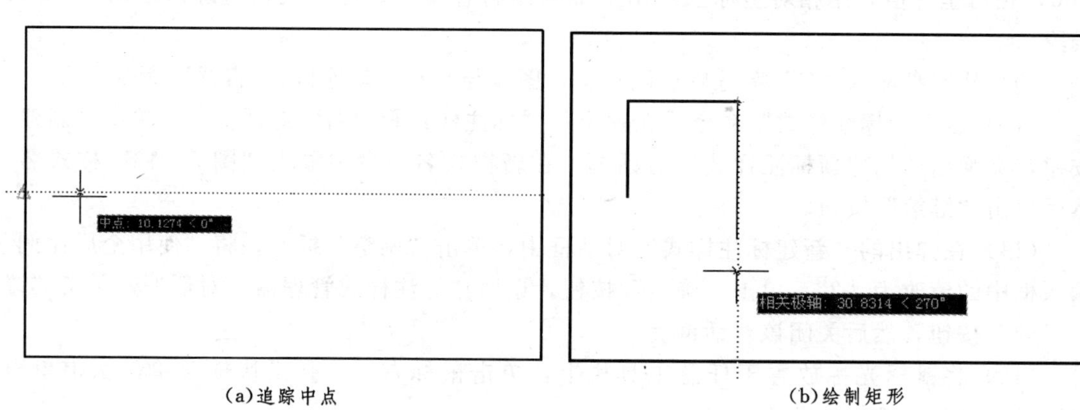

(a)追踪中点　　(b)绘制矩形

图 5-17 追踪中点绘制矩形

30 直线段的中点为起点，绘出 30 的直线段。

(4) 启用“直线”命令，追踪 30 竖直线的中点，如图 5-18 所示，输入“35”后，按回车键，确定 10 线段的中点为起点，绘出 10 的直线段，最后连接。

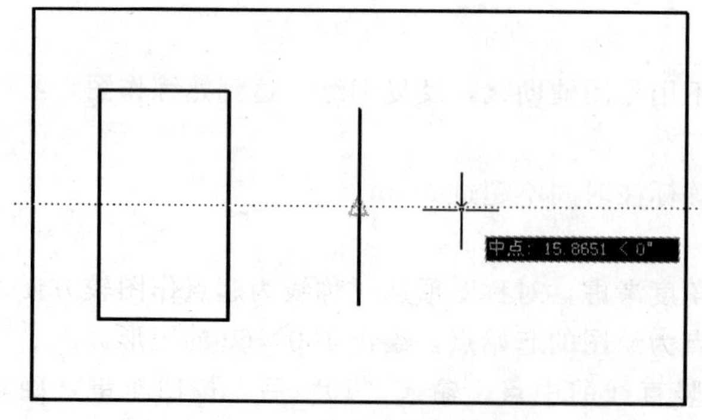

图 5-18 中点定位绘梯形

(5) 应用“ISO-25”标注样式，启用“线性”标注命令，标注全图。

(三) 实训三

1. 实训任务

绘制图 5-19 所示平面图形。

2. 实训要求

(1) 启用“直线”命令完成绘图，最好不用作图辅助线，需反复训练，达到熟练作图，绘图时间不超过 10min。

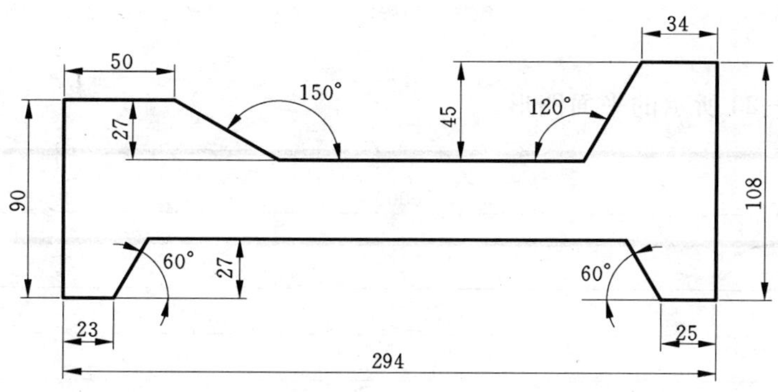

图 5－19　实训三

（2）按图示样式进行尺寸标注，熟练标注时间不超过 5min。

3. 实训指导

（1）用极轴追踪法绘制 23、90、50 直线段，启用“直线”命令，鼠标追踪左下角点水平向右方向，输入 294，绘制右边直线图形，如图 5－20 所示。

图 5－20　绘制两端直线

（2）将“极轴追踪”的“增量角”设置为“30”，应用“临时追踪点”追踪法绘制左下 60°直线，如图 5－21 所示。用同样的方法绘制左上 150°直线。

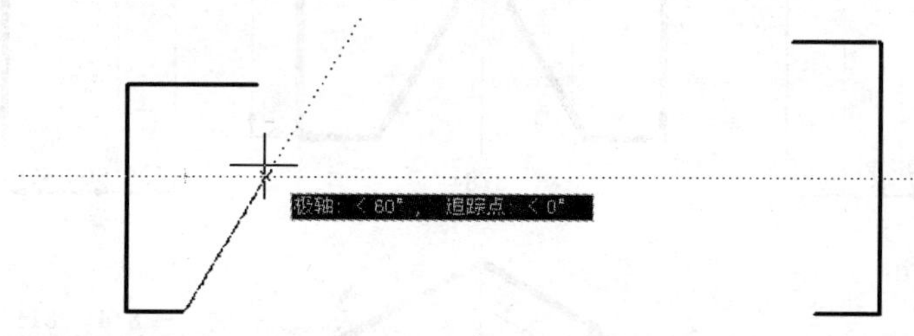

图 5－21　绘制左下 60°直线

（3）从右边用鼠标追踪左边 60°直线的端点，如图 5－22 所示，绘制右下 60°直线，再用同样的方法绘制 120°直线。

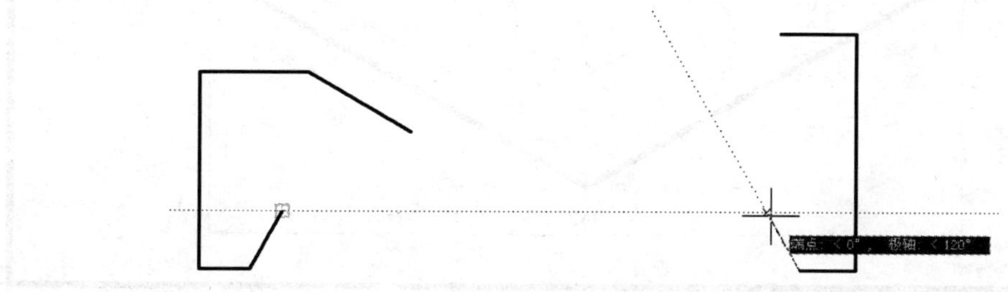

图 5－22　绘制右下 60°直线

（4）新建标注样式，对全图进行标注。

（四）实训四

1. 实训任务

绘制如图 5-23 所示的平面图形。

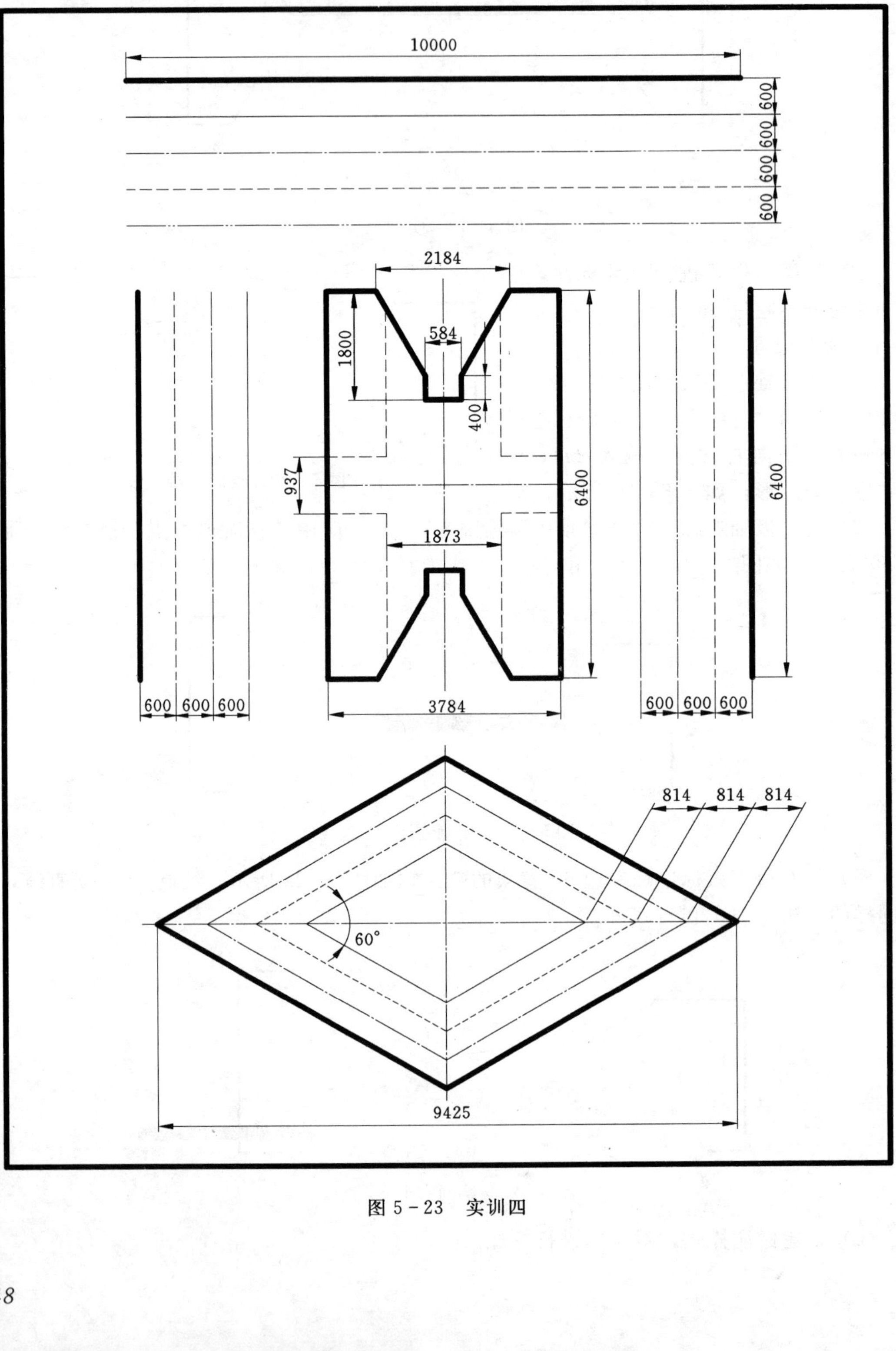

图 5-23　实训四

2. 实训要求

(1) 要求设置并命名粗实线、细实线、虚线、细点画线图层，颜色、线型、线宽符合国家标准。

(2) 设置合适的线型比例，以能在屏幕上清晰显示各种线型。

(3) 正确设置尺寸标注样式，正确标注尺寸。

(4) 反复练习，熟练绘图，最终图形绘制时间不超过30min，尺寸标注时间不超过20min。

3. 实训指导

(1) 新建图层并设置。新建命名图层并设置如下：

粗实线层，颜色设置为白色，线型为continuous，线宽为0.5；

细实线层，颜色设置为绿色，线型为continuous，线宽为0.13；

虚线层，颜色设置为黄色，线型为JIS_02_2.0，线宽为0.13；

点画线层，颜色设置为红色，线型为JIS_08_11，线宽为0.13；

双点画线层，颜色设置为粉红色，线型为JIS_09_15，线宽为0.13。

(2) 设定线型比例。线型比例与打印设置有关，为了观察图形的需要，线型比例的计算一般是用图形的长度尺寸除以图纸的有效长度。本例线型比例可设为70左右。

(3) 按1∶1绘制所有图形，注意图形的对称性。

(4) 新建“5-23”尺寸标注样式，将“调整”选项中的“使用全局比例”设为70左右，如图5-24所示。

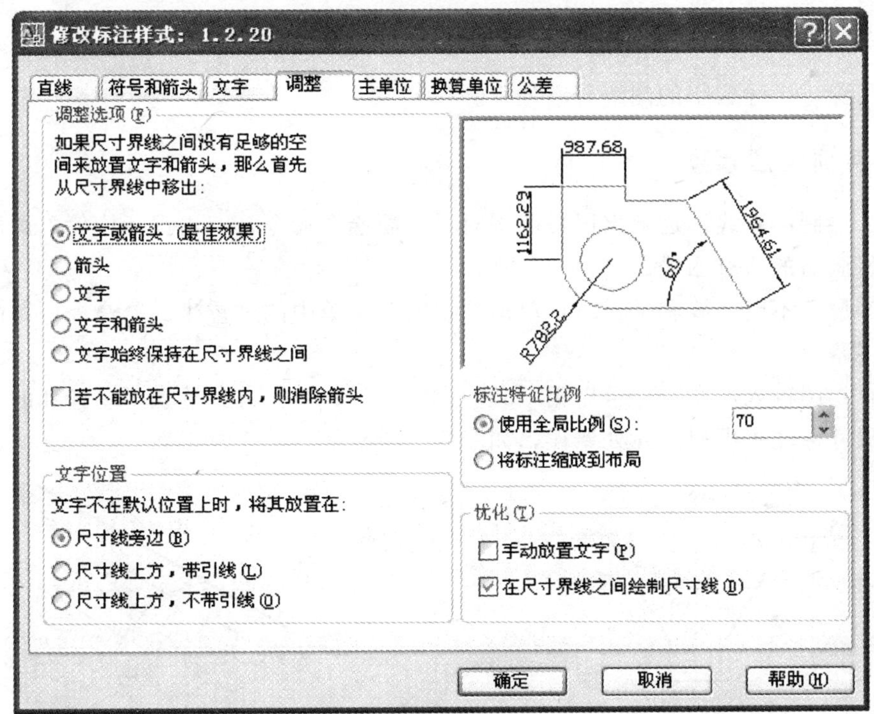

图5-24 设置尺寸标注比例

(5) 应用新建的标注样式，标注全图线性尺寸。

(6) 新建“图 5-23 角度”样式，设置“文字”标签中“文字对齐”选项为“水平”；“文字位置”选项中“垂直”复选框选择为“外部”，如图 5-25 所示。应用该样式标注角度尺寸“60”，并应用标注工具栏中的“编辑标注文字”命令调整角度数字位置。

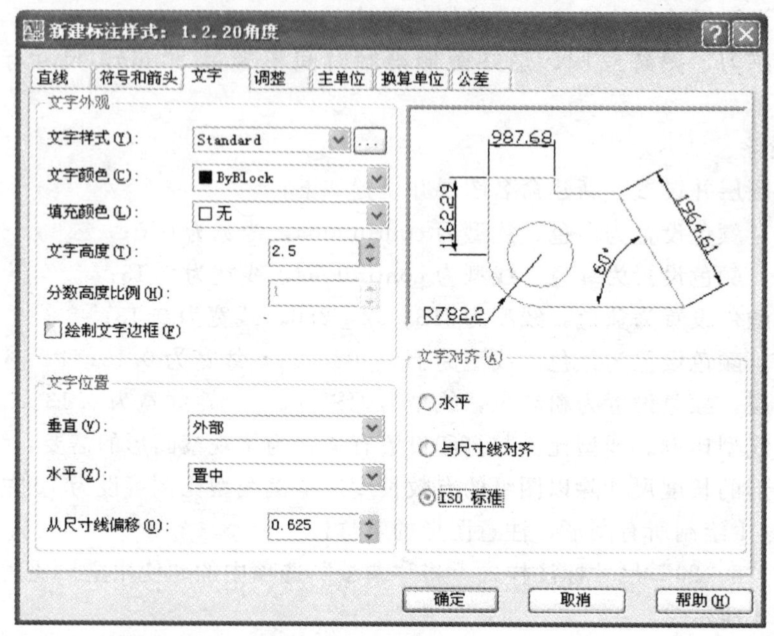

图 5-25 “图 5-23 角度”标注样式设置

(7) 将穿过尺寸数字的图线打断处理。

三、实训注意事项

(1) 当绘制的直线远远超出屏幕范围时，中断绘图命令，双击鼠标中轮，即能收缩屏幕，显示所画出的所有图线。

(2) 当屏幕不能缩放和平移时，单击“视图”菜单中的“重生成”命令，即能重新缩放和平移屏幕。

(3) 在绘图输入尺寸时，可以用“3784/2”、“3784/3”方式输入不易计算的尺寸。

(4) 尺寸标注中出现的几处错误，如图 5-26 所示，应修改正确。

图 5-26 尺寸标注中常见错误

四、课外拓展练习

(1) 在绘制直线时，第一点坐标为100，80，第二点坐标为@30，40，绘制的直线长度为（　）。

A. 30　　B. 45　　C. 50　　D. 80

(2) 在没有绘图命令执行的情况下，直接按回车键，结果是（　）。

A. 启用“直线”绘图命令　　B. 启用“圆”绘图命令

C. 没有绘图命令启用　　D. 启用刚执行过的绘图命令

(3) 对“极轴”追踪进行设置，把增量角设为30°，把附加角设为15°，采用极轴追踪时，不会显示极轴对齐的是（　）。

A. 15°　　B. 30°　　C. 45°　　D. 60°

(4) 一条直线有三个夹点，拖动中间夹点可以（　），拖动两端夹点可以（　）。

A. 更改直线长度　　B. 移动直线

C. 更改直线的颜色　　D. 更改直线的斜率

(5) 双击鼠标中轮，则会（　）；转动鼠标中轮，则会（　）；按住鼠标中轮拖动，则会（　）。

A. 执行“范围缩放”命令　　B. 执行“实时缩放”命令

C. 执行“实时平移”命令　　D. 没有反应

任务六　AutoCAD绘制圆弧连接平面图形

一、相关绘图命令

1. “修剪”命令

执行“修剪”命令是以“剪切边对象”为边界，剪裁掉线段的“要修剪对象”，如图6-1所示。启用命令后，其操作分为两步：第一选择“剪切边对象”，按回车键；第二选择“要修剪对象”，按回车键。“剪切边对象”和“要修剪对象”都可以多选。

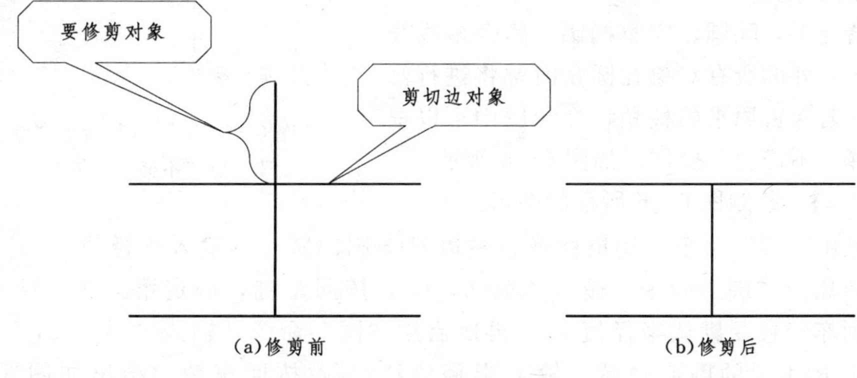

图6-1　“修剪”命令功能

圆心、半径(R)
圆心、直径(D)
两点(2)
三点(3)
相切、相切、半径(T)
相切、相切、相切(A)

图 6－2　“圆”命令菜单

2. “圆”命令

“圆”命令有多种绘制圆的功能。打开“绘图”下拉菜单，鼠标指向“圆”选项，则显示“圆”命令的功能列表，如图 6－2 所示。在圆弧连接作图中，常用“圆心、半径”和“相切、相切、半径”两种作图功能。

【例 6－1】 根据尺寸绘制图 6－3 所示圆弧连接图形。

(1) 将“粗实线”图层置为当前，绘制出 $\phi60$ 和 $\phi40$ 的两圆。

(2) 启用“相切、相切、半径”画圆命令，鼠标单击 $\phi60$ 圆的上部，作为与圆相切的第一个对象，再用鼠标单击 $\phi40$ 圆的上部，作为与圆相切的第二个对象，从键盘输入连接圆的半径“15”，按回车键。则上部 $R15$ 的圆连接完成。

(3) 用同样的方法，绘制下部 $R15$ 的圆。得到如图 6－4 所示的图形。

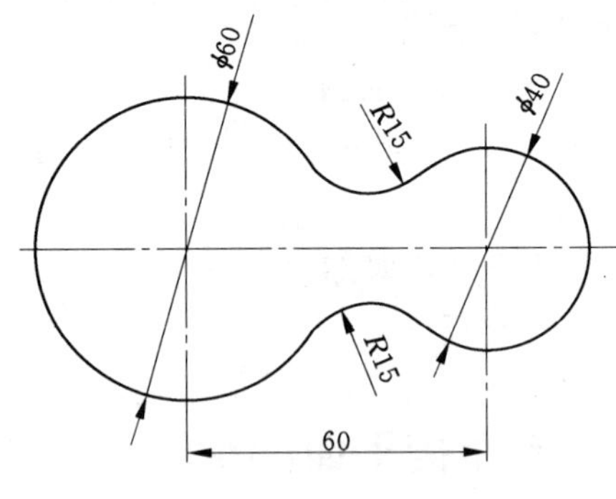

图 6－3　圆弧连接

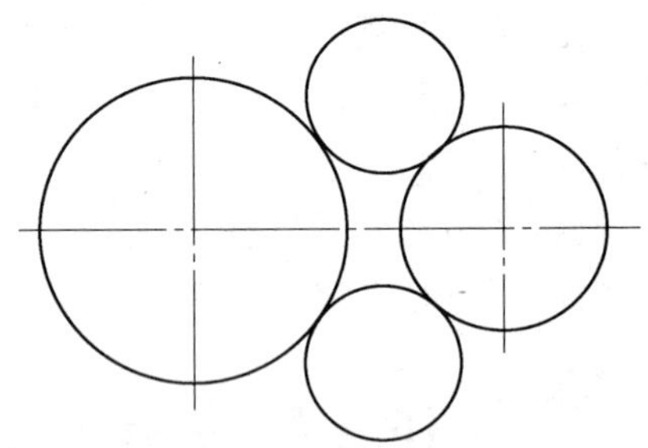

图 6－4　“圆”命令作圆弧连接

(4) 将多余的线条剪裁掉，完成作图。

3. “圆角”命令

执行“圆角”命令是通过一个指定半径的圆弧来光滑地连接两个图形对象。“圆角”命令可以圆弧连接直线、圆、椭圆、多段线、样条曲线等图线对象。不管两条边是否相交，都可以进行圆角操作。

默认情况下，除圆、完整椭圆、闭合多段线和样条曲线以外的所有对象在圆角时都将进行修剪或延伸。若保留原来的棱角，在绘图中可以根据提示选择“不修剪”操作。如图 6－5 所示。

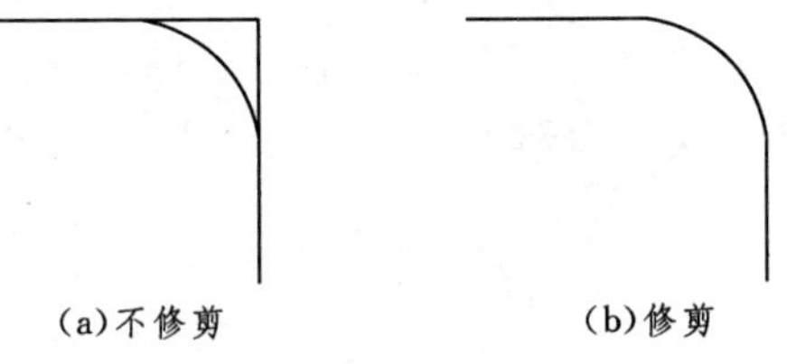

(a)不修剪　　(b)修剪

图 6－5　“圆角”命令“修剪”与“不修剪”功能

【例 6－2】 绘制图 6－6 所示的图形。

(1) 启用“圆”命令，用鼠标确定左边 $R15$ 圆的圆心，输入半径值“15”，按回车键。重新启用绘“圆”命令，输入“@60，0”，按回车键，确定第二个 $R15$ 圆的圆心位置，按回车键接受默认半径值 15。再次启用“圆”命令，输入“@-30，35”，按回车键，确定 $R24$ 圆的圆心位置，输入半径值“24”，按回车键。绘出如图 6－7 所示图形。

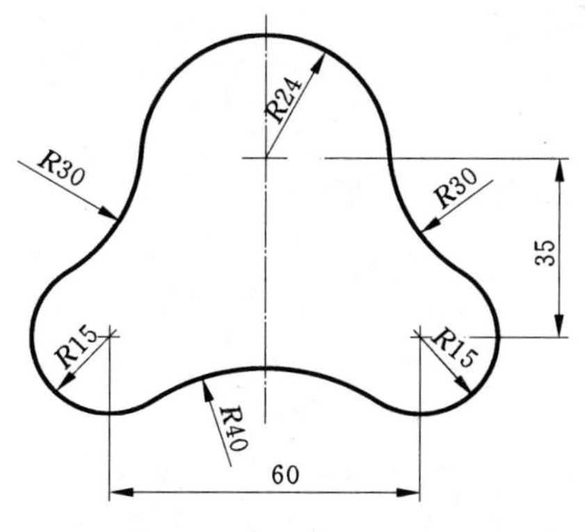

图 6-6　圆角多边形

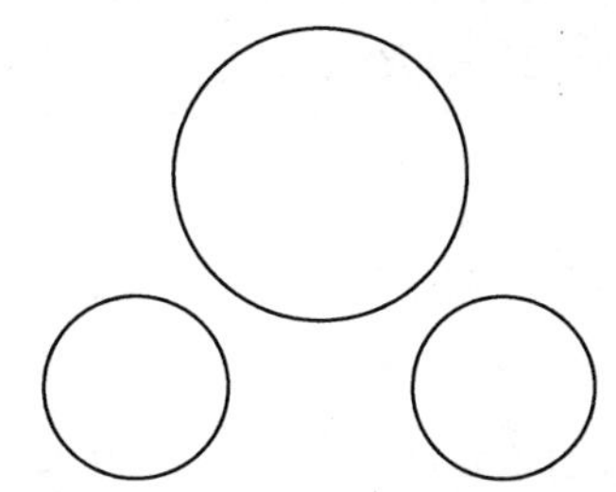

图 6-7　绘制 $R15$ 和 $R24$ 的圆

(2) 启用“圆角”命令，选择“半径”选项，输入半径值“30”，按回车键，再选择“多个”选项，分别点击 $R15$ 和 $R24$ 两圆与 $R30$ 圆弧的切点附近部位，绘出 $R30$ 的左右两圆弧。再次选择“半径”选项，输入半径值“40”，按回车键，点击 $R15$ 两圆与 $R40$ 圆弧相切的附近部位，绘出 $R40$ 的圆弧。如图 6-8 所示。

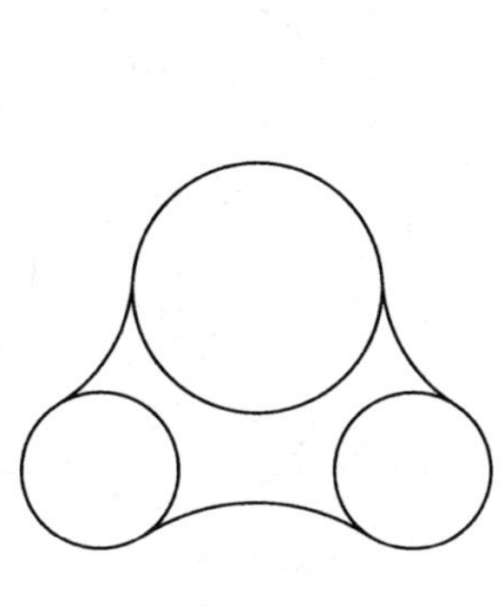

图 6-8　绘制 $R30$ 和 $R40$ 的圆角

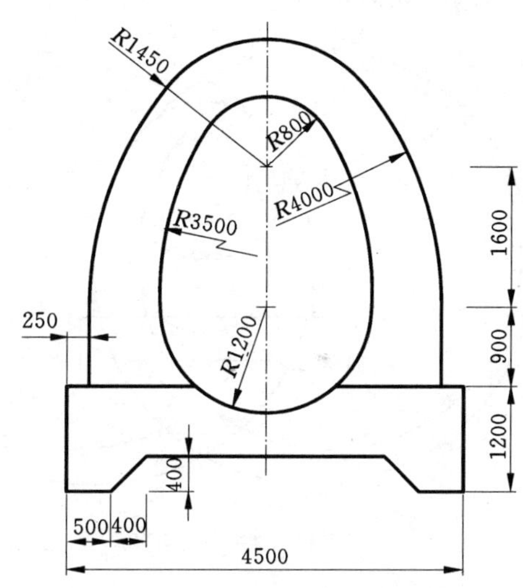

图 6-9　“涵洞”圆弧连接平面图

(3) 启用“修剪”命令，修剪掉多余的图线。

二、实训

(一) 实训一

1. 实训任务

绘制图 6-9 所示“涵洞”圆弧连接平面图形。

2. 实训要求

(1) 正确设置“线型比例”，图形线型在屏幕中显示正常。

(2) 绘图方法正确，熟练作图，图形绘制时间不超过 10min。

(3) 正确设置尺寸标注样式，尺寸标注时间不超过 5min。

3. 实训指导

(1) 绘制直线部分的图形，如图 6-10 所示。

(2) 绘制 $R1200$、$R800$、$R1450$ 三个已知圆，如图 6-11 所示。

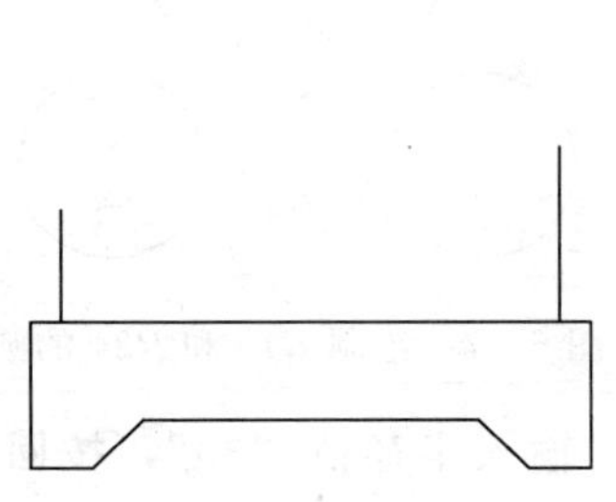

图 6-10 绘制已知直线

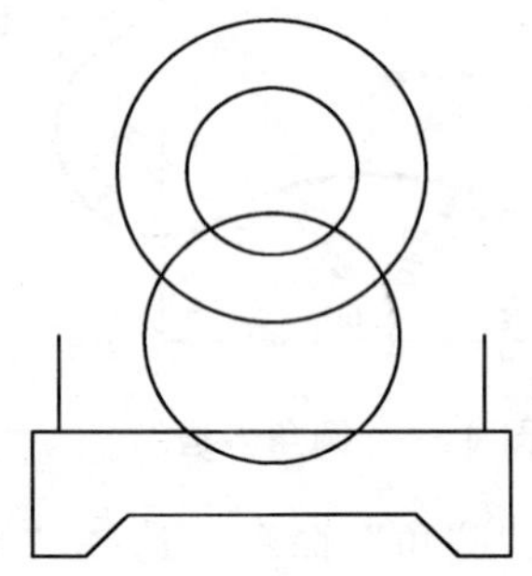

图 6-11 绘制已知圆

(3) 用“相切、相切、半径”画圆命令，绘制 $R4000$、$R3500$ 的圆，如图 6-12 所示。

(4) 用“修剪”命令修剪图形，如图 6-13 所示。

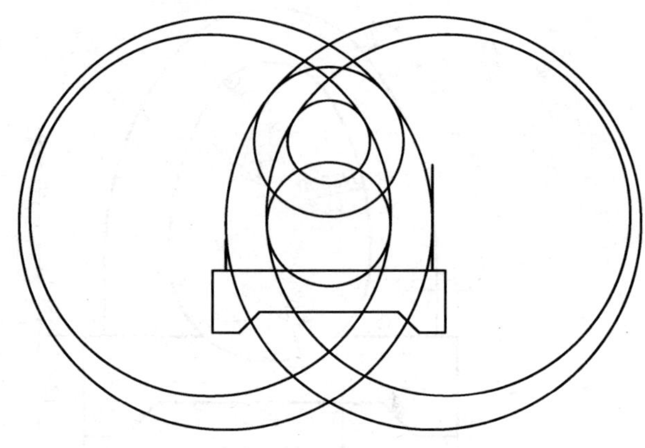

图 6-12 绘制相切圆

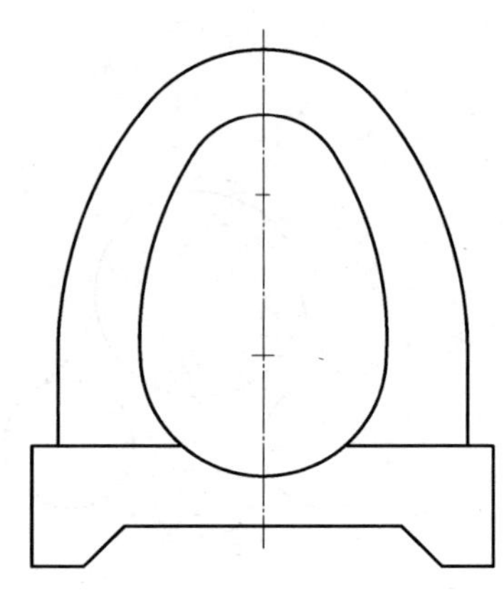

图 6-13 修剪图形

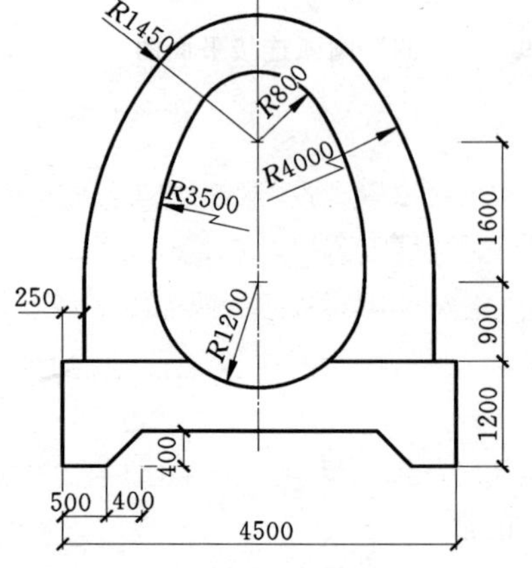

图 6-14 标注尺寸

(5) 新建“图 6-9”尺寸标注样式及“线性标注”子样式，“使用全局比例”设置为“15”，将“线性标注”子样式中“箭头”设置为“建筑标记”，标注全图尺寸，如图 6-14 所示。

(二) 实训二

1. 实训任务

绘制图 6-15 所示的“手柄”圆弧连接平面图形。

2. 实训要求

(1) 正确应用“圆”、“圆弧”、“圆角”、“修剪”等绘图命令，操作规范。

(2) 进行平面图形尺寸分析，绘图方法正确。

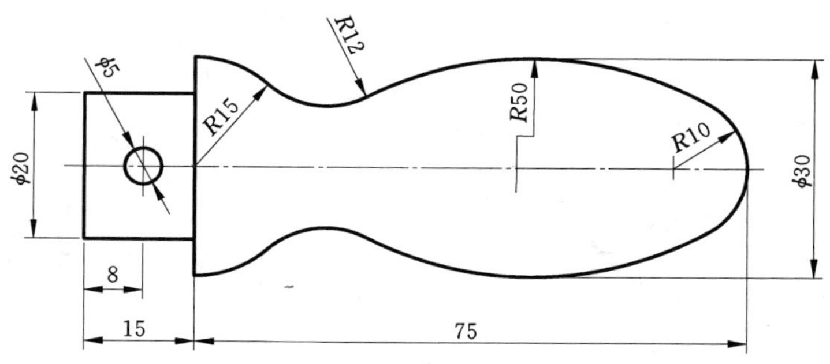

图 6－15　“手柄”圆弧连接平面图

（3）图形绘制时间不超过 10min，尺寸标注时间不超过 5min。

3. 实训指导

（1）绘制已知线段。先绘制左边的已知线框，再绘制所有具有圆心和半径的圆弧，如本图中的 $\phi5$ 小圆和右边的 $R10$ 圆弧，如图 6－16 所示。

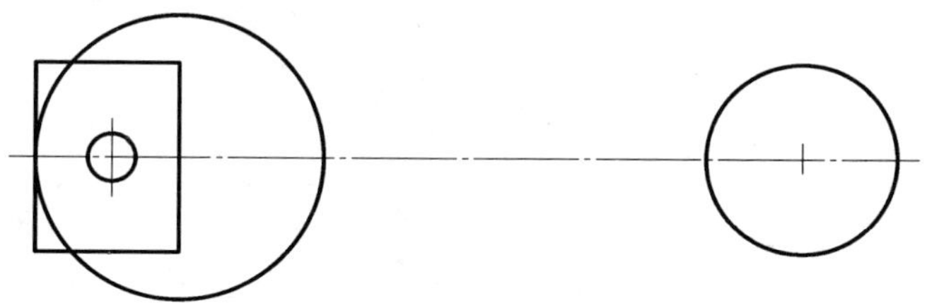

图 6－16　绘制已知线段

（2）绘制平行且距离为 30 的两平行线（线型可任意），作为绘图的辅助线，如图 6－17 所示。

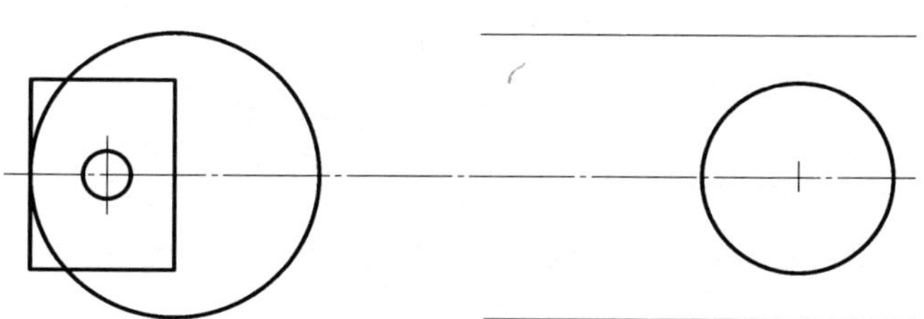

图 6－17　绘制辅助线

（3）用“相切、相切、半径”画圆命令画出 $R50$ 的两圆。如图 6－18 所示。

（4）用“圆角”命令，绘制 $R12$ 的两连接弧。如图 6－19 所示。

（5）用“修剪”命令，剪裁多余线段。用“删除”命令去除两条作图辅助线。修整后图形如图 6－20 所示。

（6）标注尺寸，如图 6－21 所示。

（7）用“修改”菜单中的“文字编辑”命令，为两端 20 和 30 的两尺寸添加“ϕ”符号，如图 6－22 所示。

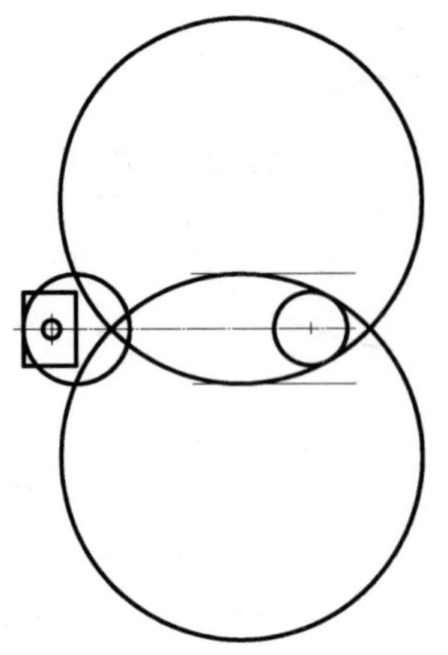
图 6-18　绘制中间弧

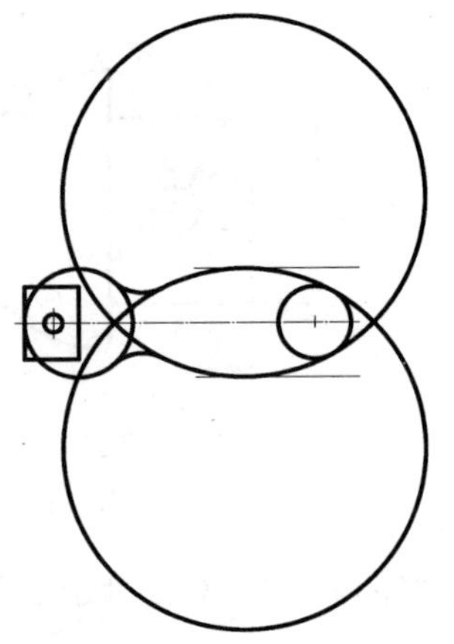
图 6-19　绘制连接弧

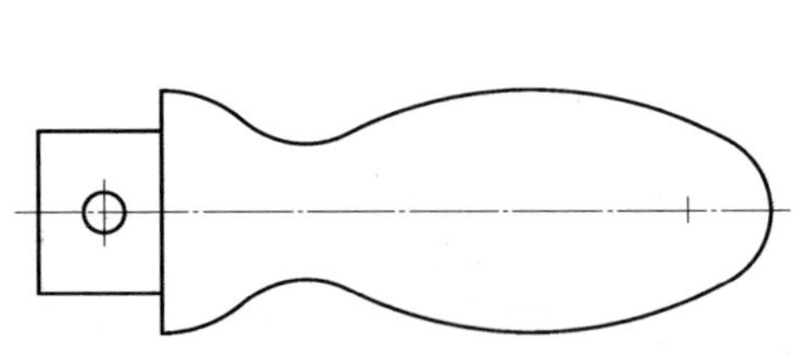
图 6-20　修整后图形

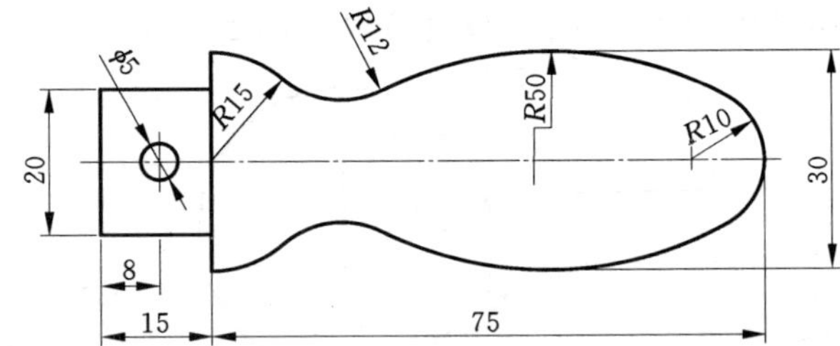

图 6-21　尺寸标注

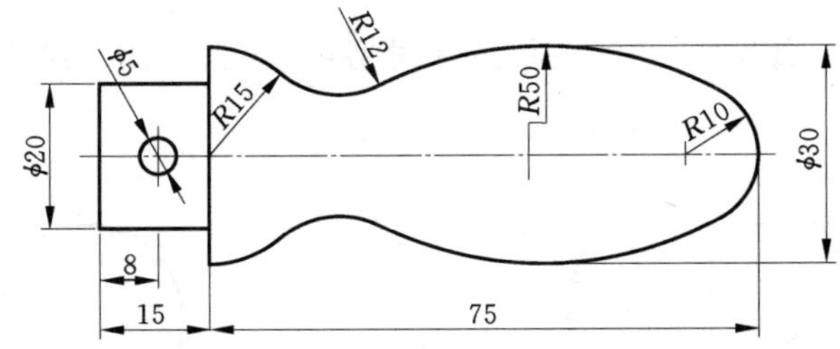

图 6-22　尺寸编辑

（三）实训三

1. 实训任务

绘制图 6-23 所示的“吊钩”圆弧连接平面图形。

2. 实训要求

(1) 进行平面图形尺寸分析和绘图步骤分析，绘图方法正确，图形绘制时间不超过 15min。

(2) 正确设置尺寸标注样式，尺寸标注时间不超过 10min。

3. 实训指导

(1) 绘制直线图形和 $\phi40$、$R48$ 两圆，如图 6-24 所示。

(2) 绘制 $R40$ 圆。用细实线画出 $\phi40$ 圆的水平中心线和与之相距为 15 的平行线。然后以 $\phi40$ 圆心为圆心，$R=20+40=60$ 为半径画圆，该圆与水平线的交点为 $R40$ 圆的圆

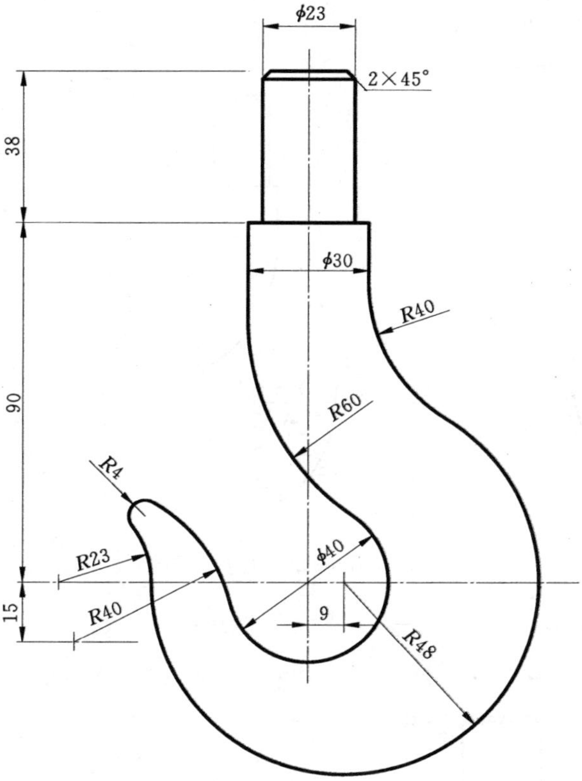

图 6-23　“吊钩”圆弧连接平面图

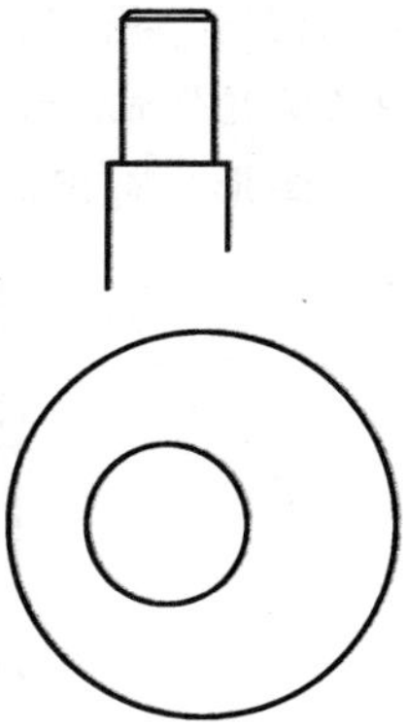

图 6-24　绘制已知线段

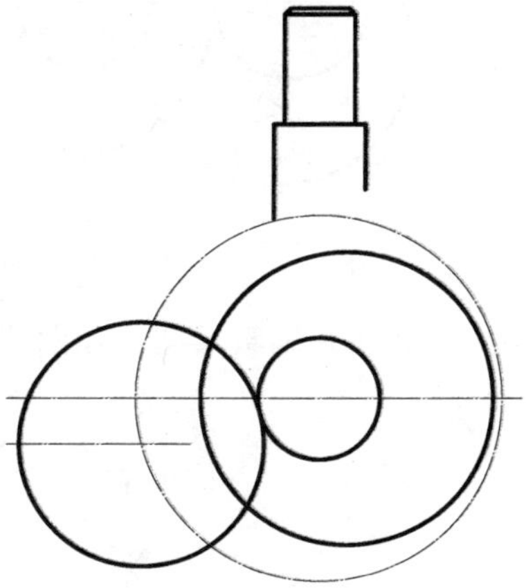

图 6-25　绘制 $R40$ 圆

心。如图 6-25 所示。

(3) 以 $R48$ 圆心为追踪点，向左追踪距离 71（23+48）为圆心，绘制 $R23$ 的圆，如图 6-26 所示。

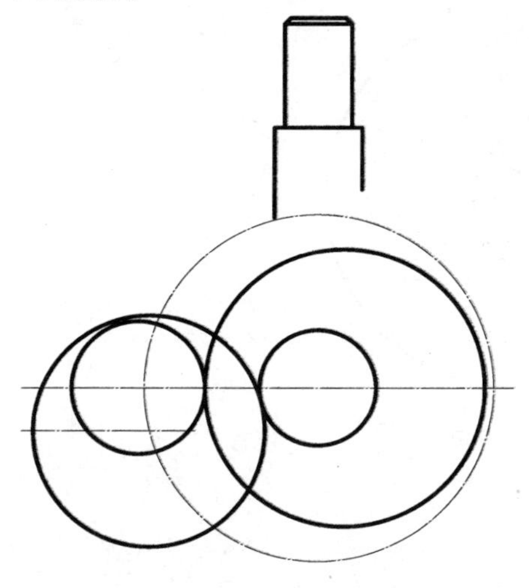

图 6-26　绘制 $R23$ 圆

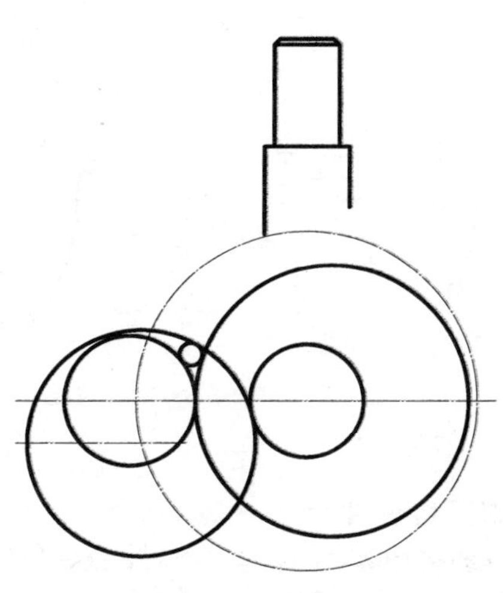

图 6-27　绘制 $R4$ 圆

(4) 用“相切、相切、半径”画圆命令，画出 $R4$ 圆，如图 6－27 所示。

(5) 用“圆角”命令，画出 $R40$、$R60$ 的圆弧，如图 6－28 所示。

(6) 修剪图形，补出点划线，如图 6－29 所示。

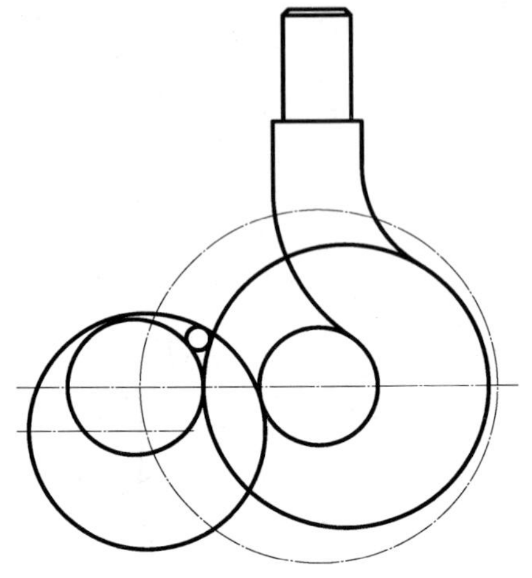

图 6－28　绘制 $R40$、$R60$ 圆弧

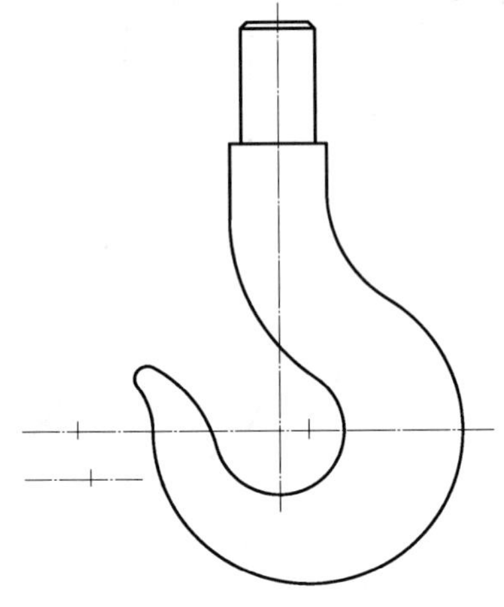

图 6－29　修剪后图形

(7) 标注并编辑尺寸，如图 6－30 所示。

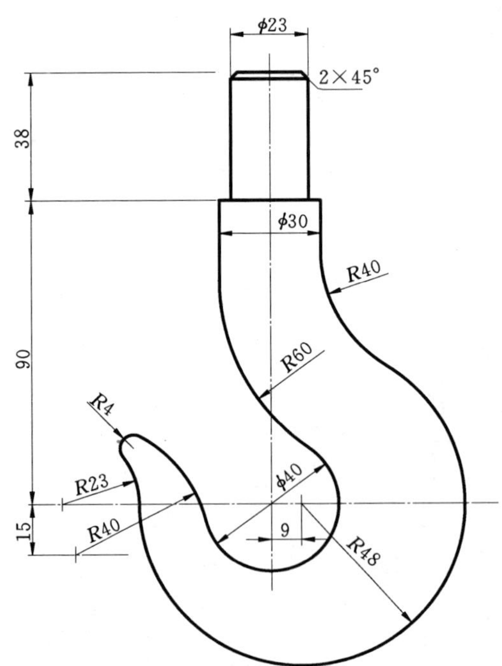

图 6－30　标注编辑尺寸

(四) 实训四

1. 实训任务

绘制图 6－31 所示的“挂轮架”圆弧连接平面图形。

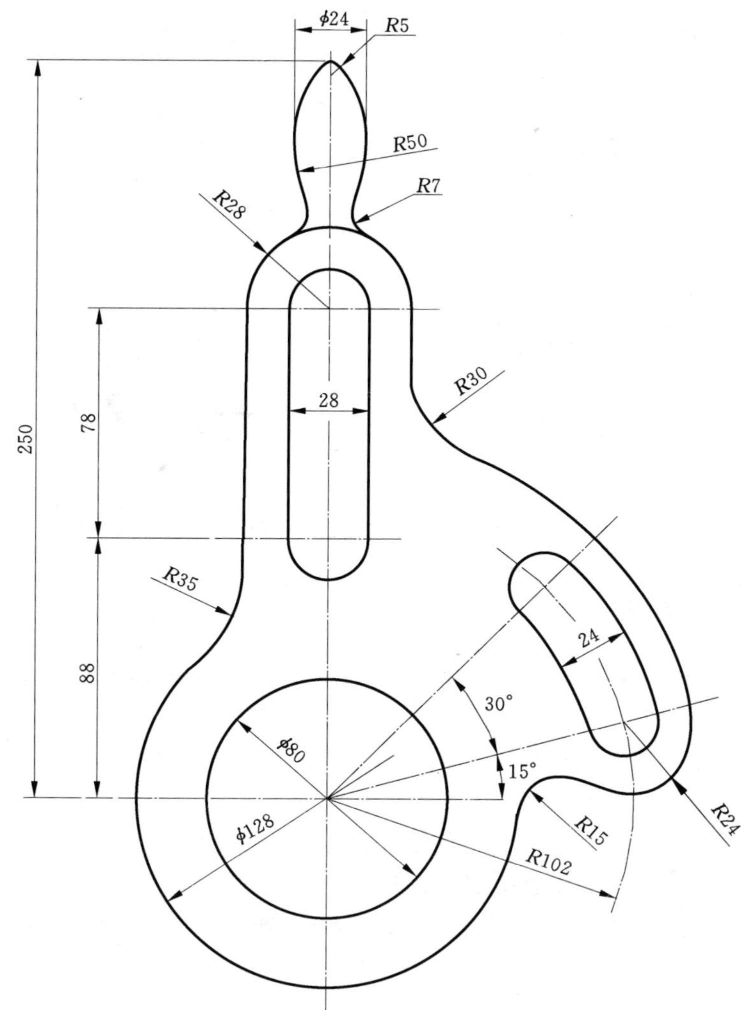

图 6-31　“挂轮架”圆弧连接平面图

2. 实训要求

(1) 进行平面图形尺寸分析和绘图步骤分析，绘图方法正确，图形绘制时间不超过 20min。

(2) 正确设置尺寸标注样式，尺寸标注时间不超过 10min。

3. 实训指导

(1) 绘制所有已知圆弧，如图 6-32 所示。

(2) 用“圆弧”命令中的“圆心、起点、端点”功能，绘制如图 6-33 所示已知弧。

(3) 用“圆角”命令绘制连接弧，如图 6-34 所示。

(4) 用实训一中的方法绘制上部手柄部分。

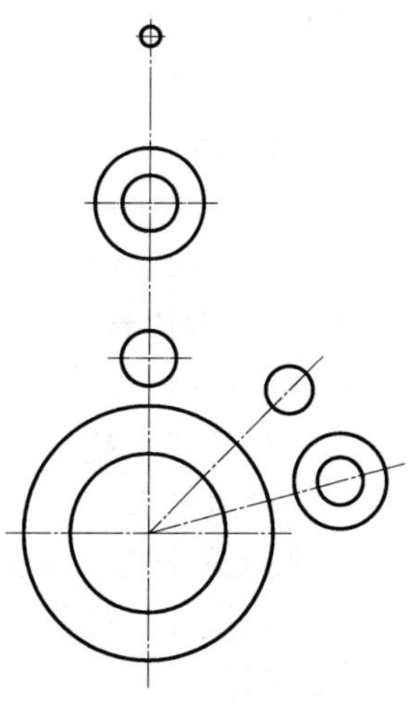

图 6-32　“圆”命令绘制

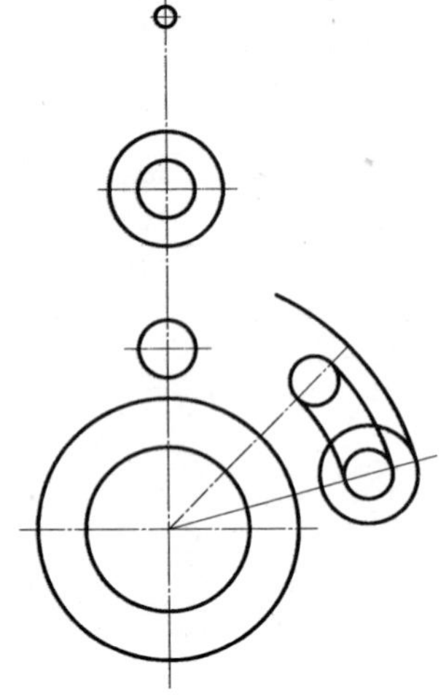

图 6-33　“圆弧”命令绘制

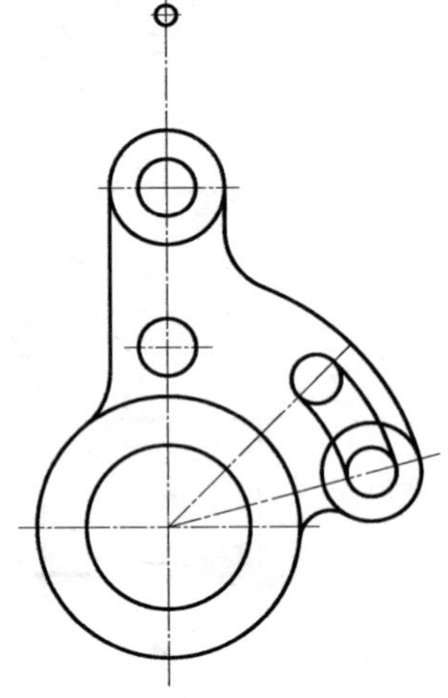

图 6-34　“圆角”命令绘制

三、课外拓展练习

(1) 刚刚绘制了一半径 12 的圆，现在要立即再绘制半径 12 的圆，最快捷的方法是（　　）。

A. 直接按回车键调出画圆命令，系统要求给定半径时输入 12

B. 调出画圆命令，系统要求给定半径时输入 12

C. 直接按回车键调出画圆命令，系统要求给定半径时直接回车

D. 调出画圆命令，系统要求给定半径时直接回车

(2) 两圆圆心相距 100，半径分别为 30 和 50，两圆的公切圆半径为 120，则这样的圆有几个（　　）。

A. 2　　B. 4　　C. 8　　D. 6

(3) 一个圆有 5 个夹点，拖动圆周上一个夹点可以（　　）；拖动圆心上一个夹点可以（　　）。

A. 更改圆的半径　　B. 移动圆心位置

C. 更改圆的颜色　　D. 更改圆的图层

(4) 在“圆”命令的选项中，“2P”选项指的是（　　）。

A. 圆上的任意两个点　　B. 直径的两个端点

C. 表示圆心及圆上的一点　　D. 以上均不对

(5) 在“圆”命令的选项中，“3P”选项指的是（　　）。

A. 3 个象限点　　B. 直径的两个端点和圆心

C. 圆上的任意 3 个点　　D. 以上均不对

(6) 在执行“圆角”命令时，一般要先设置的选项是（　　）。

A. 半径　　B. 切点　　C. 修剪模式　　D. 多个

任务七　平面图形绘制与打印

一、AutoCAD 绘制平面图形的步骤

（1）平面图形分析。分析平面图形的尺寸和线段，确定平面图形中各线段的绘图顺序。

（2）创建图层。创建几个基本线型的新图层，将粗实线、细实线、虚线、点划线、文字、标注和标题栏等置于各自的图层上。

（3）绘制图形。按照已知线段、中间线段、连接线段的顺序绘制图形。

（4）标注尺寸。新建标注样式，标注全图尺寸。

（5）设置图框和标题栏。初次绘图，按照图纸标准尺寸绘制图框和标题栏，并填写标题栏内容。将绘制好的标题栏保存为图形样板文件，供以后使用。

（6）保存、打印。根据需要将文件保存为 .dwg 文件或 .dwf 文件或打印成图纸。

二、文字样式与文字注写

1. 文字样式的概念

AutoCAD 的文字样式即是文字的字体、字号、角度、方向及其他文字特征。

AutoCAD 中默认的文字样式名为“Standard”，其字体名为“txt，gbcbig”，此默认样式下的汉字、数字、字母样式如图 7－1 所示，它是长仿宋矢量字体。

在数字信息化时代计算机绘图是工程技术人员的基本技能

1234567890abcdeABCD

图 7－1　txt，gbcbig 字体

2.“文字样式”的设置

单击“样式”工具栏中“文字样式”图标按钮，则打开“文字样式”对话框，如图 7－2 所示。可以从中修改原有文字样式设置或新建文字样式。具体的文字样式设置结合以后的

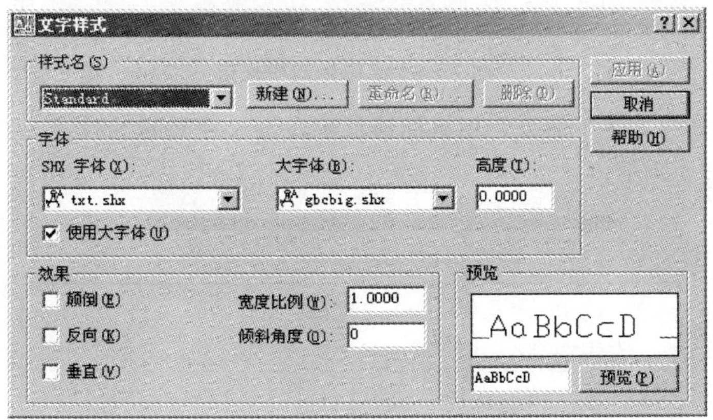

图 7－2　“文字样式”对话框

工作任务学习。

3. 文字注写

在 AutoCAD 中注写文字，可以用默认的“Standard”样式，也可以新建其他符合国家标准的字体样式。

设置样式后，一般用“多行文字”命令（Mtext）注写，“多行文字”命令较容易地确定文字的对正位置和大小。“多行文字”命令注写的对象也可以方便地修改字体、字号、角度、方向及其他文字特征。

【例 7－1】 按图 7－3 的格式和尺寸绘制标题栏并注写汉字，字体样式为默认的“Standard”样式，字高为 7.5mm 和 5mm。

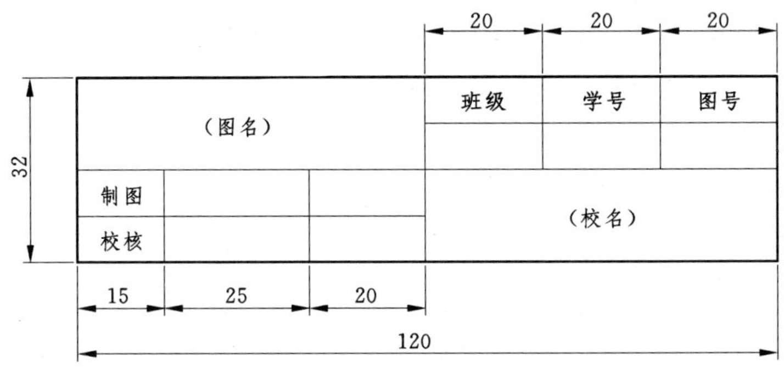

图 7－3　绘制标题栏图例

（1）启用“矩形”命令，用粗实线绘制 120×32 的矩形标题栏外框。

（2）启用“直线”命令，用细实线按捕捉方式和给距离方式按尺寸绘出标题栏的内框线段，如图 7－4 所示。

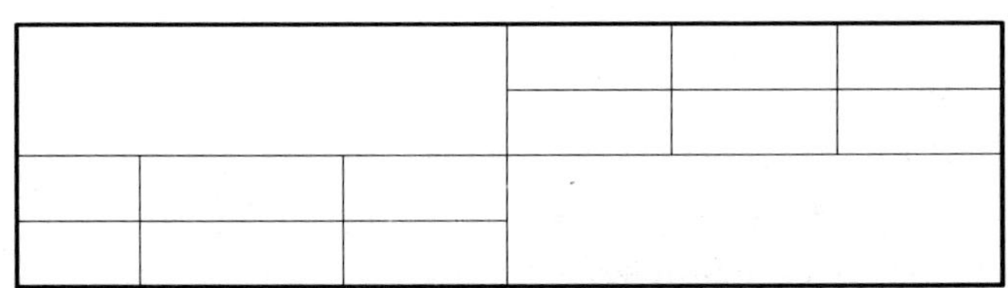

图 7－4　绘制标题栏框格

（3）启用“多行文字”命令，用鼠标捕捉要注写文字的单个空格，弹出“文字格式”对话框，如图 7－5 所示。

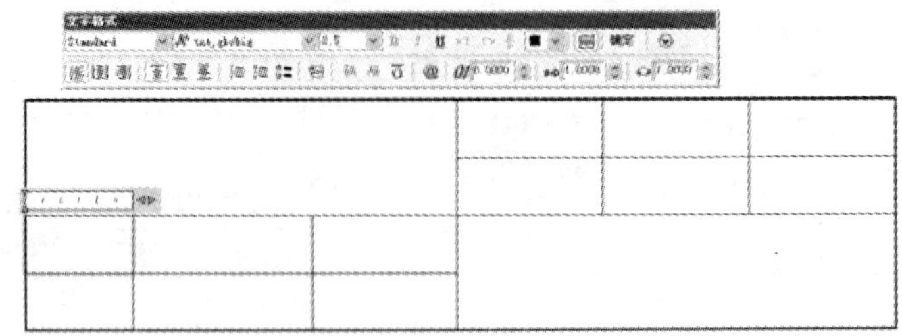

图 7－5　对正文字

(4) 在文字高度输入框中输入文字的高度“5”，并选择文字上下、左右均居中选项。

(5) 输入汉字“制图”，按回车键，则第一个框格中的文字被输入，如图 7-6 所示。

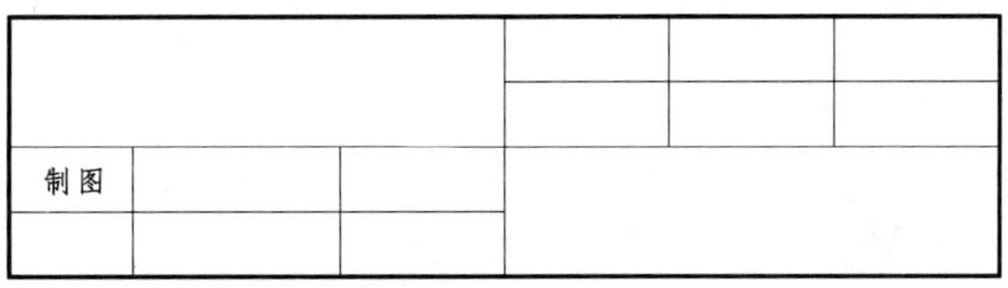
<table>
<tr><td colspan="3" rowspan="2"></td><td></td><td></td><td></td></tr>
<tr><td></td><td></td><td></td></tr>
<tr><td>制图</td><td></td><td></td><td colspan="3" rowspan="2"></td></tr>
<tr><td></td><td></td><td></td></tr>
</table>

图 7-6 注写文字

(6) 启用“复制”命令，选择“制图”为复制对象，选择框格的中心为基点，将“制图”二字复制到各个框格的中心，如图 7-7 所示。

<table>
<tr><td colspan="3" rowspan="2">制图</td><td>制图</td><td>制图</td><td>制图</td></tr>
<tr><td></td><td></td><td></td></tr>
<tr><td>制图</td><td></td><td></td><td colspan="3" rowspan="2">制图</td></tr>
<tr><td>制图</td><td></td><td></td></tr>
</table>

图 7-7 复制文字

(7) 在“修改”主菜单中，启用“对象”次级菜单中的“文字”-“编辑”命令，单击要修改的文字按要求内容进行修改，如图 7-8 所示。

<table>
<tr><td colspan="3" rowspan="2">工程图</td><td>班级</td><td>学号</td><td>图号</td></tr>
<tr><td></td><td></td><td></td></tr>
<tr><td>制图</td><td></td><td></td><td colspan="3" rowspan="2">* * * * 学院</td></tr>
<tr><td>校核</td><td></td><td></td></tr>
</table>

图 7-8 修改文字

三、AutoCAD 图形打印设置

在绘图工作完成后，将图形在图纸上打印出来，是 CAD 绘图中最重要的环节。AutoCAD 提供了两个放置对象的空间，即模型空间和图纸空间。在打印图形时，既可以从模型空间打印图形，也可以创建布局从图纸空间打印图形。绘图窗口下端“模型”和“布局”选项卡用来切换模型空间和图纸空间。

模型空间是一个无限的绘图区域。从模型空间打印图形的设置与常用的文本打印相似，即先进行打印页面设置然后再预览打印，所以易于掌握。具体打印设置方法通过本任务的实训介绍。

图纸空间是一个打印页面的模拟图纸预览，即设置的图纸打印布局。一个图形文件可以有多个布局，每个布局代表一张图纸。在一个布局中也可以有多个图形，每个图形有不同的打印设置。具体设置在实训任务中结合实例介绍。

四、实训

1. 实训任务

绘制图 7-9 所示的立交平面图，设置图框和标题栏，并用 A3 图纸打印。

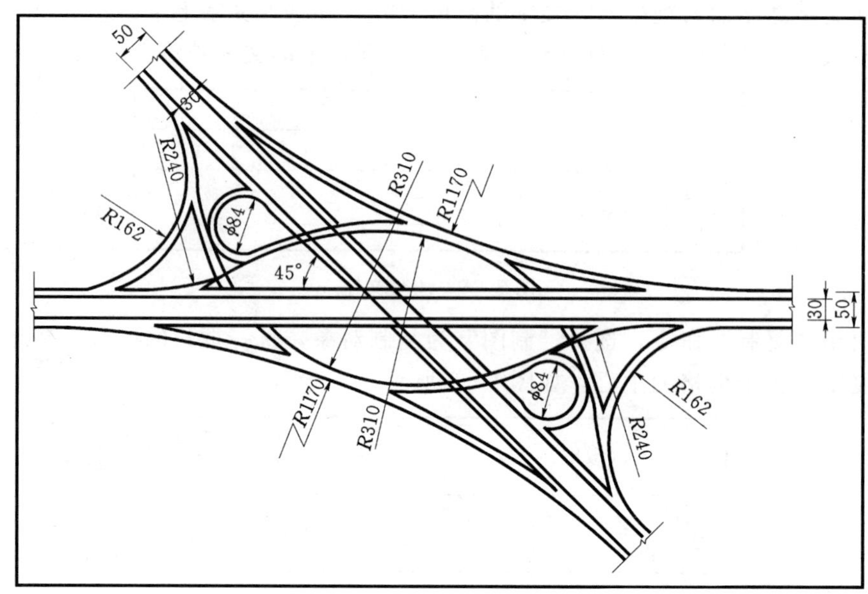

图 7-9　立交平面图

2. 实训要求

(1) 进行平面图形尺寸分析和绘图步骤分析，绘图步骤和方法正确。

(2) 正确设置尺寸标注样式，尺寸标注正确、清晰。

(3) 打印设置正确，打印图纸符合国家标准。

3. 实训指导

(1) 启用“构造线”命令，绘制一条水平线；再启用“偏移”命令，将水平构造线偏移 10、30、10；再启用“旋转”命令，将水平线复制旋转与水平成 45°，如图 7-10 所示。

(2) 启用“圆角”命令，绘制 1170、162 圆弧；再启用“偏移”命令，将四段圆弧偏移 10，如图 7-11 所示。

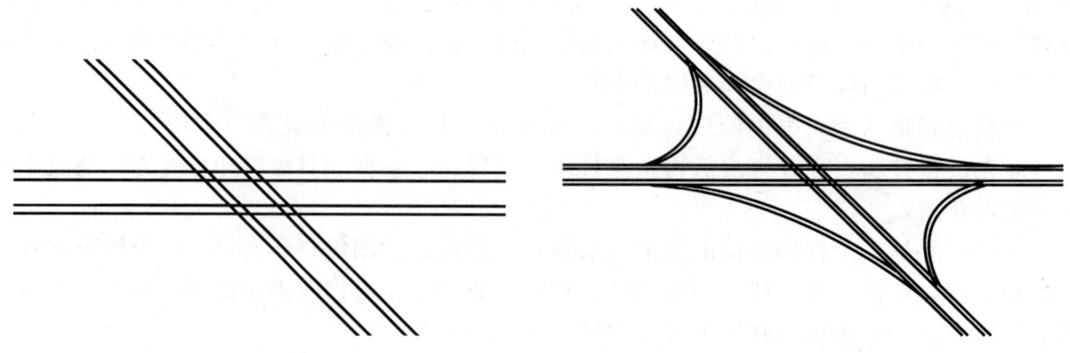

图 7-10　绘制直线段部分　　图 7-11　连接圆角

(3) 启用“相切、相切、半径”画圆命令，绘制半径为 310、240 的圆，如图 7-12 所示；将两圆修剪，再启用“偏移”命令将圆弧偏移 10，如图 7-13 所示。用同样的方

法绘制另一边的圆弧，如图 7－14 所示。

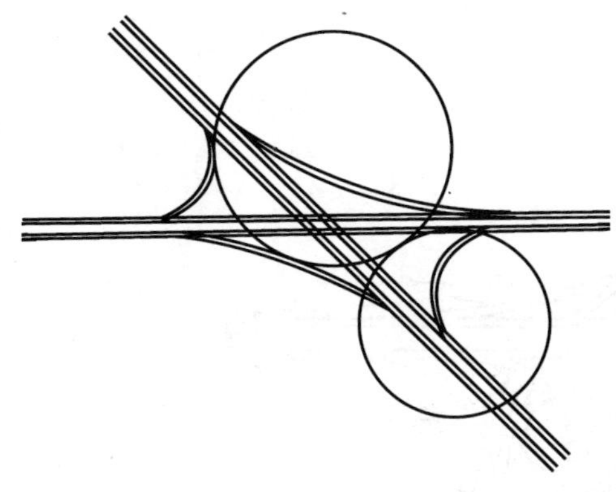

图 7－12　绘制相切圆

图 7－13　修剪、偏移

（4）启用“相切、相切、半径”画圆命令，绘制 $\phi 84$ 圆弧，再启用“偏移”命令将圆向外偏移 10，如图 7－15 所示。

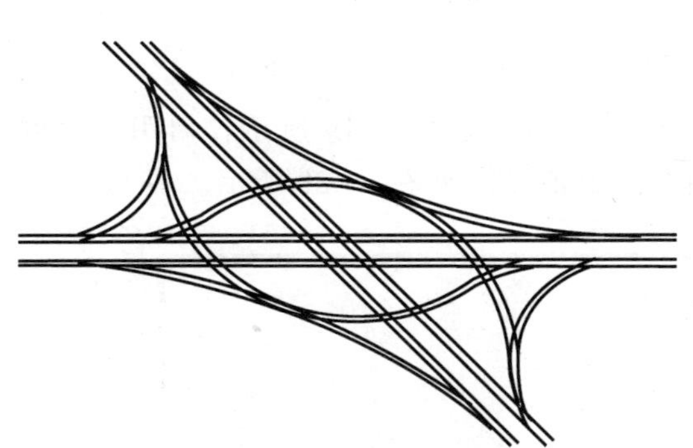

图 7－14　绘制另一条转向道

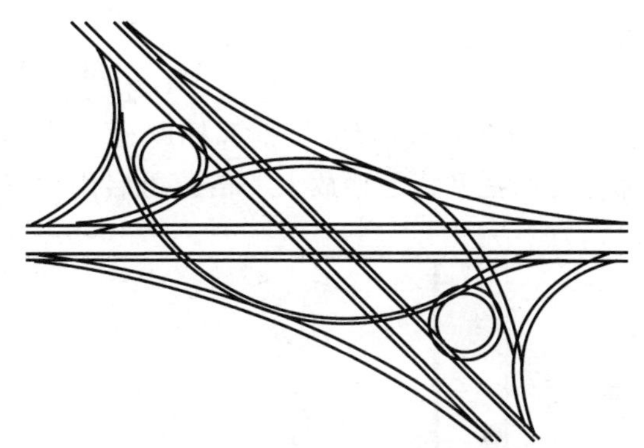

图 7－15　绘制内转向道相切圆

（5）启用“修剪”命令，对圆弧部分进行修剪，再修剪下部被遮挡的图线，如图 7－16 所示。

（6）绘制折断线，如图 7－17 所示。

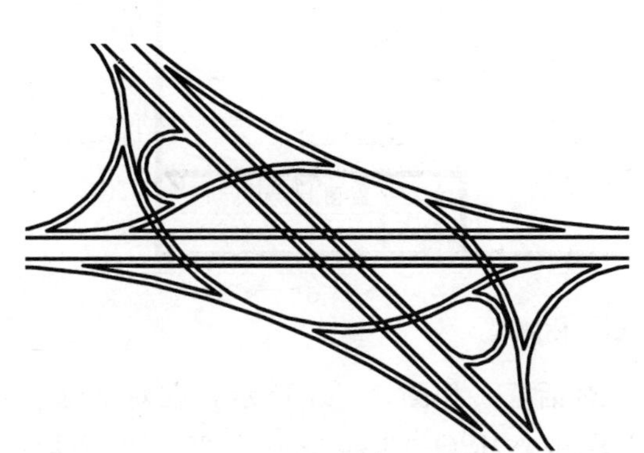

图 7－16　修剪内转向道相切圆

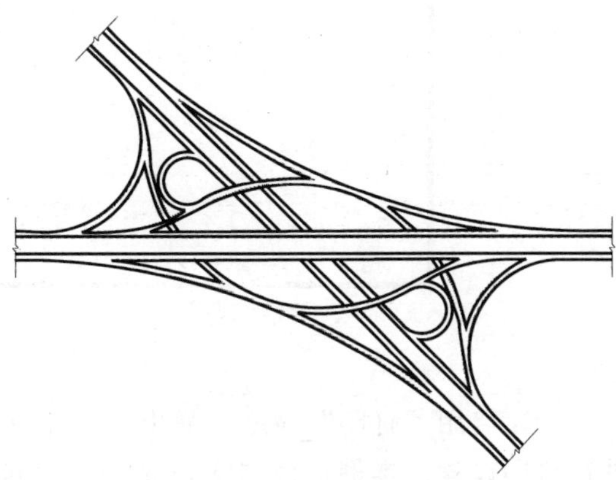

图 7－17　整理图形

(7) 新建标注样式和直径、角度标注子样式，标注尺寸，如图 7-18 所示。

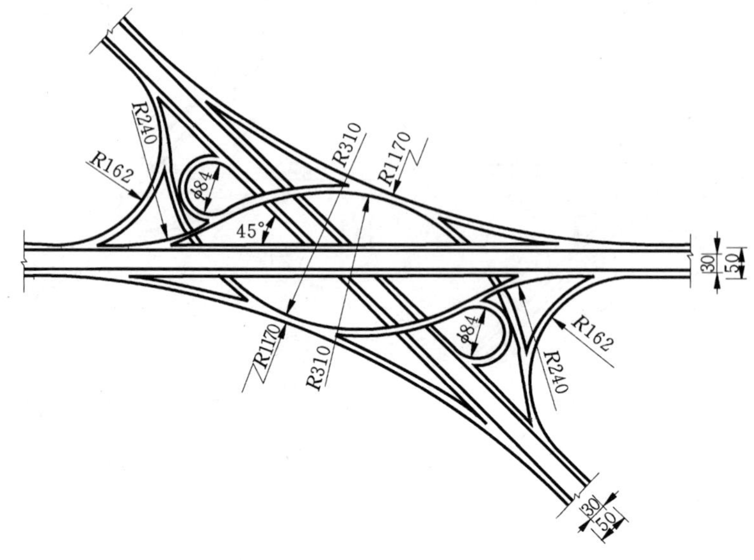

图 7-18　标注尺寸

(8) 绘制 A3 尺寸图框和标题栏，并填写文字内容，如图 7-19 所示；启用“比例”命令将图框和标题栏放大 4 倍，再启用“移动”命令布图，如图 7-20 所示。

图 7-19　绘制图框、标题栏

(9) 启用“打印”命令，弹出“打印-模型”对话框，如图 7-21 所示，在对话框中，进行打印设置。本例选择“DWF6 ePolt. pc3”打印机、“ISO A3 (420.00×297.00 毫米)”图纸尺寸、勾选“布满图纸”和“居中打印”；打印方向选择“横向”；“打印范围”选择

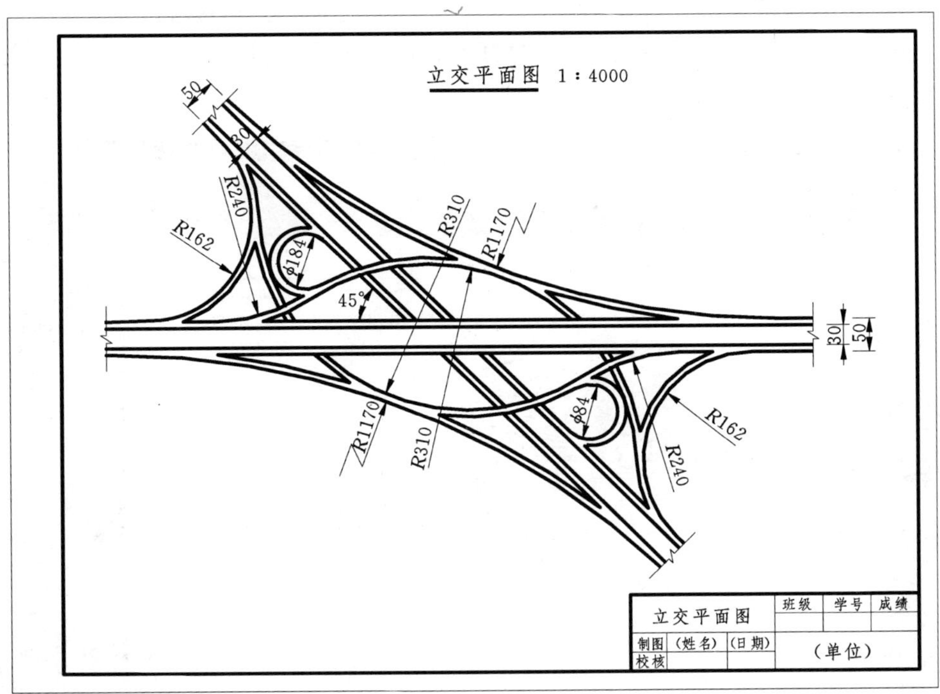

图 7-20　布局

“窗口”时，这时对话框关闭，用鼠标选择外图框线的两个边角，重新弹出“打印-模型”对话框。设置好的打印设置对话框如图 7-21 所示。

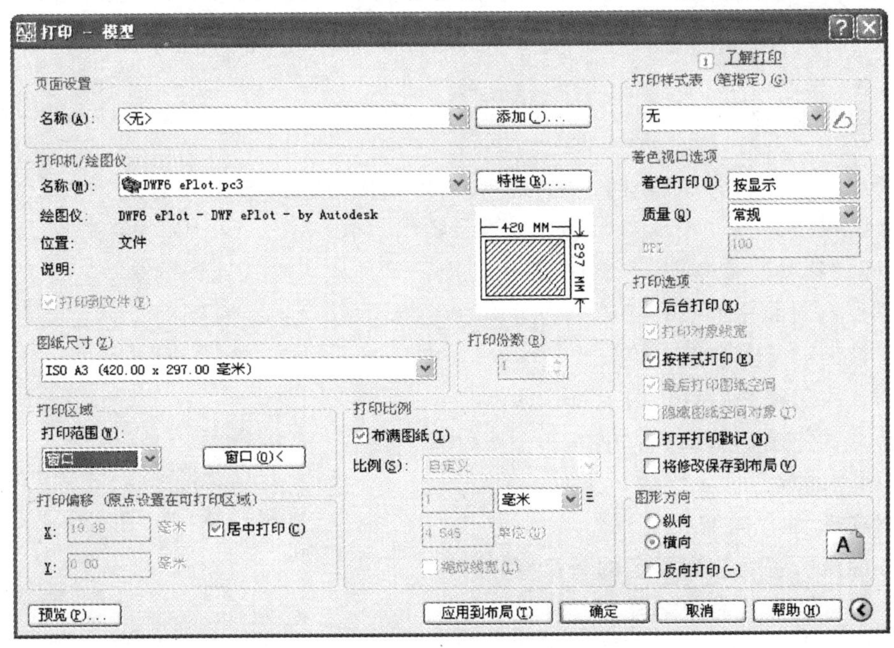

图 7-21　打印设置

(10) 单击“打印-模型”对话框中的“预览”按钮，则预览打印效果，如图 7－22 所示。如启用“打印”命令，则执行设定的打印；如“关闭预览窗口”，则返回“打印-模型”对话框。

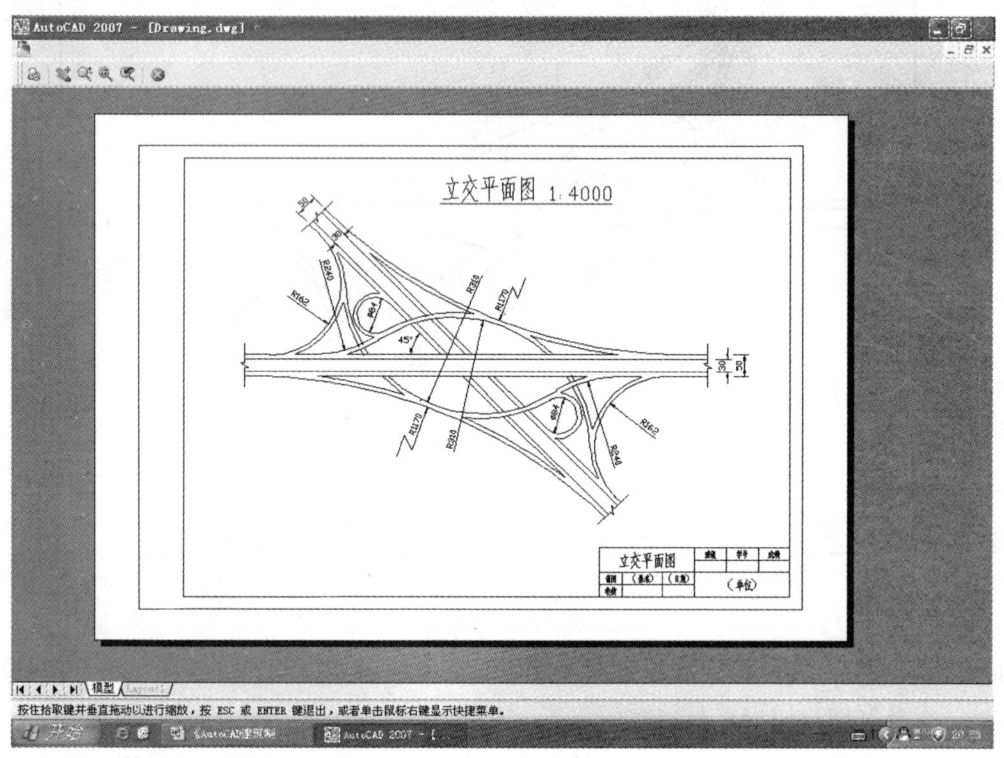

图 7－22　打印预览

五、课外拓展练习

(1) 分别用下列比例打印同一个物体，打印出图形最大的比例是（　　）。

A. 1∶100　　B. 1∶10　　C. 1∶50　　D. 1∶200

(2) 用“移动”命令把一个对象的中心点移到原点，输入错误的是（　　）。

A. 基点：对象中心点；第二点：#0，0

B. 基点：对象中心点；第二点：0，0

C. 基点：对象中心点；第二点：@0，0

D. 基点：任意；第二点：@0，0

(3) 用“缩放”命令缩放对象时，不可以（　　）。

A. 只在 X 轴方向缩放

B. 将参照长度缩放为指定的新长度

C. 将基点选择在对象之外

D. 缩放小数倍

(4) 下列对象执行“偏移”命令后，大小和形状保持不变的是（　　）。

A. 圆　　B. 圆弧　　C. 椭圆　　D. 直线

(5) 用“旋转”命令旋转对象时，关于基点的位置，说法错误的是（　　）。

A. 根据需要任意选择　　B. 一般取在对象特殊点上

C. 可以取在对象中心　　D. 不能选在对象之外

项目三　绘制物体三视图

教学任务	教学目标	
	知识目标	技能目标
任务八　绘制正投影图与三视图	1. 理解正投影绘图原理，掌握正投影图绘图方法； 2. 掌握三视图的形成方法和投影规律	能够根据物体模型或轴测图，正确绘制正投影图和三视图
任务九　绘制基本体三视图	1. 掌握常见棱柱和棱锥三视图的绘图方法和图形特征； 2. 掌握圆柱、圆锥、圆球三视图的绘图方法和图形特征	1. 能够绘制常见棱柱的三视图； 2. 能够绘制常见棱锥的三视图； 3. 能够绘制圆柱、圆锥、圆球的三视图
任务十　绘制组合体三视图	1. 掌握组合体三视图绘制的形体分析法； 2. 掌握组合体三视图绘制的线面分析法； 3. 掌握组合体三视图的尺寸标注要求	1. 能够根据模型和轴测图绘制组合体三视图； 2. 能够正确标注组合体三视图的尺寸
任务十一　绘制同坡屋顶三视图	1. 了解同坡屋顶的构造及棱线形成； 2. 掌握同坡屋顶三视图的绘图方法	能够绘制同坡屋顶的三视图

任务八　绘制正投影图与三视图

一、正投影概念

1. 投影法概念

古人在探索用图形来表达物体的过程中，发现物体在太阳光或灯光的照射下，在墙面或地面上产生影子，如图 8－1 所示。于是根据这个现象探索影子与物体之间的关系，总结了将物体的影子形状用图线画出来的方法，这种绘图的方法沿袭至今，被称为投影法制图，简称投影法。

投影法因为光源、光线等条件的不同，分为中心投影法、斜投影法、正投影法等多种，分别应用于美术绘画、摄影、透视绘图、轴测绘图、工程制图等领域。

2. 正投影概念

为了生产和建造的需要，工程图必然要准确表达物体的形状和大小。一般自然投影条件下，投影会有变形，不符合生产建造对图形的要求。通过人们不断地探索，发现物体的

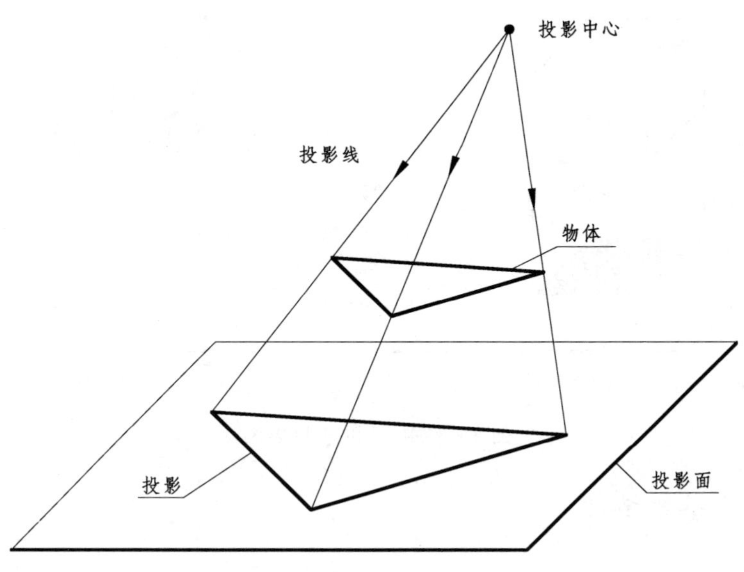

图 8－1　投影

影子在正投影的条件下能够准确地表达物体的形状和大小。所以经过人们的科学抽象，形成了正投影条件下的绘图方法，称为正投影法。

当互相平行光线垂直照射投影面得到的物体投影，称为物体的正投影，如图 8－2 所示。按正投影法画出的图称为正投影图。

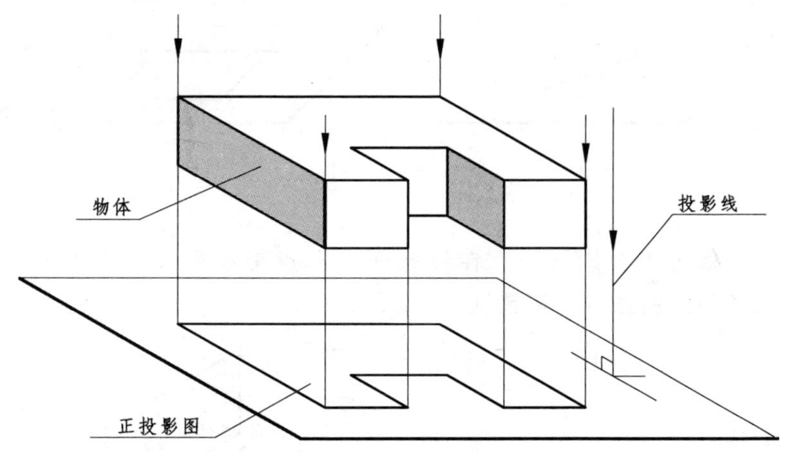

图 8－2　正投影概念

物体的正投影图能够准确反映物体一个方面的实际形状和大小，而且作图简单，所以正投影法被广泛应用于工程制图。

物体的正投影图不同于影子，影子只反映物体的外形轮廓，如图 8－3（a）所示；正投影图是假定投影线能穿透物体或者物体透明，因而能反映物体的所有内外轮廓线，如图 8－2（b）所示。

规定物体的可见轮廓线在正投影图中用粗实线画，不可见轮廓线用细虚线画。

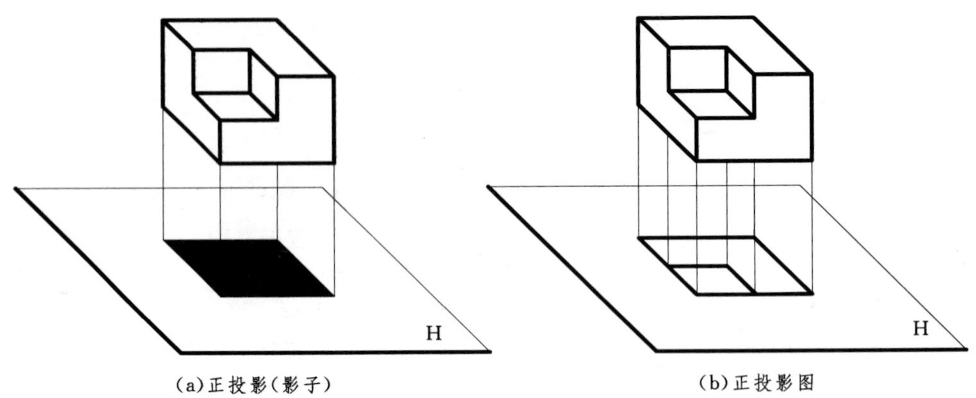

(a)正投影(影子)　(b)正投影图

图 8-3 物体的正投影图

二、正投影基本特性

1. 实形性

当直线或平面平行于投影面时，在投影面上的投影反映直线的实长或平面的实际形状，如图 8-4 所示，这种投影特性称为实形性。

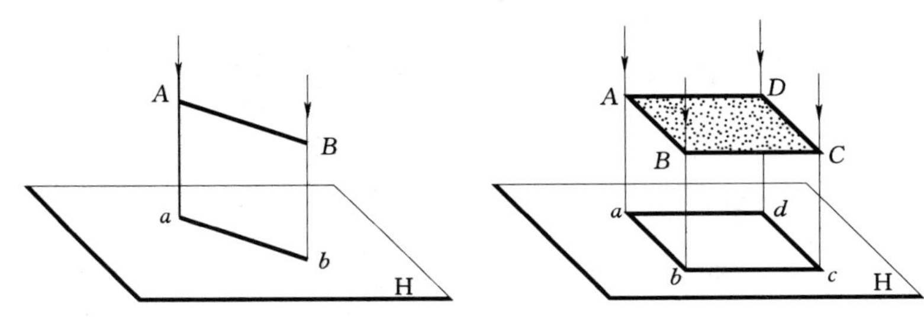

图 8-4 实形性

2. 积聚性

当直线或平面垂直于投影面时，在投影面上的投影积聚成一个点或一条直线，如图 8-5 所示，这种投影特性称为积聚性。

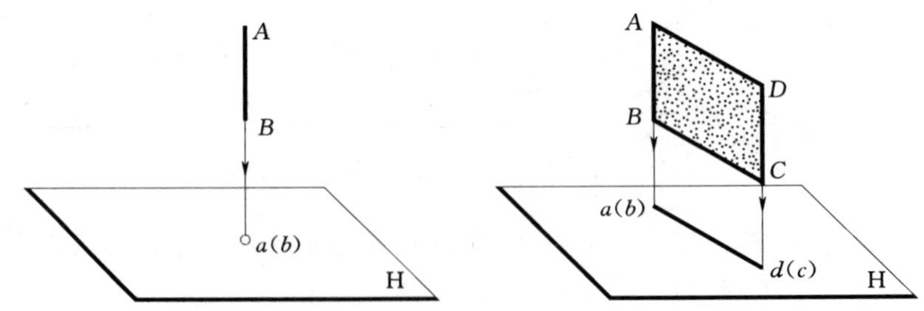

图 8-5 积聚性

3. 类似性

当直线或平面倾斜于投影面时，直线的投影长度缩短，平面的投影尺寸发生变化，形状类似于平面的实形，如图 8-6 所示，这种投影特性称为类似性。

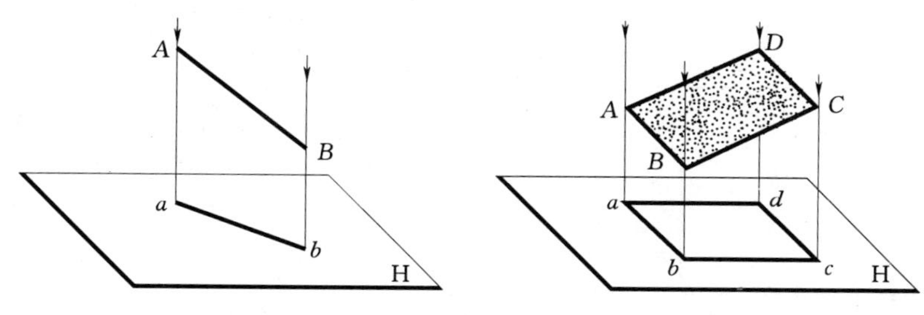

图 8－6　类似性

三、正投影图的画法

画物体的正投影图时，先观察物体的组成形状，分析物体表面与投影面的相对位置，然后根据正投影的投影特性，想象出物体的投影，将其画在图纸上。

因为正投影图是通过观察和分析画出的，所以正投影图又称为视图。

【例 8－1】 画出如图 8－7 所示物体在图示方向上的单面正投影图。

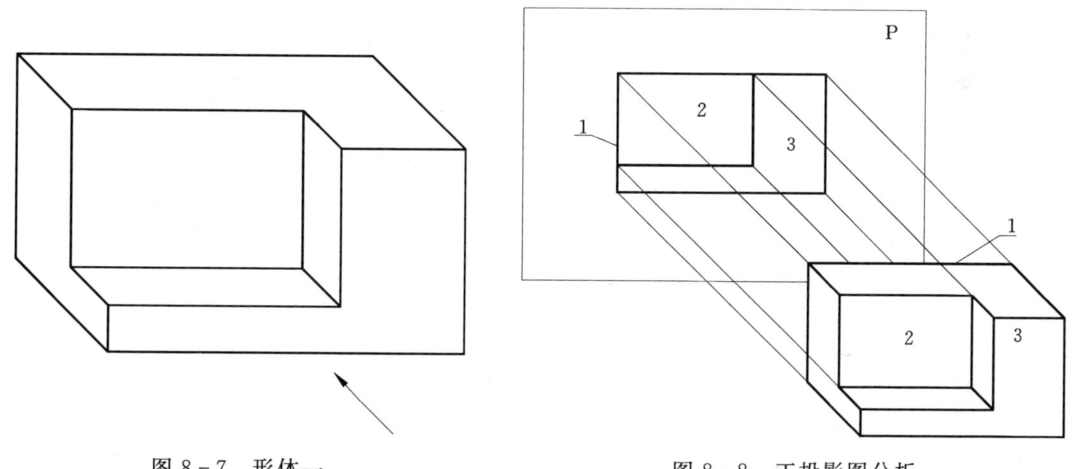

图 8－7　形体一　　图 8－8　正投影图分析

分析：如图 8－8 所示，在图示方向上设置投影面 P，形体上的共有三个表面与投影面平行，其余都与投影面垂直。根据正投影特性，平行于投影面的表面画出实形，垂直于投影面的表面积聚成直线。本例只需画出 1、2 两面的实形，3 表面自然构成，表面的积聚投影与 1、2、3 面的边线重合，不用再画。

正投影图的画图步骤如图 8－9 所示。

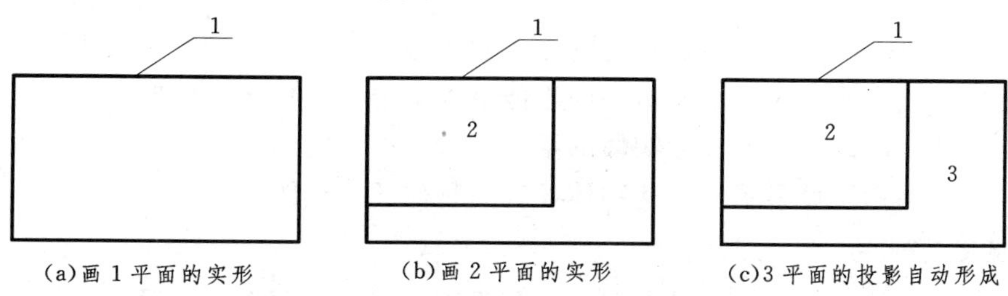

图 8－9　单面正投影图的画法

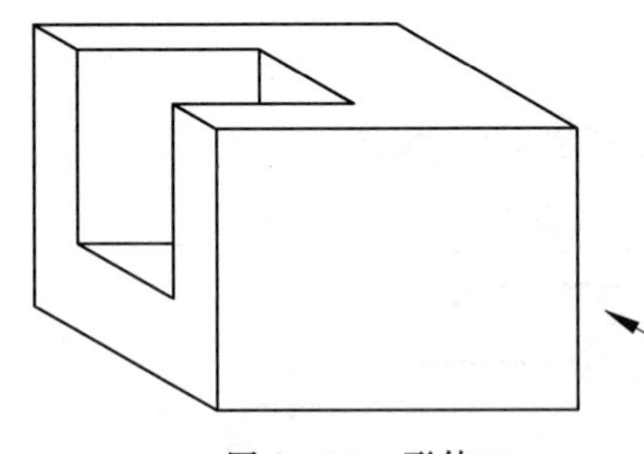

图 8－10 形体二

【**例 8－2**】 画出图 8－10 所示物体在图示方向的正投影。

分析：如图 8－11 所示，在图示方向上设置投影面 P，物体上的前面 A 和槽的侧面 B 与投影面 P 平行，A、B 表面的正投影均反映实形，B 表面为不可见表面，用虚线画出，如图 8－11 所示。单面正投影图的画图步骤如图 8－12 所示。

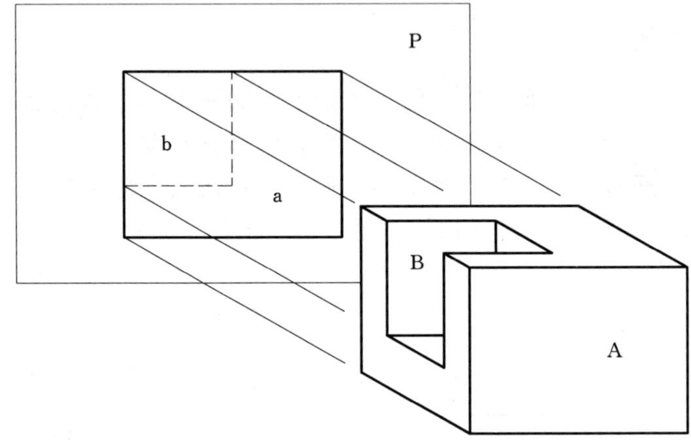

图 8－11 正投影图分析

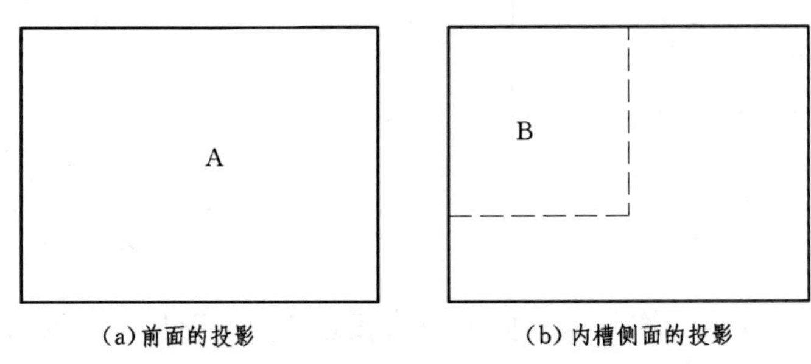

图 8－12 正投影的画法

四、三视图绘制

如图 8－13 所示为几个不同形状的物体，它们在同一个投影面上的投影却是相同的，因此，在正投影法中物体的一个投影一般不能准确确定空间物体结构形状，必须有两个或者多个投影图才能准确清楚地表达物体的结构形状。由于物体有左右、前后和上下三个方向的形状，一般用三面投影图来表达物体，称为物体的三视图。

1. 三视图的形成

(1) 三投影面体系的建立。设置三个互相垂直相交的平面作为投影面，称为三投影面

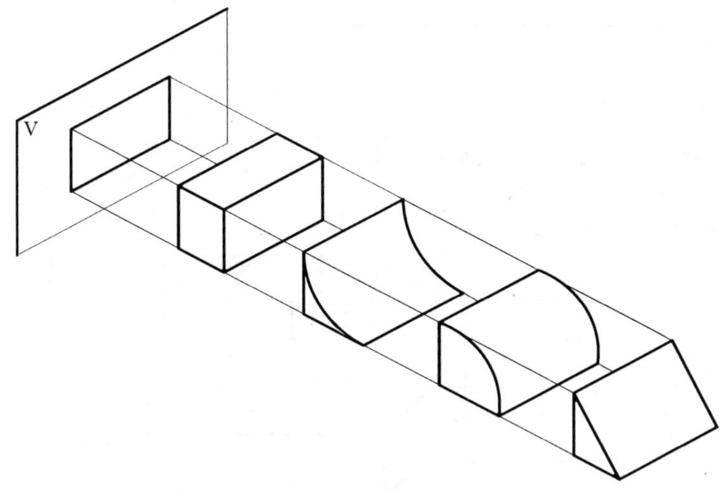

图 8－13　不同形体的单面正投影图

体系。把空间分成八个分角，如图 8－14 所示，我国规定第一分角作为投影空间，如图 8－15 所示。

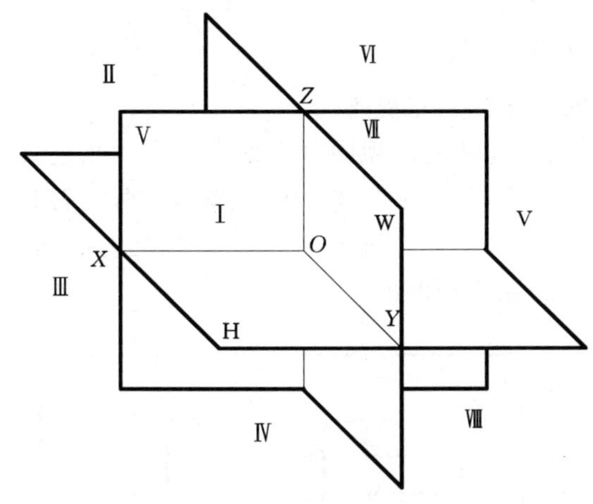

图 8－14　三投影面体系（八个分角）

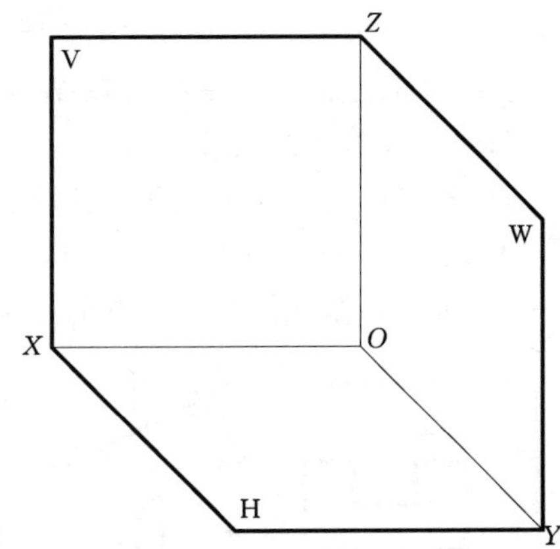

图 8－15　第一分角

其中：正立投影面，用字母 V 标记；水平投影面，用字母 H 标记；侧立投影面，用字母 W 标记。三个投影面的交线 OX、OY、OZ 称为投影轴。三根投影轴互相垂直相交于一点 O，称为原点。

物体有长、宽、高三个方向的尺寸以及上、下、前、后、左、右六个方位，通常规定：以原点 O 为基准，沿 X 轴方向量取物体的长度，确定左、右方位；沿 Y 轴方向量取物体的宽度，确定前、后方位；沿 Z 轴方向量取物体的高度，确定上、下方位。

（2）分面投影形成三视图。将物体置于三投影面体系中，将其主要表面分别平行于投影面，然后分别将物体向三个投影面进行投影得到物体的三视图，如图 8－16 所示。

从物体的前面向后投影，在 V 面上得到的视图称为主视图；

从物体的上面向下投影，在 H 面上得到的视图称为俯视图；

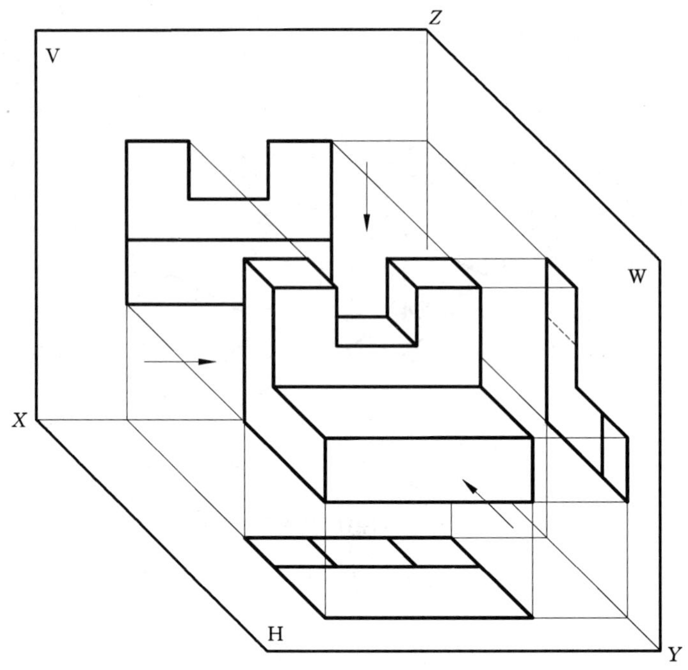

图 8－16　分面进行投影

从物体的左面向右投影，在 W 面上得到的视图称为左视图。

(3) 三投影面的展开。从图 8－16 可以看出，物体的三视图分别处在三个互相垂直的投影面上，将 V 面保持不动，使 H 面绕 OX 轴向下旋转 90°，将 W 面绕 OZ 轴向右旋转 90°，使之与 V 面摊平成一个平面，如图 8－17 (a) 所示。展开后三视图的位置如图 8－17 (b) 所示，俯视图在主视图的正下方，左视图在主视图的正右方。

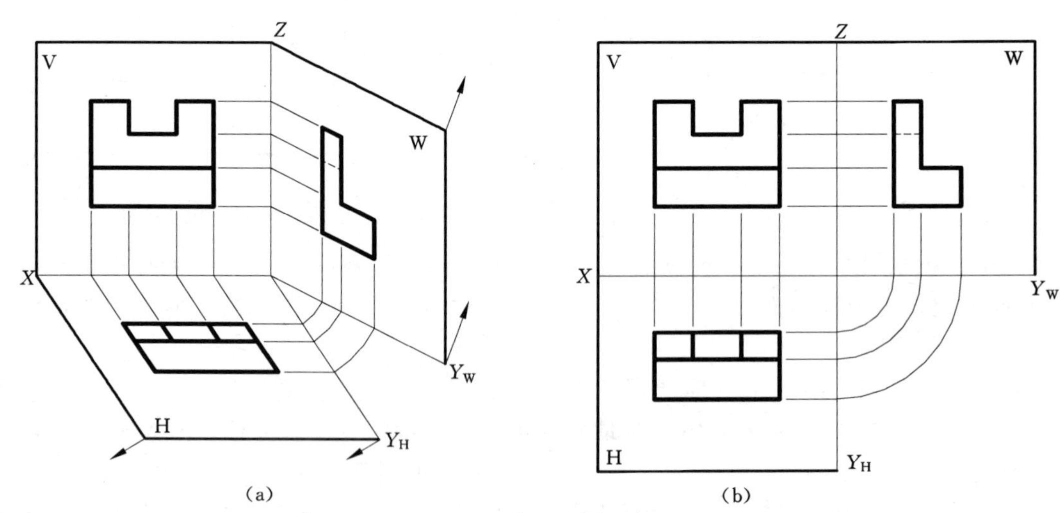

图 8－17　投影面的展开

在绘制三视图训练时，为了三视图对应位置准确，常常画出投影轴线和投影线，如图 8－18 (a) 所示。

工程图样上的三视图是不画投影面的边框线和投影线的，按上述位置排列时，也不需标注图名，如图 8－18（b）所示。

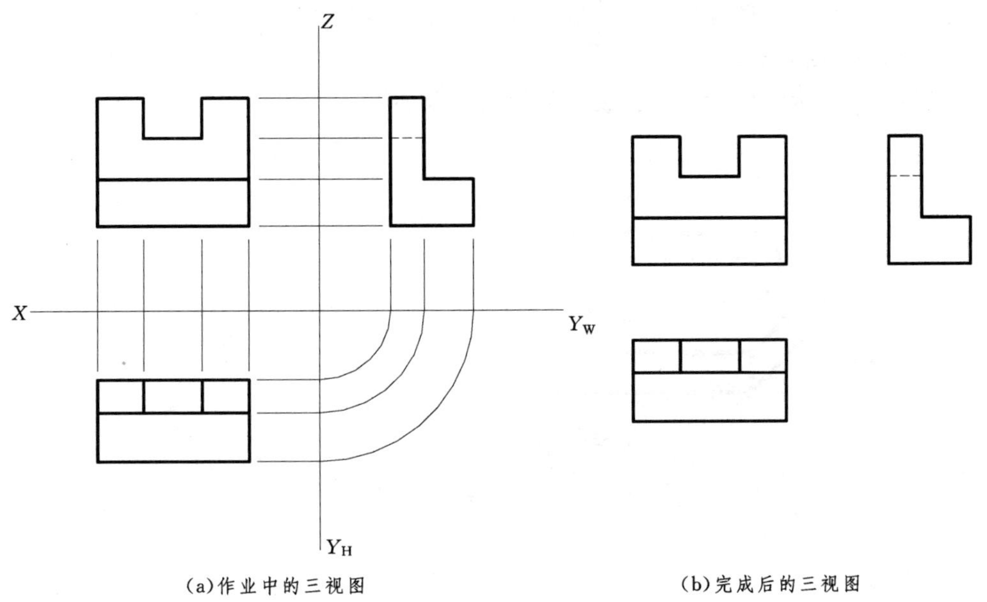

(a)作业中的三视图　　(b)完成后的三视图

图 8－18　物体的三视图

2. 三视图的投影规律

三视图表达的是同一物体在同一位置分别向三投影面所作的投影。所以，三视图间必然具有以下所述的投影规律：

（1）主视图和俯视图都反映物体的长度，因此主、俯视图长对正。

（2）主视图和左视图都反映物体的高度，因此主、左视图高平齐。

（3）左视图和俯视图都反映物体的宽度，因此左、俯视图宽相等。

简单概括为："长对正，高平齐，宽相等"，如图 8－19 所示。这个规律是画图和读图的基础，无论是整个物体还是物体的局部，三视图都必须符合这一规律。

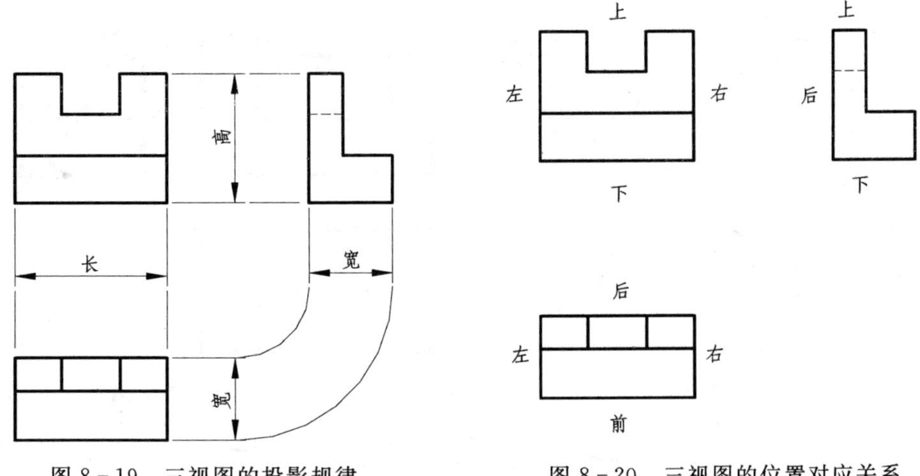

图 8－19　三视图的投影规律　　图 8－20　三视图的位置对应关系

3. 三视图与物体方位的对应关系

从三视图的形成过程可以看出，主视图反映了物体的上下、左右方位；左视图反映了物体前后、上下方位；俯视图反映了物体前后、左右方位。如图 8-20 所示。

4. 三视图的画法步骤

以图 8-21 所示物体为例，三视图的画法步骤如下：

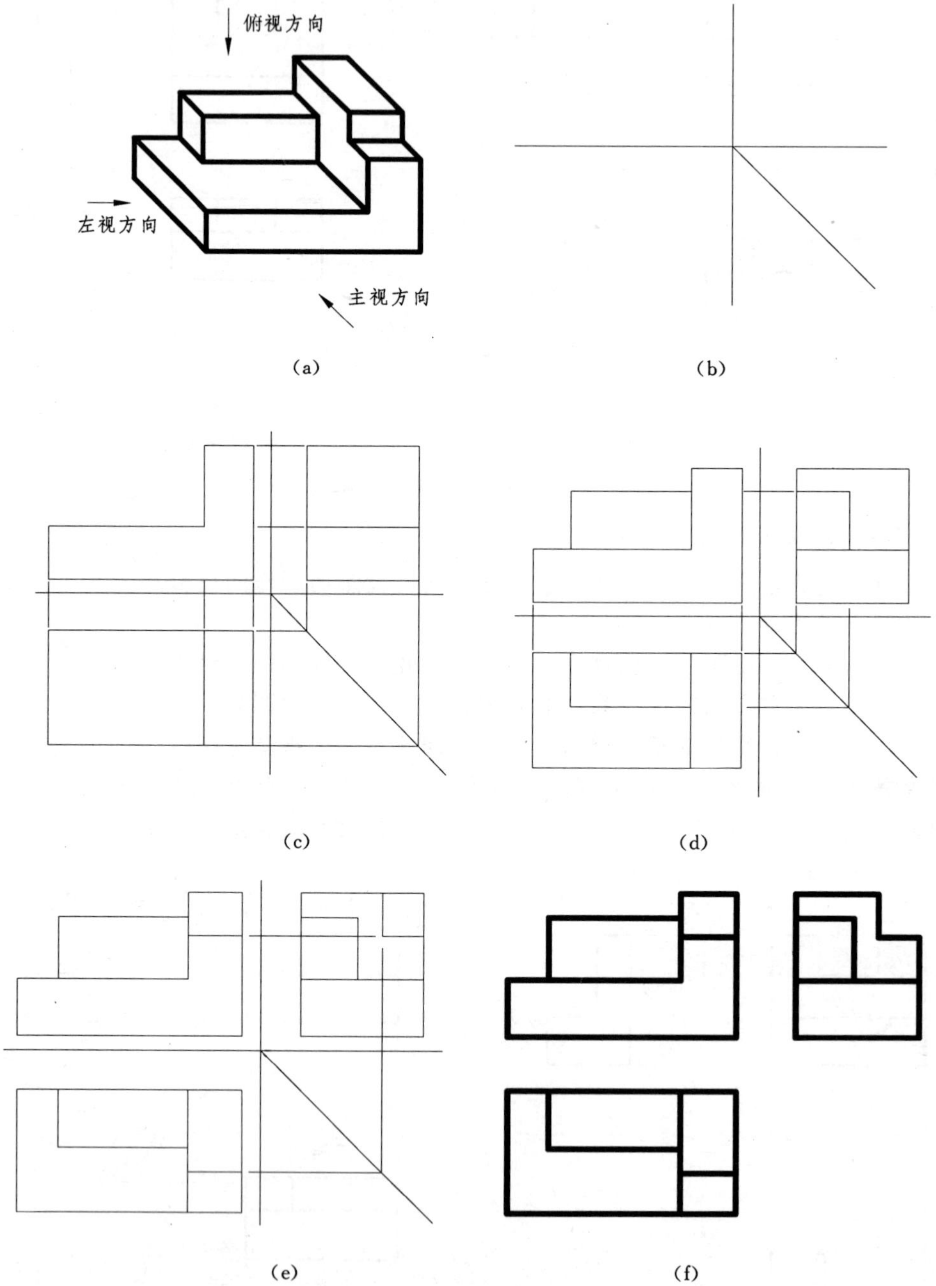

俯视方向

左视方向

主视方向

(a)

(b)

(c)

(d)

(e)

(f)

图 8-21　三视图的画法步骤

（1）确定物体摆放位置和主视方向，如图 8－21（a）所示。思考物体三个方向投影图的画法，或者画出草图三视图。

（2）用细实线绘制投影轴和 45°倾斜线，如图 8－21（b）所示。

（3）用细实线绘制底板和右侧竖墙完整形状的三视图，如图 8－21（c）所示。

（4）用细实线绘制后侧横墙的三视图，如图 8－21（d）所示。

（5）用细实线绘制右前切角处的三视图，如图 8－21（e）所示。

（6）擦除投影轴线和投影线，擦除切角处多余的线，用粗实线描深三视图，如图 8－21（f）所示。

五、实训

1. 实训任务

图 8－22 为八个物体的轴测图，试根据轴测图绘制其三视图。

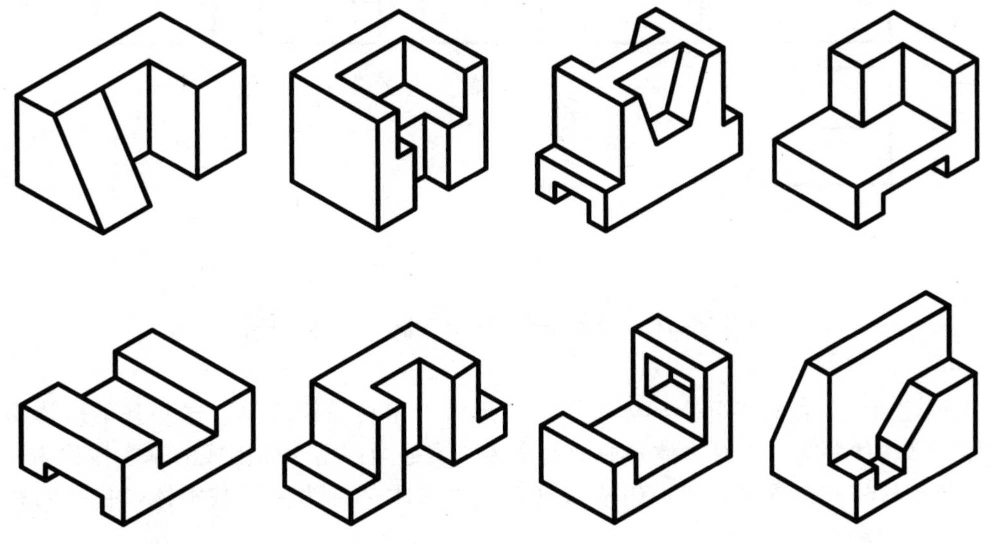

图 8－22　根据轴测图绘制三视图

2. 实训要求

（1）图形尺寸自定，三视图不标注尺寸。

（2）可见轮廓线用粗实线绘制，不可见轮廓线用细虚线绘制。

（3）完成数量和打印形式由教师要求。

六、课外拓展练习

（1）如图 8－23 所示，已知物体的主、俯视图，4 个左视图中哪个是错误的（　　）。

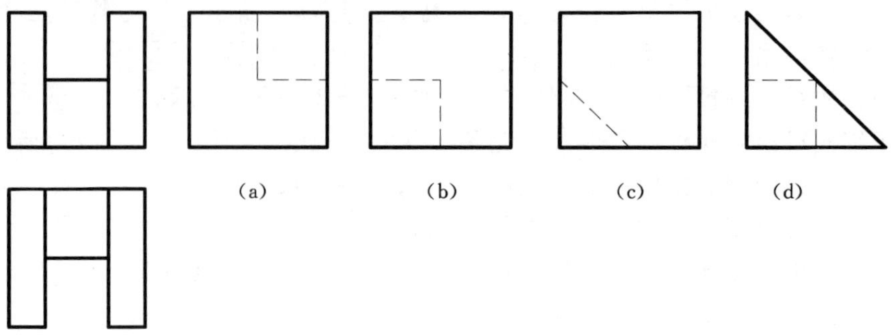

图 8-23

（2）如图 8-24 所示，已知物体的主、俯视图，哪个左视图是错误的（　　）。

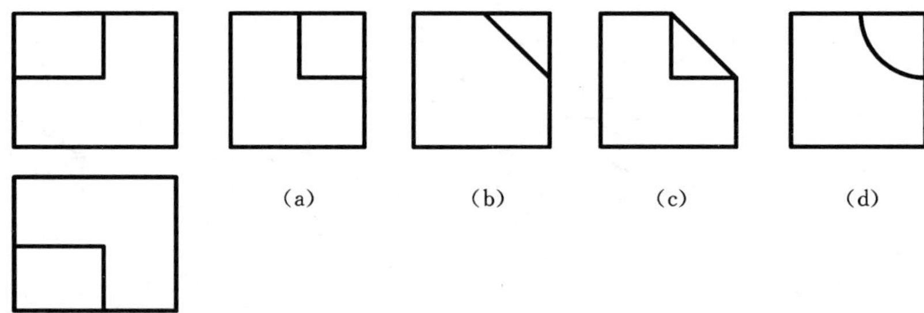

图 8-24

任务九　绘制基本体三视图

工程建筑物是由许多基本形体经过一定形式的组合而构成的，这些基本形体简称为基本体。基本体分为平面基本体和曲面基本体。表面全部由平面围成的基本体称为平面基本体，包括棱柱和棱锥等；表面组成包含曲面的基本体称为曲面基本体，包括圆柱、圆锥、圆球、圆环等。

一、平面基本体三视图的画法

（一）棱柱体的三视图

1. 常见棱柱体及其三视图

棱柱中互相平行的两个面称为底面，其余的面称为侧面，相邻两侧面的交线称为棱线，棱柱的各棱线相互平行。常见棱柱体有三棱柱、四棱柱、五棱柱、六棱柱，如图 9-1 所示为其直观图和三视图。

2. 棱柱体三视图的画法

以三棱柱为例，说明棱柱体的画法步骤：

（1）确定物体摆放位置和主视方向。将三棱柱底面放置为与侧面平行，其中一侧面水平，在三投影面中的位置如图 9-2 所示。

（2）画底面的投影图。画出反映上下底面实形的左视图，如图 9-3（a）所示。

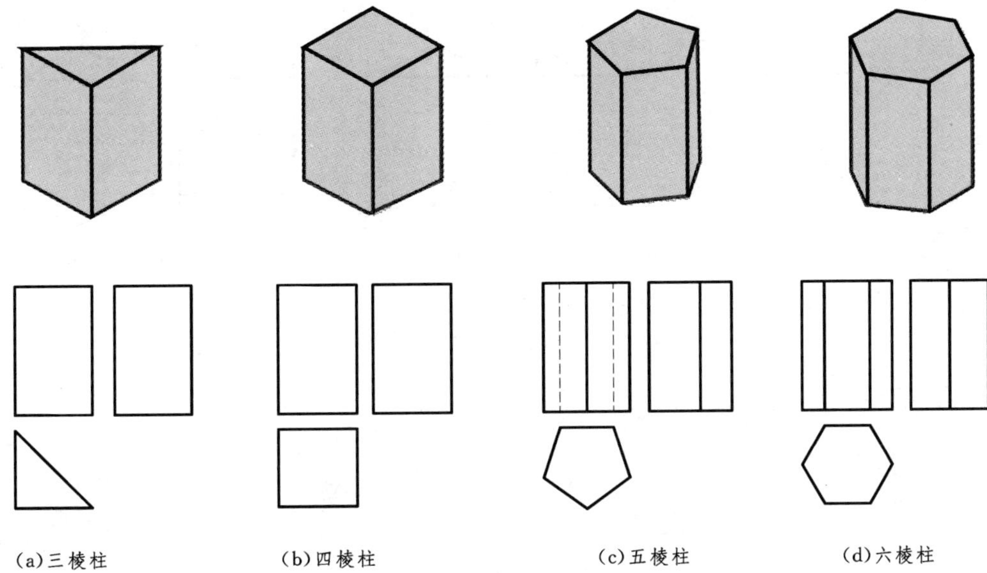

图 9-1　常见棱柱体及其三视图

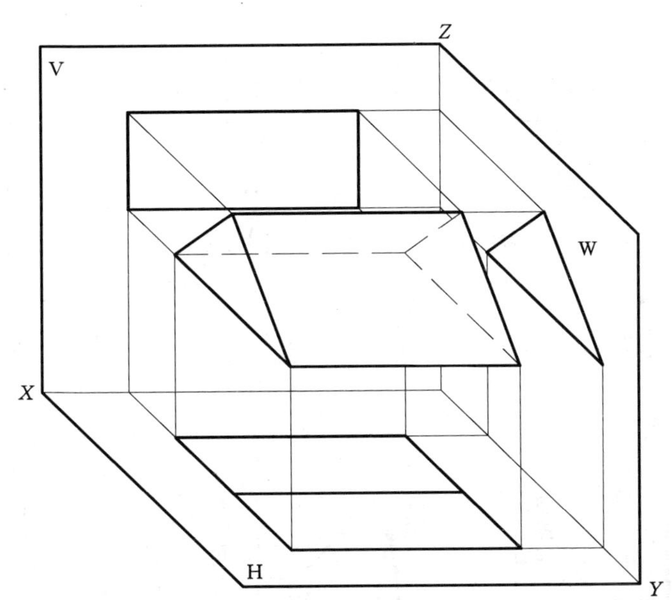

图 9-2　正三棱柱三视图的分析

(3) 画其他两面投影。根据"长对正"的投影关系画出主视图，如图 9-3 (b) 所示；根据"高平齐"、"宽相等"的关系画出俯视图，如图 9-3 (c) 所示。

(二) 棱锥和棱台的三视图

1. 常见棱锥和棱台的三视图

棱锥体由底面、侧面、棱线和锥顶组成，底面是多边形，侧棱面均为三角形。工程中常见的棱锥体有三棱锥、四棱锥、三棱台、四棱台等。图 9-4 所示为常见棱锥体的直观图和三视图。

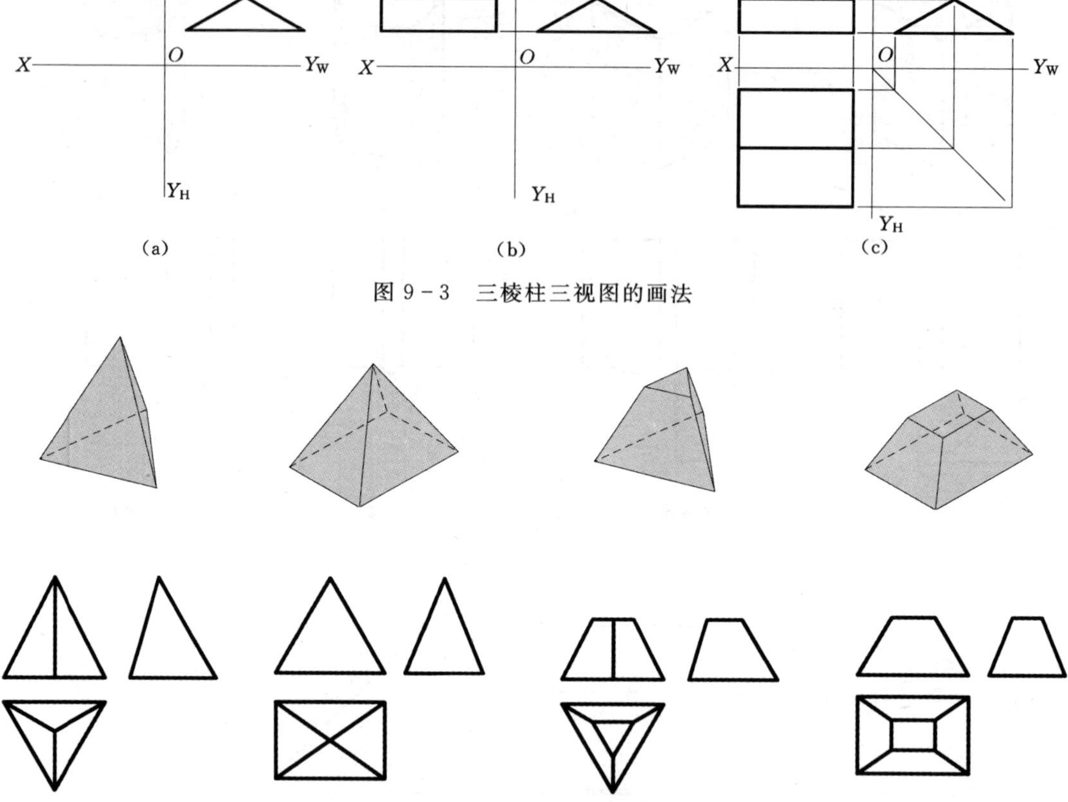

图 9-3　三棱柱三视图的画法

图 9-4　常见棱锥体及其三视图

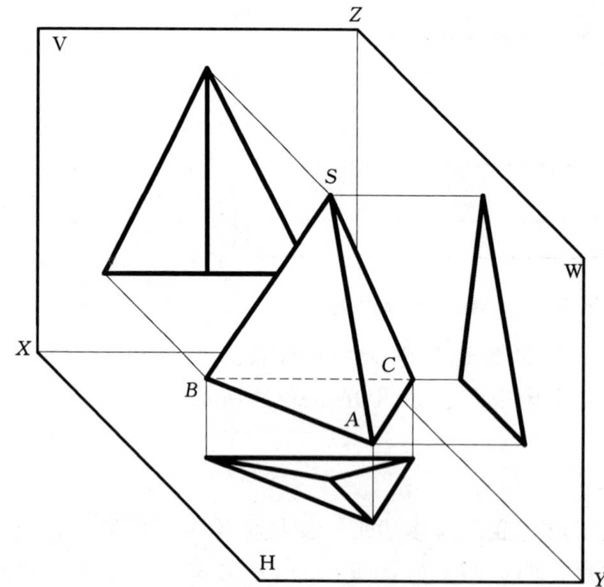

图 9-5　正三棱锥三面投影

2. 棱锥体三视图的画法

以正三棱锥为例，说明棱锥体的画法步骤：

(1) 确定物体摆放位置和主视方向。正三棱锥的底面放置为水平面，其中一根棱线放置为最前，后侧面是侧垂面。三视图投影方向如图 9-5 所示，棱线 SA 为侧平线，棱线 SB 和 SC 为一般位置直线。

(2) 画棱锥底面的投影图。先画出反映底面实形的俯视图，再从三角形的顶点向锥点的投影连线，从而作出各棱线的俯视图，如图 9-6 (a) 所示。

(3) 画棱锥的另外两面投影。

根据“长对正”的投影关系画出主视图，如图 9－6（b）所示；根据“高平齐”、“宽相等”的关系画出左视图，如图 9－6（c）所示。

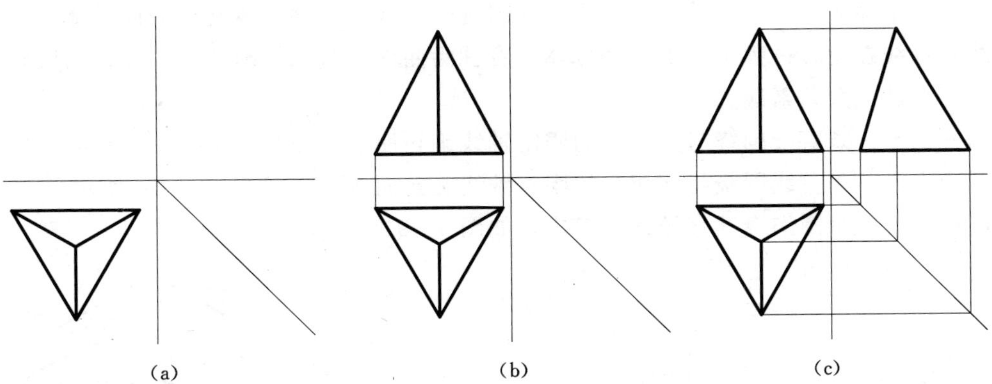

图 9－6　正三棱锥三视图的画法步骤

3. 棱台体三视图的画法

四棱台的三视图投影如图 9－7 所示，其三视图的画法步骤如图 9－8 所示。

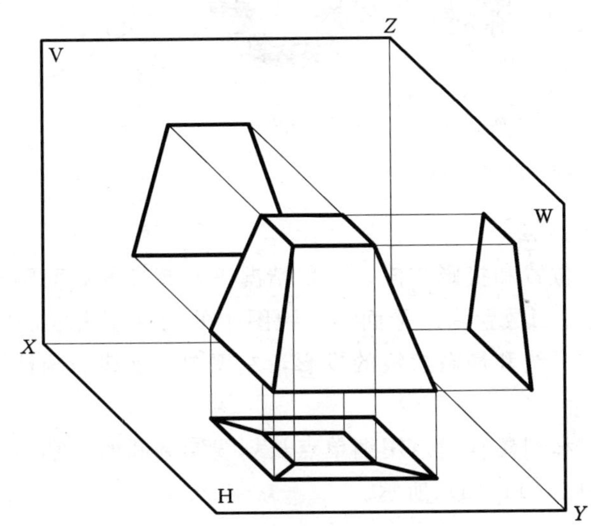

图 9－7　四棱台三面投影

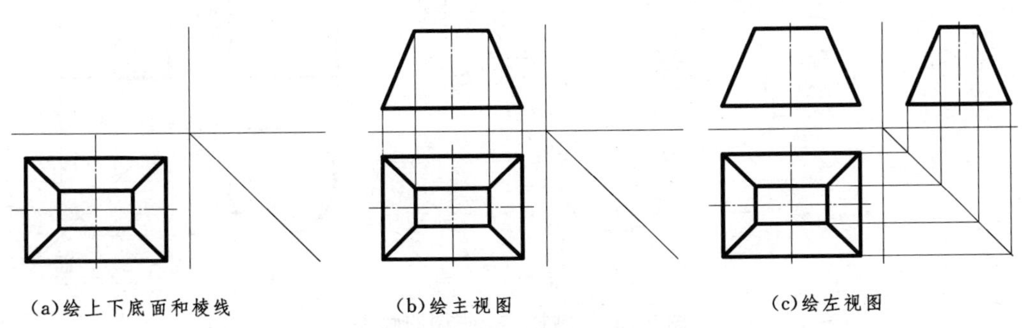

图 9－8　四棱台三视图的画法步骤

二、曲面基本体三视图的画法

曲面基本体表面是由一条动线绕固定轴线旋转而成，这种形体又称为回转体。动线称为母线，母线在旋转过程中的每一个具体位置称为曲面的素线。因此，可以认为回转体的曲面上存在着无数条素线。

圆柱面是一条直线围绕与其平行的固定轴线旋转而成，如图 9－9（a）所示。

圆锥面是一条直线围绕与其相交的固定轴线旋转而成，如图 9－9（b）所示。

圆球面是一个圆围绕其直径旋转而成，如图 9－9（c）所示。

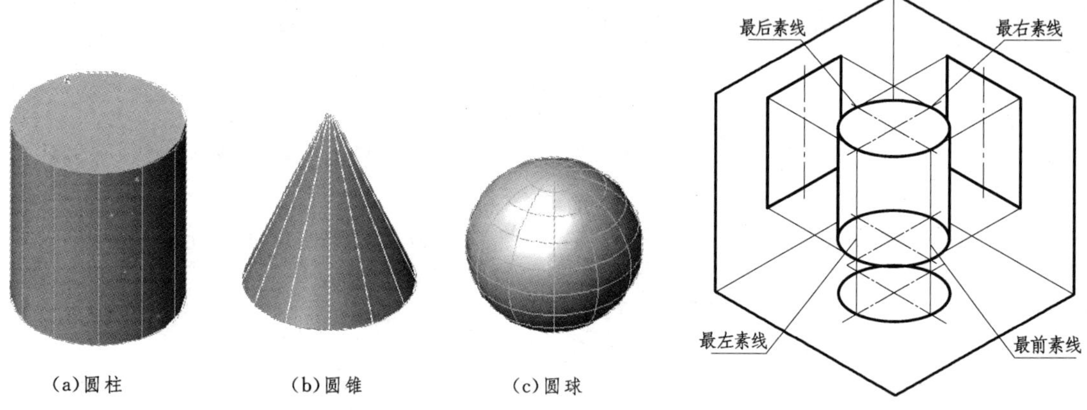

图 9－9　曲面体实体模型图

图 9－10　圆柱三视图的分析

1. 圆柱体三视图的画法

（1）圆柱体的摆放位置和投影方向。一般情况下，圆柱的底面圆与投影面平行。如图 9－10 所示，将圆柱的底面放置为水平面，三视图中的俯视图为底面圆的实形，主视图轮廓线为圆柱表面上最左素线和最右素线的投影，左视图轮廓线为圆柱面上最前素线和最后素线的投影。

（2）绘制圆中心线和圆柱轴线。用细单点长划线绘制圆的十字中心线和圆柱轴线，确定三视图的位置，如图 9－11（a）所示。

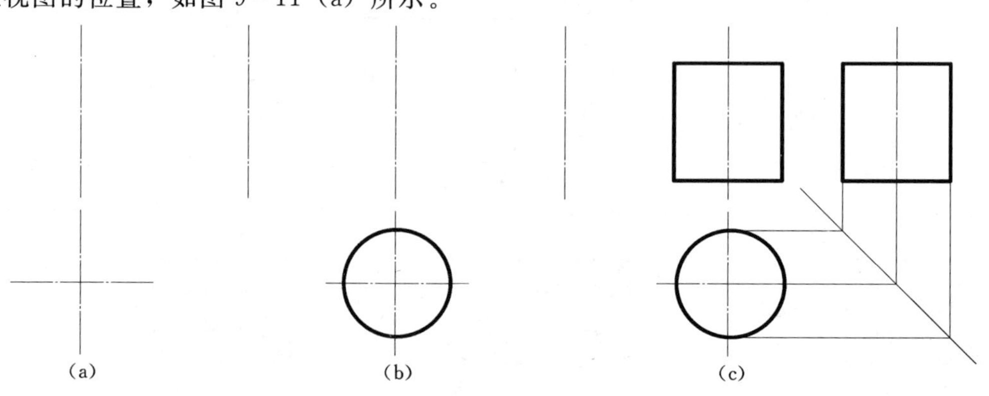

图 9－11　圆柱体三视图的画法

（3）绘制底面圆的投影。画出俯视图中圆的投影，该圆反映圆柱体特征，应首先画出，如图 9－11（b）所示。

（4）绘制其他两面投影。根据投影规律依次绘制主视图和俯视图，如图 9－11（c）所示。

2. 圆锥体三视图的画法

（1）圆锥体的摆放位置和投影方向。将圆锥的底面圆放置于水平，如图 9－12 所示，三视图中的俯视图为底面圆的实形，主视图轮廓线为圆锥表面上最左素线和最右素线的投影，左视图轮廓线为圆锥面上最前素线和最后素线的投影。

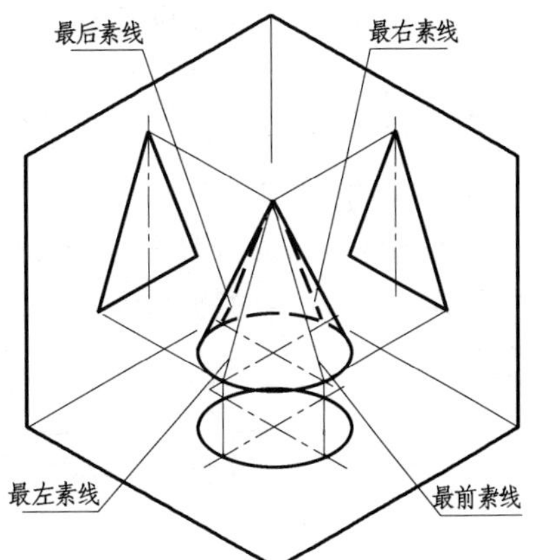

图 9－12　圆锥体三视图的分析

（2）绘制圆中心线和圆锥轴线。用细单点长划线绘制圆的十字中心线和圆锥轴线，确定三视图的位置，如图 9－13（a）所示。

（3）绘制底面圆的投影。画出俯视图中圆的投影，如图 9－13（b）所示。

（4）绘制其他两面投影。根据投影规律依次绘制主视图和俯视图，如图 9－13（c）所示。

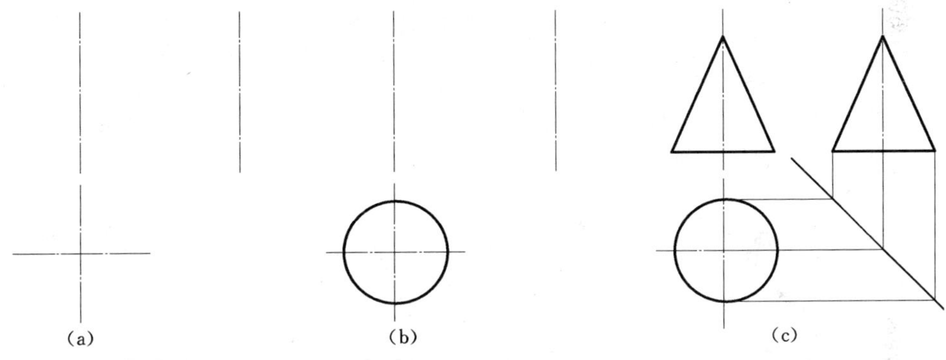

图 9－13　圆锥体三视图的画法

3. 圆球体的三视图画法

圆球体的三面投影均为三个直径等于球径的圆，如图 9－14 所示。

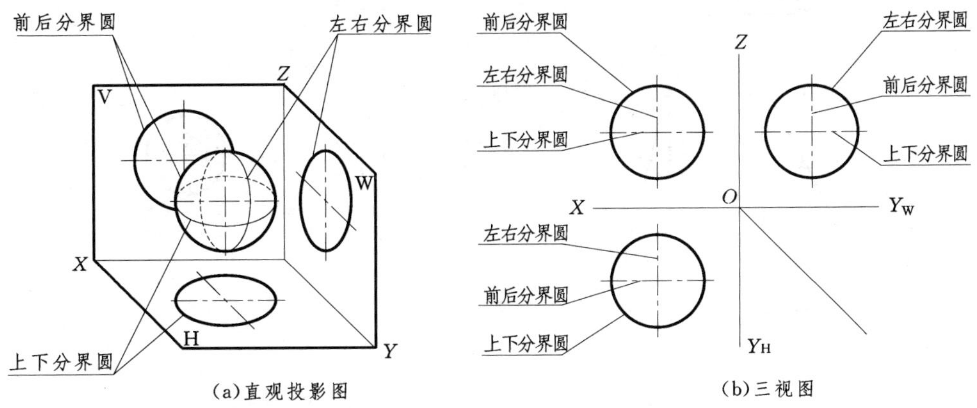

图 9－14　圆球体三视图的画法

俯视图上的圆，是上下分界圆的投影；主视图上的圆，是前后分界圆的投影；左视图上的圆，是左右分界圆的投影。

三、基本形体的视图特征

1. 柱体的视图特征——矩矩为柱

“矩矩为柱”的含义是：在基本几何体的三视图中如有两个视图的外形轮廓为矩形，则可肯定它所表达的物体是圆柱或棱柱。如图 9 - 15 所示。

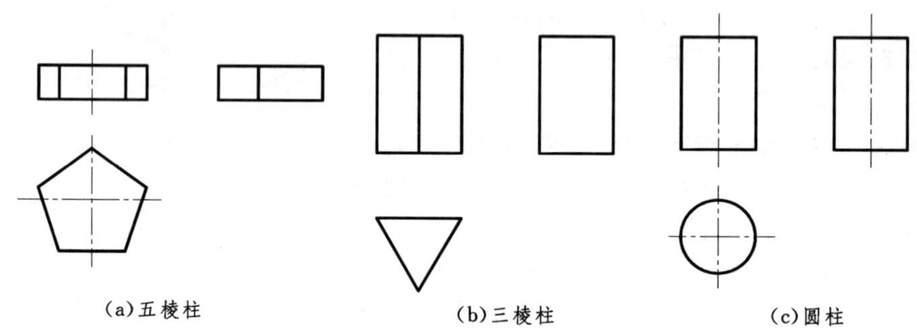

图 9 - 15　柱体的视图特征

2. 锥体的视图特征——三三为锥

“三三为锥”的含义是：在基本几何体的三视图中如有两个视图的外形轮廓为三角形，则可肯定它所表达的物体是圆锥或棱锥。如图 9 - 16 所示。

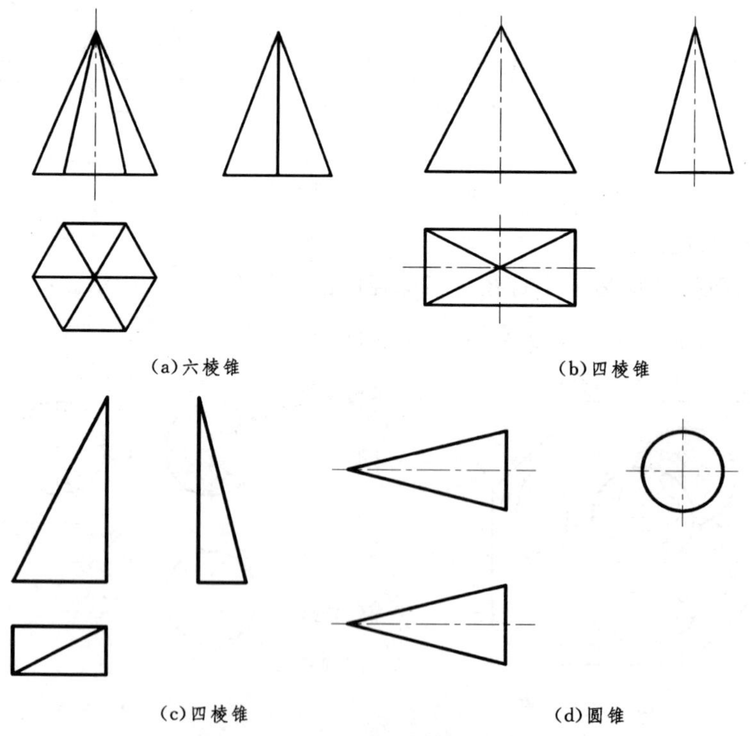

图 9 - 16　锥体的视图特征

3. 台体的视图特征——梯梯为台

“梯梯为台”的含义是：在基体几何体的三视图中如有两个视图的外形轮廓为梯形，则可肯定它所表达的物体是圆锥台或棱锥台。如图 9－17 所示。

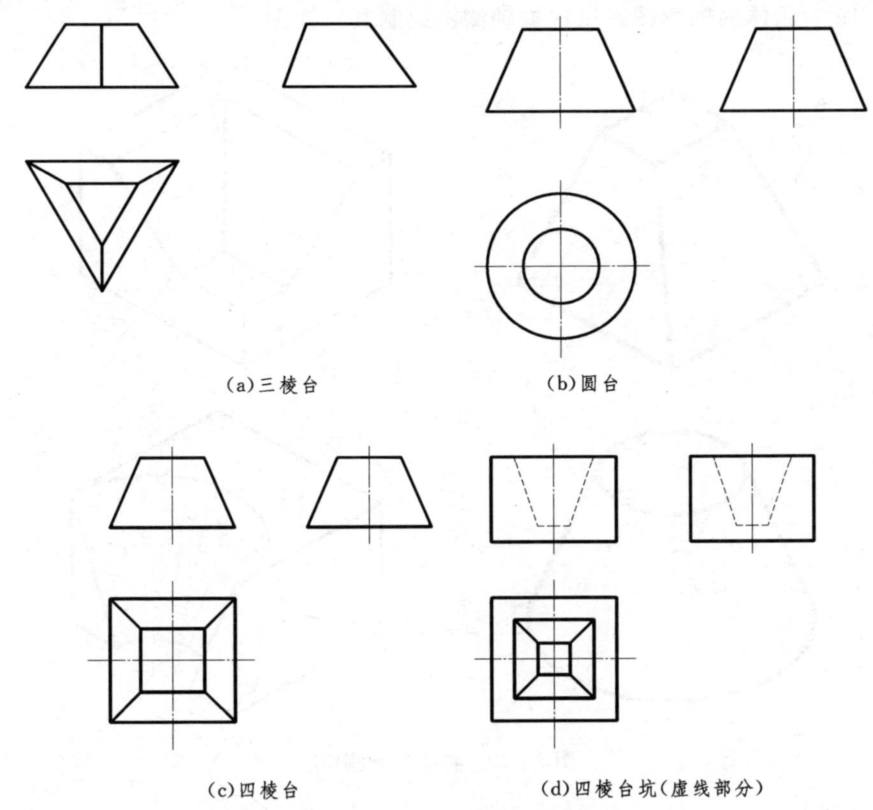

(a)三棱台　(b)圆台

(c)四棱台　(d)四棱台坑(虚线部分)

图 9－17　台体的视图特征

4. 球体的视图特征——三圆为球

“三圆为球”的含义是：球体的三视图全部为圆形，如图 9－18 所示。

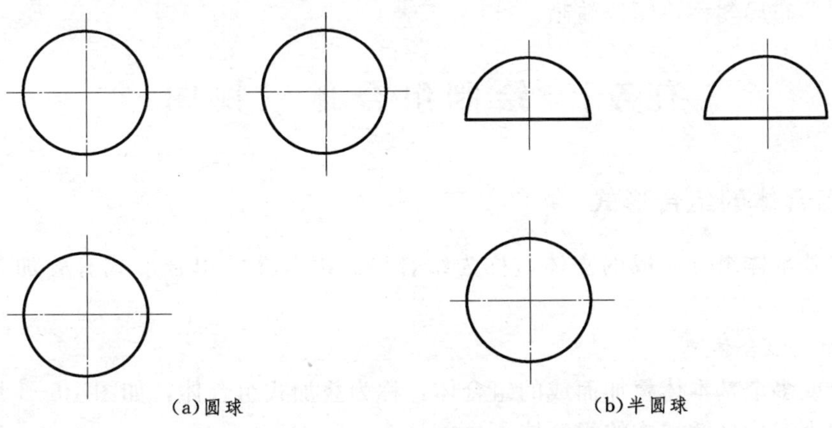

(a)圆球　(b)半圆球

图 9－18　圆球的视图特征

四、实训

1. 实训任务

图 9－19 为物体的轴测图，试根据轴测图绘制其三视图。

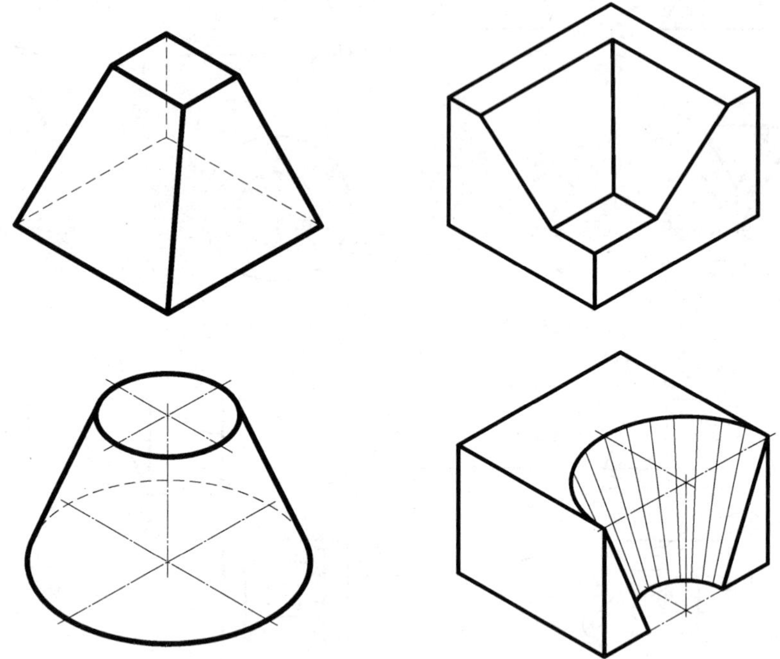

图 9－19　物体的轴测图

2. 实训要求

(1) A4 图纸，铅笔或计算机绘制。

(2) 图形尺寸自定，三视图不标注尺寸。

(3) 可见轮廓线用粗实线绘制，不可见轮廓线用细虚线绘制。

(4) 图形布局匀称，图线清晰。

任务十　绘制组合体三视图

一、组合体的组合形式

由一些基本体组合而成的立体，称为组合体。组合体的组合形式有叠加式和切割式两种。

1. 叠加式组合体

由两个或多个基本体叠加而成的组合体，称为叠加式组合体，如图 10－1 所示为两个四棱柱与四个三棱柱叠加成的组合体。

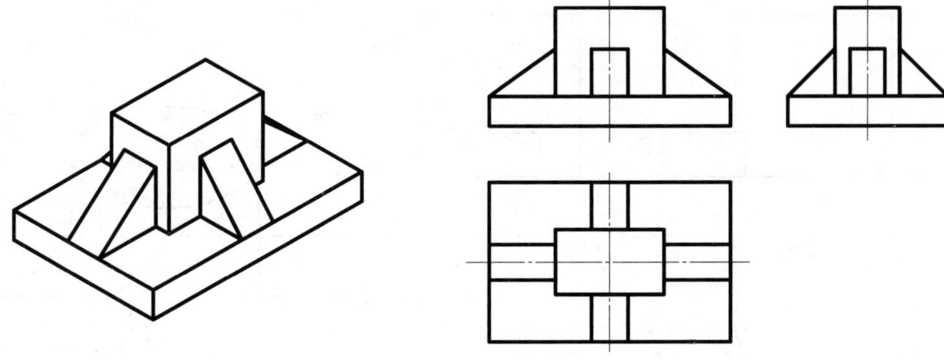

图 10 - 1　叠加式组合体

2. 切割式组合体

由基本体切割而成的组合体，称为切割式组合体，如图 10 - 2 所示为四棱台切槽和切角后形成的组合体。

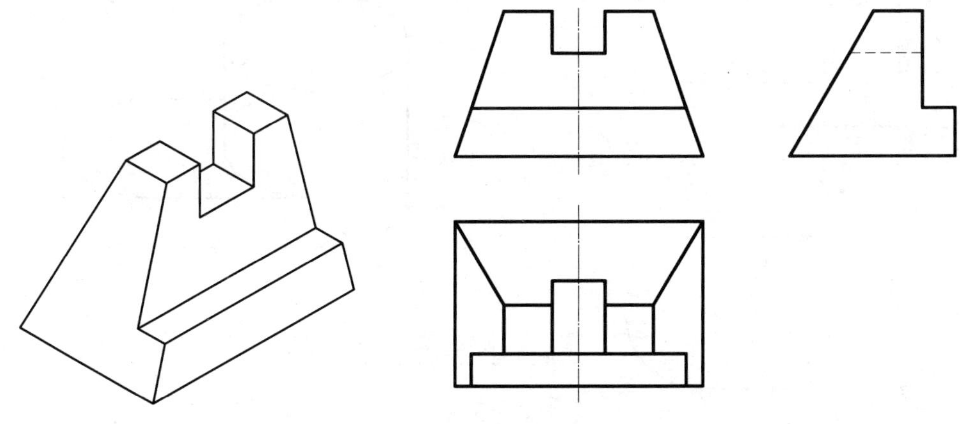

图 10 - 2　切割式组合体

二、组合体中曲面与平面的连接关系

组合体中曲面与平面的连接关系，有相交、相切两种情况。

1. 曲面与平面相交

如图 10 - 3 所示，曲面与平面相交，相交处有分界线，应画出交线。

2. 表面相切

如图 10 - 4 所示，组合体两表面光滑连接，即相切，结合处是光滑过渡的，不画切线。

三、组合体三视图的画法

画叠加式组合体，要分部分绘制其三视图，最后检查各部分间的连接关系，去掉多余的线；画切割式组合体，要先画出其基本形体的三视图，再画切割部分的三视图，最后去

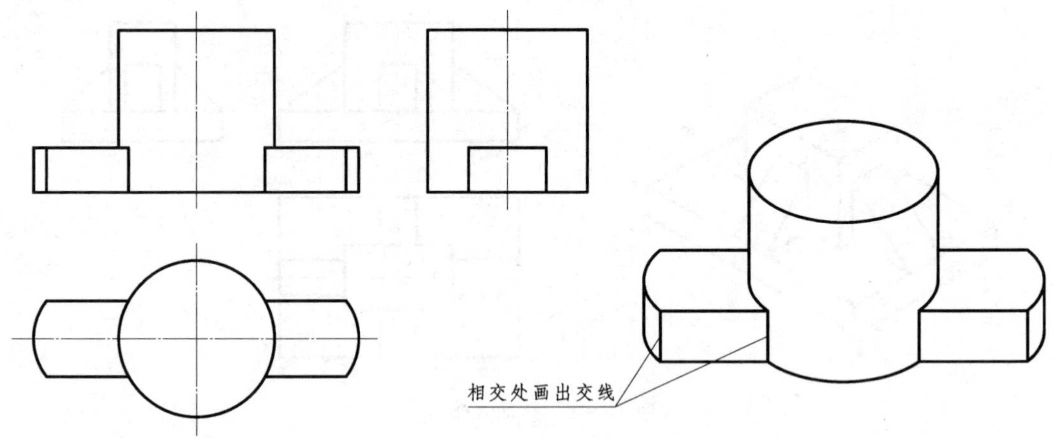

图 10-3　曲面与平面相交的组合体

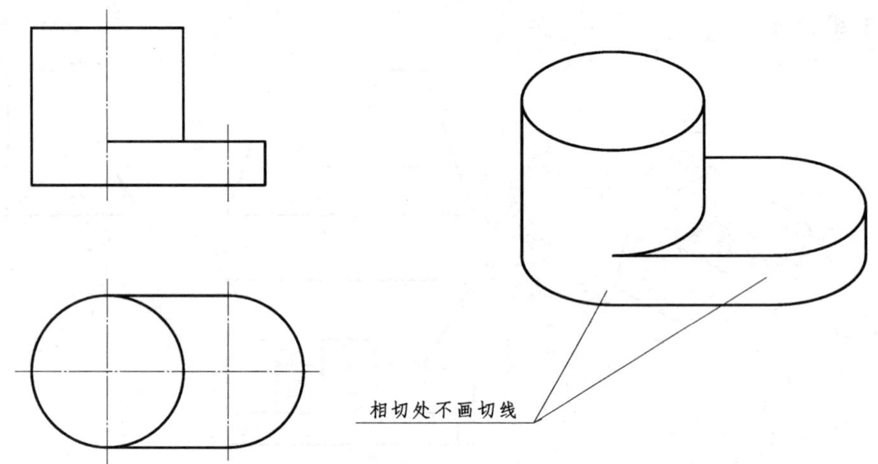

图 10-4　曲面与平面相切的组合体

掉多余的线；画叠加和切割都有的较复杂组合体，先画各叠加体，再画切割部分。

AutoCAD 画组合体三视图的具体步骤如下：

(1) 组合体形体分析。分析组合体各组成部分、每部分的形状特征以及它们之间的相对位置和连接关系。

(2) 选择主视图。一般选择最能反映组合体形状特征和相互位置关系的投影作为主视图，同时要考虑到组合体的安装位置，另外要注意其他两个视图上的虚线应尽量少。

(3) AutoCAD 绘图。利用 AutoCAD 绘图软件绘制组合体的三视图，标注尺寸。

(4) 布局与图形输出。将绘制好的组合体三视图按要求布局，然后打印图纸或发布图形。

【例 10-1】 绘制图 10-5 所示组合体的三视图。

绘图步骤如下（略去选图幅、布图等步骤）：

(1) 该组合体为房屋柱基础的简化模型，由上部基础、下部基础、基坑三部分组成。

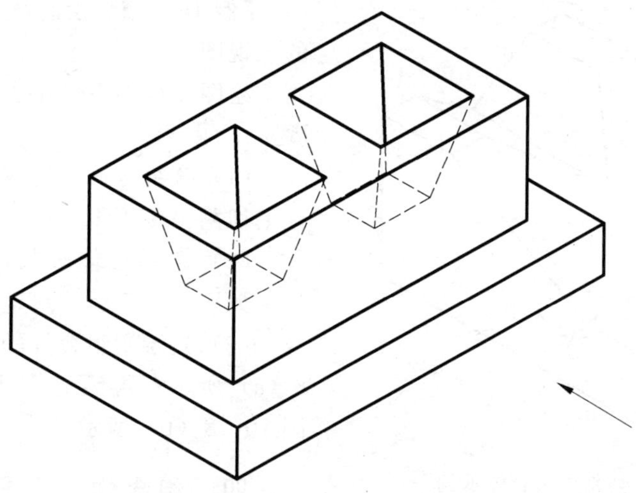

图 10-5　房屋柱基础组合体

上、下部基础均为四棱柱，基坑为四棱台，上、下部基础之间为叠加关系，基坑与上部基础之间也认为是叠加关系。

（2）选择形体较长的方向为主视图方向，如图 10-5 所示。

（3）分部分绘制组合体的三视图，具体步骤如图 10-6 所示。

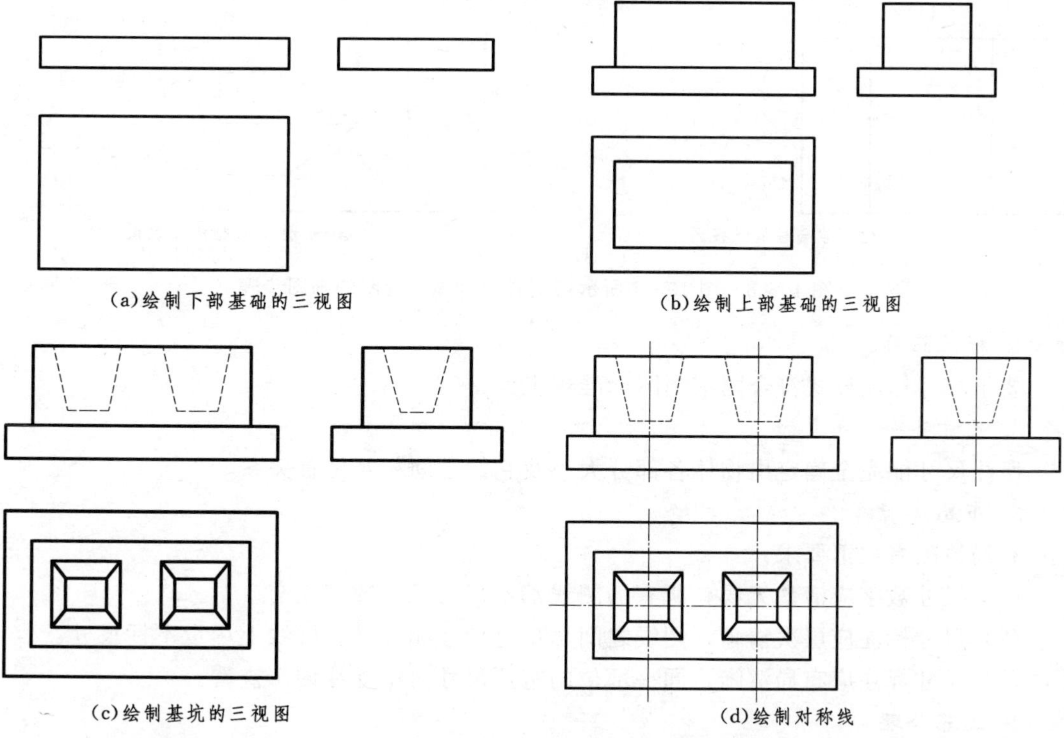

图 10-6　房屋柱基础组合体三视图的画图步骤

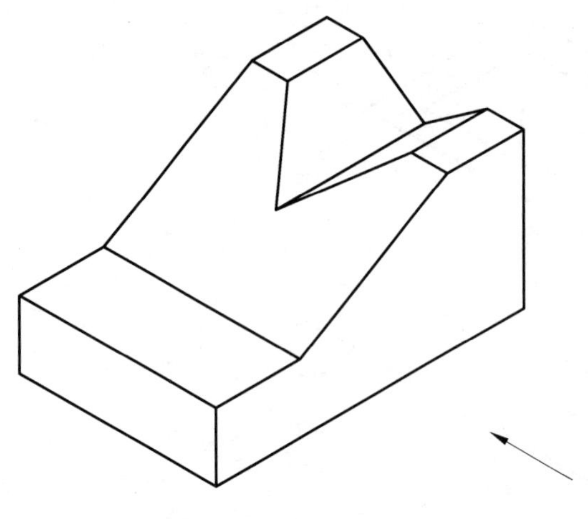

图 10－7　切割式组合体示例

【例 10－2】　绘制图 10－7 所示组合体的三视图。

绘图步骤如下（略去选图幅、布图等步骤）：

（1）该组合体为切割式组合体，在组合柱上切割一 V 形槽。

（2）选择形体较长的方向为主视图方向，如图 10－7 所示。

（3）先绘制组合柱的三视图，如图 10－8（a）所示；再绘制 V 形槽的三视图，如图 10－8（b）所示。

四、组合体三视图的尺寸标注

组合体三视图对尺寸的要求概括为“标注正确、尺寸齐全、布局清晰、工艺合理”。

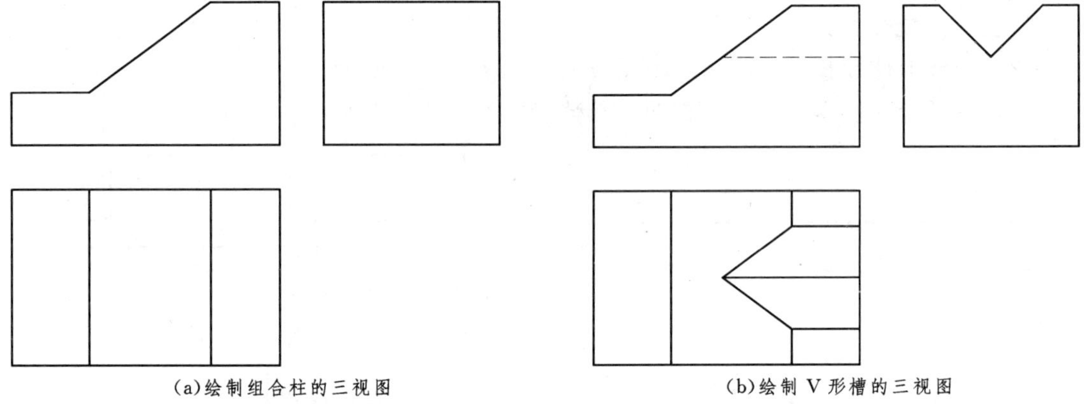

(a)绘制组合柱的三视图　　(b)绘制 V 形槽的三视图

图 10－8　图 10－7 所示切割式组合体三视图的画图步骤

1. 标注正确

要求尺寸标注样式符合国家制图标准规定。

2. 尺寸齐全

所注尺寸能完全确定出物体各部分大小及它们之间相互位置关系。

3. 布局清晰

布局清晰有如下要求：

（1）尺寸数字应清楚无误，所有的图线都不得与尺寸数字相交。

（2）尺寸标注应层次清晰，图线之间尽量避免互相交叉，虚线上尽量不标尺寸。

（3）尺寸标注应布局清晰，同一部位的特征尺寸集中标注便于查看。

4. 工艺合理

工程图中的尺寸标注应符合施工生产的工艺要求，做到尺寸基准合理，在满足使用要求的情况下尽量降低生产成本。

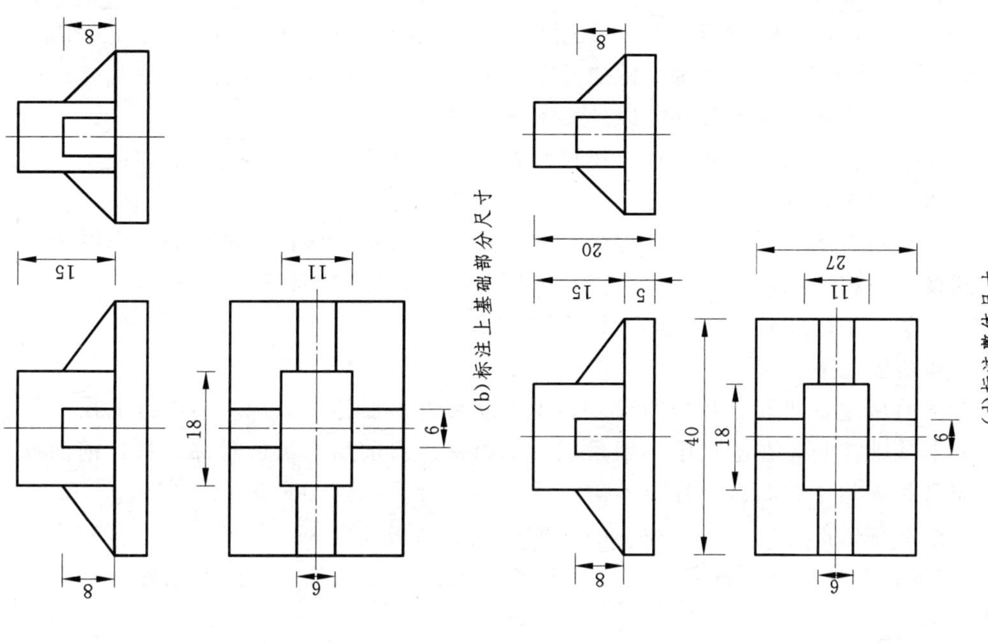

(a)标注前后左右四部分肋板的尺寸

(b)标注上基础部分尺寸

(c)标注下基础部分尺寸

(d)标注整体尺寸

图 10-9　图 10-1 所示叠加式组合体三视图尺寸标注

5. 尺寸标注注意事项

尺寸标注及布置的合理、清晰，对于识图和施工制作都会带来方便，从而提高工作效率，避免错误发生。在布置组合体尺寸时，除应遵守上述的基本规定外，还应做到以下几点：

(1) 尺寸一般应布置在图形外，以免影响图形清晰。

(2) 尺寸排列要注意大尺寸在外、小尺寸在内，并在不出现尺寸重复的前提下，使尺寸构成封闭的尺寸链。

(3) 反映某一形体的尺寸，最好集中标在反映这一基本形体特征轮廓的投影图上。

(4) 两投影图相关的尺寸，应尽量注在两图之间，以便对照识读。

【例 10-3】 给图 10-1 所示组合体三视图标注尺寸。

标注尺寸步骤如下：

(1) 标注前后左右四部分肋板的尺寸。由于肋板左右对称，只标左边部分的尺寸，肋板长度受上下基础控制，在施工中不用量取，不再标注。前后肋板也对称，只标前面部分的尺寸，前后肋板与左右肋板一样也不需标注宽度尺寸。如图 10-9 (a) 所示。

(2) 标注上基础部分尺寸。主视图的左侧已经有肋板高度为 8 的尺寸，上基础高度尺寸 15 标注在主视图的右侧，长宽尺寸 18、11 集中标注在俯视图的后侧和右侧。如图 10-9 (b) 所示。

(3) 标注下基础部分尺寸。下基础高度尺寸 5 与高度尺寸 15 标注在主视图的右侧并对齐，长宽尺寸 40、27 标注在俯视图的尺寸 18、11 的外侧。如图 10-9 (c) 所示。

(4) 标注整体尺寸。总长、总宽尺寸已经标出，总高尺寸 20 标注在左视图的后侧。如图 10-9 (d) 所示。

【例 10-4】 给图 10-2 所示组合体三视图标注尺寸。

标注尺寸步骤如下：

(1) 标注切割部分尺寸。对于切割体，要先标注最小的切割结构尺寸。本图先标注上部切槽部分的尺寸，再标注前部切角部分的尺寸，如图 10-10 (a) 所示。注意这两处切割结构的俯视图是切割位置决定的表面交线，不能标注其尺寸。

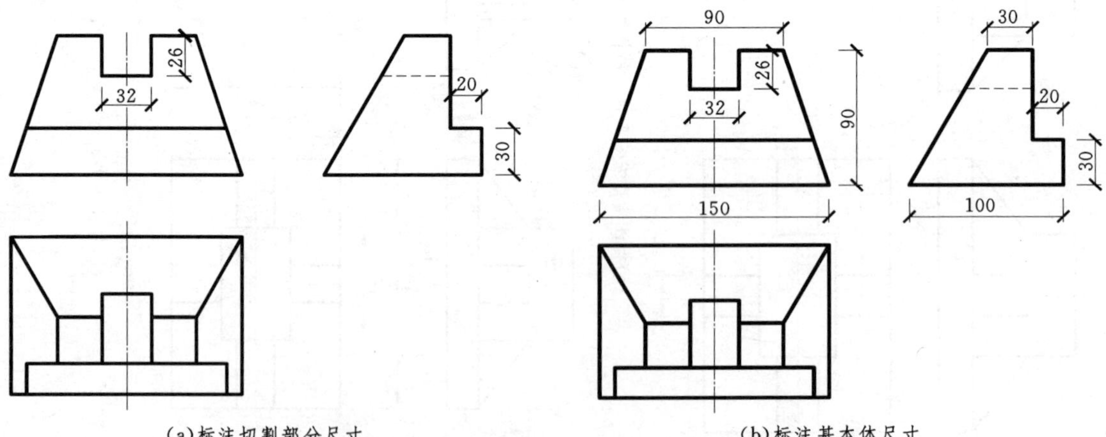

图 10-10　切割式组合体三视图尺寸标注

（2）标注基本体尺寸。基本体为四棱台，要标注上、下底面长、宽和高度尺寸，如图10-10（b）所示。

（3）标注整体尺寸。总长、总宽、总高尺寸都已经标出。

五、实训

（一）实训一

1. 实训任务

试根据图10-11所示组合体轴测图绘制其三视图。

2. 实训要求

（1）尺寸比例自定，标注尺寸。

（2）图形上交方式由教师要求。

（二）实训二

1. 实训任务

试根据图10-12所示组合体轴测图绘制其三视图。

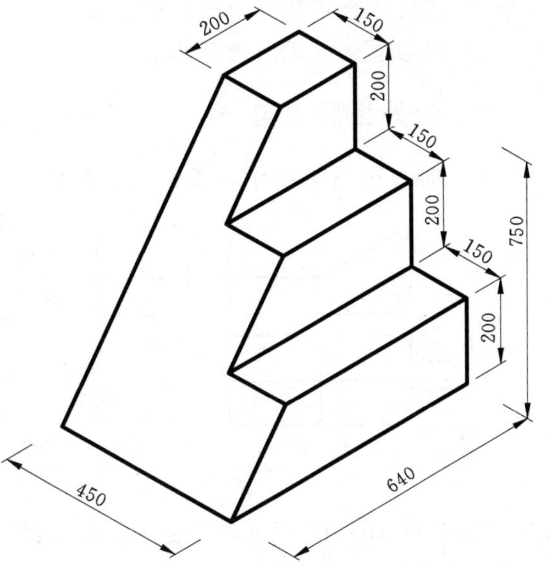

图10-11　组合体轴测图

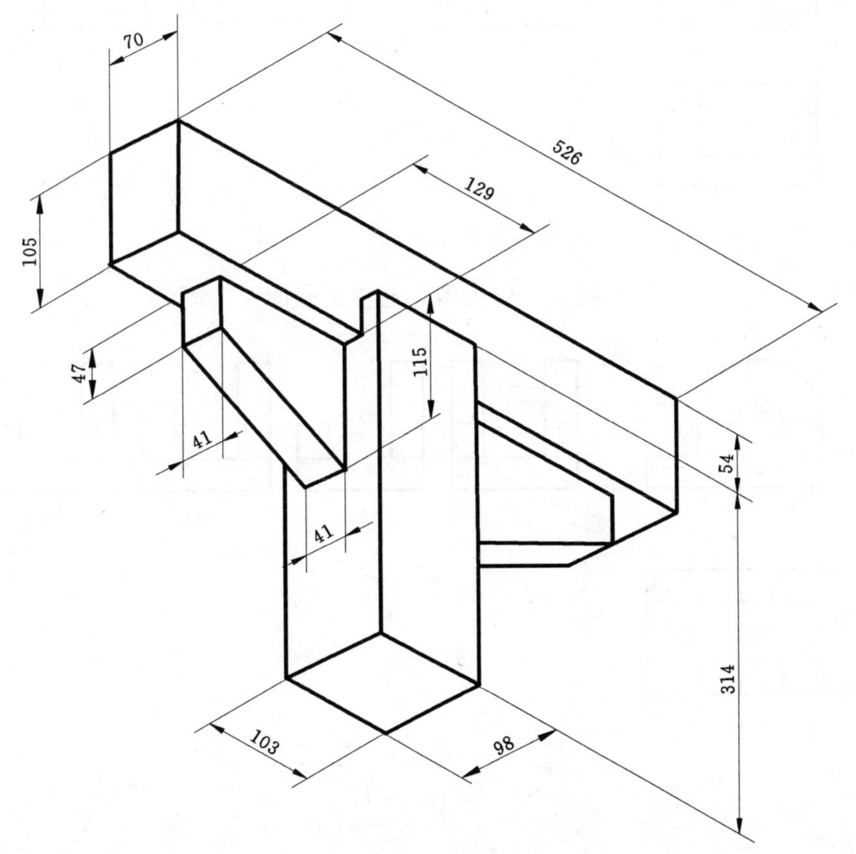

图10-12　梁、柱组合体轴测图

2. 实训要求

(1) 按尺寸绘制其三视图，标注尺寸。

(2) 图形上交方式由教师要求。

六、课外拓展练习

(1) 如图 10－13 所示，根据主、俯视图，选择正确的左视图（　　）。

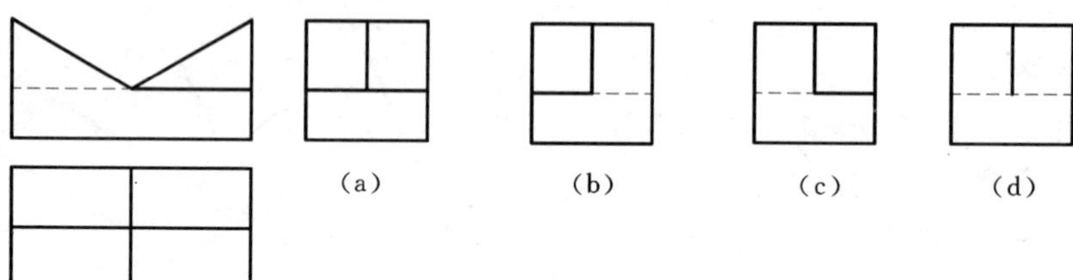

图 10－13

(2) 如图 10－14 所示，根据主、俯视图，选择正确的左视图（　　）。

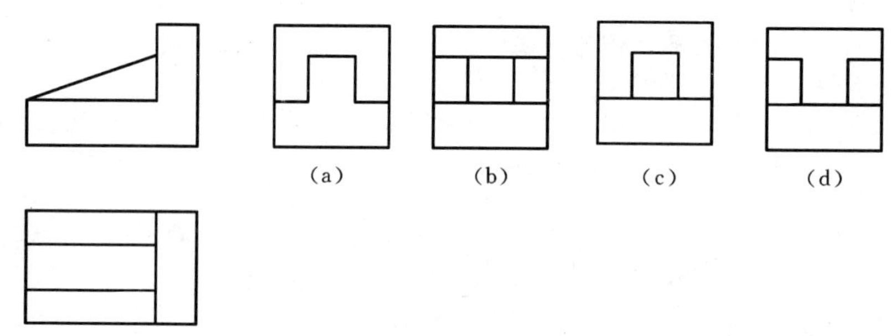

图 10－14

(3) 如图 10－15 所示，根据主、俯视图，选择正确的左视图（　　）。

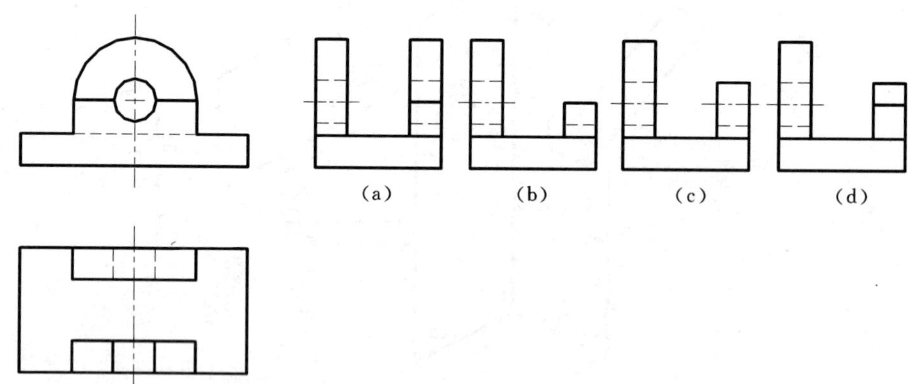

图 10－15

任务十一　绘制同坡屋顶三视图

一、同坡屋顶的概念

为了排水需要，屋顶均有坡度，当坡度大于10%时称坡屋顶，坡屋顶分单坡、二坡和四坡屋顶，当各坡屋顶面与地面（H 面）倾角 α 都相等时，称为同坡屋顶。同坡屋顶是叠加式组合体的工程实例，但因有其特点，与前面所述的作图方法有所不同。

坡屋顶的各种棱线的名称如图 11－1 所示：与檐口线平行的二坡屋顶面交线称屋脊线，如坡面Ⅰ—Ⅲ的交线 AB；凸墙角处的二坡屋顶面交线称斜脊线，如坡面Ⅰ—Ⅱ、Ⅲ—Ⅱ的交线 AC 和 AF；凹墙角处相交的二坡屋顶面交线称天沟线，如Ⅰ—Ⅳ的交线 DH。

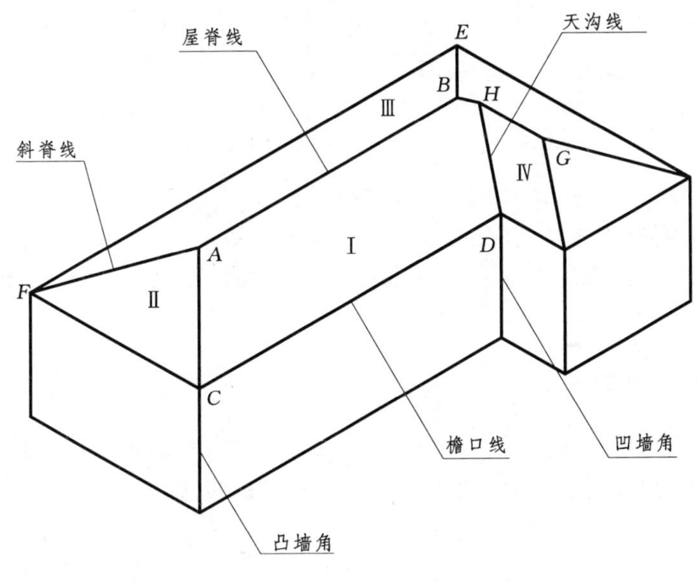

图 11－1　同坡屋顶

二、同坡屋顶面交线的特点

（1）二坡屋顶面的檐口线平行且等高时，交成的水平屋脊线的水平投影与两檐口线的水平投影平行且等距。

（2）檐口线相交的相邻两个坡面交成的斜脊线或天沟线，它们的水平投影为两檐口线水平投影夹角的平分线。当两檐口线相交成直角时，斜脊线或天沟线在水平投影面上的投影与檐口线的投影成 45°角。

（3）在屋面上如果有两斜脊、两天沟、或一斜脊一天沟相交于一点，则该点上必然有第三条线即屋脊线通过。这个点就是三个相邻屋面的公有点。如图 11－1 所示中，A 点为三个坡面Ⅰ、Ⅱ、Ⅲ所共有，两条斜脊线 AC、AF 与屋脊线 AB 交于 A 点。

图 11－2 是这三条特点的简单说明。所示四坡屋顶面的左右两斜面为正垂面，前后两斜面为侧垂面，从正面和侧面投影上可以看出这些垂直面对水平面的倾角 α 都是相等的，

因此是同坡屋顶面，这样在水平投影上就有：

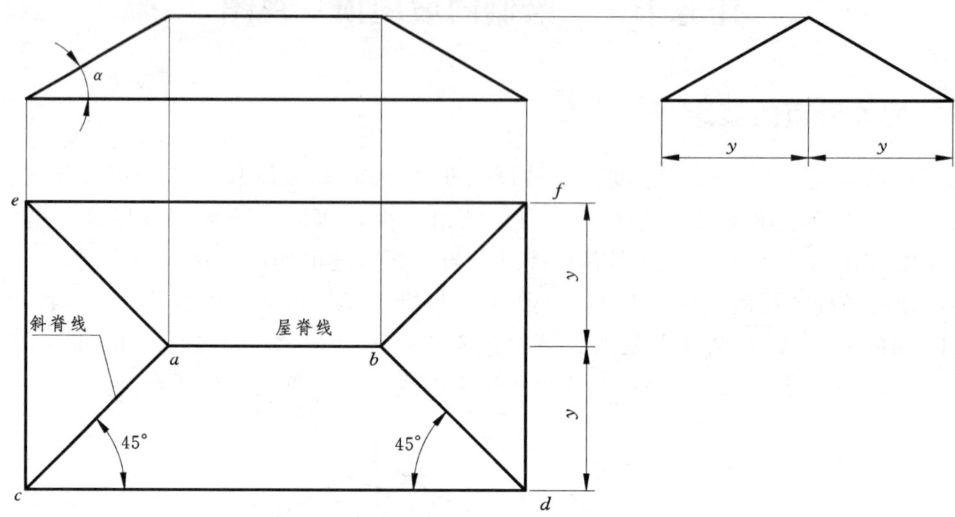

图 11－2 同坡屋顶面的三面投影图

（1）ab（屋脊线）平行 cd 和 ef（檐口线），且 $y=y$。

（2）斜脊必为檐口线夹角的平分线，如$\angle eca=\angle dca=45°$

（3）过 a 点有三条脊棱线 ab 和 ac、ae，即两条斜脊线 AC、AE 正和一条屋脊线 AB 相交于点 A。

三、同坡屋顶的画法

【例 11－1】 已知四坡屋顶面的倾角（$\alpha=30°$）及檐口线的水平投影，如图 11－3 所示。求屋顶面交线的水平投影和屋顶的正面投影和侧面投影。

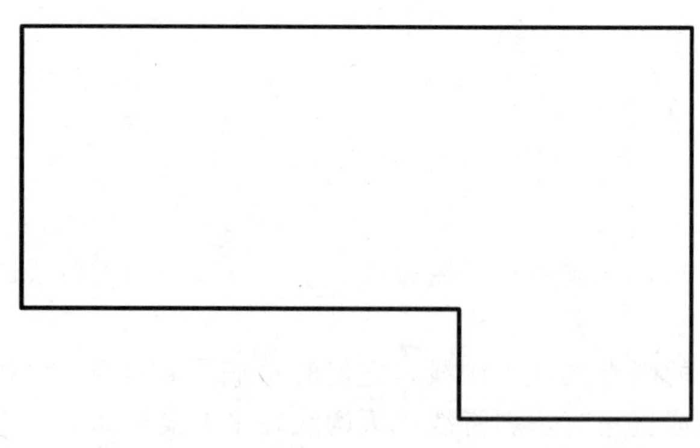

图 11－3 同坡屋顶面檐口线的投影

根据上述同坡屋顶面交线的投影特点，作图步骤如下：

（1）在屋面的水平投影上见屋角就作 45°分角线。在凸墙角上作的是斜脊线 ac、ae、mg、ng、bf、bh；在凹墙角上作的是天沟 dh，如图 11－4（a）所示。

（2）在水平投影上作屋脊线 ab 和 gh，如图 11－4（b）所示。

（3）根据屋顶面倾角和投影规律作出屋面的正面投影和侧面投影，如图 11－4（c）所示。

四、同坡屋顶的型式

由于同坡屋顶的同一周界不同跨度尺寸，可以得到四种典型的屋顶面型式，如图 11－5 所示。

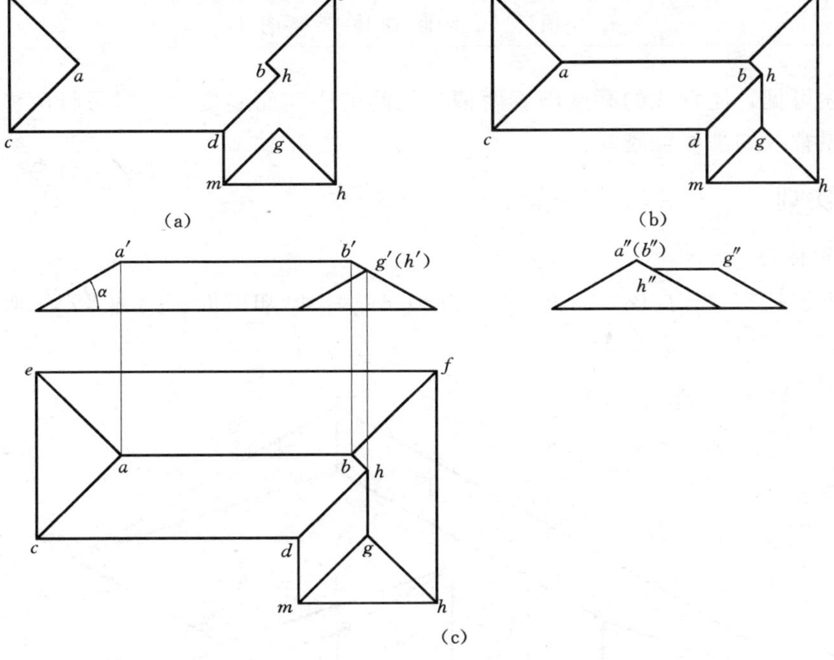

图 11-4 同坡屋顶面三面投影的作图过程

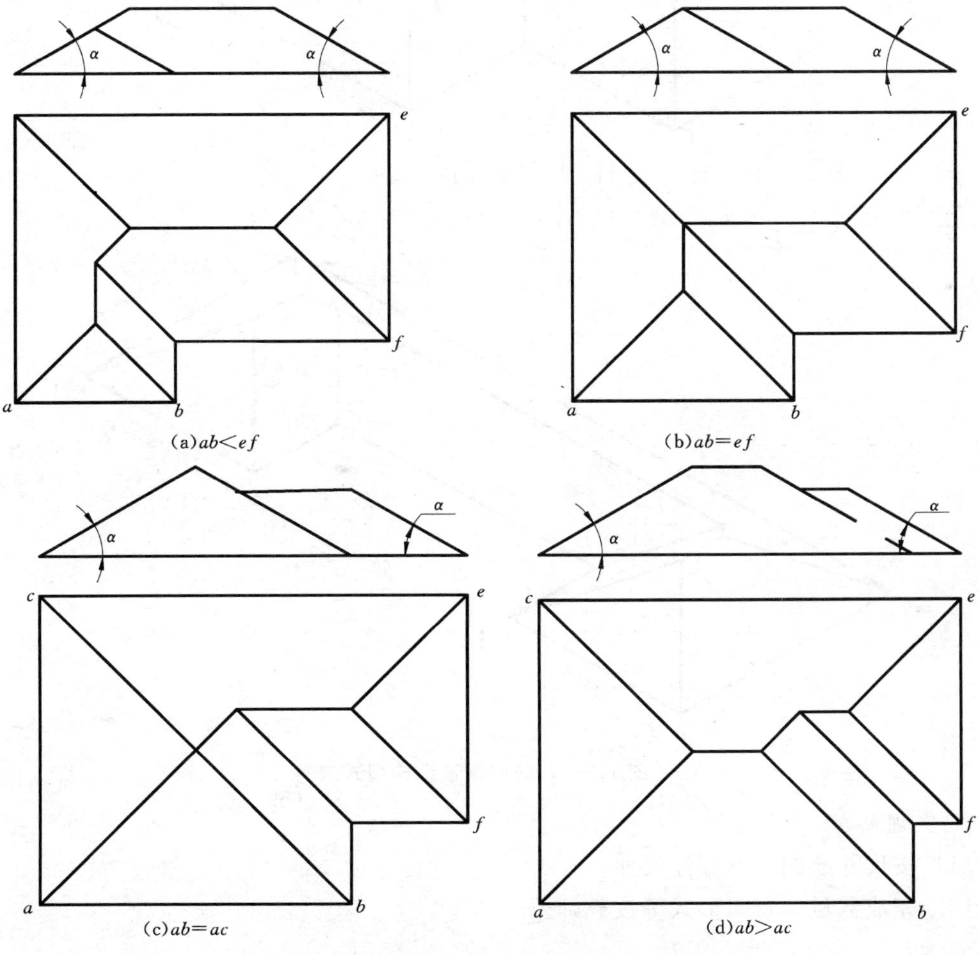

(a) $ab<ef$

(b) $ab=ef$

(c) $ab=ac$

(d) $ab>ac$

图 11-5 不同跨度的同坡屋顶的投影比较

由上述可见，屋脊线的高度随着两槽口之间的距离而起变化，当平行两檐口屋面的跨度越大，屋脊线的高度就越高。

五、实训

1. 实训任务

同坡屋顶结构型式如图 11－6 和图 11－7 所示，已知屋面坡角为 30°，画出同坡屋顶的三视图。

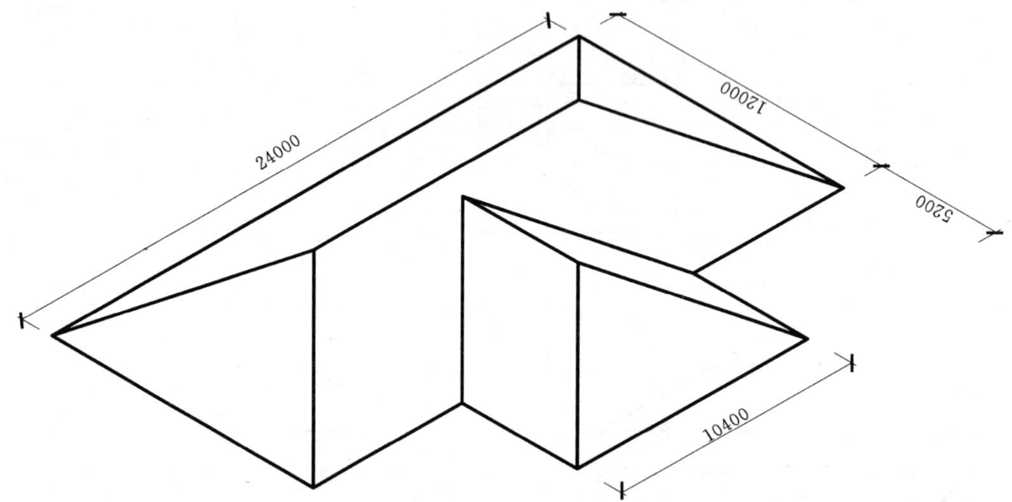

图 11－6　同坡屋顶结构型式一

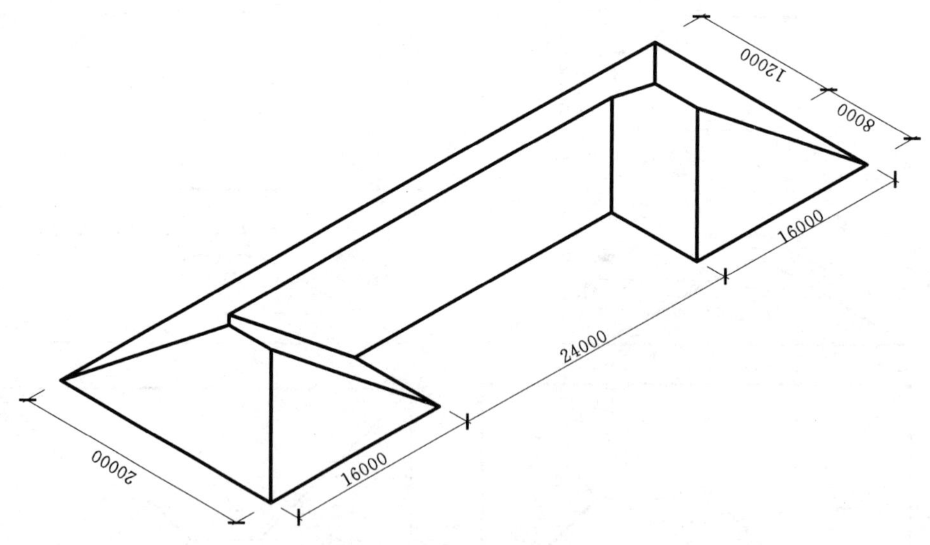

图 11－7　同坡屋顶结构型式二

2. 实训要求

（1）按尺寸绘图，不标注尺寸。

（2）完成数量、打印形式等按教师要求。

项目四　绘制物体轴测图

<table>
<tr><td rowspan="2">教学任务</td><td colspan="2">教学目标</td></tr>
<tr><td>知识目标</td><td>技能目标</td></tr>
<tr><td>任务十二　绘制正等轴测图</td><td>1. 掌握正等轴测图的投影原理；
2. 掌握轴测图绘制的基本方法</td><td>能够根据组合体三视图绘制正等轴测图</td></tr>
<tr><td>任务十三　AutoCAD绘制正等轴测图</td><td>1. 掌握AutoCAD绘制正等轴测图的设置方法和绘图方法；
2. 掌握AutoCAD轴测图尺寸标注方法</td><td>能够根据组合体三视图绘制其轴测图</td></tr>
<tr><td>任务十四　绘制斜二轴测图</td><td>1. 掌握斜二轴测图的投影原理；
2. 掌握斜二轴测图绘制的基本方法</td><td>能够根据组合体三视图绘制斜二轴测图</td></tr>
</table>

任务十二　绘制正等轴测图

一、正等轴测图概述

1. 正等轴测图的概念

绘制物体的三视图时，要将物体的表面尽量与投影面平行，以利用正投影的实形性画图，如图 12－1（a）所示。

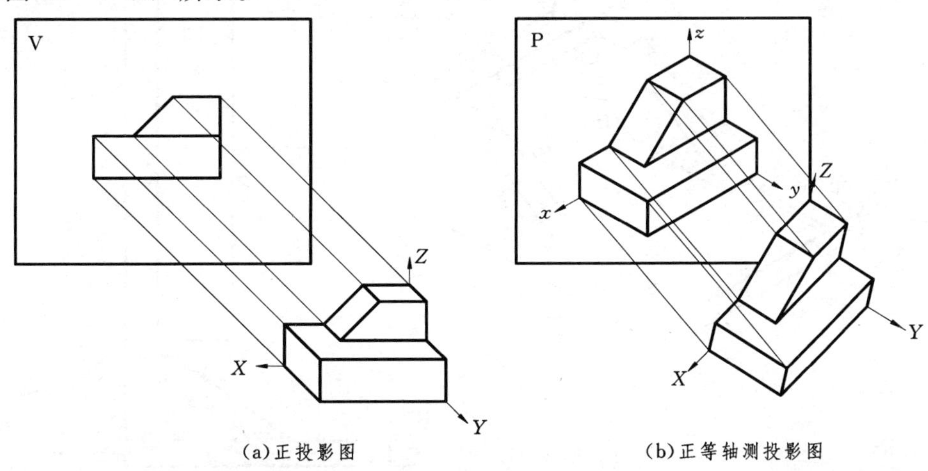

图 12－1　正投影图和正等轴测投影图

如果将物体的表面倾斜于投影面放置，使物体上的三个坐标轴 OX、OY、OZ 与投影面 P 的倾角都相等，这样所得到的正投影图就是正等轴测投影图，简称正等轴测图。正等轴测图的形成如图 12－1（b）所示。

2. 正等轴测图的轴间角

画轴测图时 OX、OY、OZ 三个轴之间的夹角称为轴间角。正等轴测图的三个轴间角均为 120°，如图 12－2 所示。

绘图时物体的长、宽、高方向分别与 OX、OY、OZ 三个轴方向平行，如图 12－3 所示为正投影图与正等轴测图的坐标轴对照。

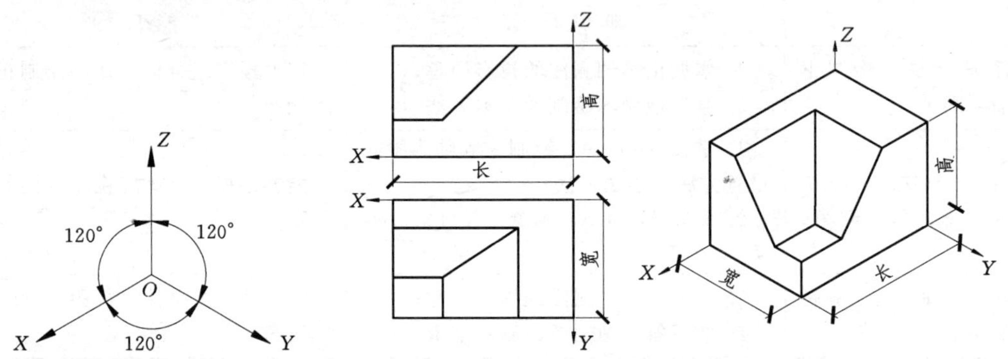

图 12－2　正等轴测图的轴间角　　　图 12－3　正投影图与正等轴测图坐标轴对照

3. 正等轴测图的轴向伸缩系数

一般情况下，轴测投影比物体的实际尺寸要小，这个变化率称为轴向伸缩系数。正等轴测图的轴向伸缩系数为 0.82，为简化绘图计算，正等轴测图的三个轴向伸缩系数都规定为 1。

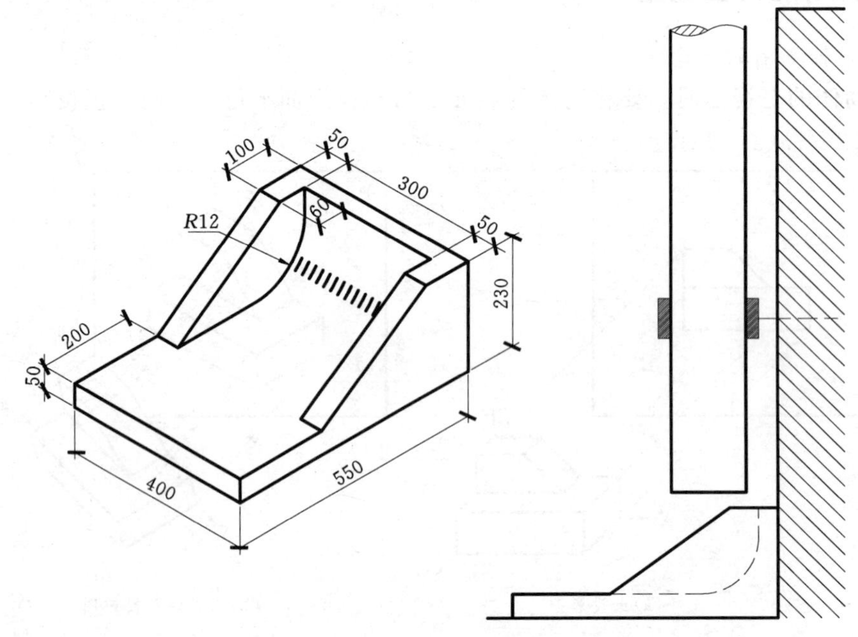

图 12－4　辅助工程图表达

4. 轴测图的作用

轴测图能同时反映形体长、宽、高三个方向的形状，具有立体感强，形象直观的优点，但不能确切地表达物体原来的形状与大小，因而轴测图在工程上一般仅用作辅助图样，如图 12－4 所示。

借助正等轴测图分析三视图的形状结构，进行图物对照，有助于制图学习中的空间思维能力培养。

二、正等轴测图的画法

1. 特征面法

特征面法适用于绘制棱柱类物体的轴测图。首先绘制棱柱的一个底面，然后绘制各棱线，最后连接另一个底面。

图 12－5 为应用特征面法绘制长方体（四棱柱）正等轴测图的画法步骤。

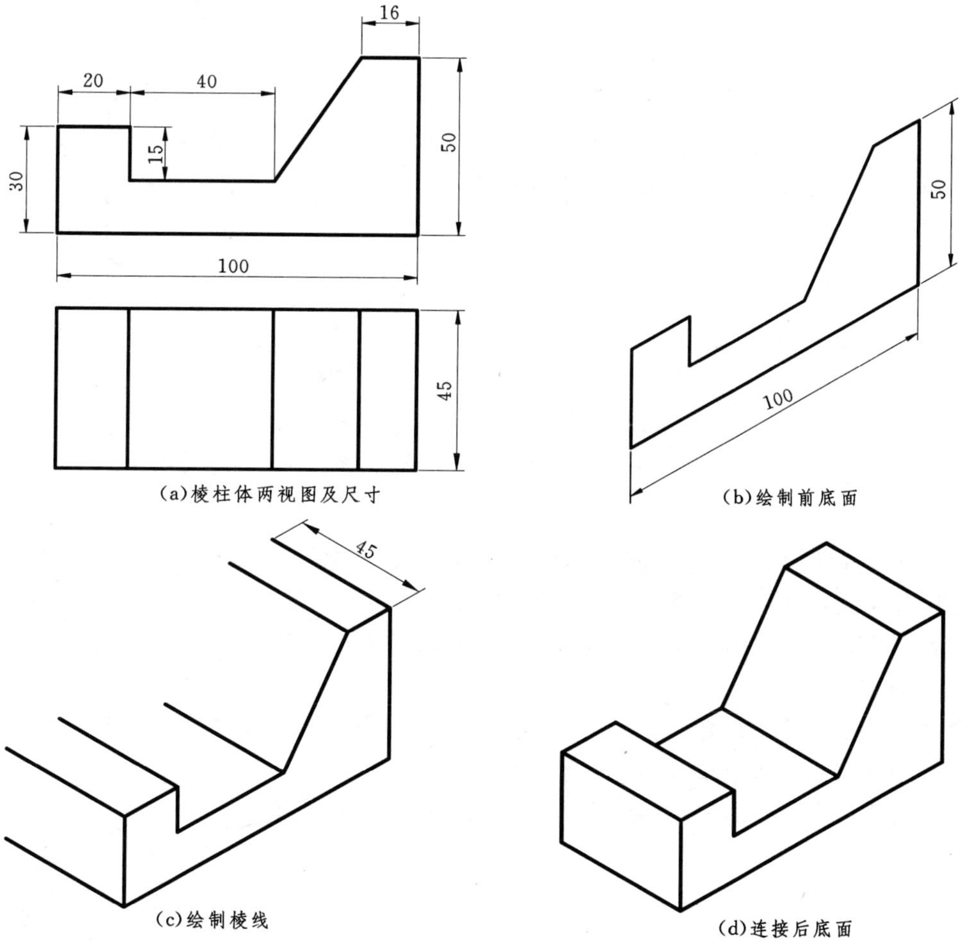

(a)棱柱体两视图及尺寸　(b)绘制前底面

(c)绘制棱线　(d)连接后底面

图 12－5　特征面法绘制正等轴测图画法步骤

2. 切割法

切割法适用于绘制棱柱被切角、开槽等切割体。先用特征面法画出完整的形体，再按

照切割位置进行切割绘图。

图 12－6 为应用切割法绘制四棱柱切割体正等轴测图的画法步骤。

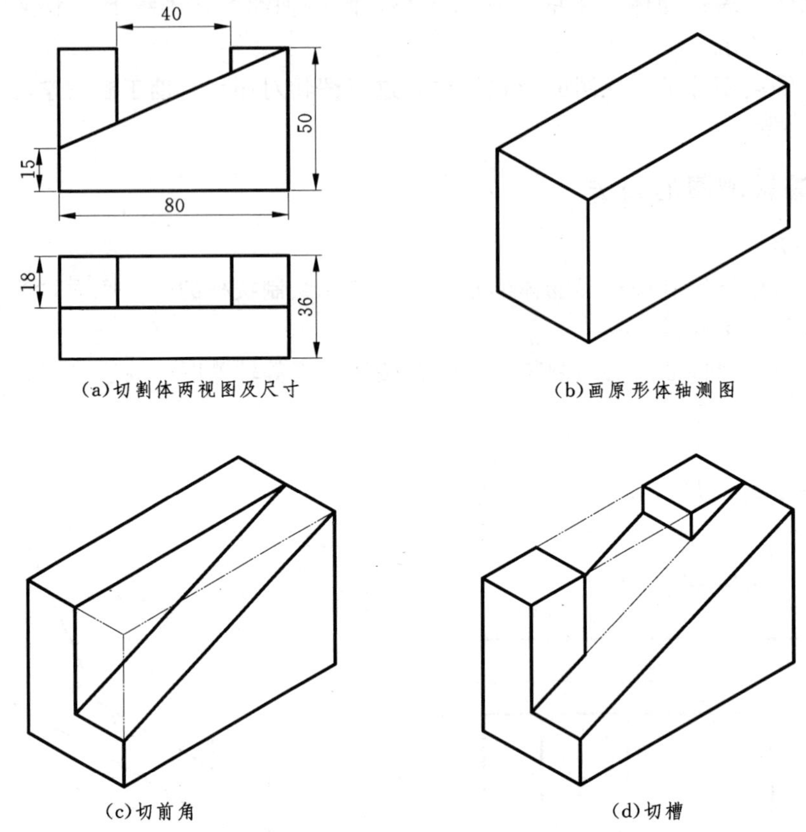

(a)切割体两视图及尺寸 (b)画原形体轴测图

(c)切前角 (d)切槽

图 12－6 切割法绘制正等轴测图画法步骤

3. 坐标法

坐标法适用于绘制棱锥、棱台类物体。先用轴测坐标绘出形体上主要点的投影位置，然后连接各棱线，从而画出整个形体的轴测图。

图 12－7 为应用坐标法绘制四棱台正等轴测图的画法步骤。

4. 叠加法

叠加法适用于绘制组合体。将组合体分解为若干基本体，依次将各个基本体进行准确定位后叠加在一起，形成整个形体的轴测图。

图 12－8 为应用叠加法绘制组合体正等轴测图的画法步骤。

三、实训

1. 实训任务

图 12－9 和图 12－10 为两形体的组合体三视图，画出各自正等轴测图。

2. 实训要求

(1) A4 图纸，铅笔绘制两轴测图。

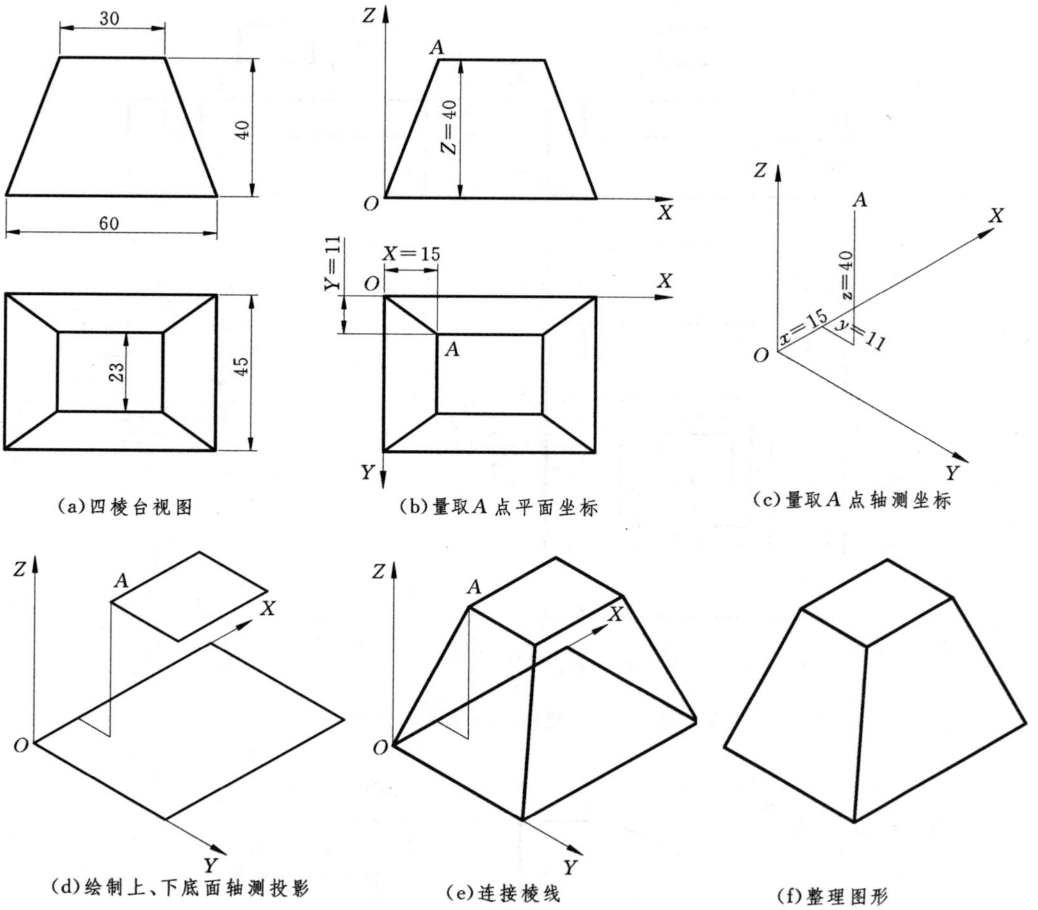

(a)四棱台视图　(b)量取A点平面坐标　(c)量取A点轴测坐标

(d)绘制上、下底面轴测投影　(e)连接棱线　(f)整理图形

图 12-7　坐标法绘制正等轴测图画法步骤

(a)叠加体视图及尺寸　(b)画棱柱体轴测图　(c)画三棱柱体

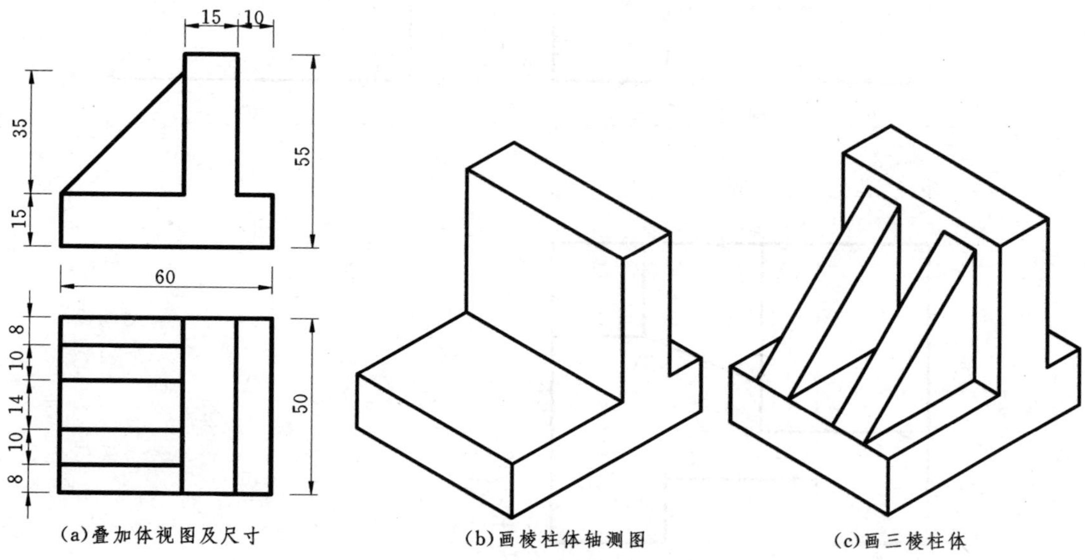

图 12-8　叠加法绘制正等轴测图画法步骤

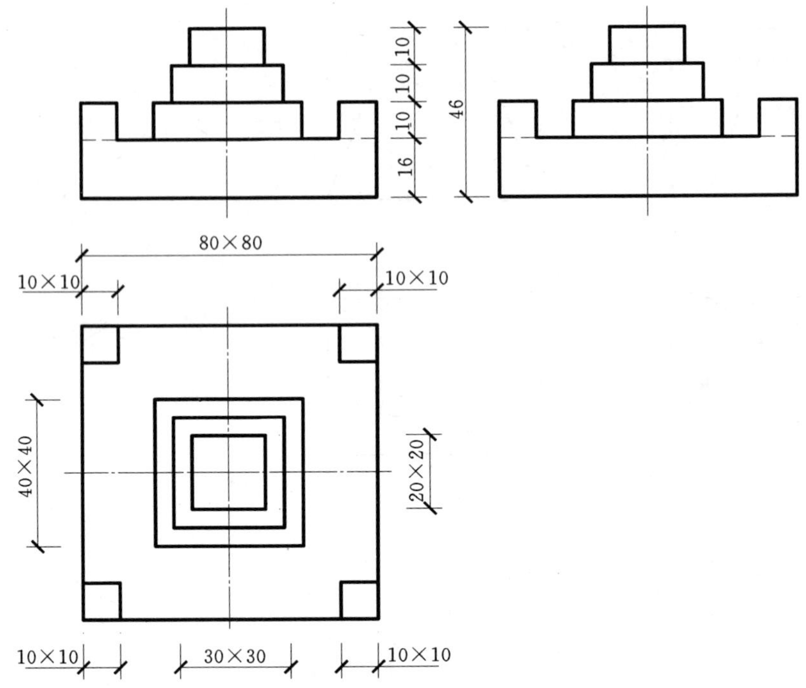

图 12-9 叠加式组合体三视图

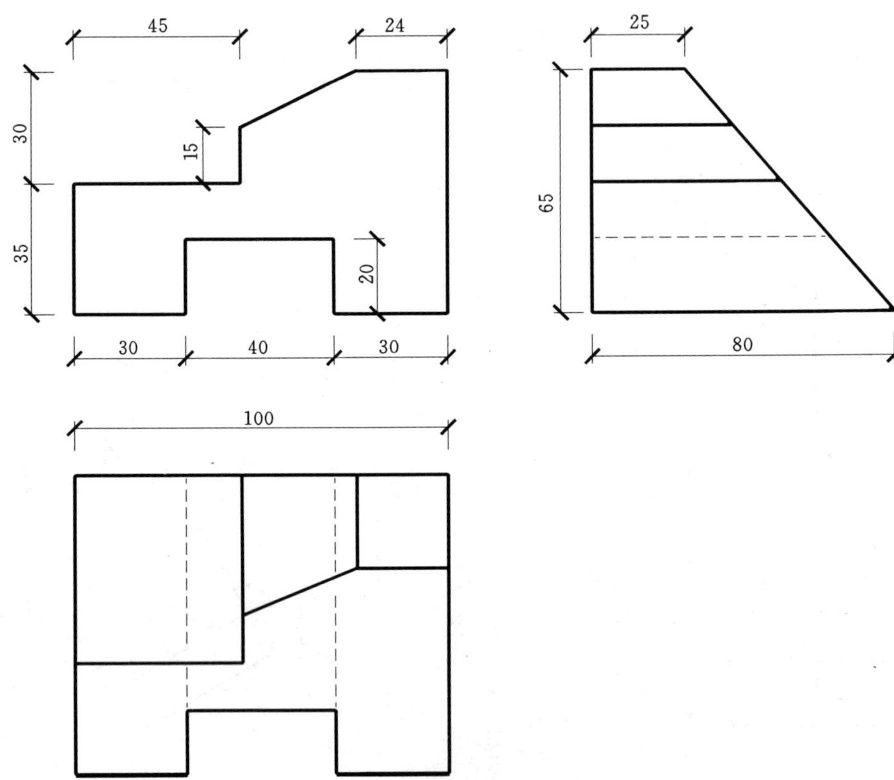

图 12-10 切割式组合体三视图

（2）轴测图不标尺寸。

四、课外拓展练习

思考图 12－11 所示两组三视图所表达的几何形状，徒手画出其轴测图。

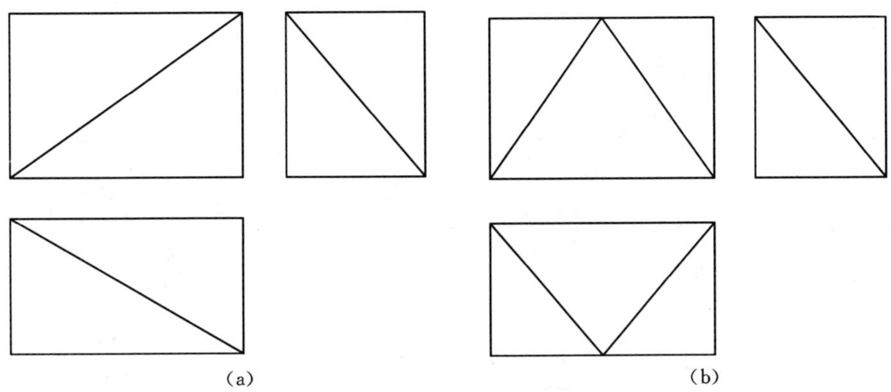

图 12－11

任务十三　AutoCAD 绘制正等轴测图

一、AutoCAD 绘制正等轴测图的方法

AutoCAD 有绘制正等轴测图的功能，应用该功能简化绘图的过程，下面举例说明 AutoCAD 绘制轴测图的方法和步骤。

【例 13－1】 已知图 13－1 所示圆柱的主视图、左视图，用 AutoCAD 绘出其正等轴测图。

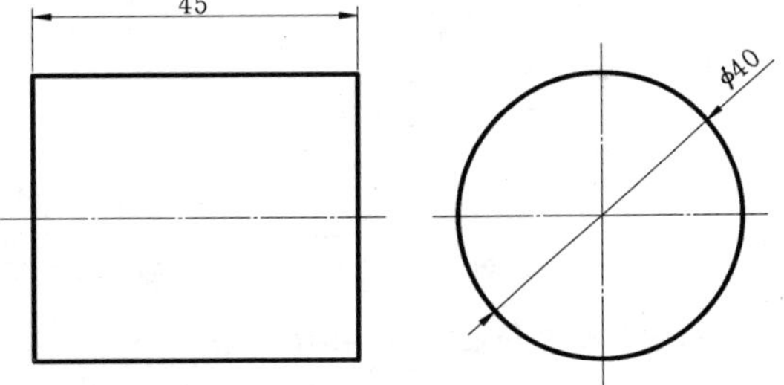

图 13－1　圆柱的二视图

（1）打开“草图设置”对话框，在“捕捉和栅格”选项卡的“捕捉类型”下选择“等轴测捕捉”，如图 13－2 所示。

（2）启用“椭圆”命令，选择“等轴测圆”选项，指定圆的圆心，输入圆的半径 20，按回车键后绘出椭圆，如图 13－3（a）所示。

（3）复制画出的椭圆，定位于右方 45 距离的位置，捕捉象限点画出椭圆的公切线。如图 13－3（b）所示。

【例 13－2】 图 13－4 所示为组合体的主视图、左视图，用 AutoCAD 软件绘制其正等轴测图。

（1）打开“草图设置”对话框，选择“等轴测捕捉”。

（2）打开“正交”功能按钮，在默认的“等轴测平面左”等轴测捕捉模式下，按左视图所标注的尺寸绘制轴测图的左侧面，如图 13－5 所示。

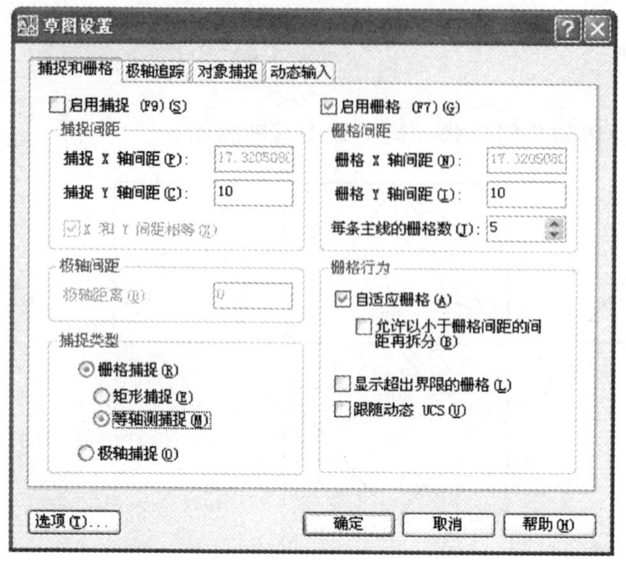

图 13-2　草图设置对话框

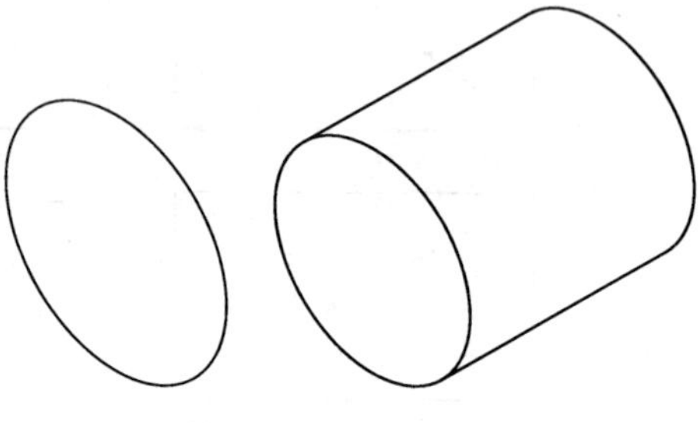

(a)绘制椭圆　(b)复制椭圆画公切线

图 13-3　绘制轴测圆柱

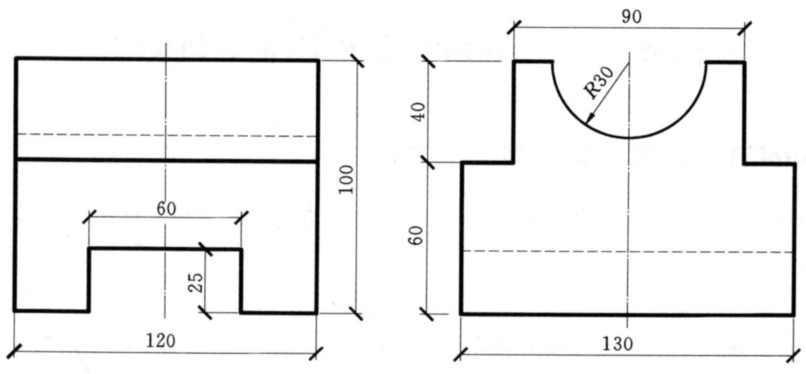

图 13-4　组合体的二视图

(3) 按 F5 键两次，切换到“等轴测平面右”等轴测捕捉模式下，按主视图所标注的尺寸绘制轴测图的前面，如图 13-6 所示。

(4) 按 F5 键两次，切换到“等轴测平面上”等轴测捕捉模式下，绘制轴测图的上面，如图 13-7 所示。

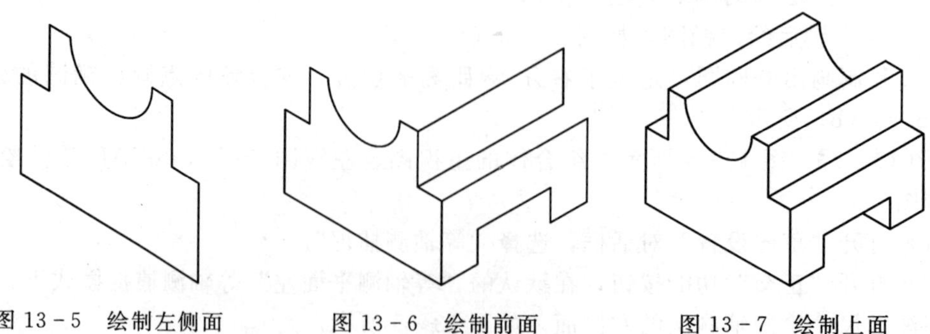

图 13-5　绘制左侧面　　图 13-6　绘制前面　　图 13-7　绘制上面

二、实训

1. 实训任务

已知图 13－8 所示组合体三视图，用 AutoCAD 软件画出其正等轴测图。

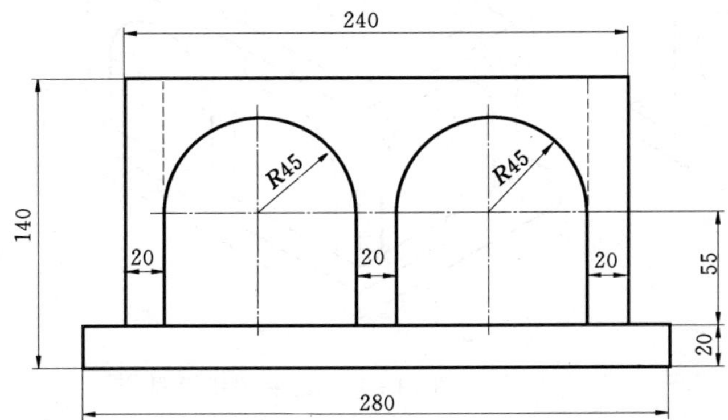

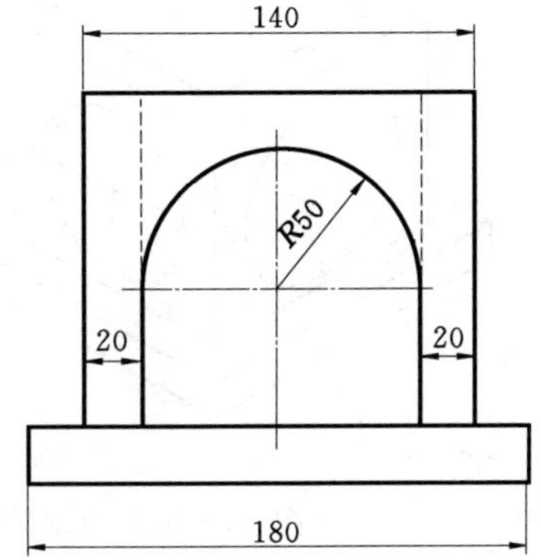

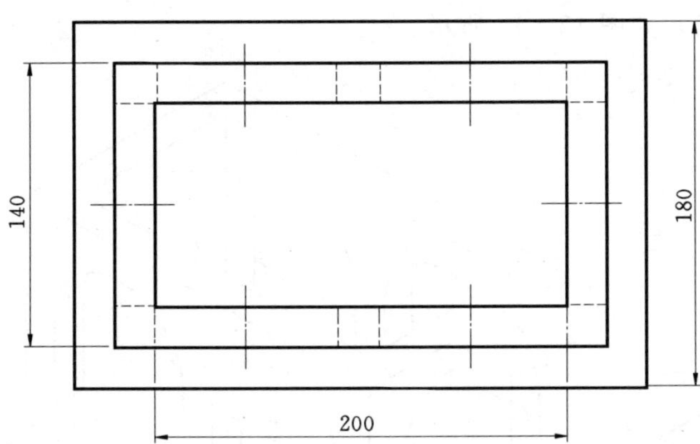

图 13－8　凉亭支架组合体三视图

2. 实训要求

（1）按尺寸 1∶1 画图，按教师要求提交作业。

（2）轴测图不标注尺寸。

3. 实训指导

（1）在“草图设置”对话框中，选择“等轴测捕捉”。

（2）绘制上部箱体和下部底板轴测图，如图 13－9 所示。

（3）画出前面和左面圆弧中心的定位线，启用“椭圆”命令，选择“等轴测圆”选项，绘出前面和左面椭圆，如图 13－10 所示。

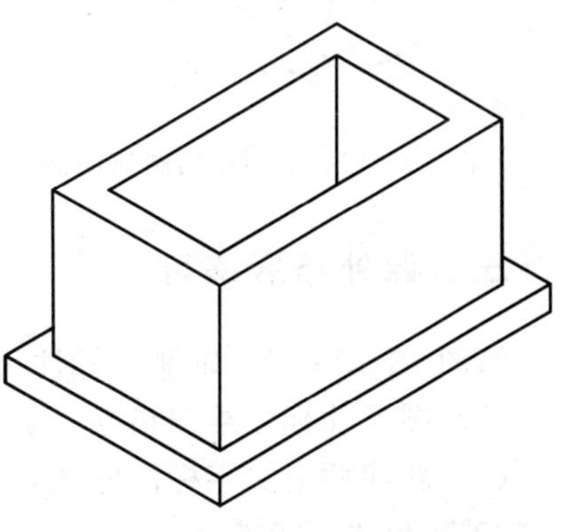

图 13－9　绘制轴测图的整体轮廓

（4）绘出圆弧门洞的下部直线段，修剪多余的椭圆弧，如图 13－11 所示。

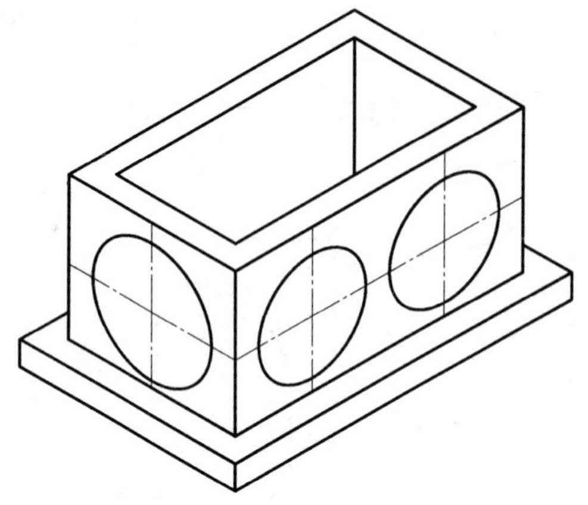

图 13－10　绘制椭圆

图 13－11　绘制圆弧门洞

（5）复制圆弧门洞，通过输入距离，准确粘贴到其他位置，如图 13－12 所示。

（6）修剪多余的图线，整理图形，如图 13－13 所示。

图 13－12　复制粘贴圆弧门洞

图 13－13　修剪和整理图形

三、课外拓展练习

给图 13－13 所示轴测图标注尺寸。

轴测图尺寸标注绘图指导：

（1）新建两个文字标注样式，命名为“30°”和“－30°”，其文字倾斜角度分别设置为“30°”和“－30°”。

（2）新建两个尺寸标注样式，也命名为“30°”和“－30°”，其文字样式分别选用

“30°”和“－30°”。

（3）应用“30°”的尺寸标注样式，启用“对齐”标注命令，对所有的尺寸进行标注，如图 13－14 所示。

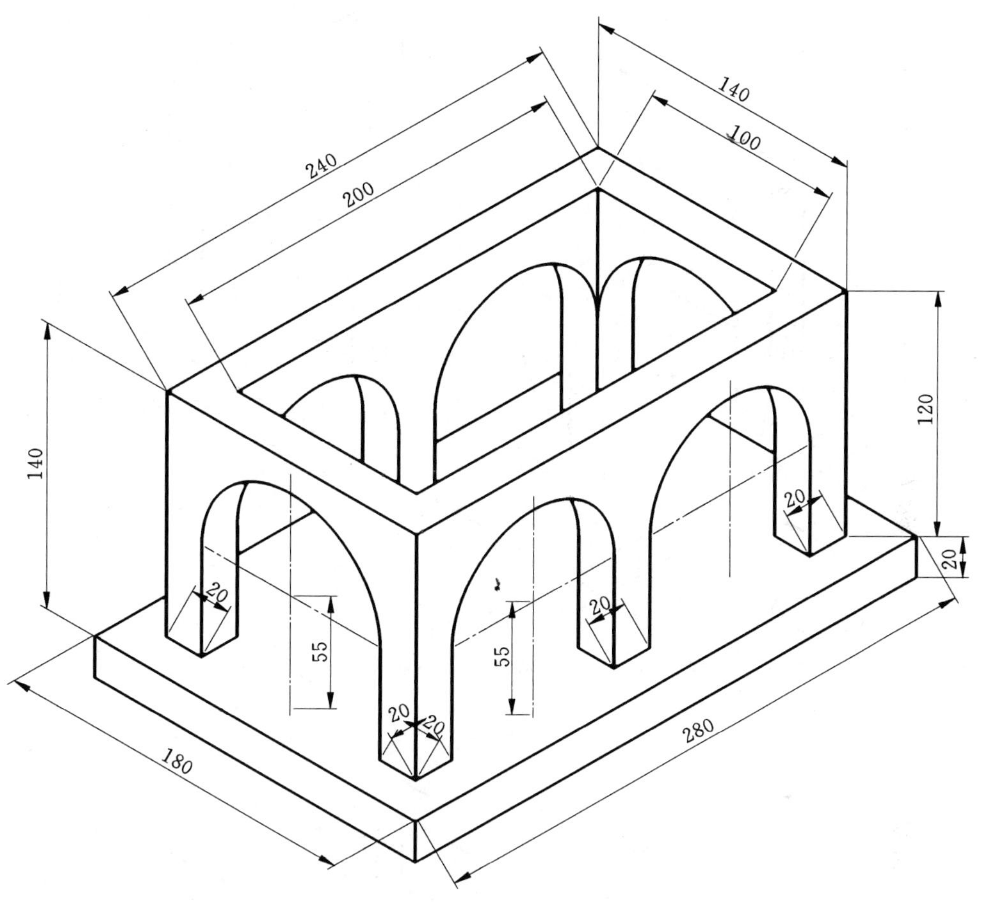

图 13－14　用“对齐”命令标注尺寸

（4）从“标注”菜单启用“倾斜”命令，选择所标注的尺寸，输入一倾斜角度，该倾斜角度值应为该尺寸界线的最终极轴角度，如倾斜图中 140 的宽度尺寸，则输入倾斜角度值为“30”或“210”；如倾斜图中 240 的长度尺寸，则输入倾斜角度值为“150”或“－30”；如倾斜图中 20 的柱宽尺寸，则输入倾斜角度值为“90”或“270”。所有尺寸执行“倾斜”命令后，尺寸界线和尺寸线与轴测方向一致，如图 13－15 所示。

（5）轴测图中尺寸数字方向应与尺寸界线平行。选择尺寸标注数字方向不对的尺寸，如高度 120、宽度 20、长度 240 等，将其标注样式更新到“－30°”样式，则尺寸数字方向变化到正确方向，如图 13－16 所示。

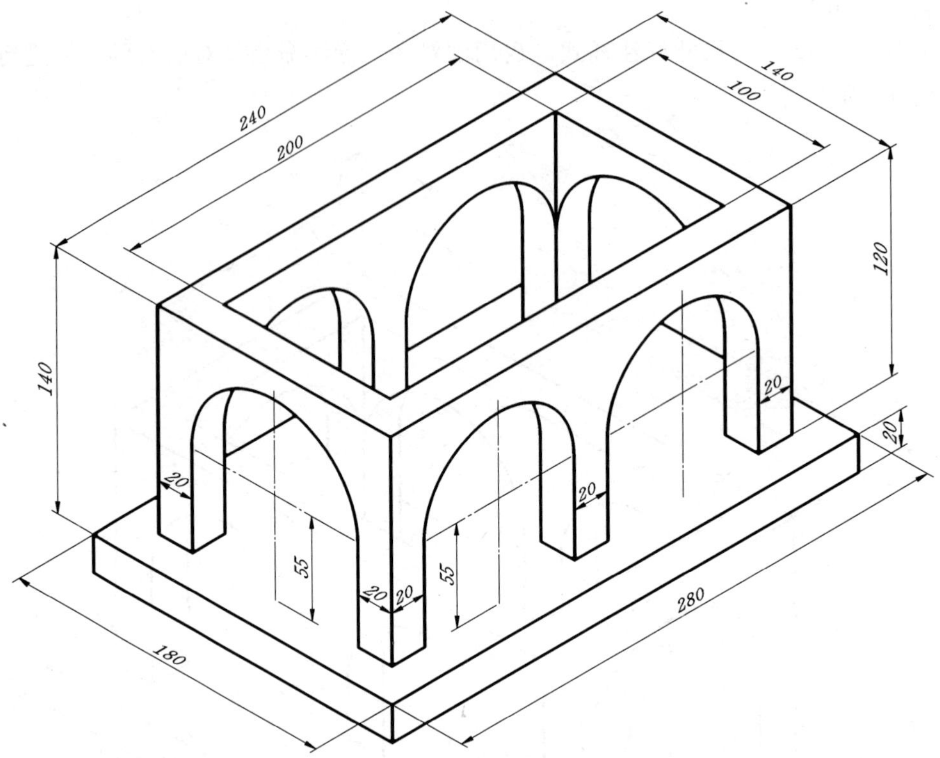

图 13-15　用“倾斜”命令修改尺寸标注

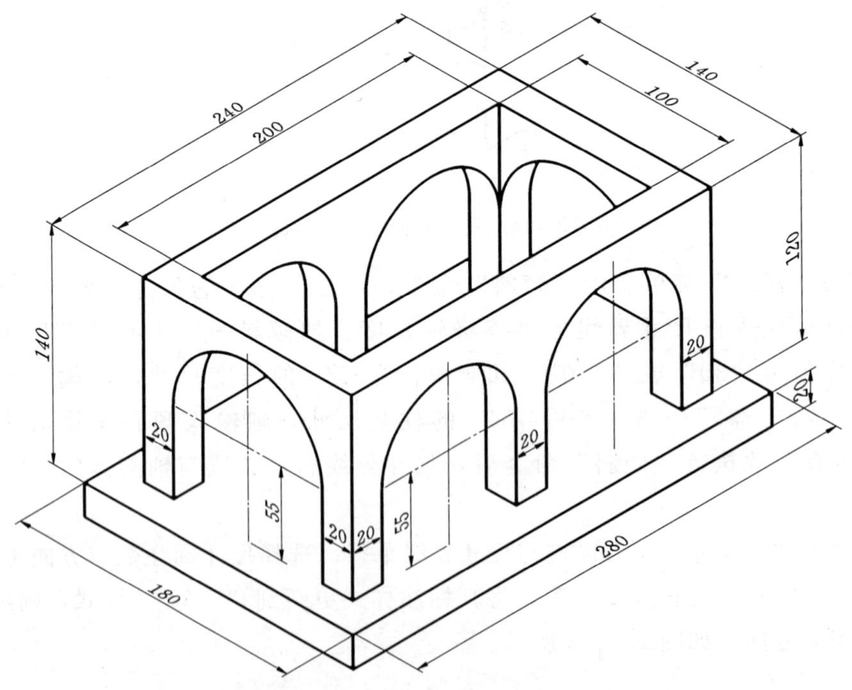

图 13-16　更新尺寸标注样式

任务十四　绘制斜二轴测图

一、斜二轴测图的概念

1. 斜二轴测图的形成

如果使物体的 XOZ 坐标面对轴测投影面处于平行的位置，采用斜投影法得到的轴测投影称为斜轴测图。这里只介绍斜二轴测图，简称斜二测图。

2. 斜二轴测图的轴间角和轴向伸缩系数

图 14－1 表示斜二测图的轴测轴、轴间角和轴向伸缩系数等参数及画法。从图 14－1 中可以看出，在斜二测图中 $O_1X_1 \perp O_1Z_1$，O_1Y_1 与 O_1X_1、O_1Z_1 的夹角均为 135°，三个轴向伸缩系数分别为 $p_1=r_1=1$，$q_1=0.5$。

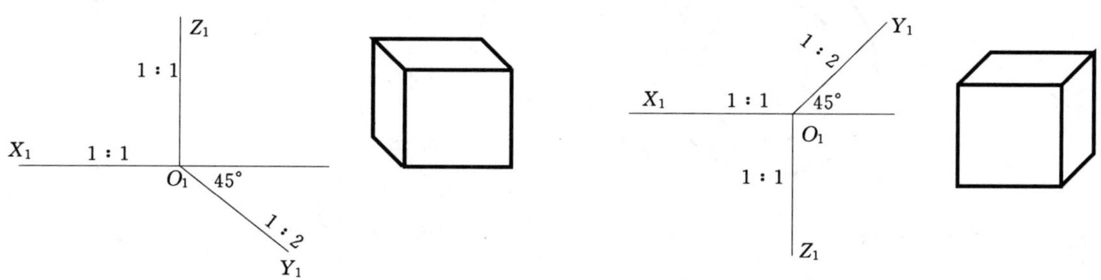

图 14－1　斜二轴测图的轴间角和轴向伸缩系数

二、斜二轴测图的画法

斜二测图的画法与正等测图的画法基本相似，两者的区别：一是轴间角不同；二是斜二测图沿 O_1Y_1 轴的尺寸只画实长的一半。斜二测图的优点是：物体的前面反映实形，所以，在物体的前面有圆或曲线平面时，画斜二测图比较简单方便。

下面以两个图例来介绍斜二测图的画法。

【例 14－1】　画图 14－2 所示平面体的斜二轴测图。

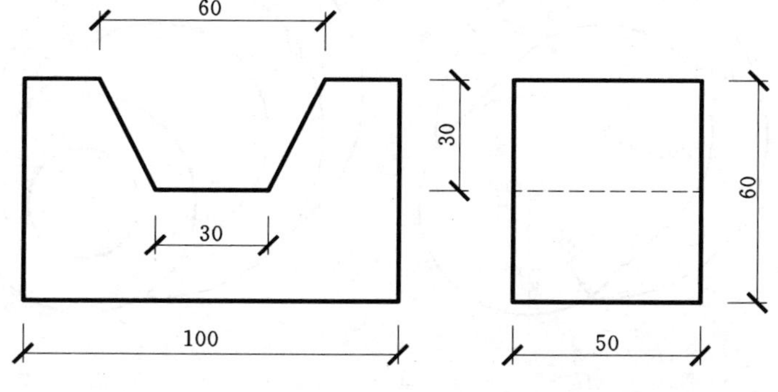

图 14－2　平面体三视图

作图方法与步骤如图 14－3 所示。

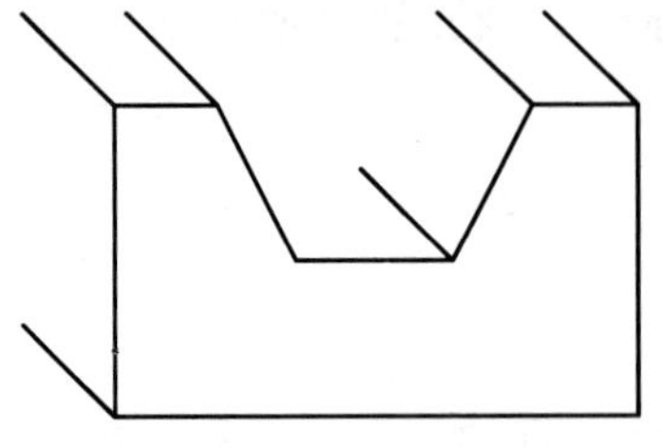

(a)画前面和向后的棱线

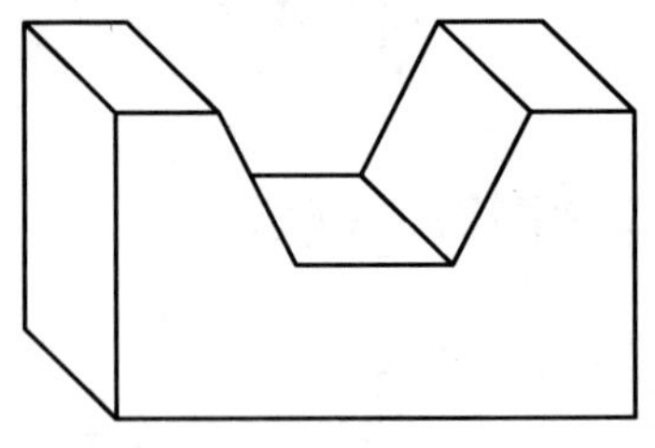

(b)连接后面

图 14－3　平面体的斜二测图画法

【例 14－2】 画出如图 14－4（a）所示曲面体的斜二测图。

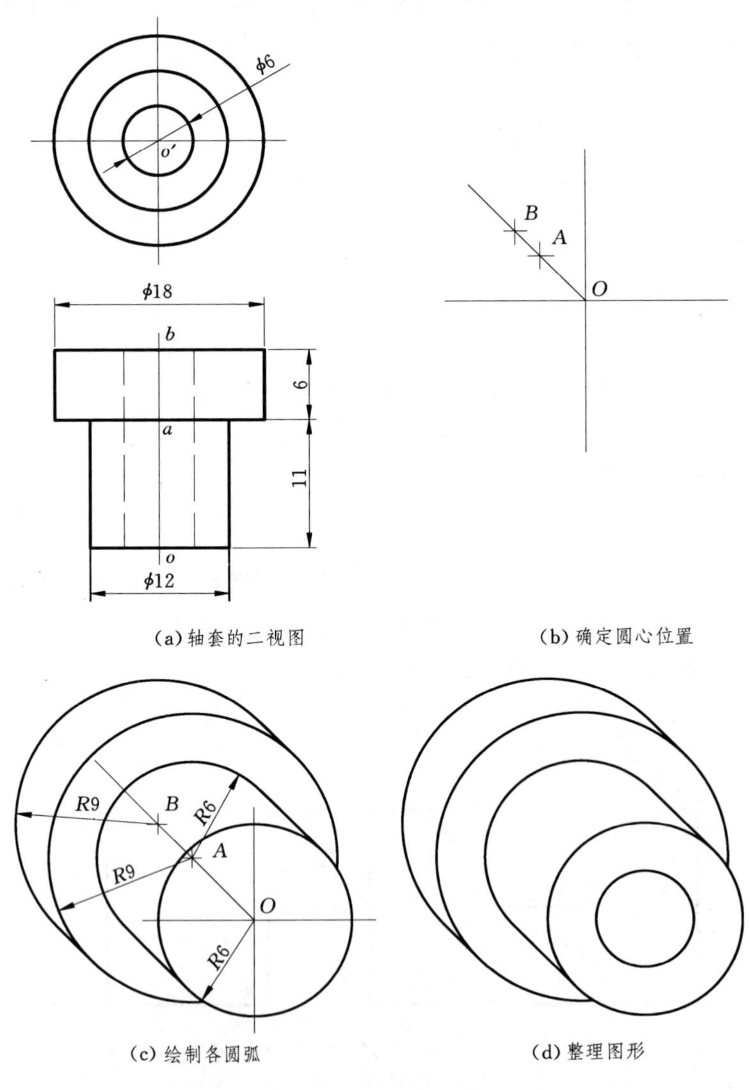

(a)轴套的二视图

(b)确定圆心位置

(c)绘制各圆弧

(d)整理图形

图 14－4　曲面体的斜二测图画法

绘图分析：画曲面体的斜二轴测图，重点是在轴测轴上确定各个圆弧的圆心，本例先画出轴测轴，并在 Y_1 轴上根据 $q=0.5$ 定出各个圆的圆心位置 O、A、B；然后画出各个端面圆的投影、通孔的投影，并作圆的公切线；最后擦去多余作图线，加深完成全图。

其作图步骤如图 14－4（b）、（c）、（d）所示。

三、实训

1．实训任务

图 14－5 所示为建筑形体的三视图，画出其斜二轴测图。

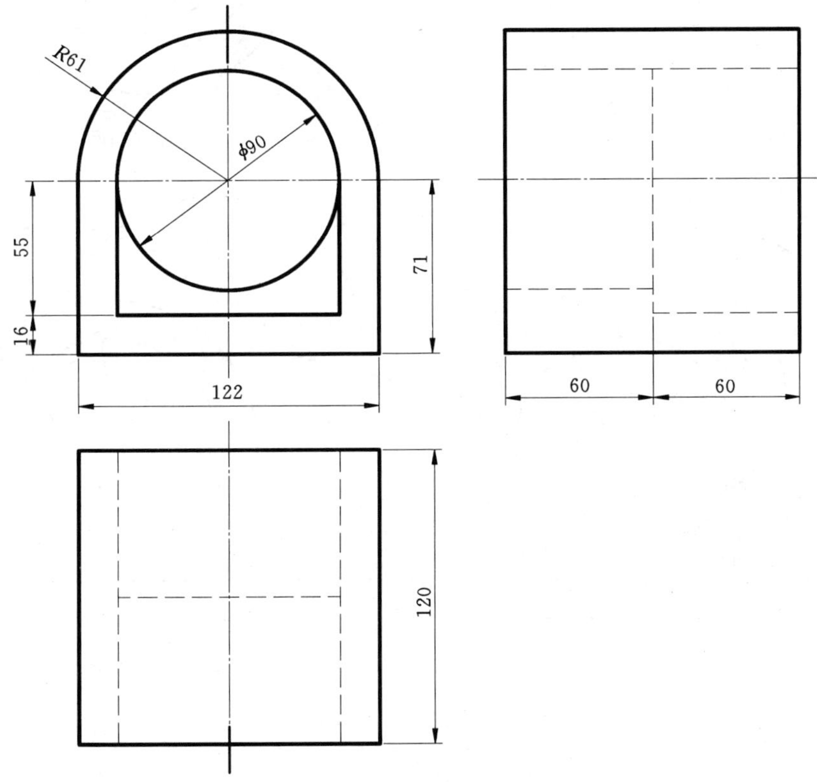

图 14－5　建筑形体三视图

2．实训要求

（1）A4 图纸，铅笔和圆规绘制斜二轴测图。

（2）轴测图不标尺寸。

3．实训指导

（1）绘制轴测轴，确定圆心的位置，如图 14－6 所示。

（2）绘制所有的圆，如图 14－7 所示。

（3）绘制下部直线，如图 14－8 所示。

（4）整理图形，如图 14－9 所示。

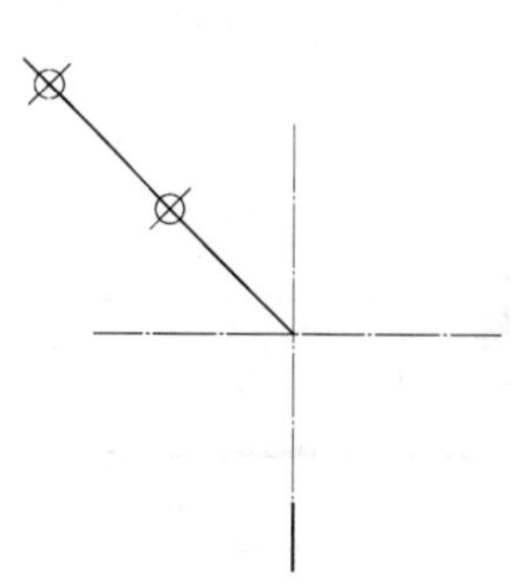

图 14－6　圆心定位

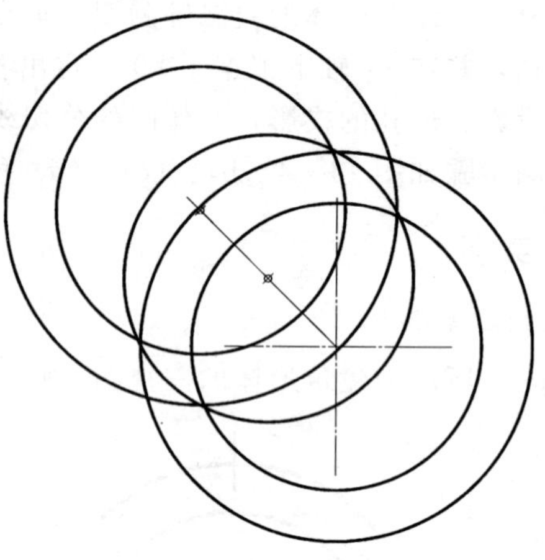

图 14－7　画所有的圆

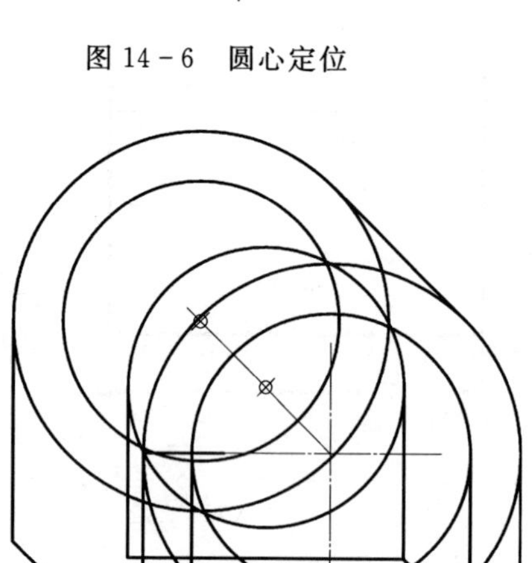

图 14－8　画下部直线

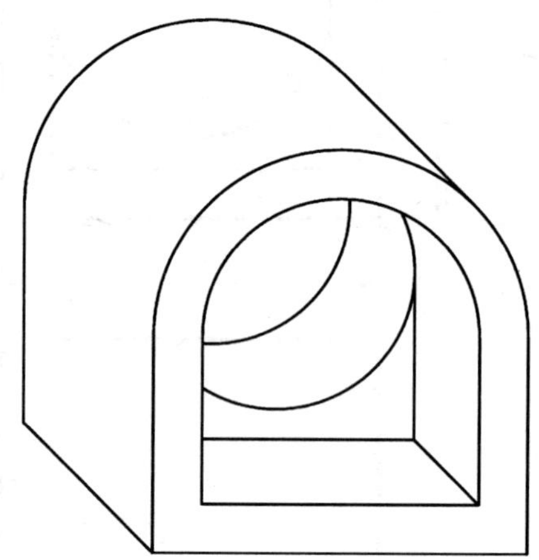

图 14－9　整理图形

项目五　AutoCAD 三维实体模型创建

教学任务	教学目标	
	知识目标	技能目标
任务十五　简单体三维实体模型创建	1. 掌握三维实体模型的基本体创建、拉伸、旋转、扫掠、放样等命令的应用方法； 2. 掌握三维视图命令和视觉样式命令的应用方法	1. 能够应用三维建模命令创建简单体三维实体模型； 2. 能够应用视图命令观察三维模型的各面视图； 3. 能够应用视图样式命令观察三维模型
任务十六　组合体三维实体模型创建	1. 掌握应用视图视口创建基本体的方法； 2. 掌握应用布尔运算等命令创建基本体的方法； 3. 掌握应用三维对齐、倾斜面、剖切等编辑命令创建组合体的方法	1. 能够根据组合体的三视图创建切割式组合体的三维实体模型； 2. 能够根据组合体的三视图创建叠加式组合体的三维实体模型

任务十五　简单体三维实体模型创建

一、视图设置系列命令

1. “视图”工具栏

在“视图”工具栏中包含常用的 5 个基本视图和 4 个轴测视图命令，如图 15 - 1 所示。5 个基本视图分别是主视图、俯视图、左视图、右视图、仰视图。4 个轴测图分别是：西南等轴测图、东南等轴测图、东北等轴测图、西北等轴测图，也就是从对象本身的西南正上方、东南正上方、东北正上方、西北正上方观察对象，如图 15 - 2 所示。

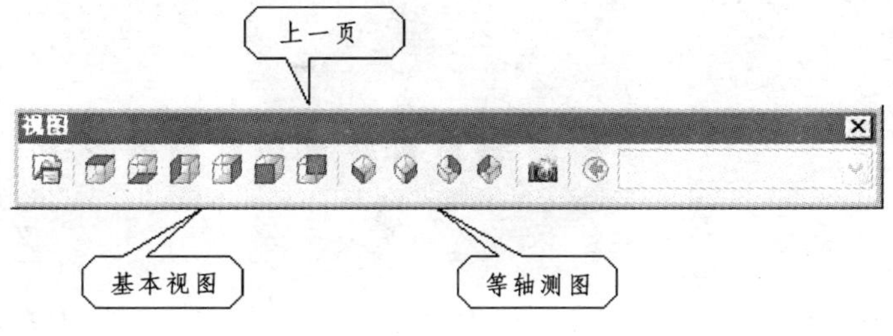

图 15 - 1　“视图”工具栏

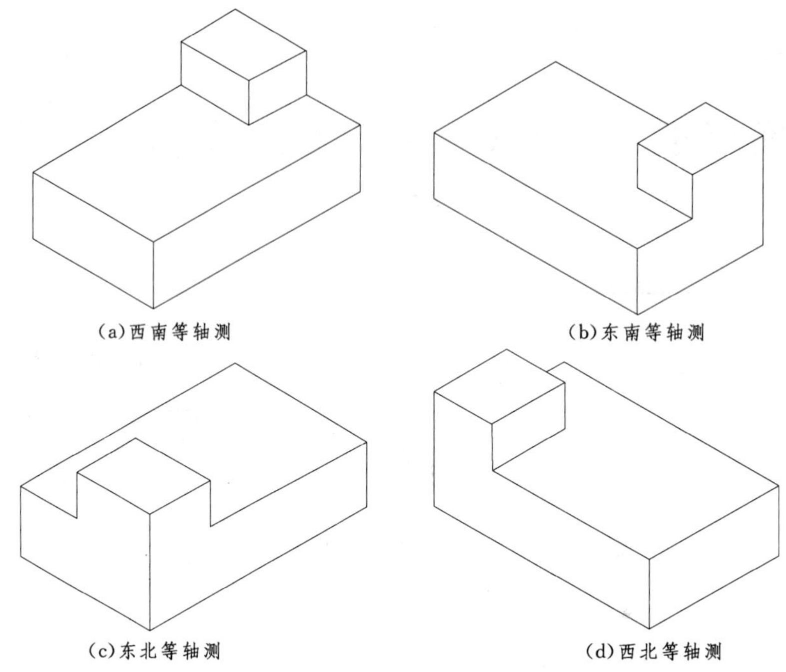

图 15－2　等轴测图的观察效果

2. 视觉样式系列命令

显示三维图形时，AutoCAD 设计了“二维线框”、“三维线框”、“三维隐藏”、“真实”、“概念”等多种显示方式，以适应不同的观察需求。控制图形显示的命令集中在“视图”工具栏中，如图 15－3（a）所示。图 15－3（b）～（f）所示为执行“视觉样式”命令时图形显示的效果。

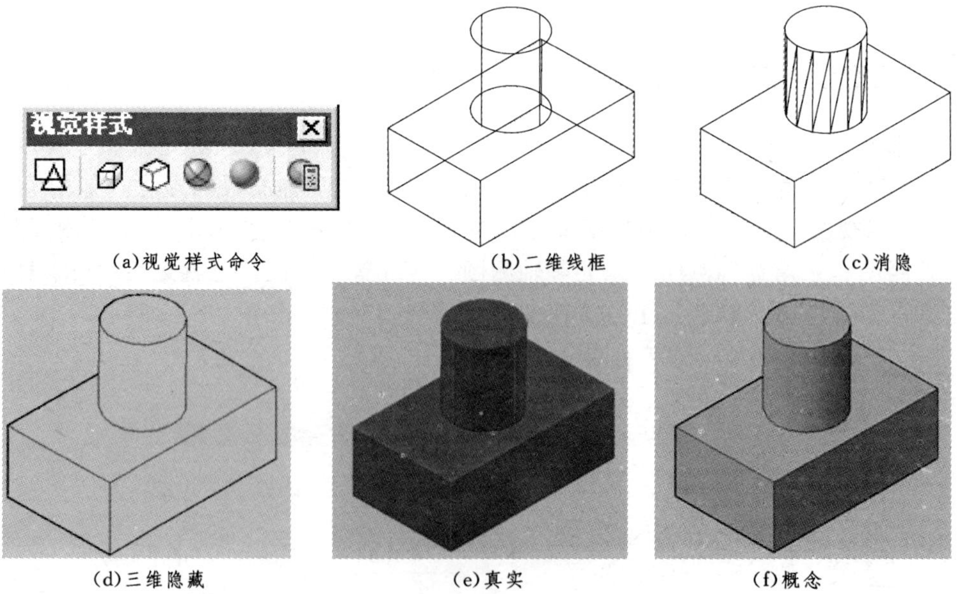

图 15－3　视觉样式命令与显示效果

二、用户坐标系

1. 用户坐标系的概念

人们常用的坐标系是一个固定的坐标系，称为世界坐标系（WCS）。在 AutoCAD 中可以建立用户自己的坐标系来帮助定位，这个由用户创建的坐标系称为用户坐标系（UCS）。无论是世界坐标系还是用户坐标系，只能在 XY 坐标平面上绘制二维图形。

2. 创建用户坐标系的操作步骤

（1）从命令行输入命令“UCS”，按回车键。

命令行提示：指定 UCS 的原点或［面（F）/命名（NA）/对象（OB）/上一个（P）/视图（V）/世界（W）/X/Y/Z/Z 轴（ZA）］〈世界〉：

（2）用鼠标或输入坐标值指定用户坐标系的新原点。

命令行提示：指定 X 轴上的点或〈接受〉：

（3）用鼠标或输入坐标值指定 X 轴的方向。

命令行提示：指定 XY 平面上的点或〈接受〉：

（4）用鼠标或输入坐标值指定 XY 平面上的点，用以确定 Y、Z 轴的方向。

三、简单体三维模型创建命令

打开“建模”工具栏，如图 15－4 所示，创建基本体和简单实体模型的命令都包含在“建模”工具栏中。

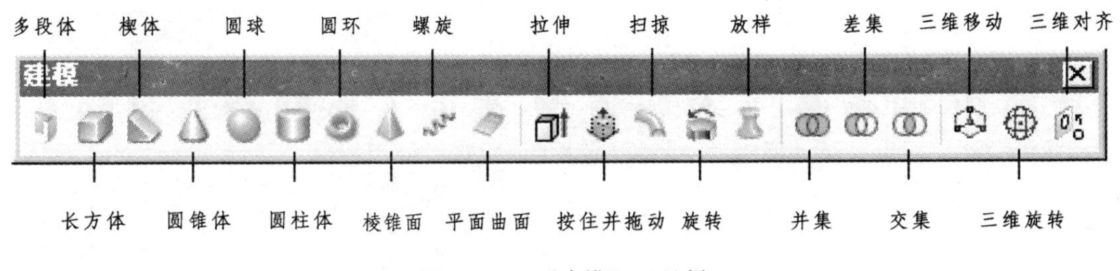

图 15－4　“建模”工具栏

1. 创建基本体

基本体的创建一般有两个步骤：首先指定基本体的位置，然后指定绘制基本体所需的相应参数。抓住这个根本，所有的基本体创建问题就非常容易了。图 15－5 所示为基本体命令创建的四棱锥。

2. 创建拉伸实体

将二维对象看成一个截面，沿该截面的法向线或指定路径拉伸一定距离则生成三维拉伸实体。创建拉伸实体的命令在“建模”工具栏中。“拉伸”（Extrude）命令可以创建组合柱，拉伸的二维对象可以是：面域、封闭多段线、多边形、圆、椭圆、封闭样条曲线和圆环等。创建拉伸实体时，要遵循以下步骤：

（1）绘制二维封闭线框，该线框如果不是封闭的多段线，需要把线框生成边界或面域。

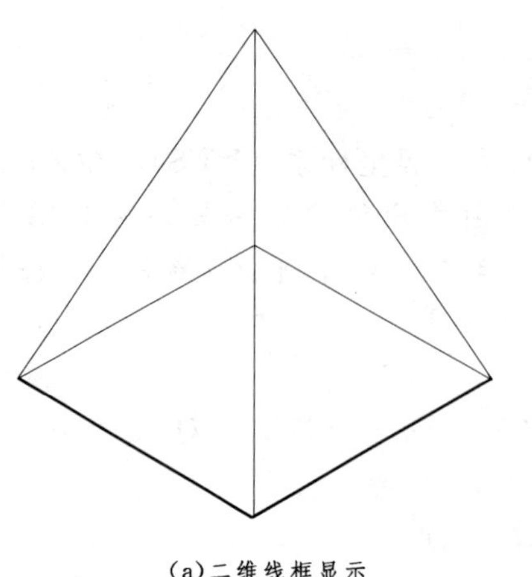
(a)二维线框显示

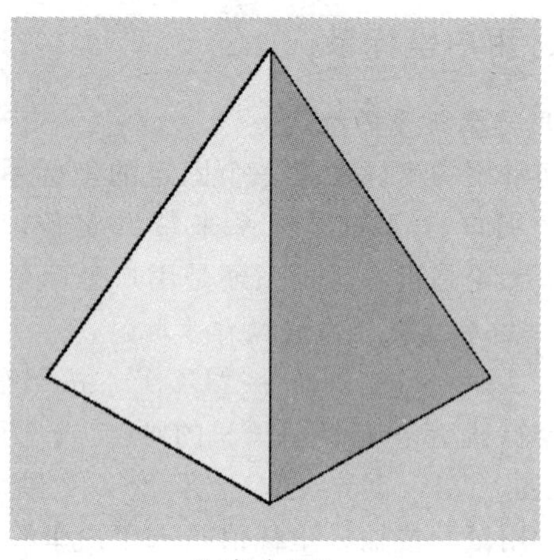
(b)概念显示

图 15-5　创建四棱锥

(2) 应用“拉伸”命令生成实体，如图 15-6 (a) 所示为梁的视图，应用“拉伸”命令生成的实体模型如图 15-6 (b) 所示。

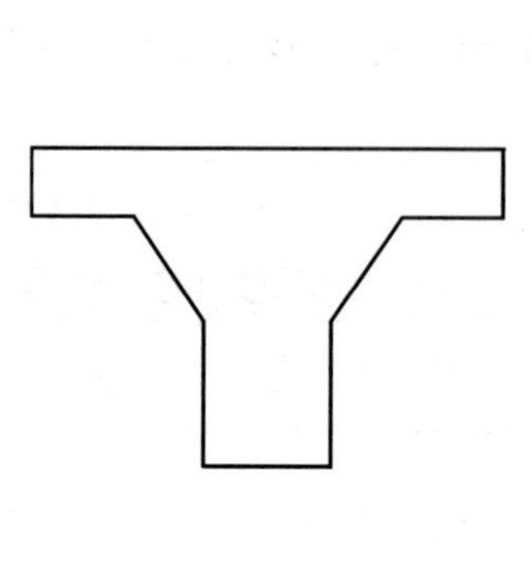
(a)绘制多段线

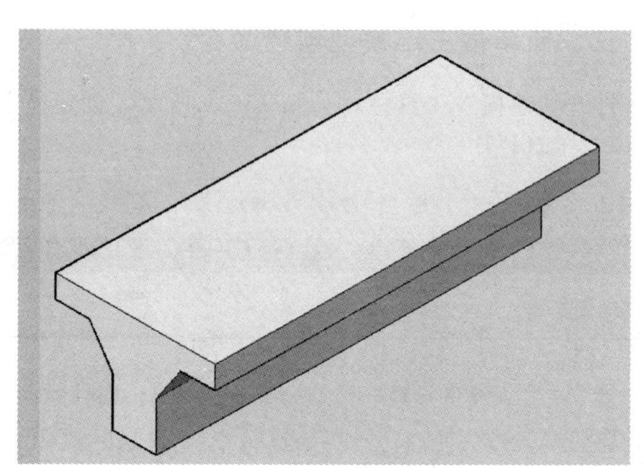
(b)创建拉伸实体

图 15-6　创建拉伸实体模型

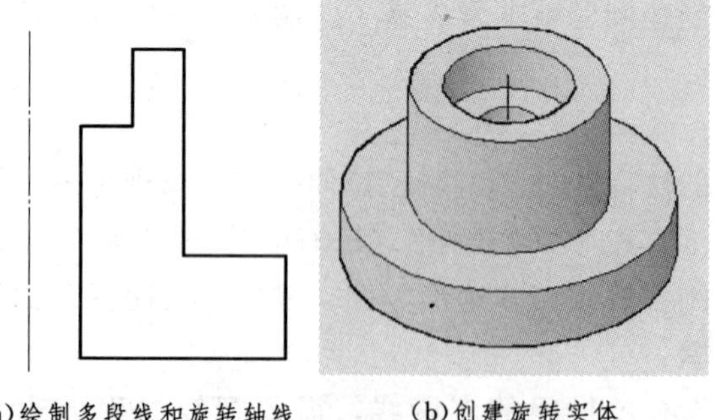
(a)绘制多段线和旋转轴线　(b)创建旋转实体

图 15-7　创建旋转实体模型

3. 创建旋转实体

创建旋转实体与创建拉伸实体的方法基本相同，将二维图形对象看成半个纵剖面，沿轴线旋转一定的角度则生成三维旋转实体。创建旋转实体的命令也在“建模”工具栏中。“旋转” (Revolve) 命令可以旋转的二维对象包括：面域、封闭多段线、多边形、圆、椭圆、封闭样条曲线和圆环等。创建旋转

实体时，要遵循以下步骤：

(1) 绘制二维多段线封闭线框和旋转轴线，如图 15－7 (a) 所示。

(2) 应用旋转命令生成实体，如图 15－7 (b) 所示。

四、实训

(一) 实训一

1. 实训任务

创建图 15－8 所示三棱锥和图 15－9 所示六棱柱的三维实体模型。

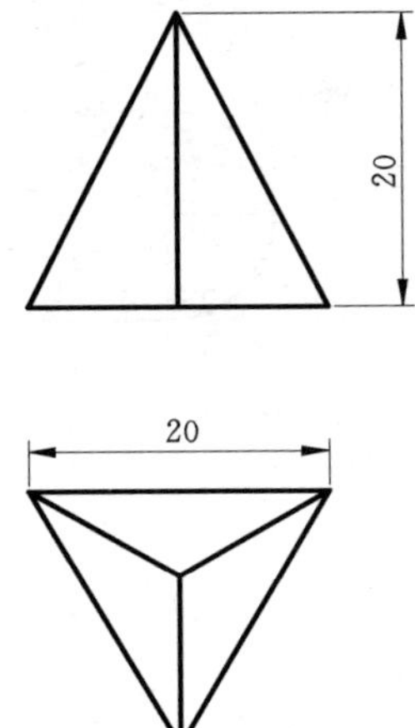

图 15－8　三棱锥

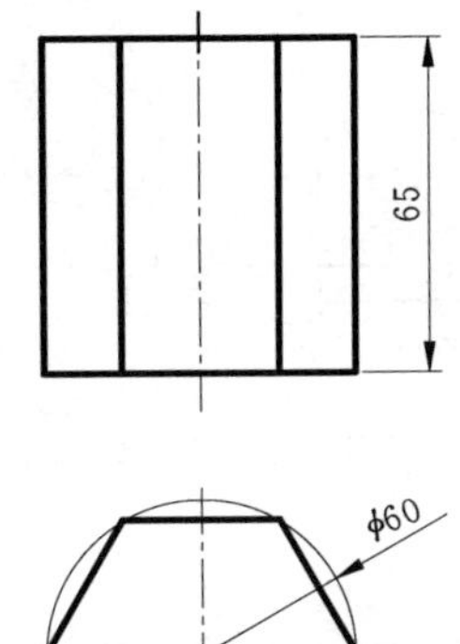

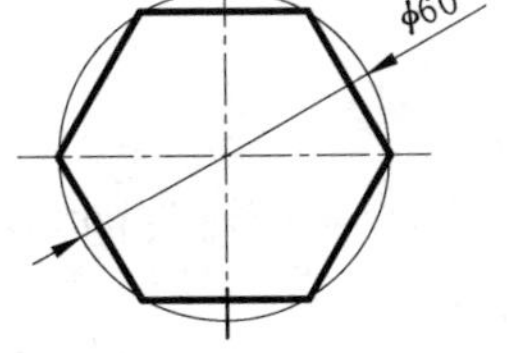

图 15－9　六棱柱

2. 实训要求

(1) 应用“棱锥面”命令创建三棱锥三维实体模型；应用“拉伸”命令创建六棱柱三维实体模型。

(2) 应用“视图”工具栏，观察三维模型的主视图、左视图、俯等各面视图。

(二) 实训二

1. 实训任务

创建图 15－10 所示柱体的三维实体模型。

2. 实训要求

(1) 应用“旋转”命令创建三维实体。

(2) 应用“视图”工具栏，观察三维模型的主视图、左视图、俯视图。

3. 实训指导

(1) 单击“视图”工具栏中的“主视图”按钮，按尺寸绘制断面线框如图 15－11 (a) 所示。再将线框创建成“面域”对象。

(2) 启用“旋转”命令，选择面域为旋转

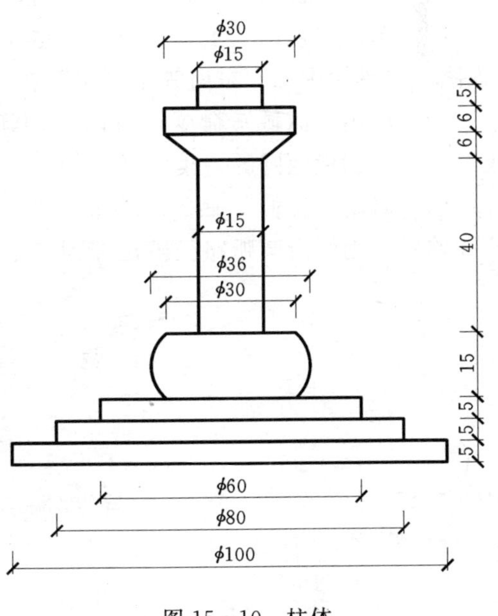

图 15－10　柱体

对象，指定轴线为旋转轴，则将面域旋转成三维实体，如图 15－11（b）所示。

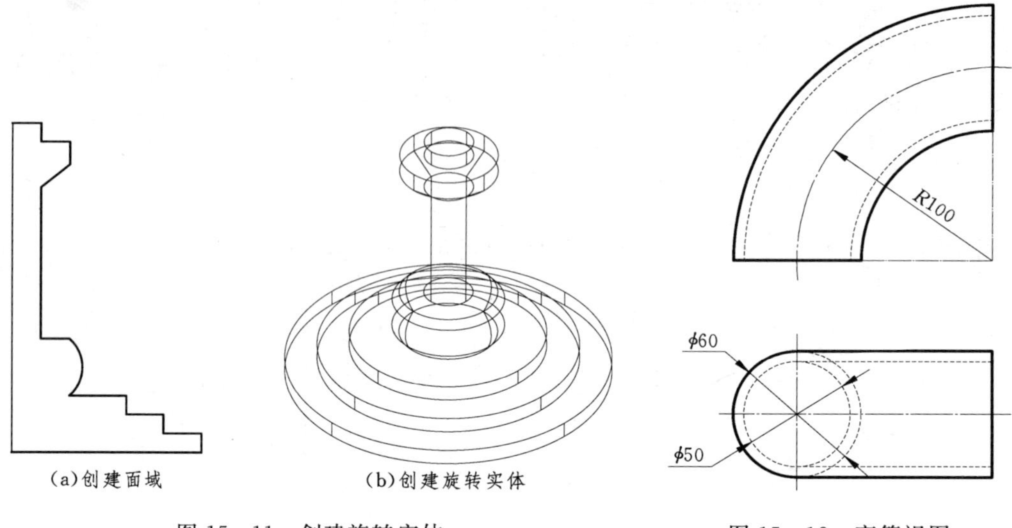

(a)创建面域　(b)创建旋转实体

图 15－11　创建旋转实体　　图 15－12　弯管视图

（三）实训三

1. 实训任务

创建图 15－12 所示弯管的三维实体模型。

2. 实训要求

（1）应用“拉伸”命令创建三维实体。

（2）应用“视图”工具栏，观察三维模型的主、左、俯视图。

3. 实训指导

（1）单击“视图”工具栏中的“俯视图”按钮，绘制 $\phi60$ 和 $\phi50$ 两圆。

（2）单击“视图”工具栏中的“主视图”按钮，按尺寸绘制 $R100$ 的 1/4 圆弧，单击“视图”工具栏中的“东南等轴测图”按钮，如图 15－13（a）所示。

（3）启用“面域”命令，将两圆创建成面域对象。再启用“建模”工具栏中的“差集”命令，创建两圆的差集面域，如图 15－13（b）所示。

（4）启用“拉伸”命令，选择“圆”为拉伸对象，再启用“路径”选项，选择圆弧为拉伸路径，则圆沿圆弧路径被拉伸为三维实体，如图 15－13（c）所示。

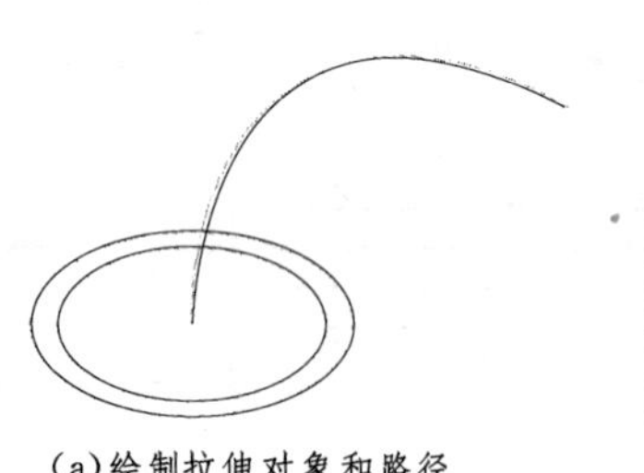
(a)绘制拉伸对象和路径

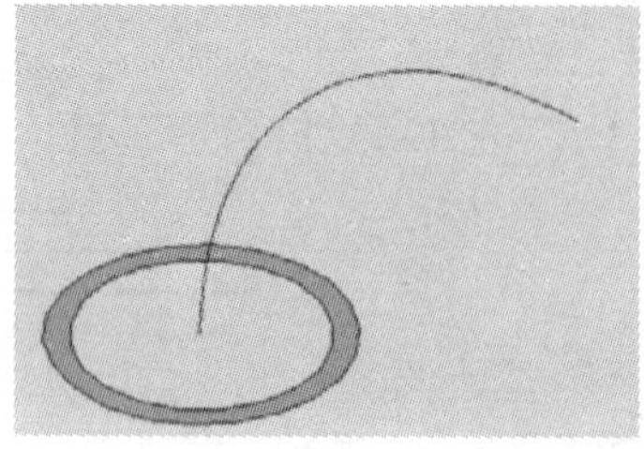
(b)创建拉伸面域和差集面域

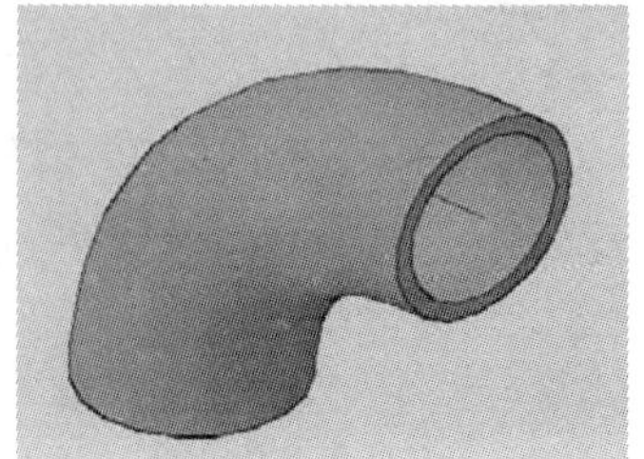
(c)拉伸实体显示

图 15－13　沿路径拉伸实体

五、课外拓展练习

1. 创建扫掠实体

“扫掠”（Sweep）命令用于沿指定路径以指定轮廓的形状（扫掠对象）绘制实体或曲面。开放或闭合的平面曲线都可以作为扫掠对象，但是这些对象必须位于同一平面中。开放或闭合的二维或三维曲线都可以作为扫掠路径。如果沿一条路径扫掠闭合的曲线，则生成实体。

扫掠与拉伸不同，沿路径扫掠轮廓时，轮廓将被移动并与路径垂直对齐，然后，沿路径扫掠该轮廓。

使用“扫掠”命令绘制三维实体时，当用户指定了封闭图形作为扫掠对象后，命令行显示：“选择扫掠路径或［对齐（A）/基点（B）/比例（S）/扭曲（T）］:”，在该命令提示下，可以直接指定扫掠路径来创建实体，也可以设置扫掠时的对齐方式、基点、比例和扭曲参数。其中，“对齐”选项用于设置扫掠前是否对齐垂直于路径的扫掠对象；“基点”选项用于设置扫掠的基点；“比例”选项用于设置扫掠的比例因子。当指定参数后，扫掠效果与单击扫掠路径的位置有关。如图 15－14 所示是以圆为扫掠对象，圆弧为扫掠路径，设置比例因子为“2”，创建的扫掠实体。

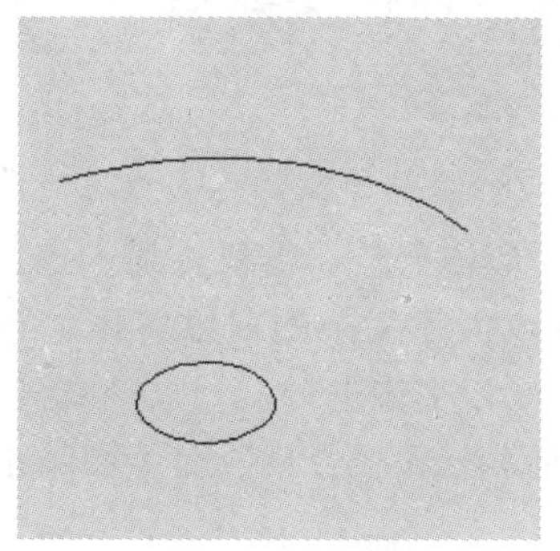

(a)扫掠对象和路径

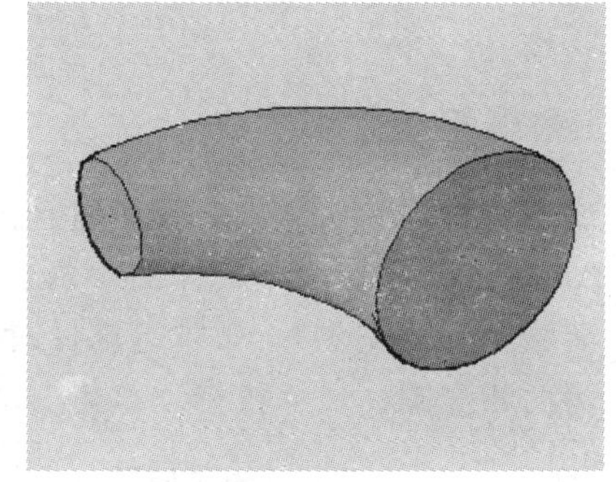

(b)扫掠实体

图 15－14　创建扫掠实体模型

2. 创建放样实体

“放样”命令可以通过对包含两条或两条以上横截面曲线的一组曲线进行放样来创建三维实体或曲面。

横截面定义了结果实体或曲面的轮廓（形状）。放样用于在横截面之间的空间内绘制实体或曲面。使用放样命令时，至少指定两个横截面。

在放样时，当依次指定放样截面后，命令行显示：“输入选项［导向（G）/路径（P）/仅横断面（C）］〈仅横断面〉:”，在该命令提示下，需要选择放样方式。其中，“导向”选项用于使用导向曲面控制放样，每条导向曲线必须与每一个截面相交，并且起始于第一个截面，结束于最后一个截面；“路径”选项用于使用一条简单的路径控制放样，该路径必须与全部或部分截面相交；“仅横截面”选项用于只使用截面进行放样，此时将打开“放样设置”对话框，从中可以设置放样横截面上的曲面控制选项。

如图 15－15 所示是以一系列圆心在圆弧线上且与圆弧垂直的圆为放样对象，圆弧为放样路径，创建的放样实体模型。

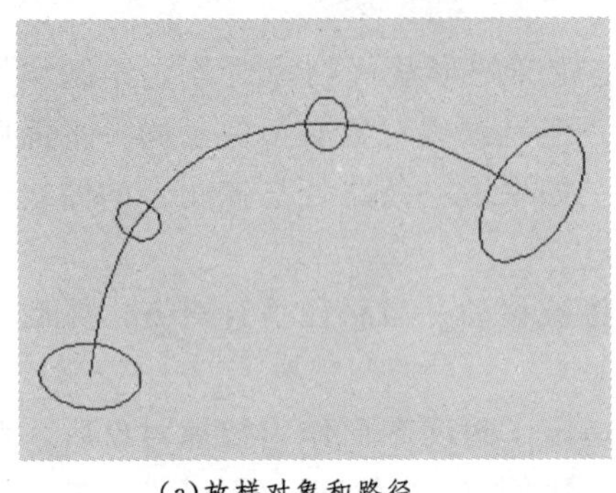
(a)放样对象和路径

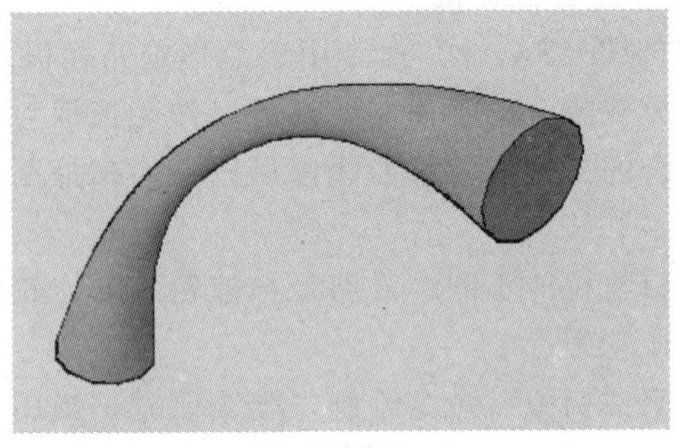
(b)放样实体

图 15－15　创建放样实体模型

在绘制与圆弧垂直的截面圆时，需新建用户坐标系，使 *XY* 坐标平面与圆弧垂直，然后拟定尺寸画圆。

任务十六　组合体三维实体模型创建

一、三维建模的布尔运算

复杂的三维实体不能一次生成，就像组合体的形体分析，需要叠加、挖切等组合形式一样。AutoCAD 通过对一些简单实体的布尔运算，创建复杂的三维实体。布尔运算命令有“并集”、“差集”和“交集”。布尔运算针对面域和实体进行。

图 16－1 为两相交圆柱实体执行“并集”、“差集”和“交集”命令的结果。

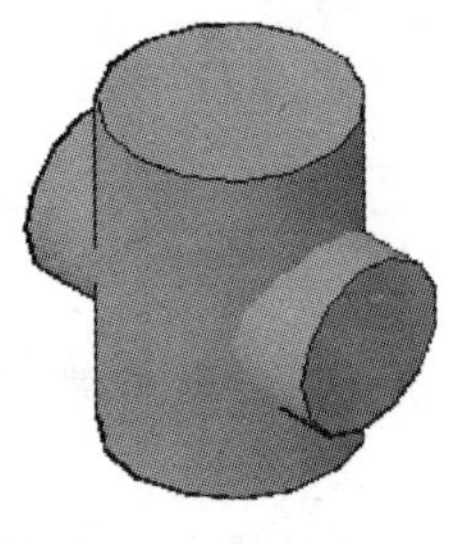
(a)两相交实体

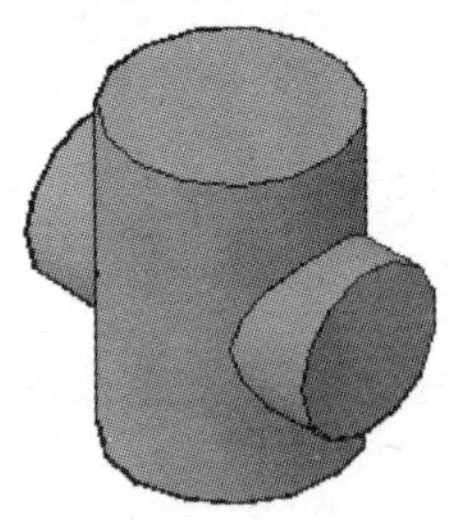
(b)并集

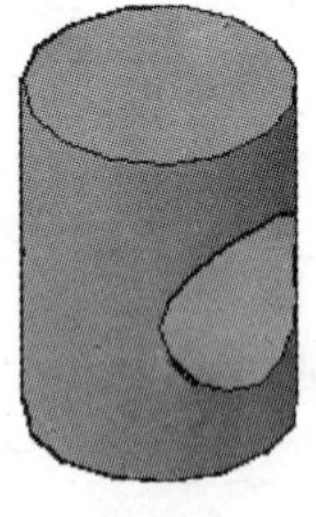
(c)差集

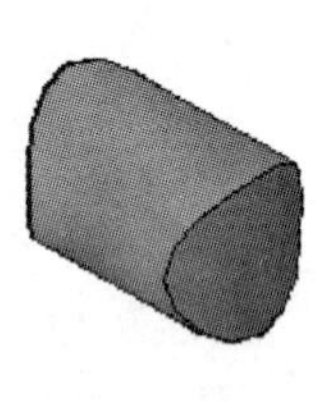
(d)交集

图 16－1　三维实体的“布尔运算”

二、“三维操作”和“实体编辑”命令

“三维操作”命令在“修改”菜单“三维操作”子菜单中，如图 16－2 所示。包含移动、旋转、对齐、镜像、阵列等命令，这些命令与二维编辑命令意义相同，操作上略为复杂。

“实体编辑”命令在“修改”菜单“实体编辑”子菜单中，如图 16 - 3 所示。包含拉伸面、旋转面、倾斜面、着色面等命令。

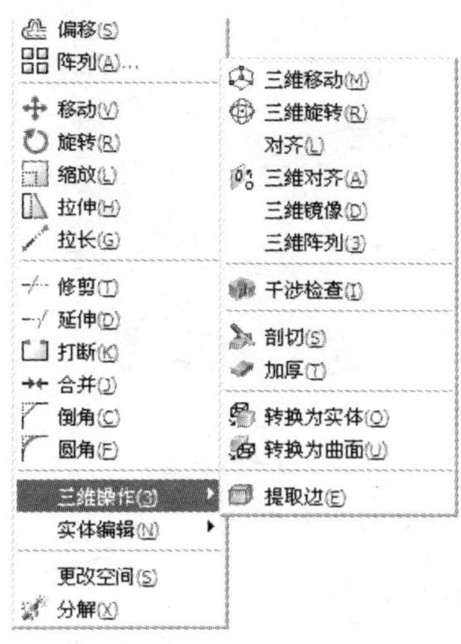

图 16 - 2　三维操作菜单

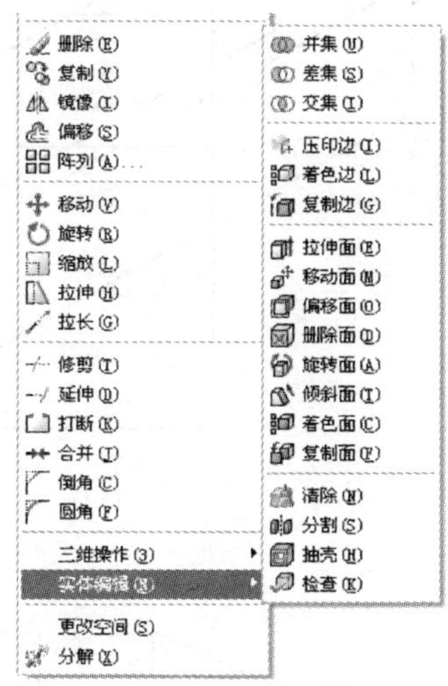

图 16 - 3　实体编辑菜单

下面结合实例和实训任务介绍部分“布尔运算”、“三维操作”和“实体编辑”命令的应用。

三、组合体三维模型创建举例

【例 16 - 1】 根据如图 16 - 4 所示物体的三视图创建其三维实体模型。

操作步骤：

（1）应用“长方体”命令，创建底面边长均为 22、高为 30 的四棱柱；再应用“旋转”命令将其旋转 45°。

（2）将视图界面转换到“主视图”视口，应用“长方体”命令，创建底面边长为 17 和 14、高为 60 的四棱柱。

（3）将视图界面转换到“西南等轴测图”视口，应用“移动”命令，将两长方体移动到图 16 - 5（a）所示位置。

（4）对两棱柱体执行“差集”命令，得到如图 16 - 5（b）所示三维实体模型。

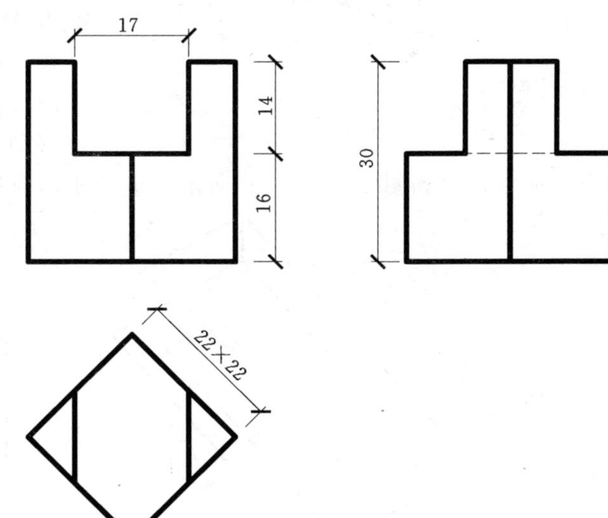

图 16 - 4　四棱柱切割体一

【例 16 - 2】 根据如图 16 - 6 所示物体的三视图创建其三维实体模型。

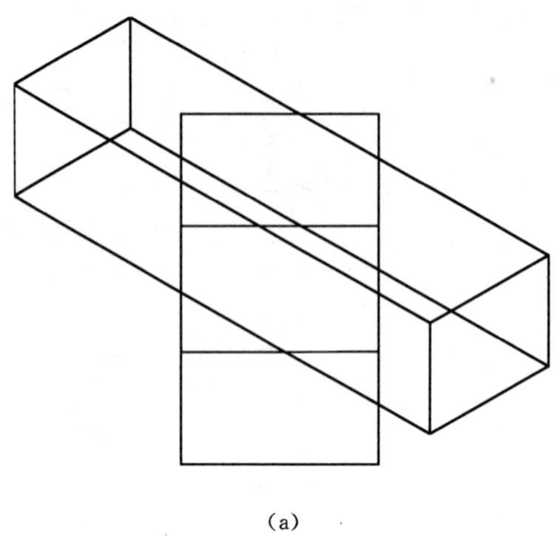

(a)

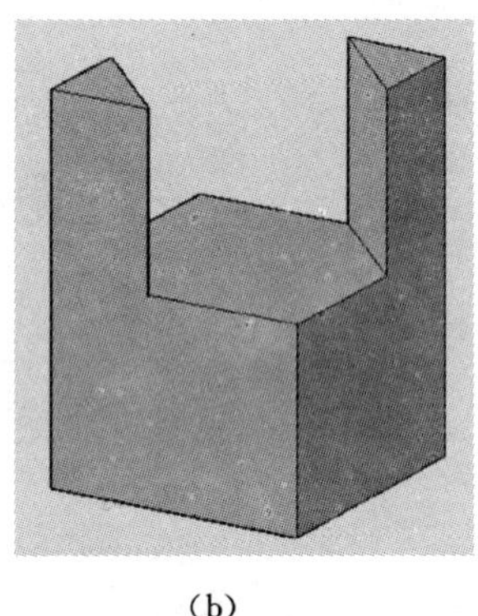

(b)

图 16-5　四棱柱切割体三维实体模型创建

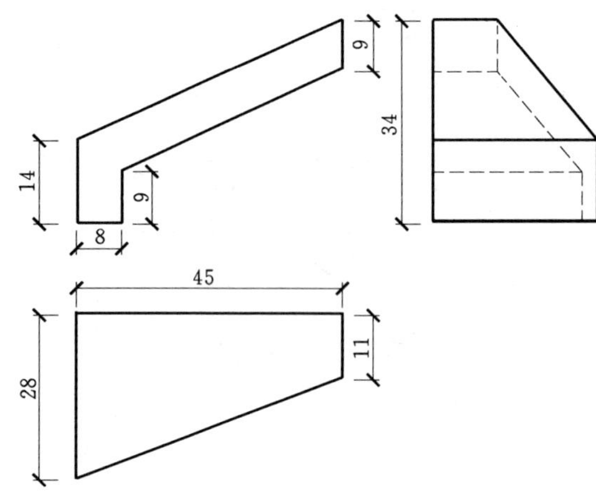

图 16-6　四棱柱切割体二

操作步骤：

(1) 将视图界面转换到“主视图”视口，按尺寸绘制挡土墙的主视图，并创建为面域；再应用“拉伸”命令，将其拉长为 28，得到实体如图 16-7 (a) 所示。

(2) 将视图界面转换到“俯视图”视口，按尺寸绘制挡土墙的俯视图，并创建为面域；再应用“拉伸”命令，将其拉高为 34，得到实体如图 16-7 (b) 所示。

(3) 将视图界面转换到“西南等轴测图”视口，应用“移动”命令，将两实体移动到图 16-8 (a) 所示位置，对其应用“交集”命令，得到图 16-8 (b) 所示挡土墙实体模型。

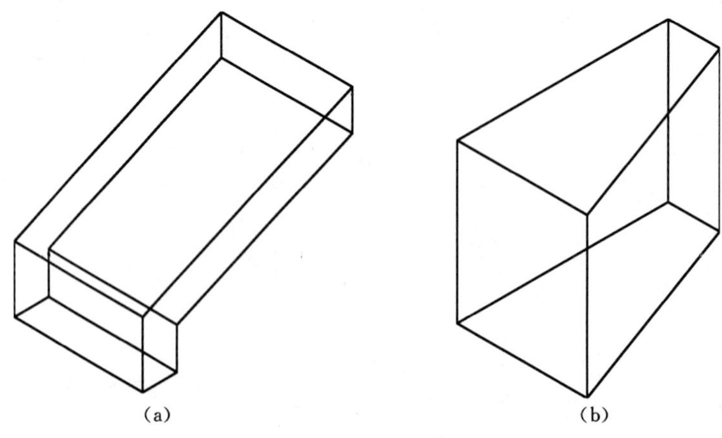

(a)　　(b)

图 16-7　创建四棱柱切割体主视和俯视实体

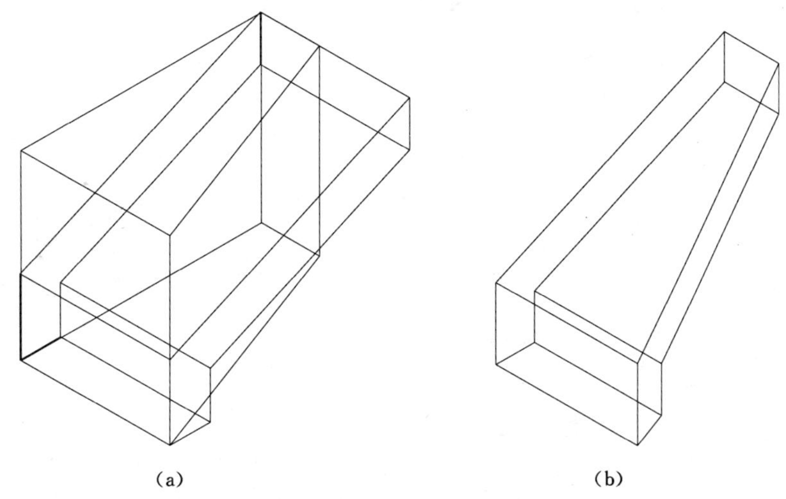

图 16-8　创建四棱柱切割体实体模型

【例 16-3】 根据图 16-9 所示物体的三视图创建其三维实体模型。

创建步骤：

(1) 将三视图中的线框创建如图 16-10 所示几个面域。

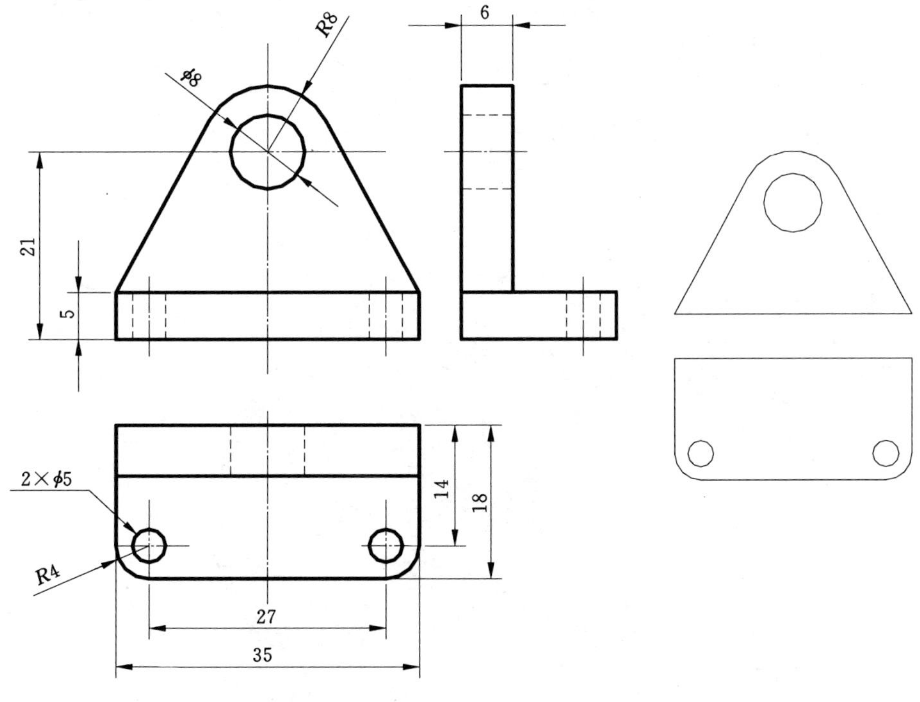

图 16-9　叠加体三视图　　　　图 16-10　创建面域

(2) 将底板和底板上圆面域“拉伸”5，立板和其中圆面域“拉伸”6，如图 16-11 所示。

(3) 应用“三维对齐”命令，用鼠标选择对齐点和目标点，如图 16-12 (a) 所示。对齐后形体如图 16-12 (b) 所示。

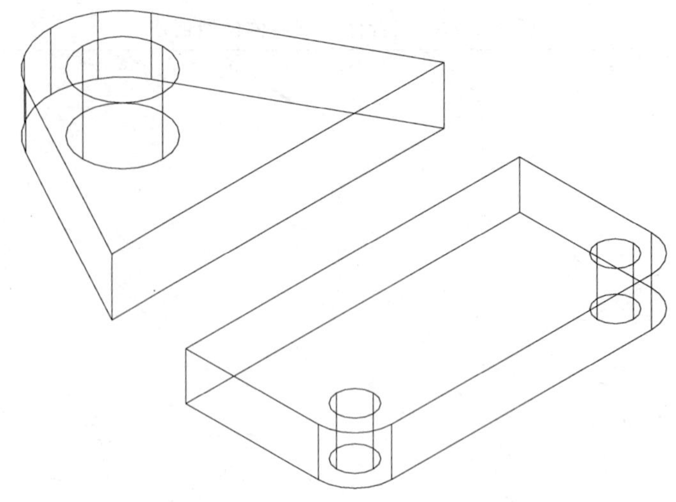

图 16-11　拉伸面域

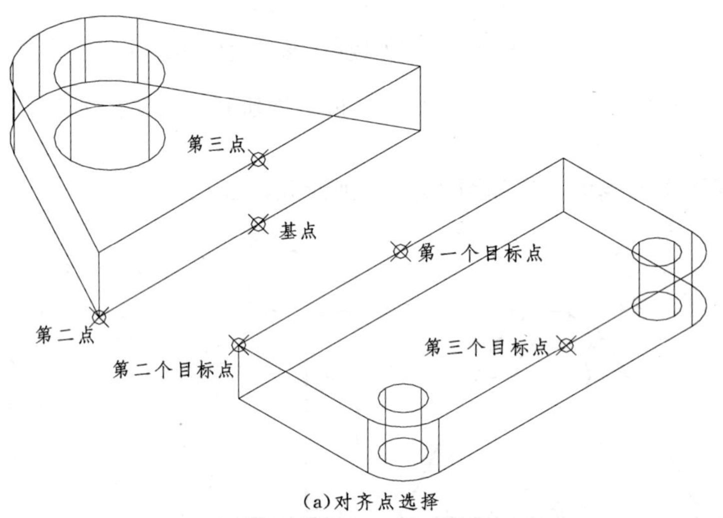

(a)对齐点选择

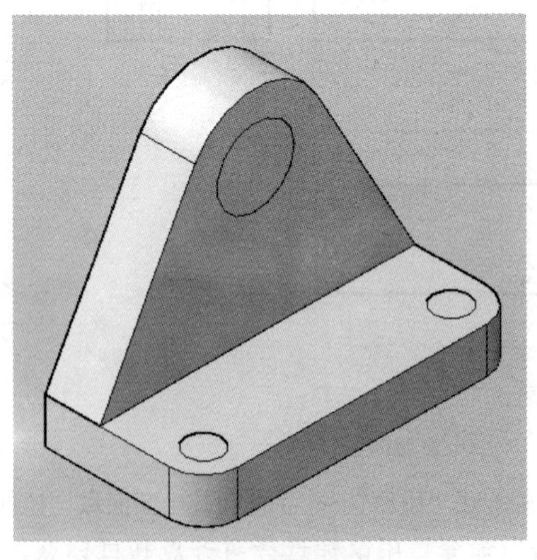

(b)执行“对齐”命令

图 16-12　对齐操作

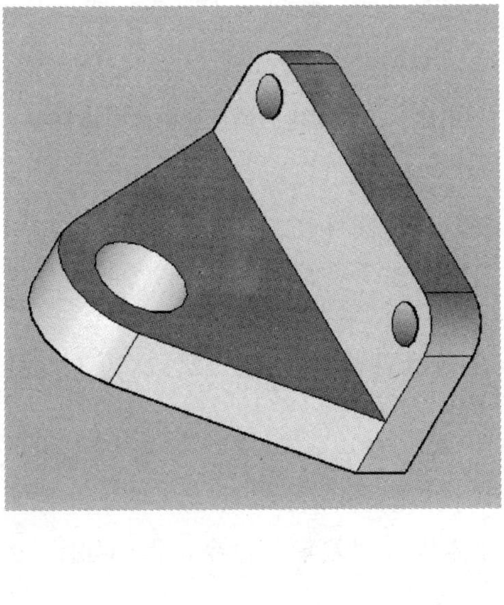

图 16－13　执行“差集”命令

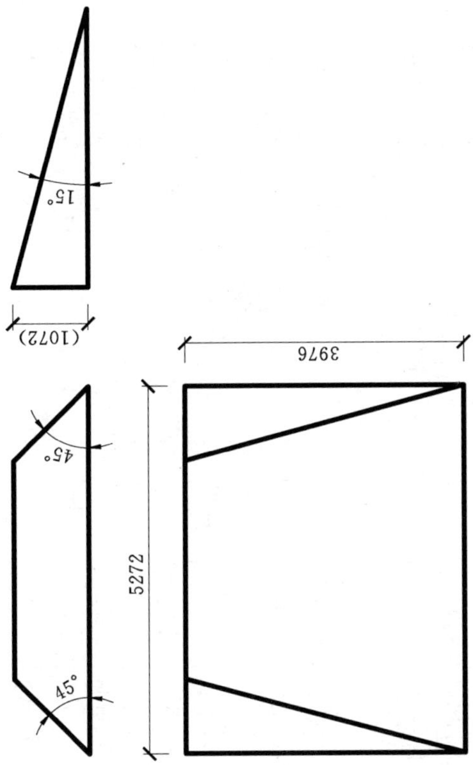

图 16－14　斜坡道三视图

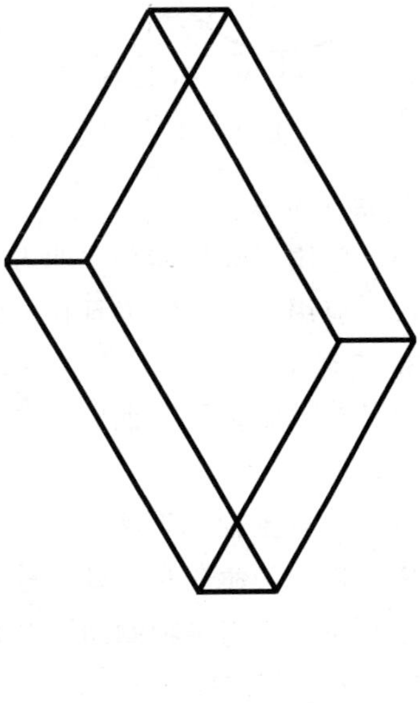

图 16－15　创建基本实体

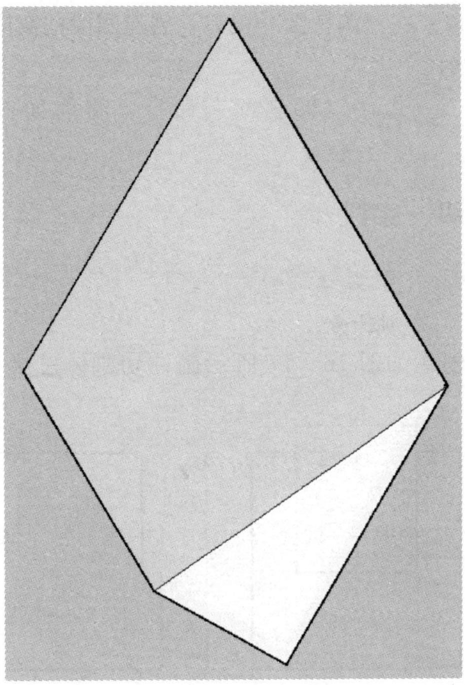

图 16－16　绘制定位线

(4) 应用“差集”命令，创建圆孔，如图 16－13 所示。

【例 16－4】 创建如图 16－14 所示斜坡道的三维实体模型。

创建步骤：

(1) 在“俯视图”视口，创建四棱柱实体，长 5272、宽 3976、高 1100，得到实体如图 16－15 所示。

(2) 应用“倾斜面”命令，将前面倾斜 75°，将左右两面倾斜 45°，如图 16－16 所示。

四、实训

(一) 实训一

1. 实训任务

创建如图 16－17 所示圆柱切割体三维实体模型。

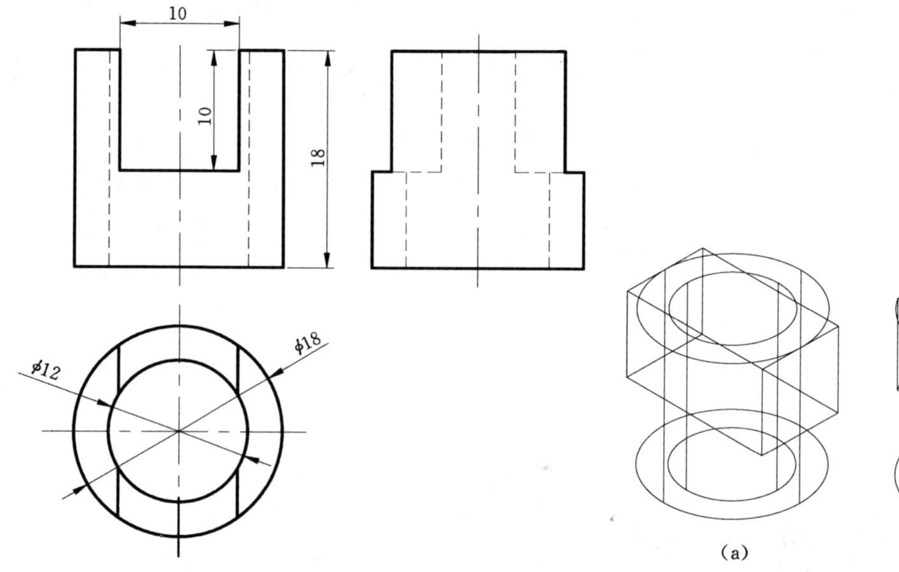

图 16－17　圆柱切割体　　图 16－18　创建四棱柱切割体实体模型

2. 实训要求

(1) 应用“圆柱体”、“四方体”、“差集”等命令，创建圆柱切割体三维实体模型。

(2) 应用“视图”工具栏，观察三维模型的主、俯、左等各面视图。

3. 实训指导

(1) 在“俯视图”视口，应用“圆柱体”命令，创建直径为 18 和 12、高为 18 的同心圆柱。

(2) 在“主视图”视口，应用“长方体”命令，创建长宽均为 10、高为 18 的四棱柱，用“移动”命令对齐到圆柱上部中心，如图 16－18 (a) 所示。

(3) 在“西南等轴测图”视口，对圆柱体和棱柱体执行“差集”命令，得到如图 16－18 (b) 所示三维实体模型。

（二）实训二

1. 实训任务

创建如图 16－19 所示平面切割体三维实体模型。

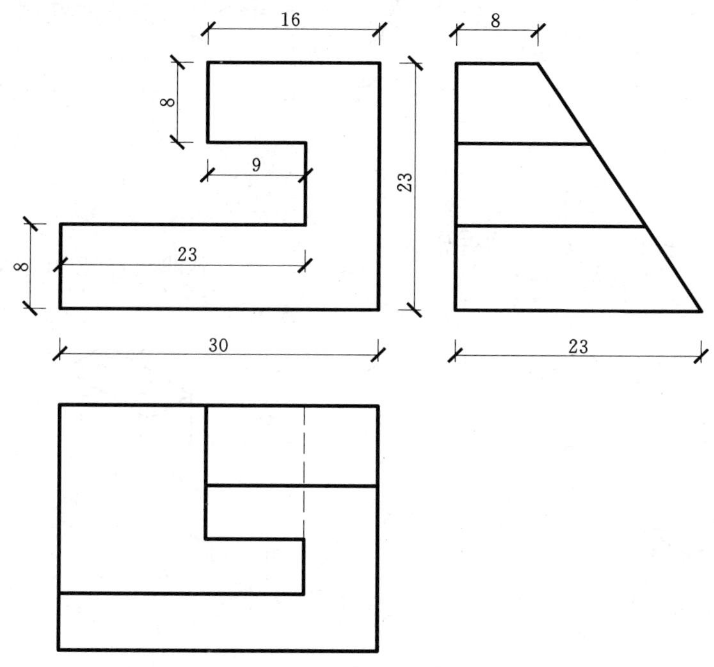

图 16－19　四棱柱切割体三

2. 实训要求

（1）应用“拉伸”和“交集”命令创建平面切割体三维实体模型。

（2）应用“视图”工具栏，观察三维模型的主、左、俯等各面视图。

3. 实训指导

（1）新建图层 1 和图层 2，默认图层特性。

（2）图层 1 置为当前，将视图界面转换到“主视图”视口，以左下角为起点，输入起点坐标“0，0”，按尺寸绘制主视图，并创建为面域，如图 16－20（a）所示；再应用“拉伸”命令，将其拉长为 28，得到实体如图 16－20（b）所示。

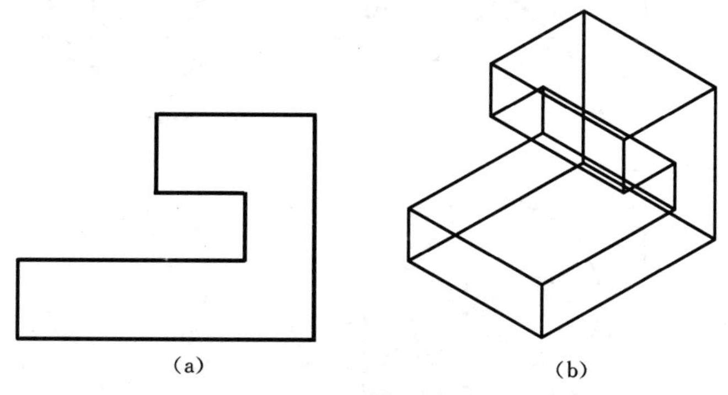

图 16－20　根据主视创建拉伸模型

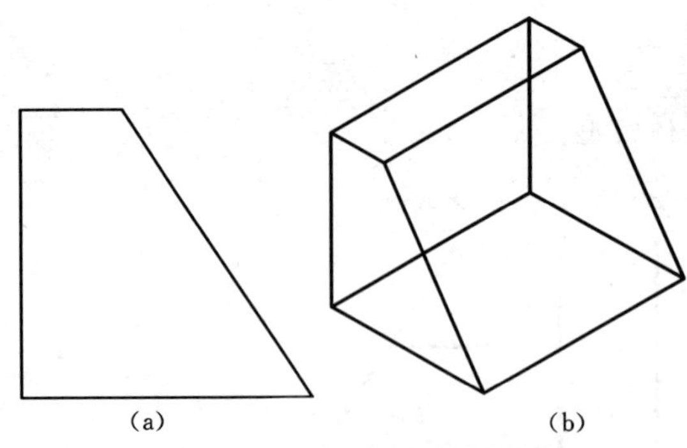

图 16－21　根据左视创建拉伸模型

（3）关闭图层 1，图层 2 置为当前。将视图界面转换到“左视图”视口，以后下角为起点，输入起点坐标为“0，0”，按尺寸绘制挡土墙左视图的外轮廓线，并创建为面域，如图 16－21（a）所示；再应用“拉伸”命令，将其拉高为 34，得到实体如图 16－21（b）所示。

（4）打开图层 1，显示已创建的两基本实体，如图 16－22（a）所示。

（5）对两实体应用“交集”命令，得到实体模型如图 16－22（b）所示。

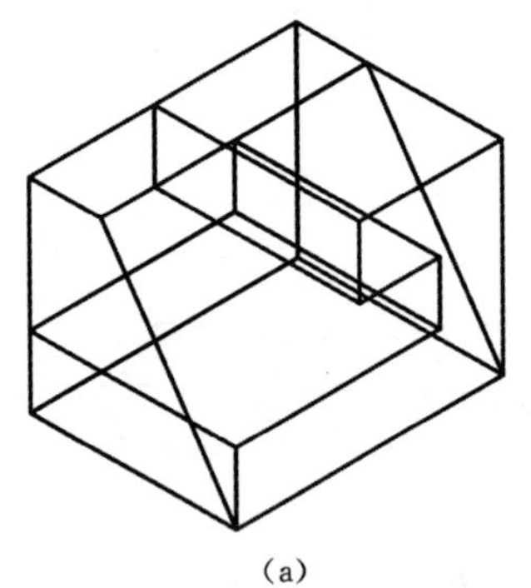

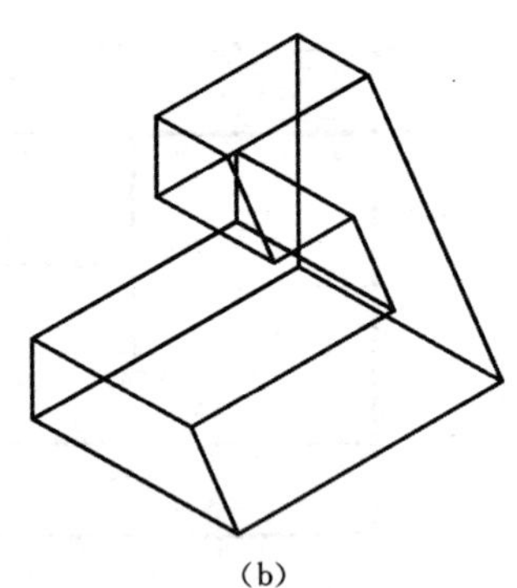

图 16－22　创建四棱柱切割体实体模型

（三）实训三

1. 实训任务

创建如图 16－23 所示的圆柱相贯体三维实体模型，并剖切观察内部形状。

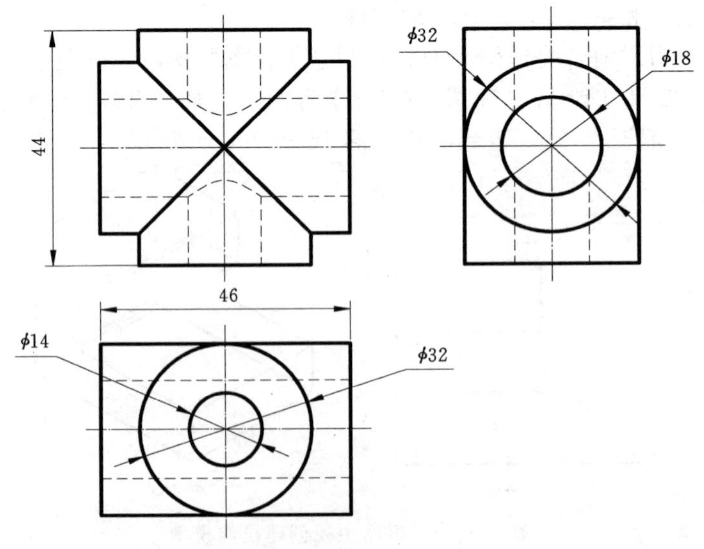

图 16－23　圆柱相贯体三视图

2. 实训要求

（1）应用“圆柱实体”、“布尔运算”命令，创建三维实体。

（2）正确进行三维实体剖切操作。

3. 实训指导

（1）启用“建模”、“视图”工具栏。

（2）将当前视图设为“俯视图”，启用“圆柱体”命令，指定底面的中心点坐标为“0，0”，创建直径为 32 和 14、高为 44 的两同心圆柱，如图 16－24 所示（显示为西南等轴测）。

（3）将当前视图设为“左视图”，启用“圆柱体”命令，指定底面的中心点坐标为“0，22，－23”，创建直径为 32 和 18、高为 46 的两同心圆柱，如图 16－25 所示（显示为西南等轴测）。

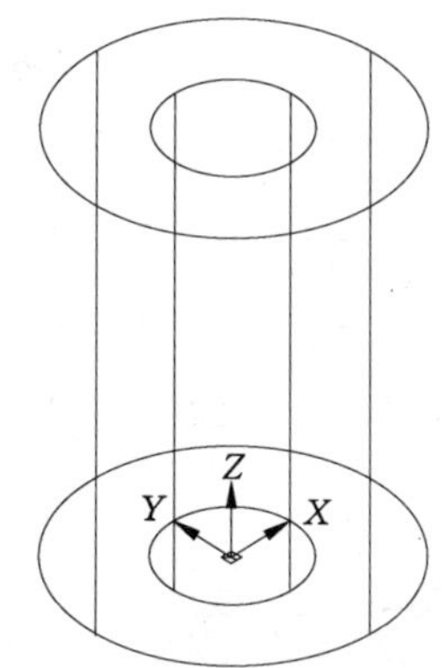

图 16－24　创建竖立圆柱实体

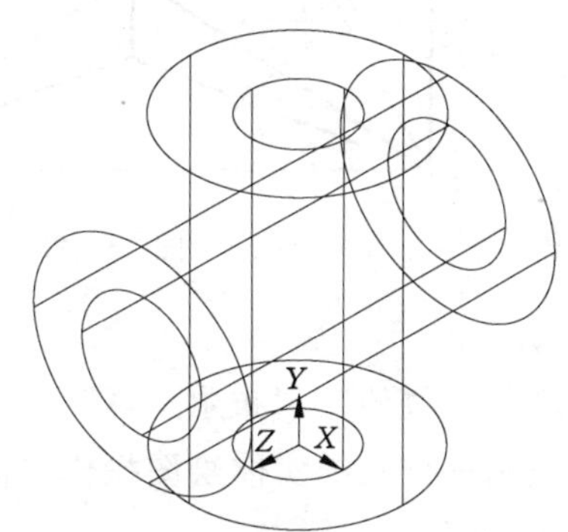

图 16－25　创建水平圆柱实体

（4）启用“并集”命令，将直径为 14 和 18 的两小圆柱体合为一体，再将直径为 32 的两圆柱体合为一体。如图 16－26 所示。

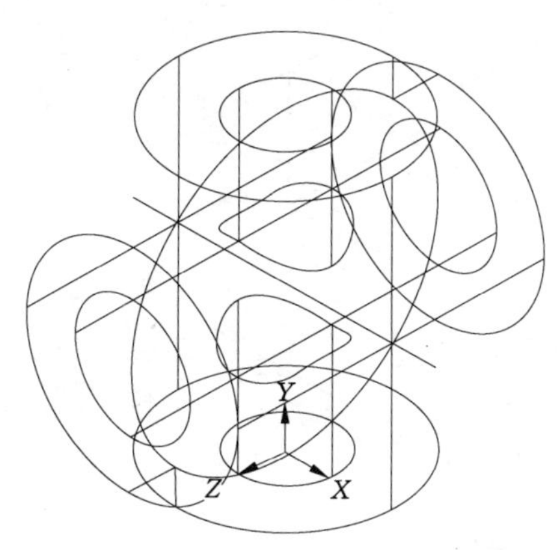

图 16－26　执行并集操作

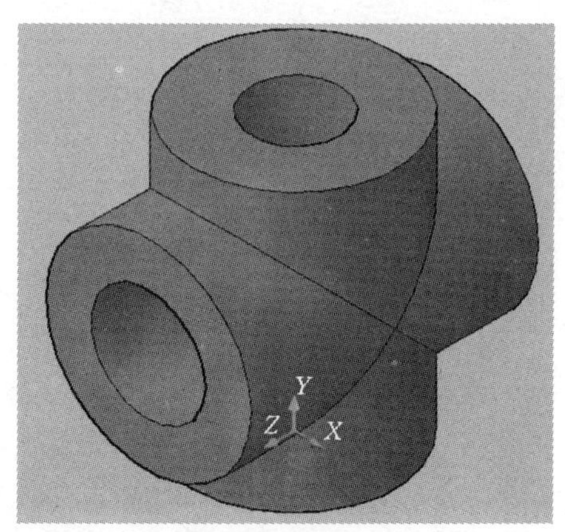

图 16－27　执行差集操作

（5）启用“差集”命令，先选择直径为 32 的并集实体，再选择直径为 14 和 18 的并集实体，差集效果如图 16－27 所示。

(四) 实训四

1. 实训任务

创建如图 16－28 所示楼房屋顶相贯体的三维实体模型。

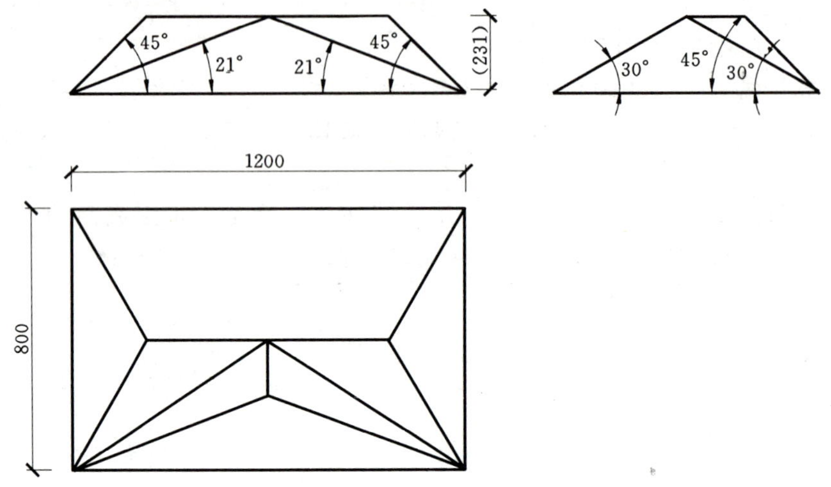

图 16－28　楼房屋顶相贯体三视图

2. 实训要求

(1) 应用“拉伸”、“布尔运算”命令，创建三维实体。

(2) 正确进行三维实体绘图操作，图形绘制时间不超过 20min。

3. 实训指导

(1) 在“俯视图”视口，创建长 1200、宽 800、高 240 和长 1200、宽 400、高 240 的两个四棱柱实体，如图 16－29 所示。

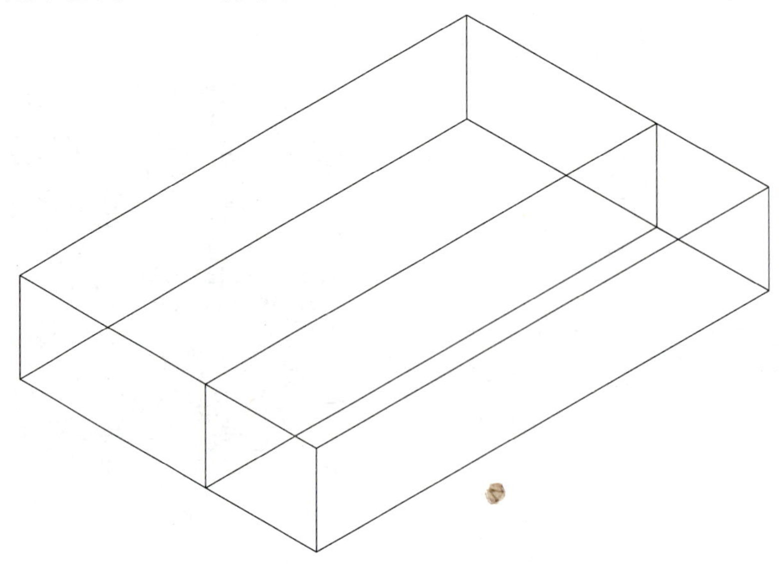

图 16－29　创建两个四棱柱实体

（2）应用“倾斜面”命令，按三视图中的角度要求倾斜四棱柱的各表面，如图 16－30 所示。

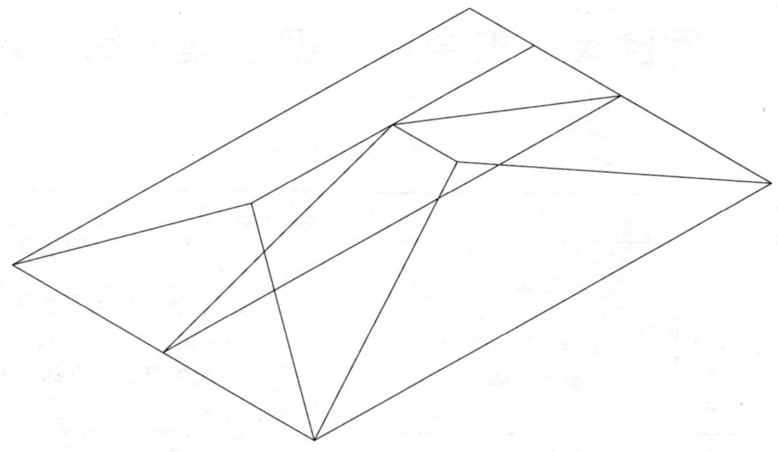

图 16－30　移动定位实体

（3）应用“并集”命令，将两个四棱柱合并一体，其视觉样式概念显示如图 16－31 所示。

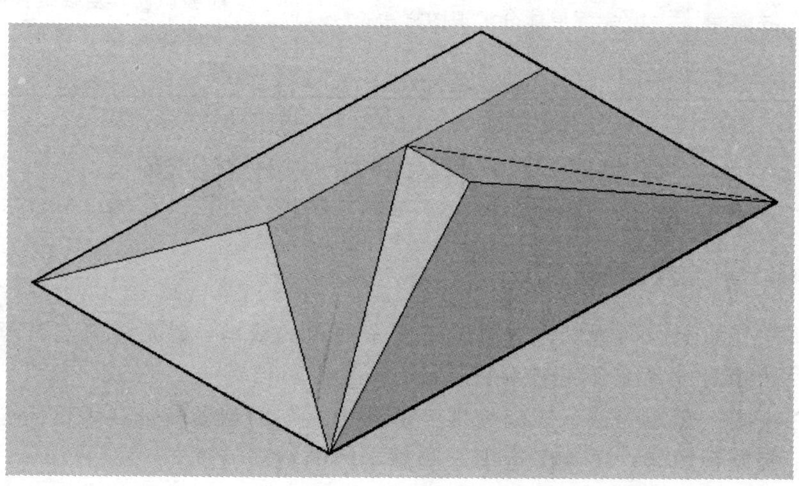

图 16－31　概念样式显示实体模型

项目六　组合体视图识读训练

教学任务	教学目标	
	知识目标	技能目标
任务十七　形体分析法识图训练	1. 掌握形体分析识图方法； 2. 掌握基本体的视图特征	1. 能够识读组合体的三视图，绘制其轴测图； 2. 能够根据组合体三视图创建其三维实体
任务十八　线面分析法识图训练	掌握线面分析识图方法	1. 能够识读组合体的三视图，绘制其轴测图； 2. 能够根据组合体三视图创建其三维实体
任务十九　补画第三视图训练	1. 掌握形体分析识图方法； 2. 掌握线面分析识图方法	1. 能够识读较复杂组合体三视图； 2. 能够根据组合体的二视图补画第三视图

任务十七　形体分析法识图训练

一、形体分析法识图概念

形体分析法是将组合体视图先分解为若干个简单的线框，然后判断各线框所表达的基本形体，最后按相对位置综合成整体的形状。

基本体三视图“矩矩为柱、三三为锥、梯梯为台”的视图特征是识读组合体视图的基础，在识读组合体视图时，要善于运用这些基本体的视图特征。

如图 17－1 (a) 所示，应用形体分析法，将形体分为 1、2、3 三个部分，按投影规律，找出左视图和俯视图中相应的投影，可看出第 1、3 部分为四棱柱，第 2 部分为四棱台。按位置组合各部分形体得到组合体形状如图 17－1 (b) 所示。

二、形体分析法识图举例

【例 17－1】 形体分析法识读如图 17－2 所示组合体三视图，并画出其轴测图。

分析作图：

(1) 应用形体分析法，将组合体分为 5 个部分，如图 17－3 所示，第 1 部分为四棱柱形底座，第 2 部分为前部半圆孔，第 3 部分为后部半圆柱，第 4 部分为中部半圆槽，第 5 部分为后部整圆孔。

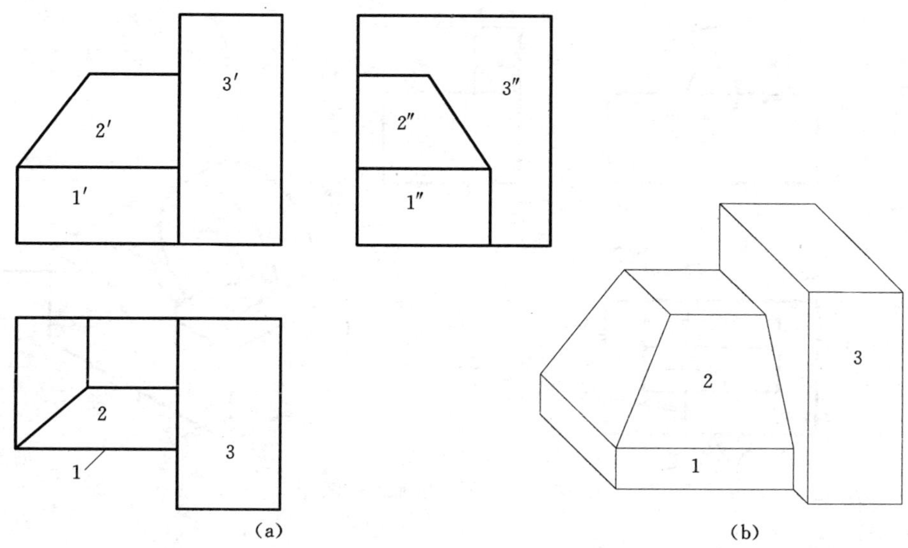

图 17-1　组合体视图的形体分析

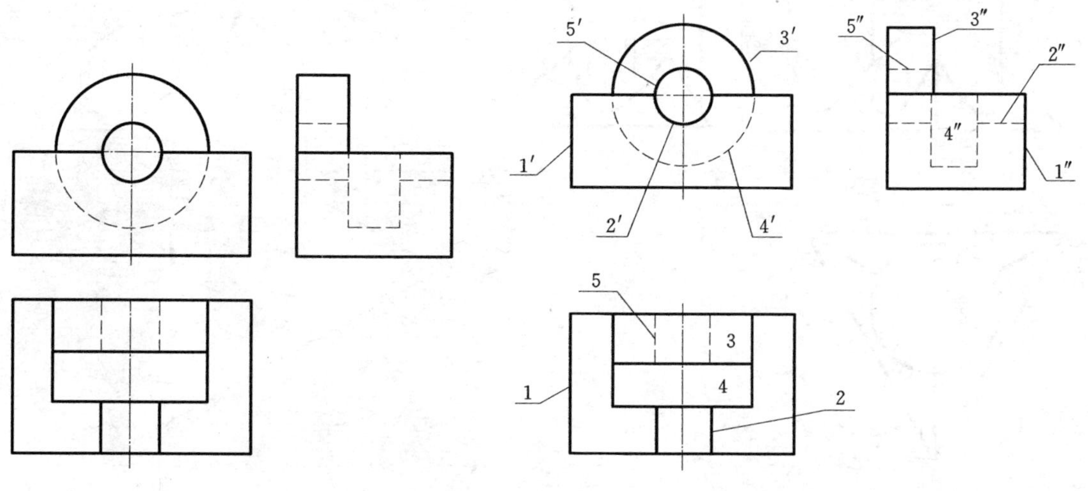

图 17-2　组合体三视图一　　　　图 17-3　形体分析

(2) 应用 AutoCAD 中“等轴测捕捉”功能，按照 1、2、3、4、5 顺序画出每部分的轴测图，整理后如图 17-4 所示。

【例 17-2】 形体分析法识读如图 17-5 所示组合体三视图，并创建其三维模型。

分析作图：

(1) 应用形体分析法，将组合体分为上、下两个部分，上部分为直径 20 的圆柱，下部分为高度 20 的三棱锥底座，两部分对中相贯。

(2) 创建直径 20、高 25 的圆柱，再创建底面内接圆直径为 45、高为 20 的三棱锥。用“并集”命令将两部分合为组合体，如图 17-6 所示。

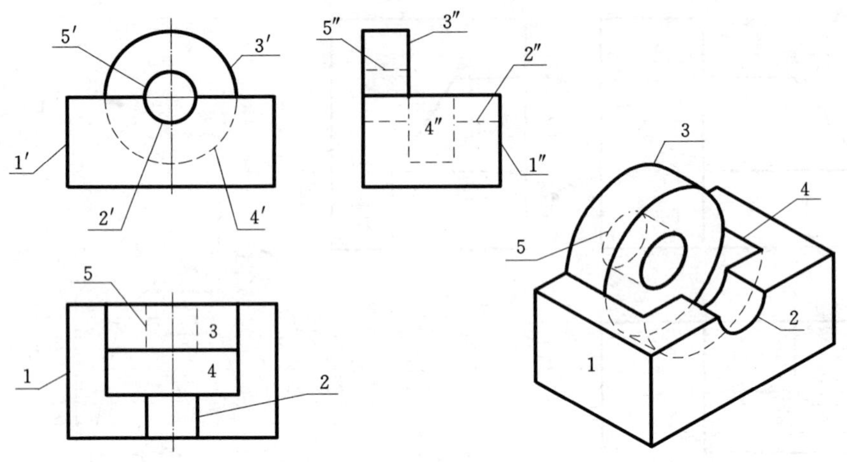

图 17-4　分部分画轴测图

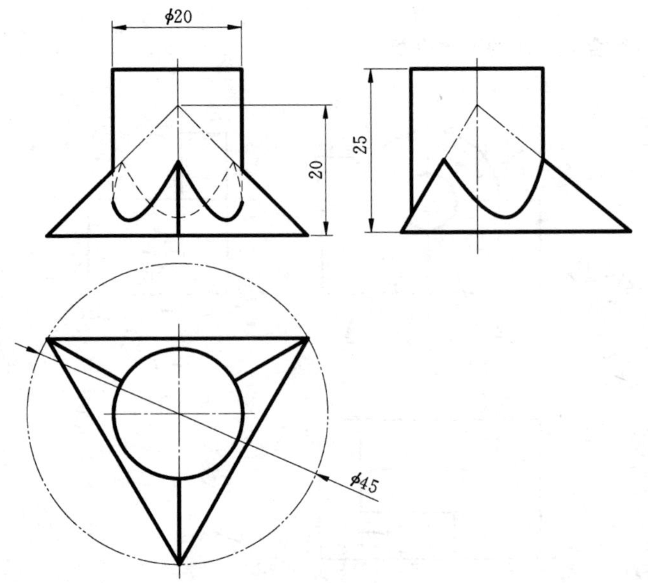

图 17-5　组合体三视图二

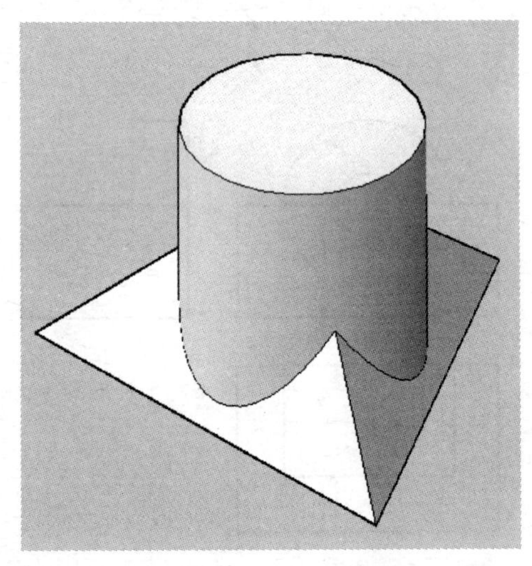

图 17-6　创建三维模型

三、实训

（一）实训一

1. 实训任务

形体分析法识读如图 17-7 所示组合体视图，并绘制其轴测图。

2. 实训要求

（1）对组合体进行形体分析，说明各部分形体的基本体名称。

（2）按形体分步骤绘制轴测图。

（3）轴测图中不标注尺寸，按教师要求方式上交作业。

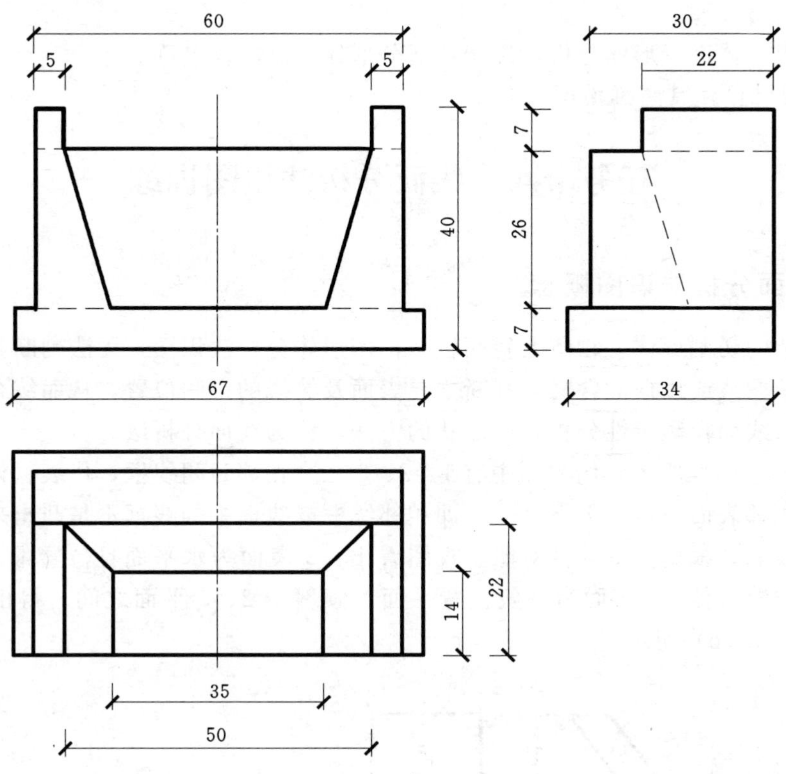

图 17-7　组合体三视图三

（二）实训二

1. 实训任务

开体分析法识读如图 17-8 所示组合体视图，并创建其三维实体模型。

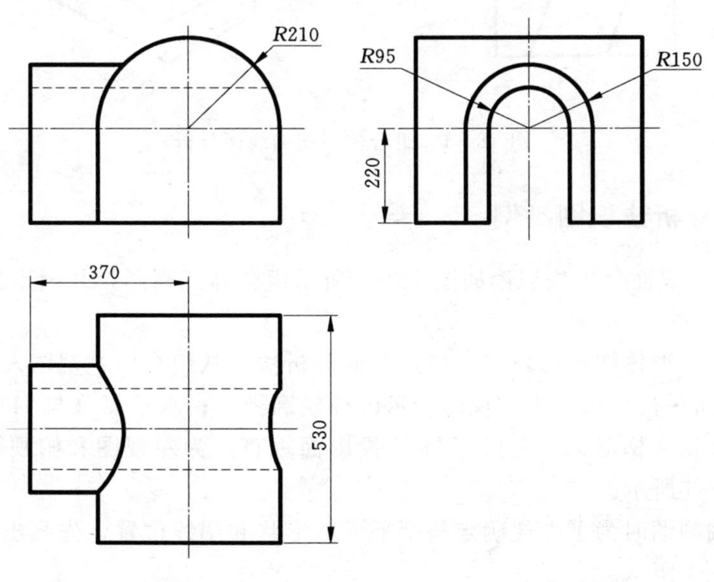

图 17-8　组合体三视图四

2. 实训要求

(1) 对组合体进行形体分析，说明各部分形体的基本体名称。

(2) 按尺寸创建其三维模型。

任务十八　线面分析法识图训练

一、线面分析法识图概念

对于复杂的切割形体，物体上斜面较多，用形体分析法识图，无法判断其形状时，需要分析视图中图线或线框的含义，判断主要表面及棱线的空间位置，从而综合形体的空间形状，这种从线面投影特性分析物体形状的方法，称为线面分析法。

如图 18-1 (a) 所示，俯视图中有 1、2、3 三个相邻封闭线框，代表物体三个不同的表面。这些相邻表面一定有上下之分，即相邻线框或线框中的线框不是凸出来的表面，就是凹进去的表面。根据投影规律对照主视图看出：3 表面为水平面且位置最高；2 表面也为水平面，位置较低；1 表面为一般位置平面，倾斜于 2、3 平面之间。得出物体的结构形状如图 18-1 (b) 所示。

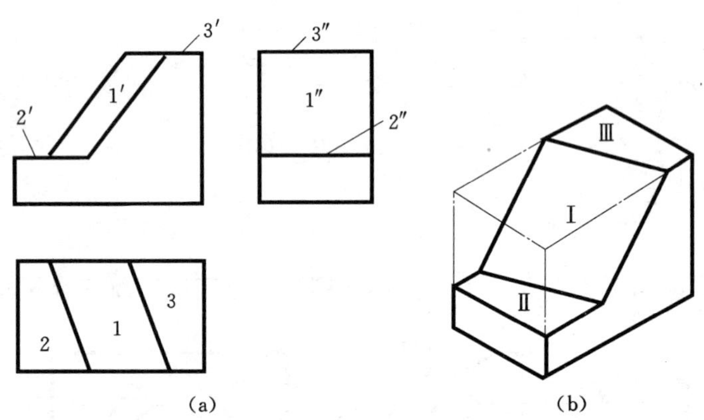

图 18-1　组合体视图的线面分析

二、线面分析法识图举例

【例 18-1】 线面分析法识读如图 18-2 所示组合体三视图，并画出其轴测图。

分析作图：

(1) 本例所示形体切割面较多，应用线面分析法，从组合体主视图入手，分析其侧平面（与 W 投影面平行）形状为左视图所示的外轮廓梯形；水平面（与 H 投影面平行）为俯视图所示的外轮廓梯形；正垂面（与 V 投影面垂直）为左视图和俯视图所示的平行四边形。如图 18-3 所示。

(2) 在画轴测图时为了方便确定每个平面的形状和图线位置，先画出切割前原体的轴测图，如图 18-4 所示。

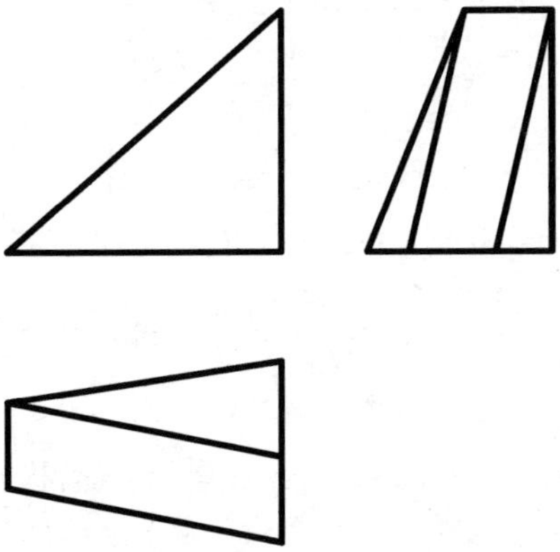

图 18-2　组合体三视图

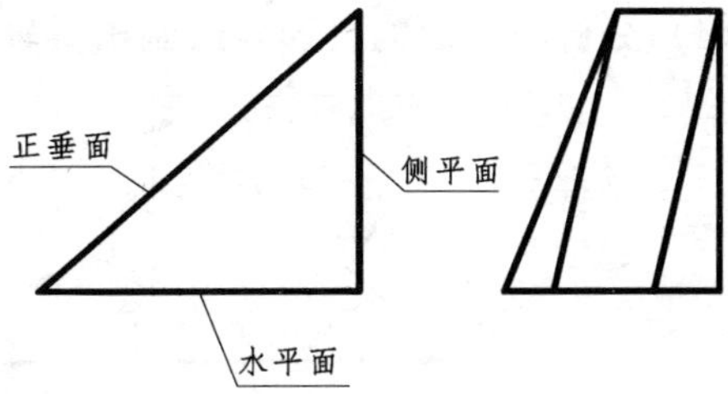

正垂面

侧平面

水平面

图 18-3　分析平面形状

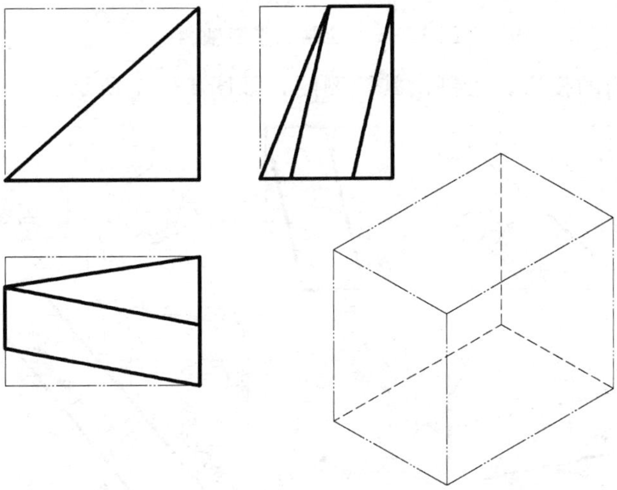

图 18-4　绘制正方体轴测图

(3) 分析右侧面的投影，绘制出其轴测图，如图 18-5 所示。

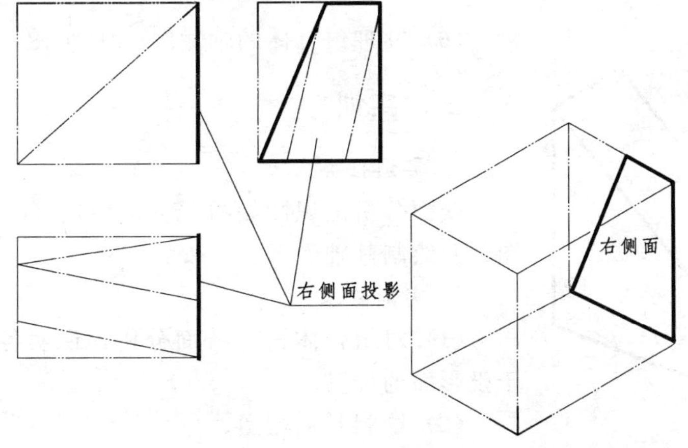

图 18-5　绘制右侧面轴测图

（4）分析底平面的投影，绘制出其轴测图，如图 18－6 所示。

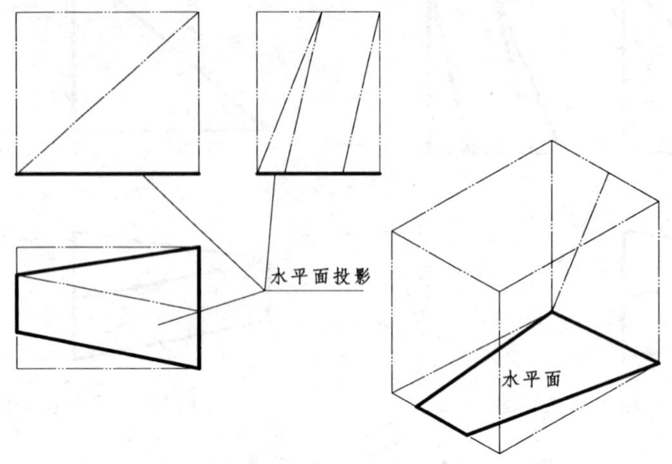

图 18－6　绘制底平面轴测图

（5）分析正垂面的投影，绘制出其轴测图，如图 18－7 所示。

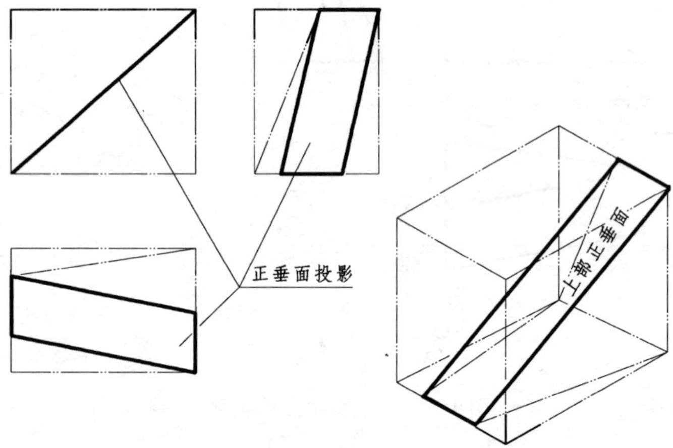

图 18－7　绘制上部正垂面轴测图

（6）整理组合体的轴测图，如图 18－8 所示。

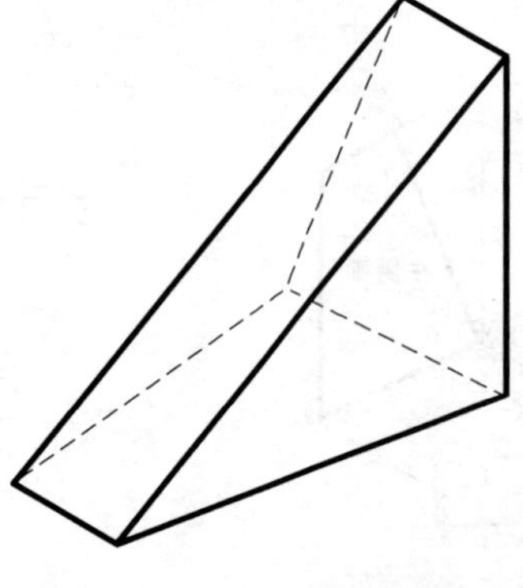

图 18－8　整理后的轴测图

三、实训

1. 实训任务

线面分析法识读如图 18－9（a）、（b）所示组合体三视图，并绘制其轴测图。

2. 实训要求

（1）对组合体进行线面分析，说明各表面形状和相对于投影面的位置。

（2）绘制其轴测图。

（3）按教师要求提交作业。

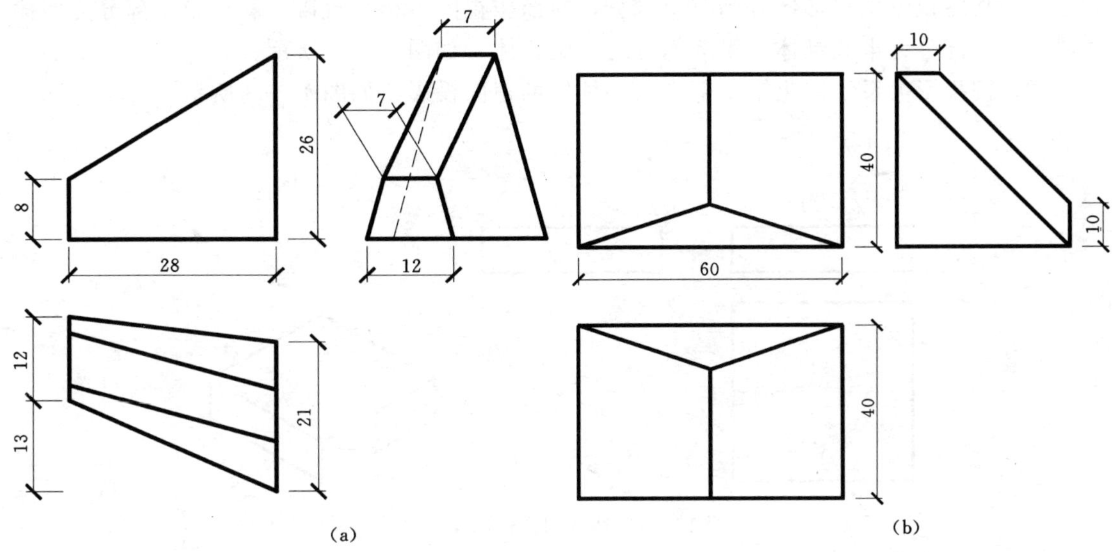

图 18－9　组合体三视图

任务十九　补画第三视图训练

识读组合体视图补画第三视图的训练，是提高识图能力和画图能力的最常用方法，对培养空间想象力具有重要意义。

一、形体分析法补画第三视图举例

形体分析法补画第三视图的一般方法是：根据组合体的视图识别出各个基本形体，以及各基本形体的组合形式及相对位置，按照各基本形体的图形特征，分别补画出第三视图。

【例 19－1】 如图 19－1 所示，已知组合体的俯视图、左视图，补画其主视图。

分析绘图：

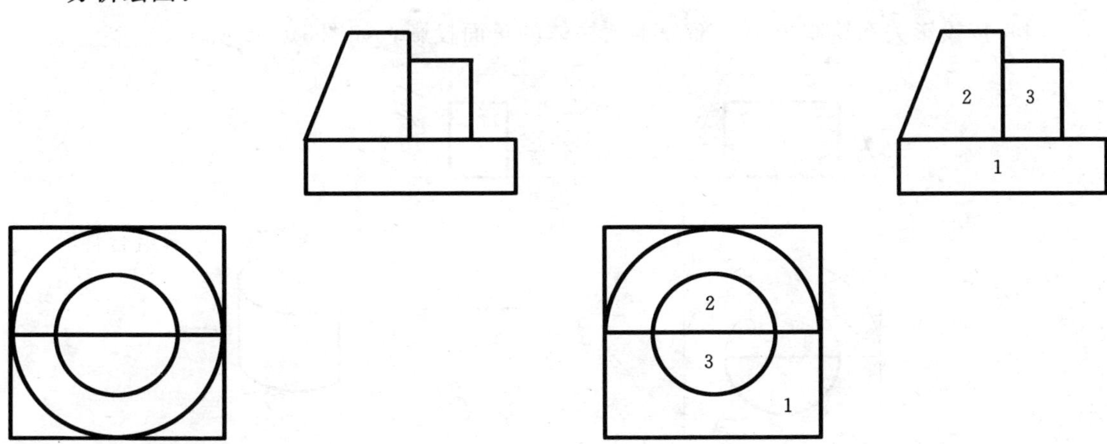

图 19－1　组合体的俯视图、左视图　　　　图 19－2　分部分看形体

（1）从左视图中将形体分为三个部分，对照俯视图中相应投影，看出第 1 部分为四棱柱体；第 2 部分为半圆锥体；第 3 部分为半圆柱体，如图 19 - 2 所示。

（2）按投影关系绘制出第 1 部分四棱柱体的正面投影，如图 19 - 3 所示。

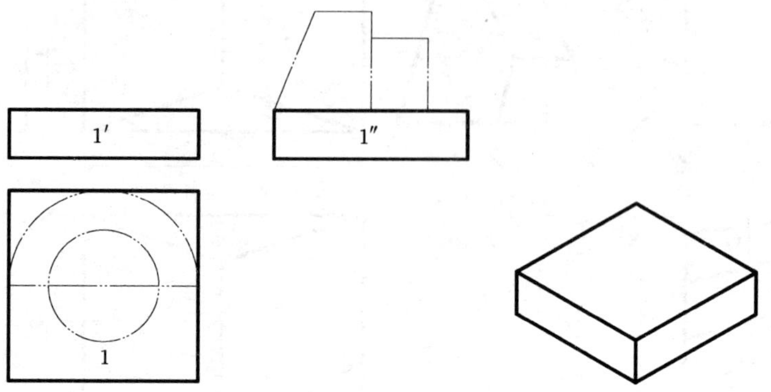

图 19 - 3　补画四棱柱的主视图

（3）按投影关系绘制出第 2 部分半圆锥体的正面投影，如图 19 - 4 所示。

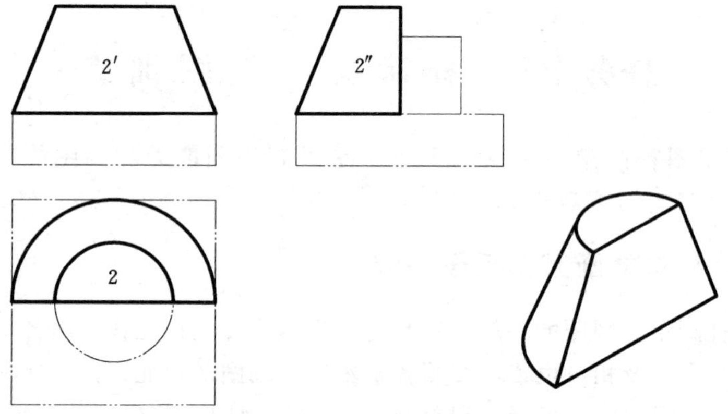

图 19 - 4　补画半圆锥台的主视图

（4）按投影关系绘制出第 3 部分半圆柱体的正面投影，如图 19 - 5 所示。

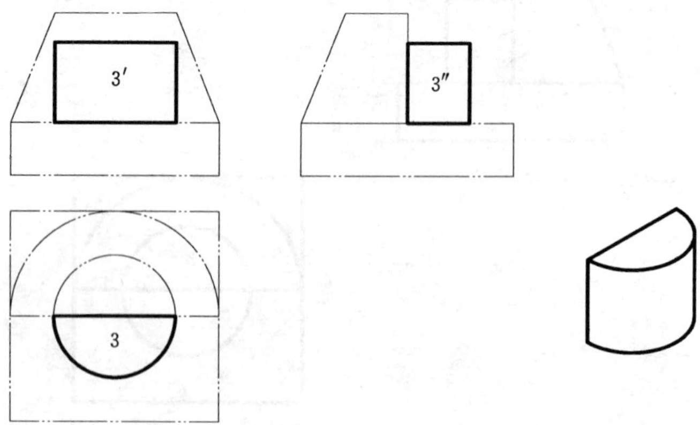

图 19 - 5　补画半圆柱体的主视图

（5）检查各个形体表面是否存在共面，其分界线是否存在。本例完成后的三视图如图19－6所示。

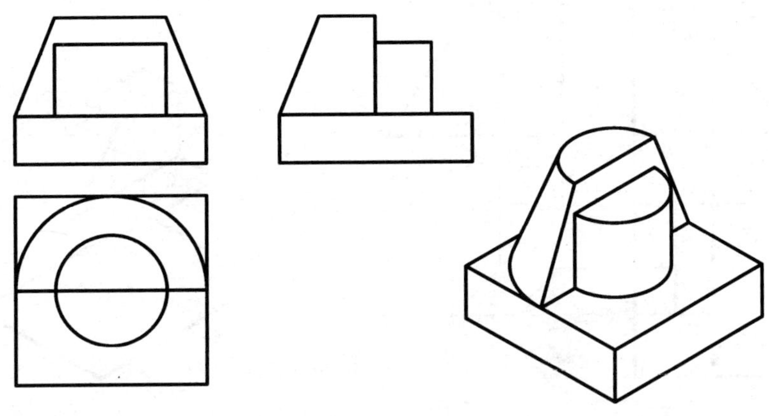

图 19－6　整理后的主视图

二、线面分析法补画第三视图举例

线面分析法补画第三视图的一般方法是：从已知的二视图中确定要补画视图的投影面平行面的数量和形状，依次画出这些投影面平行面的实形；对于一般位置直线，则分析其两端点的投影位置进行连接。

【例 19－2】　如图 19－7 所示，已知组合体的主视图、左视图，补画俯视图。

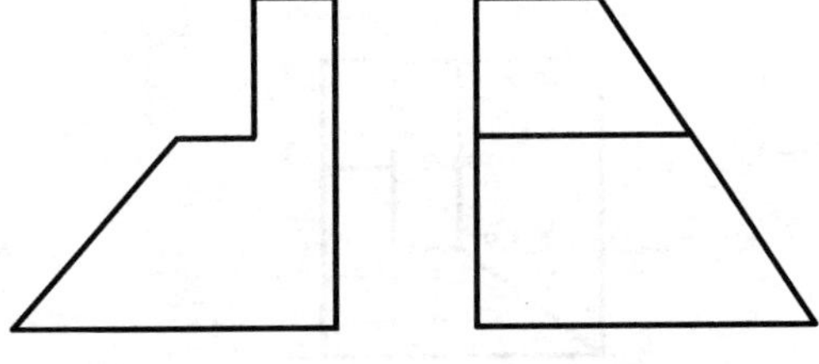

图 19－7　组合体的主视图、左视图

分析绘图：

（1）从已知的二视图看出，本例形体为平面切割体，在基本形体的左方和前方进行了多个面的切割。

（2）按线面分析法，形体上水平面共有三个，由于每个平面只对应一个长度和一个宽度，所以可以判断其形状均为矩形，根据矩形的长度和宽度依次画出每个水平面的实形，如图 19－8 所示。

（3）在两视图中投影均倾斜的直线为一般位置直线，本例中 AB 直线为一般位置直线，判断出该直线的两端点位置，最后连接该直线，如图 19－9 所示。

三、实训

（一）实训一

1. 实训任务

应用形体分析法，识读如图 19－10 所示二视图，绘制第三视图。

2. 实训要求

（1）可以用铅笔在 A4 图纸绘图，也可用 AutoCAD 计算机绘图。

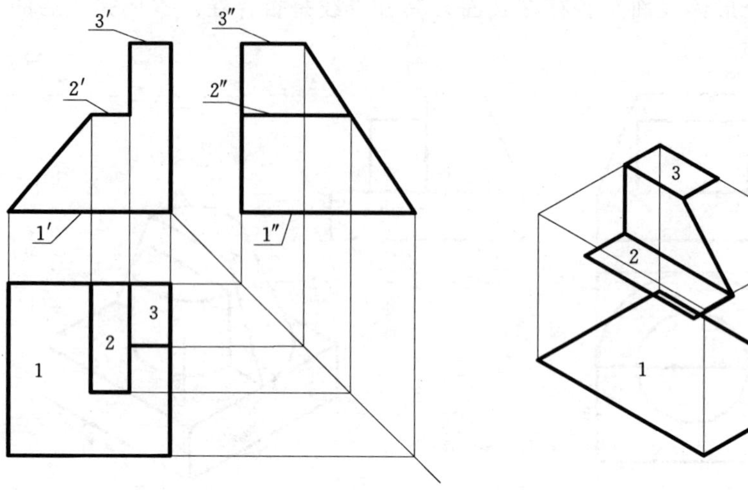

图 19－8　绘制水平面的俯视图

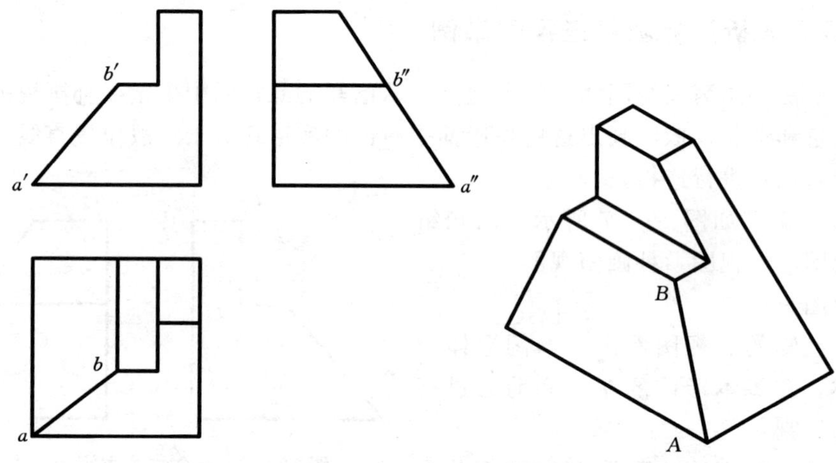

图 19－9　绘制一般位置直线的俯视图

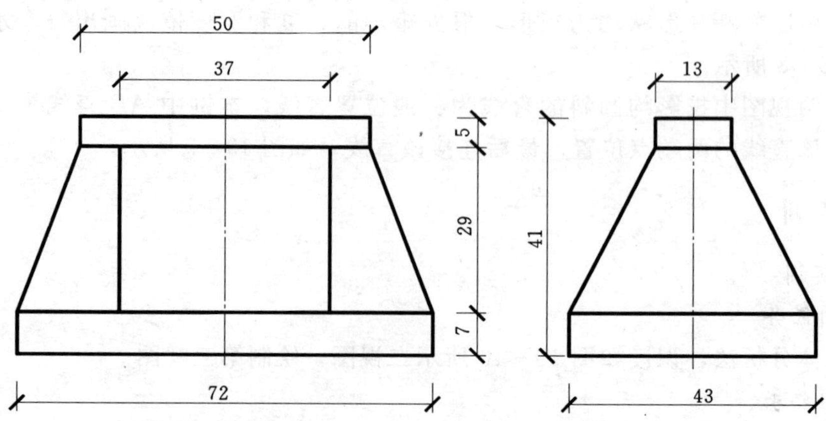

图 19－10　根据二视图绘制第三视图

（2）按教师要求提交作业。

（二）实训二

1. 实训任务

应用线面分析法，识读如图 19－11（a）、（b）所示二视图，补画第三视图。

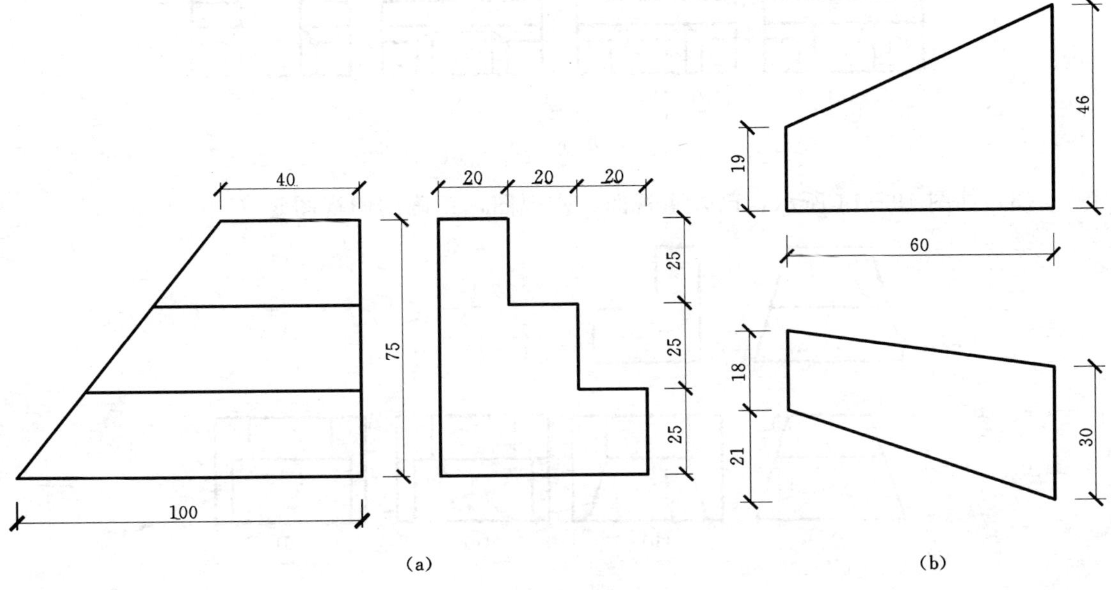

图 19－11　根据二视图绘制第三视图

2. 实训要求

（1）可以用铅笔在 A4 图纸上绘图，也可用 AutoCAD 计算机绘图。

（2）按教师要求提交作业。

四、课外拓展练习

（1）如图 19－12 所示，已知主视图、左视图，正确的俯视图是（　　）。

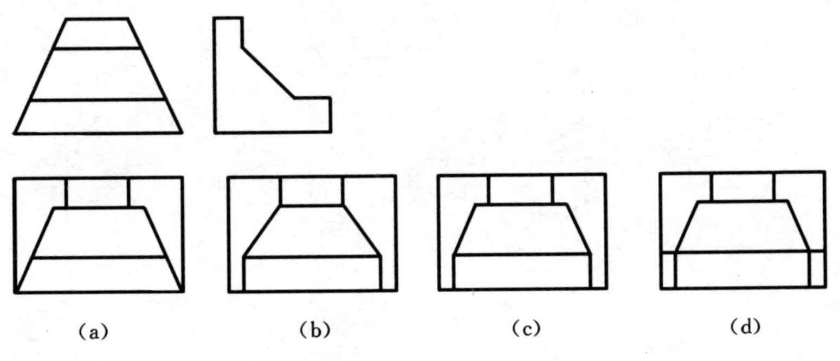

图 19－12

（2）如图 19－13 所示，已知主视图、左视图，正确的俯视图是（　　）。

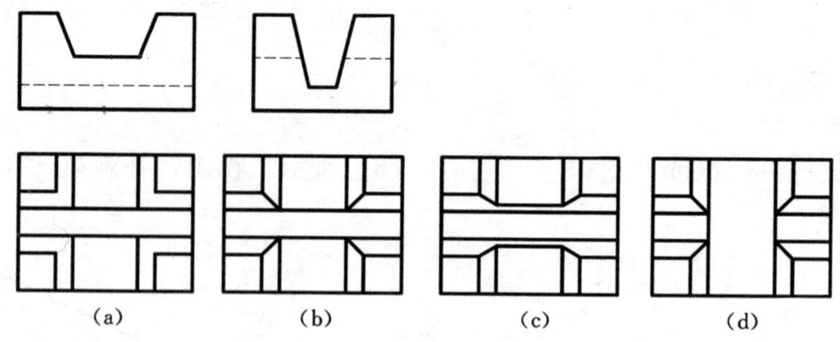

图 19－13

（3）如图 19－14 所示，已知主视图、左视图，正确的俯视图是（　　）。

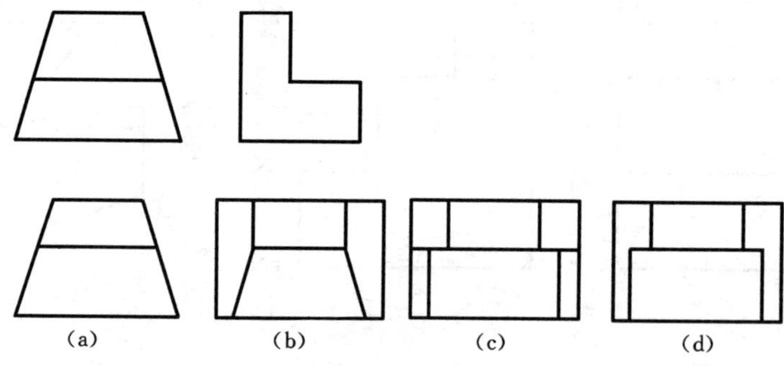

图 19－14

（4）如图 19－15 所示，已知主视图、俯视图，正确的左视图是（　　）。

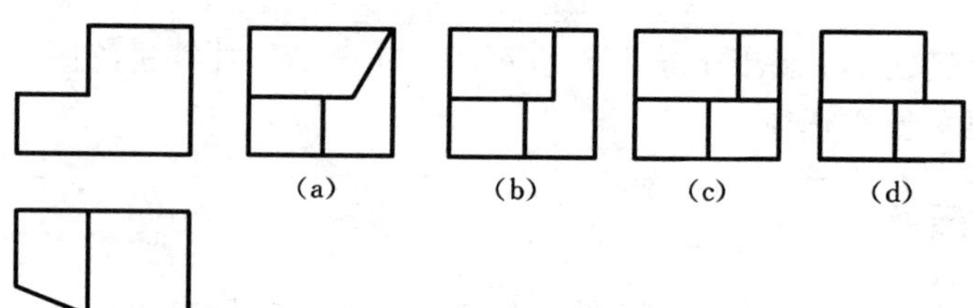

图 19－15

项目七　建筑形体图示表达

<table>
<tr><th rowspan="2">教学任务</th><th colspan="2">教学目标</th></tr>
<tr><th>知识目标</th><th>技能目标</th></tr>
<tr><td>任务二十　视图表达</td><td>1. 掌握基本视图表达方法；
2. 了解辅助视图表达方法；
3. 了解图形简化画法</td><td>1. 能够应用多面投影表达建筑形体；
2. 能够识读基本视图、辅助视图及简化视图</td></tr>
<tr><td>任务二十一　剖面图表达</td><td>1. 掌握剖面图的概念和画法；
2. 掌握剖面图的各种表达应用方法</td><td>1. 能够应用各种剖面图表达工程形体；
2. 能够识读工程形体的剖面图</td></tr>
<tr><td>任务二十二　断面图表达</td><td>1. 掌握断面图的概念；
2. 掌握移出断面图和重合断面图的图示表达方法；
3. 了解断面图与剖视图的区别</td><td>1. 能够应用断面图表达工程形体；
2. 能够识读工程形体的断面图</td></tr>
</table>

任务二十　视　图　表　达

一、基本视图表达

基本视图用正六面体的六个面作为六个基本投影面，将物体放在其中，分别向六个基本投影面作正投影，即得到物体的六个基本视图。六个基本视图包括前面所讲的三视图。

六个基本视图的形成如图 20－1 所示。建筑制图标准规定其名称及投影方向如下：

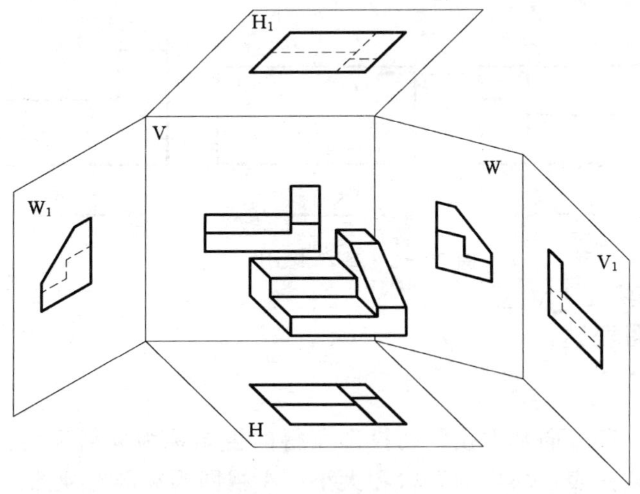

图 20－1　六个基本视图的形成

(1) 正立面图。自前向后投射所得的投影图，即主视图。

(2) 平面图。自上向下投射所得的投影图，即俯视图。

(3) 左侧立面图。自左向右投射所得的投影图，即左视图。

(4) 底面图。自下向上投射所得的投影图，即仰视图。

(5) 右侧立面图。自右向左投射所得的投影图，即右视图。

(6) 背立面图。自后向前投射所得的投影图，即后视图。

六个基本视图在一张图纸内，按图 20 - 2 所示规定位置排列时，不需要标注视图名称。如果六个基本视图不按规定位置排列或画在不同的图纸上，均需标注出各视图图名，如图 20 - 3 所示。

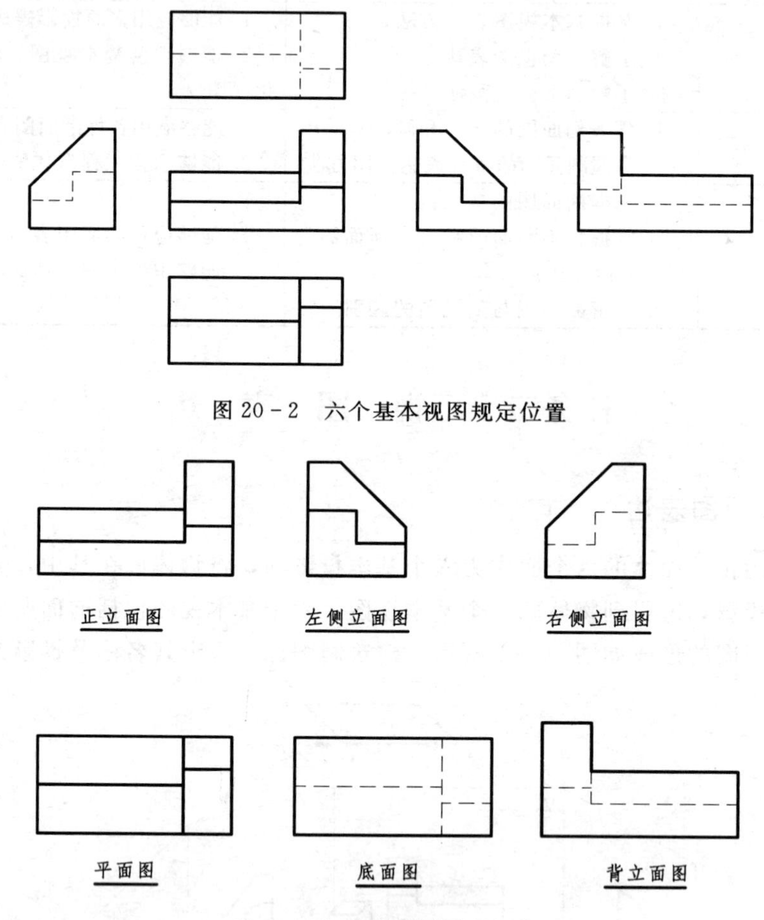

图 20 - 2　六个基本视图规定位置

图 20 - 3　基本视图图名标注

二、辅助视图表达

1. *局部视图*

只将物体的某一部分向基本投影面投影所得的视图称为局部视图。如图 20 - 4 所示，左视图为局部视图，只表达缺口的形状和大小；*A* 视图为局部右视图，由于不在规定位置上，需要标注投影方向和图名。

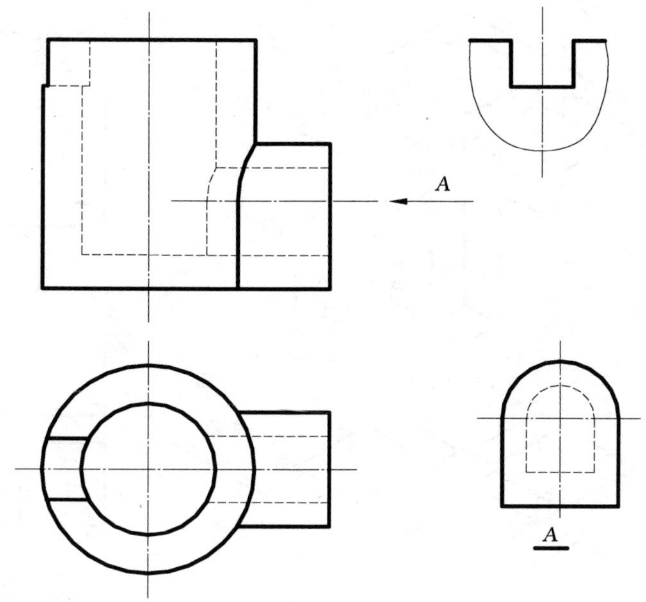

图 20－4　局部视图

2. 斜视图

将物体向不平行于任何基本投影面的平面投影所得的视图称为斜视图。如图 20－5 所示，A 视图为局部斜视图，其画出了倾斜部分的真实形状。画斜视图必须进行标注，如图 20－5（a）所示。如将斜视图转正，标注时应在斜视图下方标注“A ↶”字样，如图 20－5（b)所示。

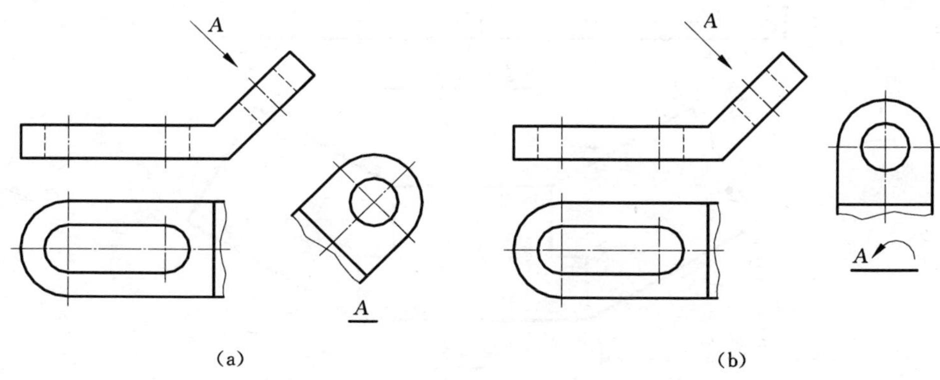

(a)　　(b)

图 20－5　局部斜视图

3. 镜像视图

镜像视图是用镜面代替原有的投影面，形体在镜面中反射得到的图像。采用镜像投影法绘制的视图，应在图名后加注“镜像”二字，如图 20－6 所示。在房屋建筑图中，常用镜像平面图来表示室内顶棚装修的布置情况等。

4. 展开视图

在画建筑立面图时，可将物体与投影面不平行的折曲结构展开到与基本投影面平行再

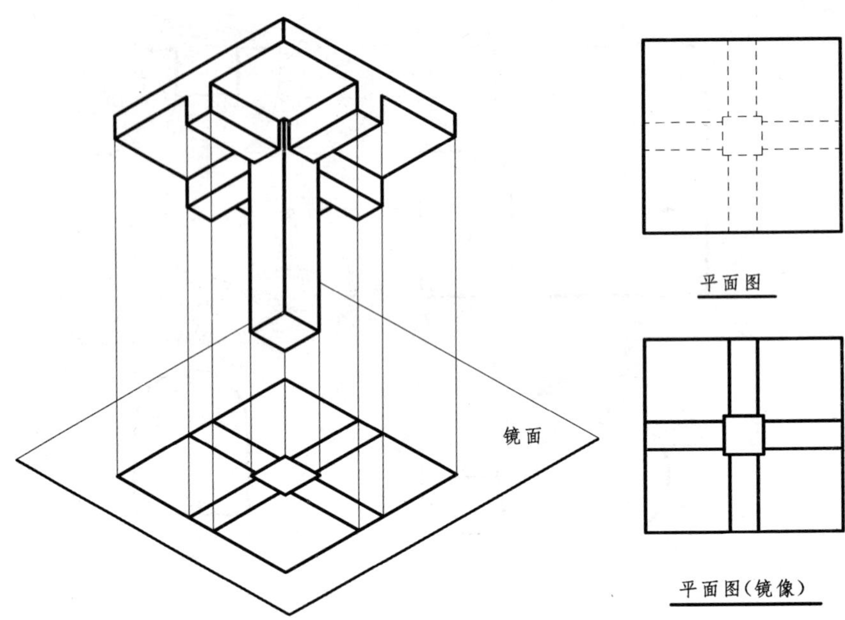

图 20-6　镜像视图

进行投影，称为展开视图。展开视图需在图名后加注“展开”二字。如图 20-7 所示房屋模型的立面图，正立面图就是展开视图。

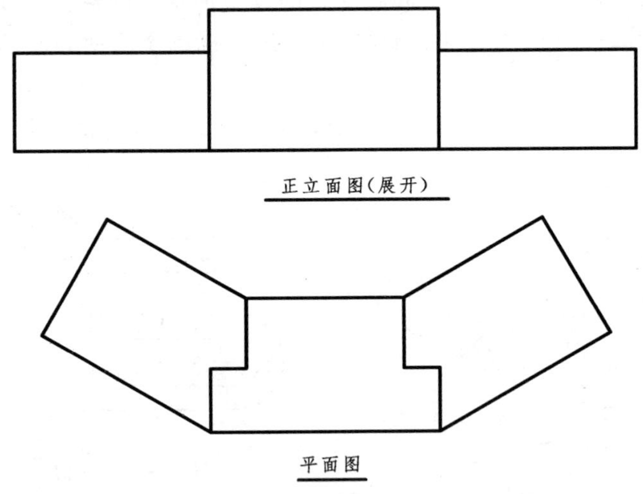

图 20-7　展开视图

三、视图的简化画法

为了节省图幅和绘图时间，提高工作效率，建筑制图国家标准允许在必要时采用下列简化画法：

1. 对称视图的简化画法

对称形体的某个视图，可只画一半（习惯上画左、上半部），并画出对称符号，如图

20－8（a）所示；也可以超出图形的对称线，画一多半，然后加上波浪线或折断线，而不画对称符号，如图 20－8（c）所示。

若对称形体的视图有两条对称线，可只画图形的四分之一，并画出对称符号，如图 20－8（b）所示。

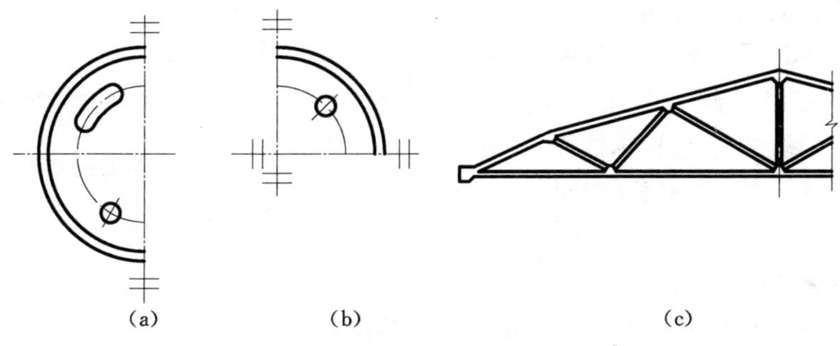

图 20－8　对称图形简化画法

2. 相同要素的简化画法

如果形体上有多个形状相同且连续排列的结构要素时，可只在两端或适当位置画少数几个要素的完整形状，其余的用中心线或中心线交点来表示，并注明要素总量，如图 20－9（a）～（c）所示。

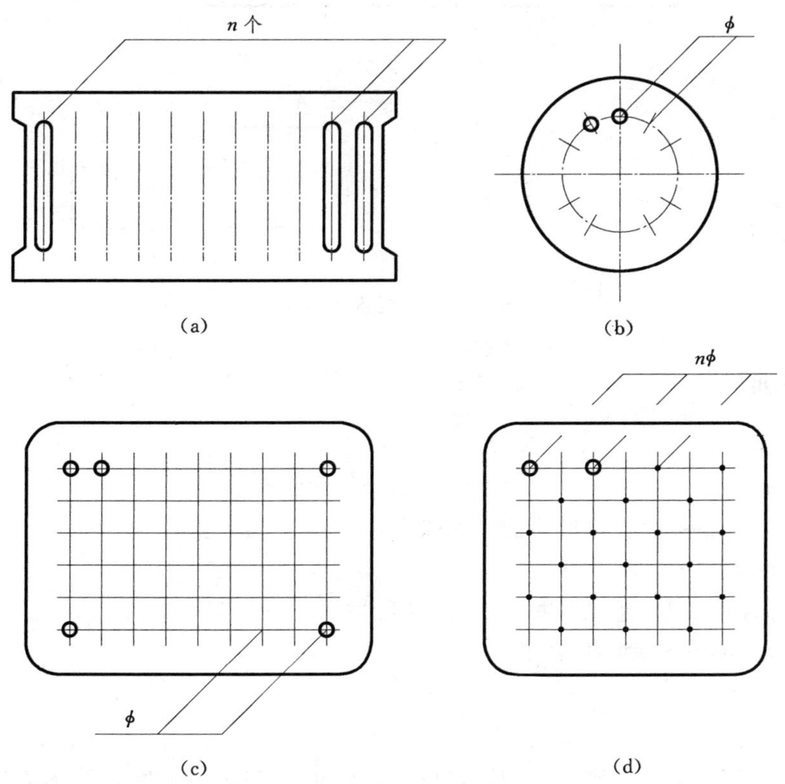

图 20－9　相同要素的简化画法

如果形体上有多个形状相同但不连续排列的结构要素时，可在适当位置画出少数几个要素的形状，其余的以中心线交点处加注小黑点表示，并注明要素总量，如图 20－9（d）所示。

3. 折断省略画法

当形体较长且沿长度方向的形状相同或按一定规律变化时，可采用折断的办法，将折断的部分省略不画。断开处以折断线表示，折断线两端应超出轮廓线 2～3mm，如图 20－10 所示。需要注意的是尺寸要按折断前原长度标注。

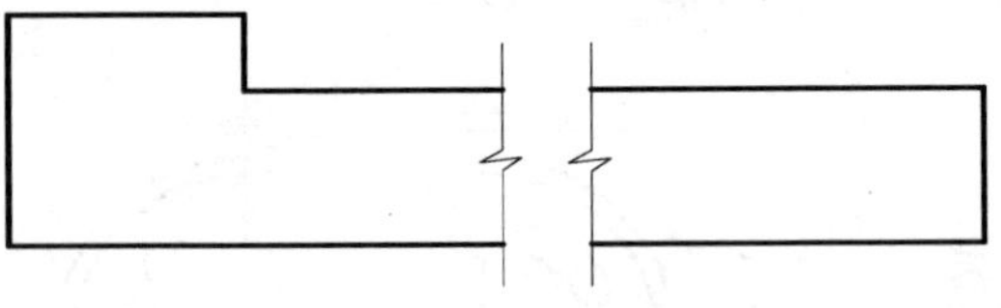
图 20－10　折断省略画法

4. 局部省略画法

当两个形体仅有部分不同时，可在完整地画出一个后，另一个只画不同部分，但应在形体的相同与不同部分的分界处，分别画上连接符号，两个连接符号应对准在同一线上，如图 20－11 所示。连接符号用折断线和字母表示，两个相连接的图样字母编号应相同。

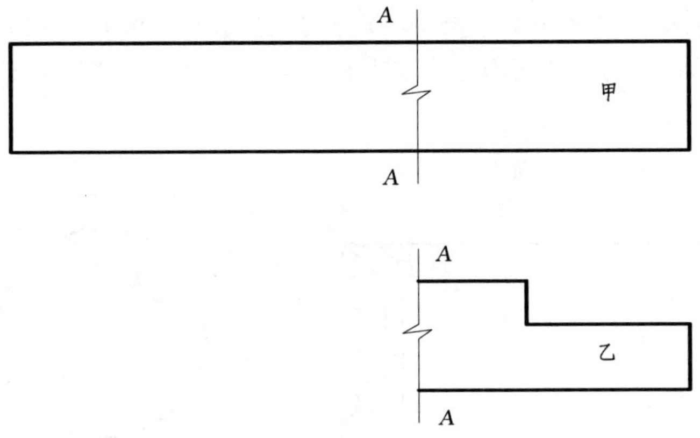

图 20－11　局部省略画法

四、实训

（一）实训一

1. 实训任务

画出图 20－12 所示建筑形体的六面投影。

2. 实训要求

（1）采用 AutoCAD 绘图，按尺寸 1∶1 绘图，不标注尺寸。

（2）按教师要求方式提交作业。

（二）实训二

1. 实训任务

根据图 20－13 所示连接件轴测图，设计合理的视图表达方案，绘图表达出该形体的结构尺寸。

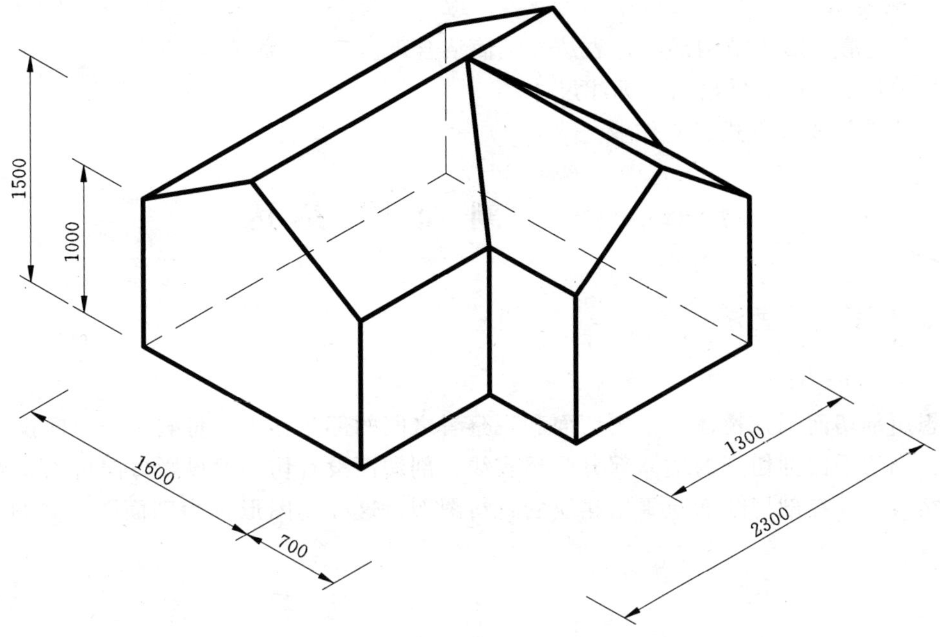

图 20－12　建筑形体轴测图

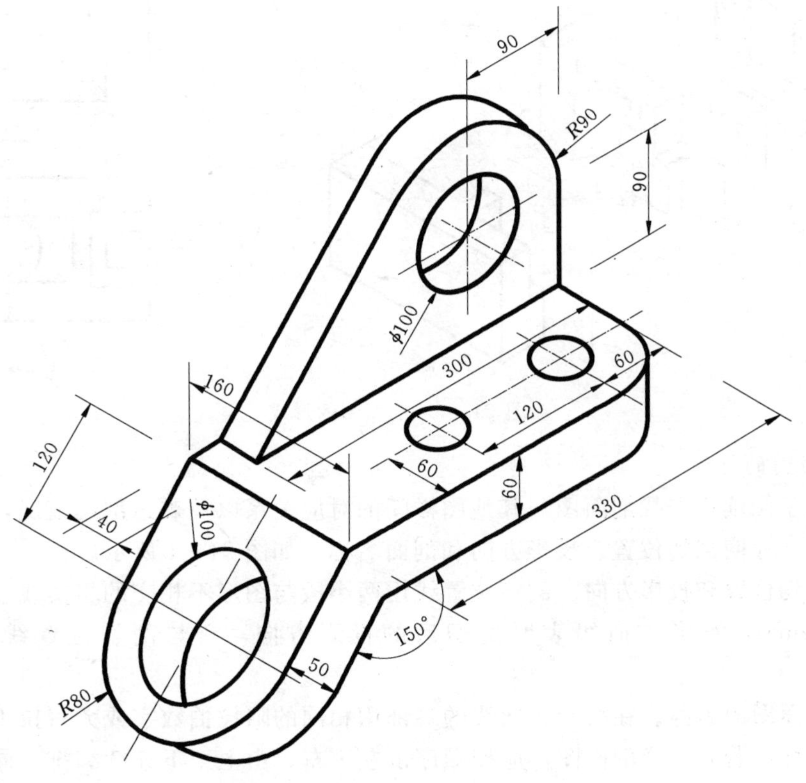

图 20－13　连接件形体轴测图

2. 实训要求

(1) 表达清楚形体结构形状，表达方案简洁合理。

(2) 采用 AutoCAD 绘图，标注尺寸。

(3) 按教师要求方式提交作业。

任务二十一 剖面图表达

一、剖面图的画法

1. 剖面图的形成

假想用剖切面剖开物体，把剖切面和观察者之间的部分移去，将剩余部分向投影面进行投影，剖切平面剖切到的实体部分画粗实线，剖切面没有切到但投影方向可以看到的部分画中实线，并在剖切断面上画出相应的材料图例，这样的图形称为剖面图。如图 21－1 所示。

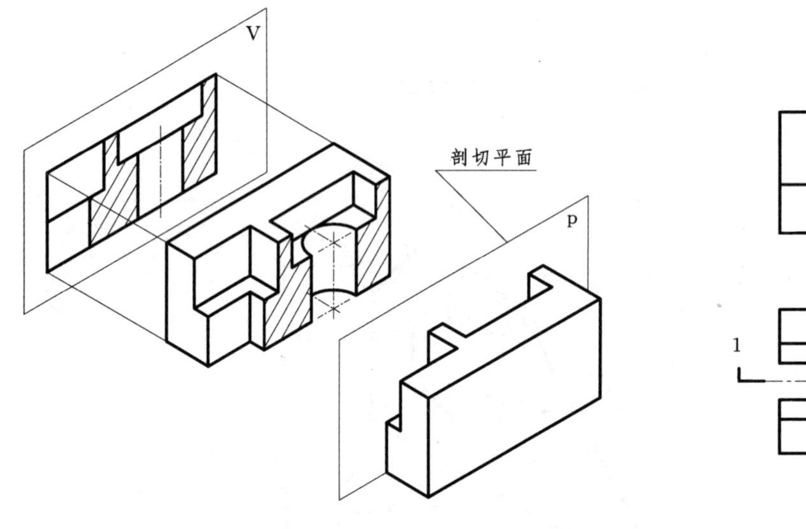

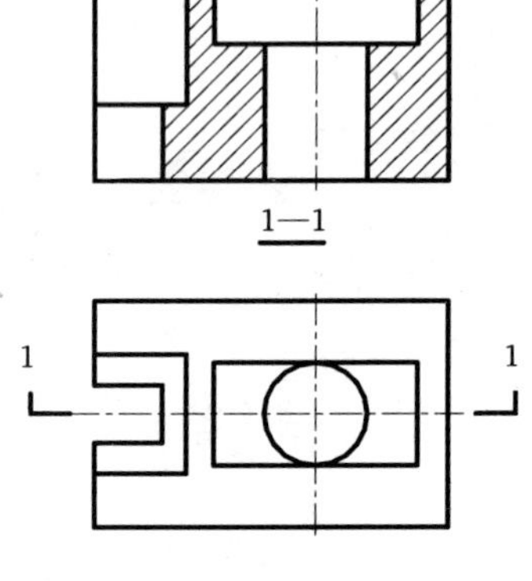

图 21－1 剖面图的形成

2. 剖面图的标注

为了便于阅读，查找剖面图与其他图样间的对应关系以及表达剖切情况，剖面图一般应进行标注，注明剖切位置、投影方向和剖面名称，如图 21－1 所示。

(1) 剖切位置和投影方向。剖切位置线用两小段与图形不相交的粗实线表示，每段长度为 6～10mm，投影方向线表明剖切后的投影方向，它与剖切位置线垂直，长度为 4～6mm。

(2) 剖面图的名称。在投影方向线的端部用相同的阿拉伯数字或大写拉丁字母对剖切位置加以编号，若有多个剖面图，应按顺序由左至右、由上至下连续编排，同时在相应剖面图的下方用相同的数字或字母写成“1—1”或“*A*—*A*”的形式注写图名，并在图名下画一粗横线，编号一律水平书写。

3. 剖面图的材料图例

建筑剖面图中常用的材料图例画法见表 21－1。

表 21－1　　常用建筑材料图例

序号	名称	图　例	备　注
1	自然土壤		包括各种自然土壤
2	夯实土壤		
3	毛石		
4	普通砖		包括实心砖、多孔砖、砌块等砌体。断面较窄不易绘出图例线时，可涂红
5	空心砖		指非承重砖砌体
6	混凝土		1. 本图例指能承重的混凝土及钢筋混凝土； 2. 包括各种强度等级、骨料、添加剂的混凝土； 3. 在剖面图上画出钢筋时，不画图例线； 4. 断面图形小，不宜画出图例线时，可涂黑
7	钢筋混凝土		
8	金属		1. 包括各种金属； 2. 图形小时，可涂黑

注　序号 1、2、4、7、8 图例中的斜线、短斜线、交叉斜线等一律为 45°。

画剖面图材料图例的注意事项如下：

(1) 图例线一般用细实线绘制，应间隔均匀，疏密适度，做到图例正确，表示清楚。

(2) 同类材料应使用同一图例；两个相同的图例相邻时，图例线宜错开或使倾斜方向相反，如图 21－2 所示。

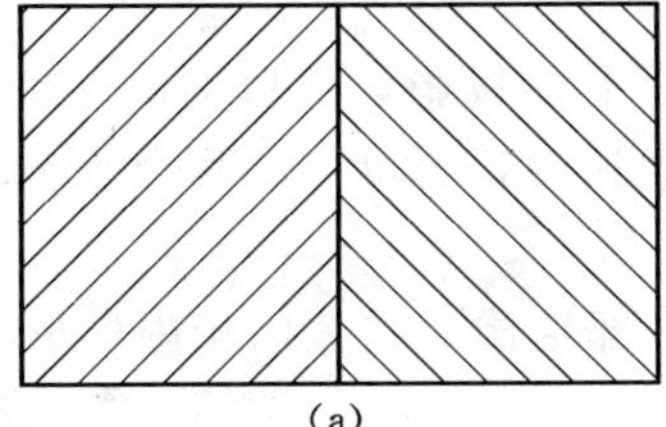
(a)

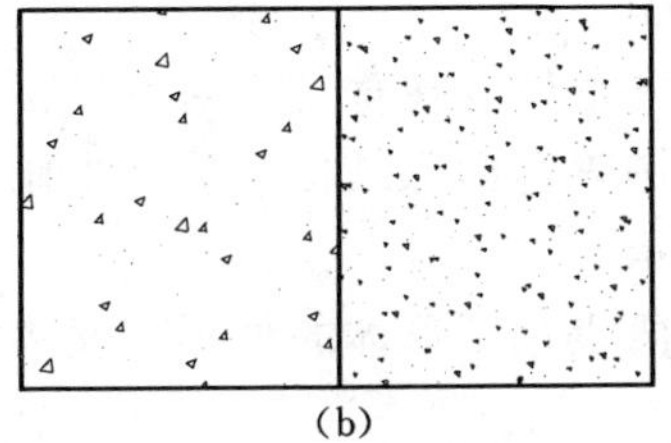
(b)

图 21－2　相同图例相接时画法

(3) 当一张图纸内的图样只用一种图例或当图形较小无法画出建筑材料图例时，可不画材料图例，但应加文字说明。

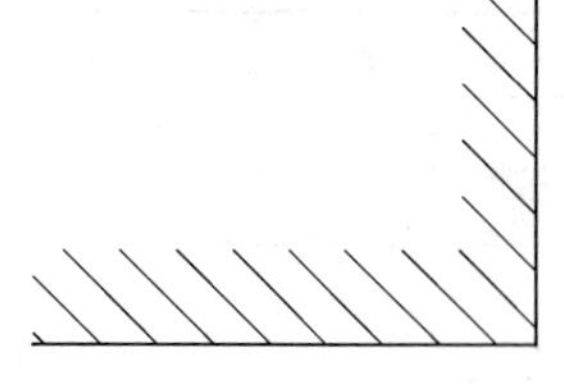
图 21-3　局部表示图例

(4) 需画出的建筑材料图例面积过大时，可在断面轮廓线内，沿轮廓线作局部表示，如图 21-3 所示。

4. 画剖面图应注意的问题

(1) 剖切是假想的，形体仍然是完整的形体。因此，当某个图形采用了剖面图后，其他图形仍应按完整物体来画，如图 21-1 中的俯视图。

(2) 合理地省略虚线。剖面图中不可见的虚线，当在其他视图中能够表达清楚其结构形状时，均省略不画。

二、剖面图的种类与表达方法

1. 全剖面图

用一个剖切面把形体完整地剖开所得到的剖面图称为全剖面图。全剖面图以表达内部结构为主，常用于外部形状较简单的形体。

全剖面图如果剖切位置在物体的对称线上，剖面图又按投影关系配置，剖面图与视图关系比较明确，可省略标注，如图 21-4 所示。

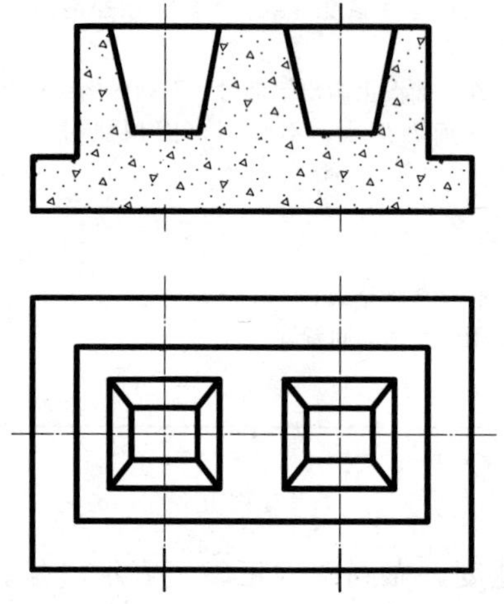

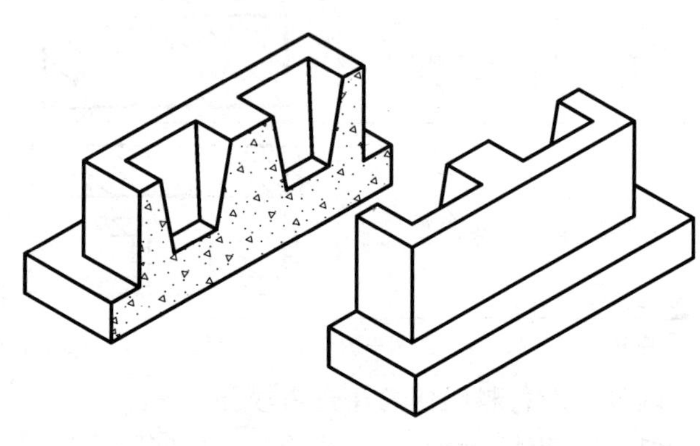

图 21-4　全剖面图

2. 半剖面图

对于对称的形体，在垂直于对称平面的投影面上的投影，可以对称中心线为分界线，一半画成剖面图表达内部结构，另一半画成视图表达外部形状，这种图形称为半剖面图，如图 21-5 所示。

半剖面图既表达了形体的外形，又表达了其内部结构，它适用于内外形状都较复杂的对称形体。

半剖面图的画图方法与全剖面图相同，只是画一半即可，另一半画外形轮廓，虚线一般省略。

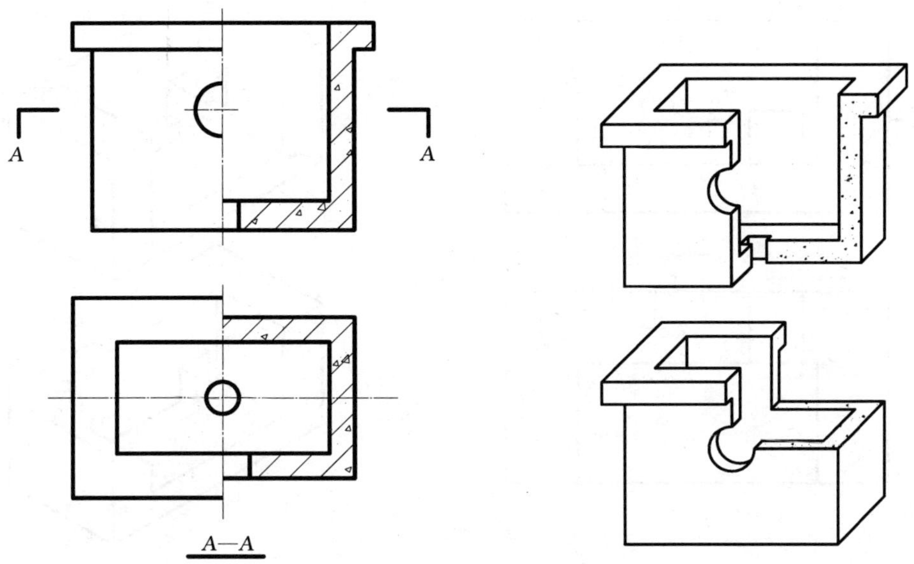

图 21-5　半剖面图画法

画半剖面图应注意：

（1）半个剖面图与半个视图之间的分界线必须是细点划线，不能用其他任何图线代替。

（2）半个剖面图习惯上一般画在竖直中心线右侧、水平中心线下方。

（3）半剖面图的标注方法同全剖面图。

（4）在半剖面图中，由于省略了虚线，因此某些内部结构只有一边边界，注写尺寸时只能画出一边的尺寸界线和箭头，此时尺寸线要稍微超过对称中心线，但尺寸数字应注写整个结构的尺寸。如图 21-6 所示。

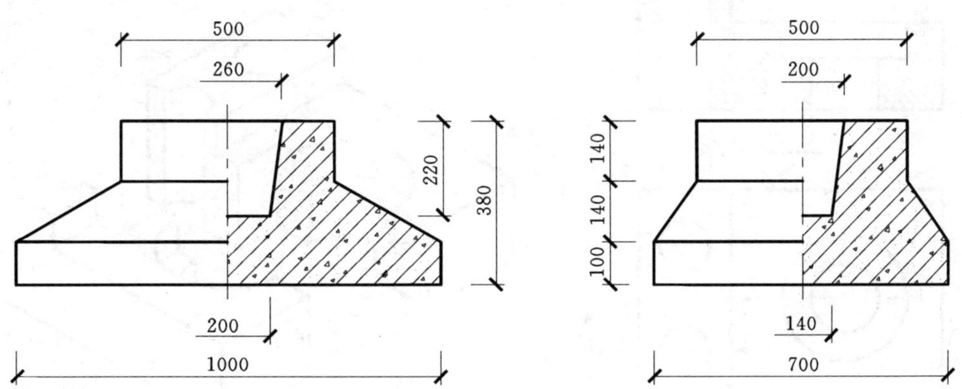

图 21-6　半剖面图的尺寸标注

3. 局部剖面图

用剖切平面局部剖开形体后所得的剖面图称为局部剖面图，如图 21-7 所示。局部剖面图常用于外部形状比较复杂，仅需要表达局部内部形状的形体。

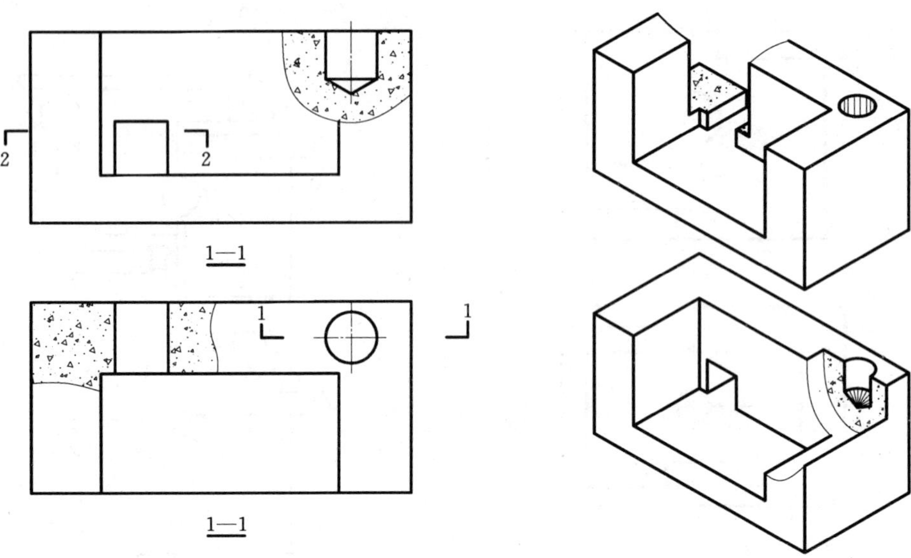

图 21 - 7　局部剖面图

局部剖面图通常画在视图内并以波浪线与视图分界。波浪线可以理解为物体上断裂边界线的投影，因此波浪线应画在物体的实体处，不得与轮廓线重合，也不得超出物体的轮廓线。

4. 阶梯剖面图

用两个或两个以上互相平行的剖切面剖切形体得到的全剖面图称为阶梯剖面图。

当形体内部结构层次较多，用一个剖切面不能同时剖切到所要表达的几处内部构造且它们又处于互相平行的位置时，常采用阶梯剖面图，如图 21 - 8 所示。

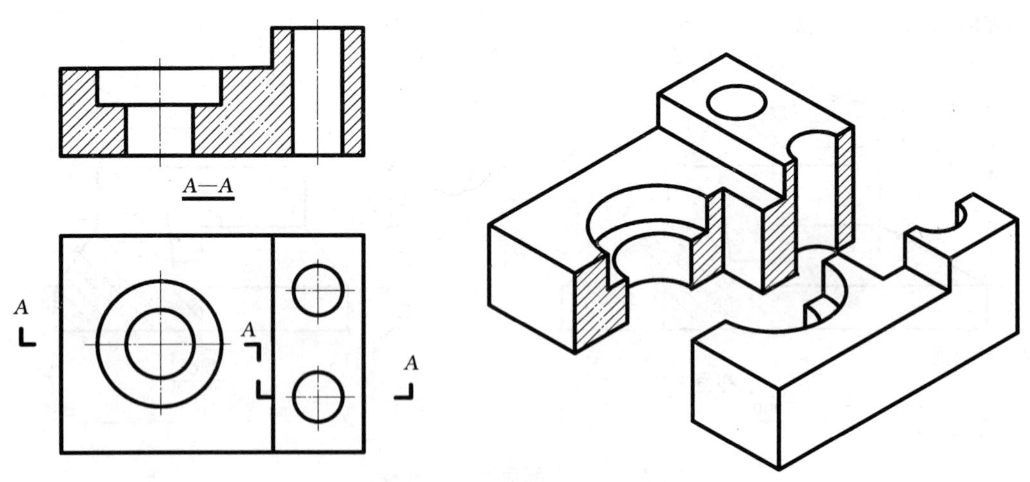

图 21 - 8　阶梯剖面图

画阶梯剖面图时应注意：

（1）在剖切面的开始、转折和终了处，都要画出剖切符号并注上同一编号。

（2）剖切是假想的，在剖面图中不能画出剖切平面转折处的分界线，转折处也不应与形体的轮廓线重合。

5. 分层剖切剖面图

对一些具有不同构造层次的建筑物，可按实际需要，用分层剖切的方法表示，从而获得分层剖切剖面图。图 21 - 9 所示为墙面的分层剖切剖面图，各层构造之间以波浪线为界且波浪线不应与轮廓线重合，不需要标注剖切符号。这种方法多用于表示地面、墙面、屋面等构造。

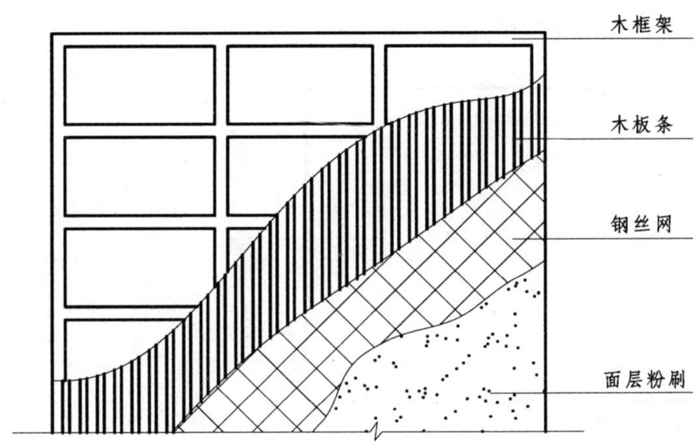

图 21 - 9　分层剖切剖面图

三、实训

（一）实训一

1. 实训任务

识读图 21 - 10 所示房屋三视图，画出指定位置的 1—1、2—2、3—3、4—4 全剖面图；再画出 1—1 半剖面图。

2. 实训要求

（1）采用 AutoCAD 绘图，标注图名，不标注尺寸。

（2）为简化绘图，材料图例全部按钢筋混凝土填充。

（3）按教师指定方式提交作业。

（二）实训二

1. 实训任务

识读图 21 - 11 所示地窖三视图，画出指定位置的 1—1 阶梯剖面图；再画出 2—2 局部剖的俯视图。

2. 实训要求

（1）采用 AutoCAD 绘图，标注图名，不标注尺寸。

（2）材料为砖。

（3）按教师指定方式提交作业。

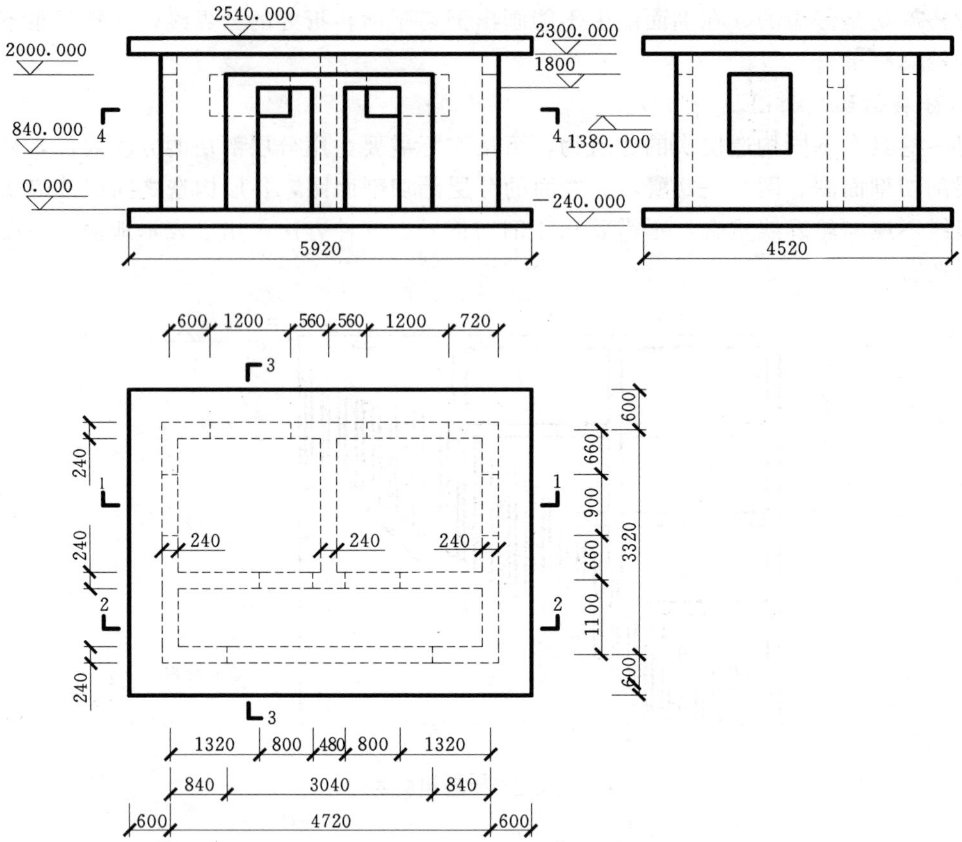

图 21－10　房屋三视图

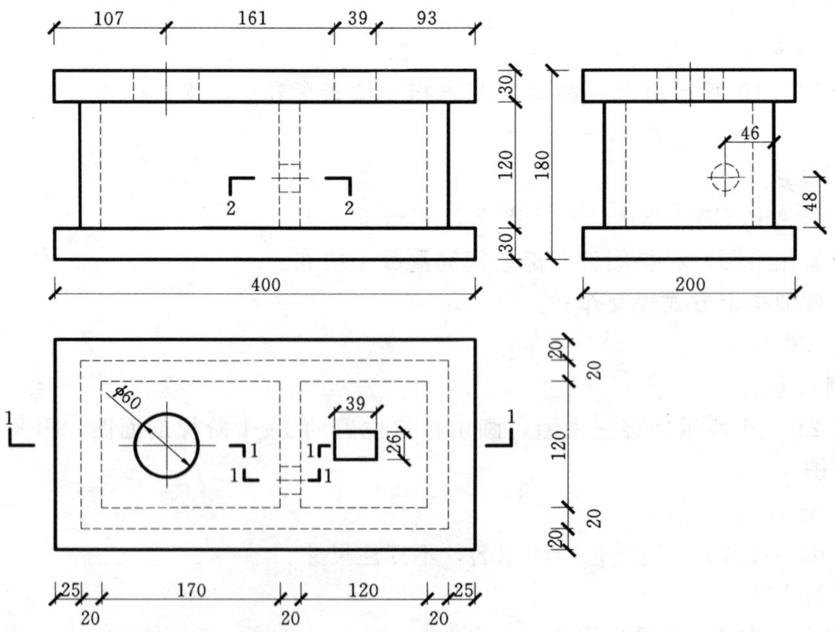

图 21－11　地窖三视图

（三）实训三

1. 实训任务

设计表达方案，绘图整体表达图 21－12 所示工程组合形体，细部结构和尺寸参照图 21－13～图 21－15 所示轴测图。

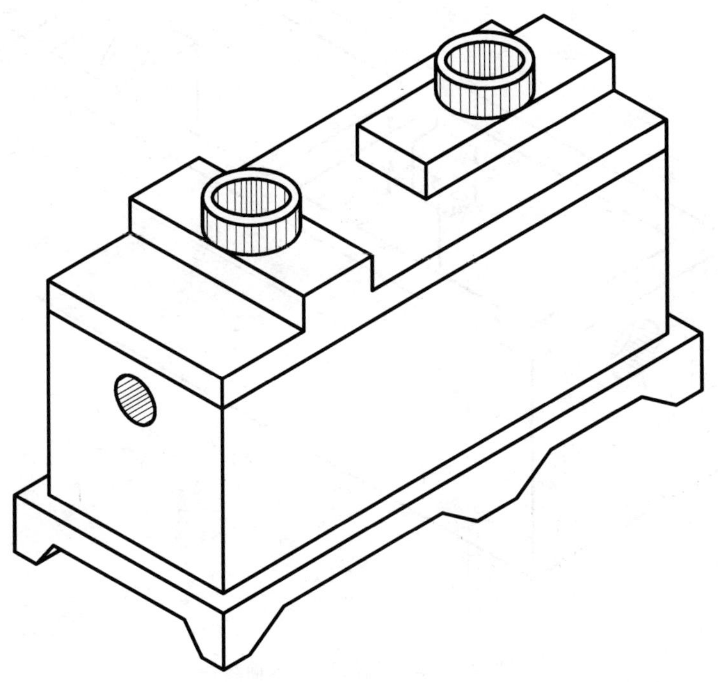

图 21－12　化污池整体轴测图

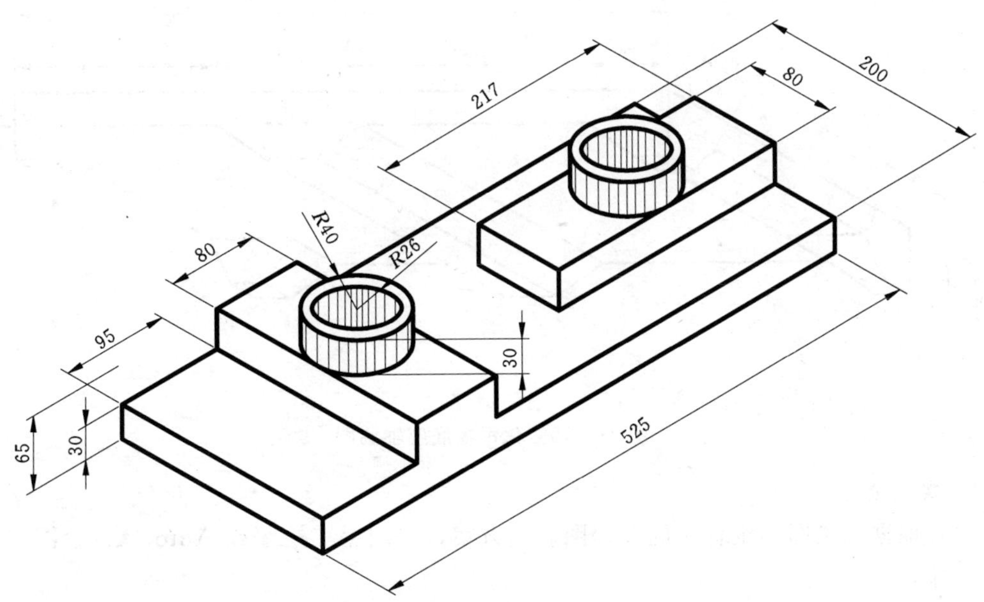

图 21－13　化污池上盖板轴测图

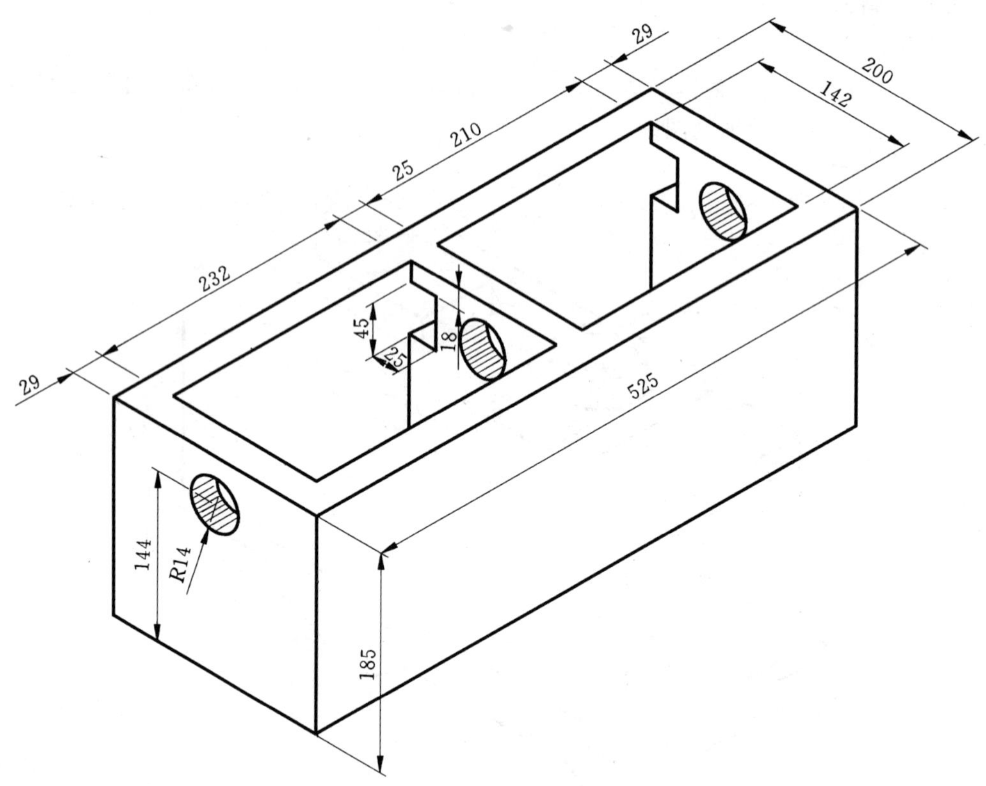

图 21-14　化污池箱体轴测图

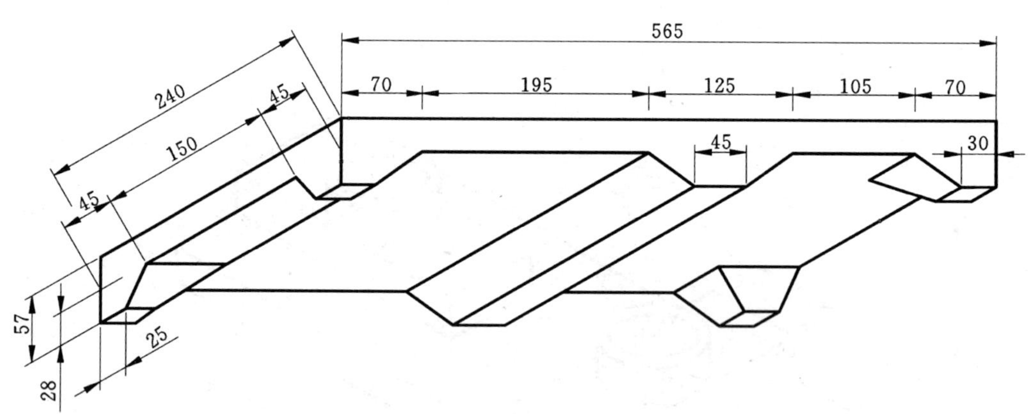

图 21-15　化污池底座轴测图

2. 实训要求

(1) 根据轴测图确定合理的工程图表达方案，采用手工绘图或 AutoCAD 绘图，正确标注尺寸。

(2) 布局清晰，A3 图纸打印。

任务二十二　断 面 图 表 达

一、断面图的概念

用假想剖切平面剖开物体，仅画出该剖切面与物体接触断面的图形，同时在剖切断面的实体部分画上材料图例，这样画出的图形称为断面图，简称断面，如图 22-1 所示。断面的剖切符号只用剖切位置线表示，剖切线用粗实线绘制，长度为 6～10mm。

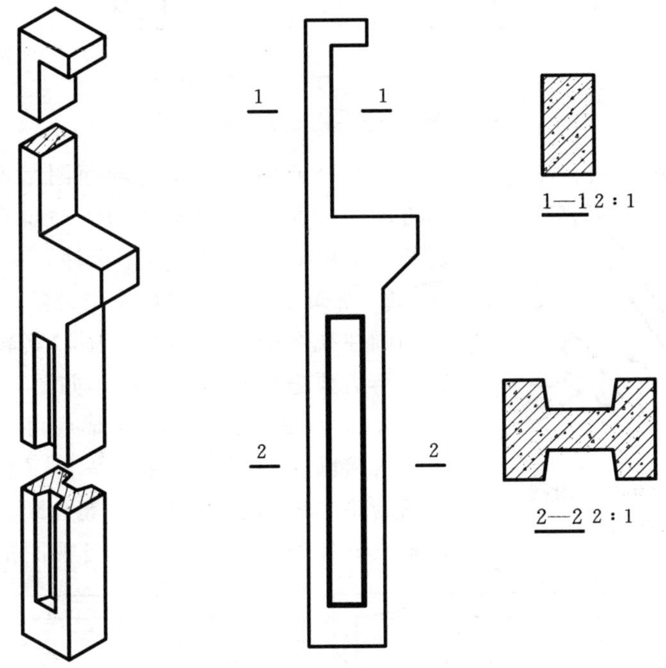

图 22-1　断面图的概念

画断面图时，应特别注意断面图与剖面图的区别：断面图只画出物体剖切断面的形状，不包括剖切面后的轮廓；而剖面图除画出剖切断面的形状外，还要画出剖切平面后的其他可见轮廓线。实际上，剖面图中包含着断面图。

二、断面图的画法

根据图形的不同特点，断面图可画在视图的外部，也可画在视图的中断处或内部。

1. 断面图画在视图之外

画在视图以外的断面图，如图 22-2 所示。

断面图画在视图之外时应注意以下几点：

（1）断面图的轮廓线用粗实线绘制。

（2）剖切平面应与形体的主要轮廓线垂直，由两个或多个相交平面剖切得到的移出断面图，中间一般应断开，如图 22-3 所示。

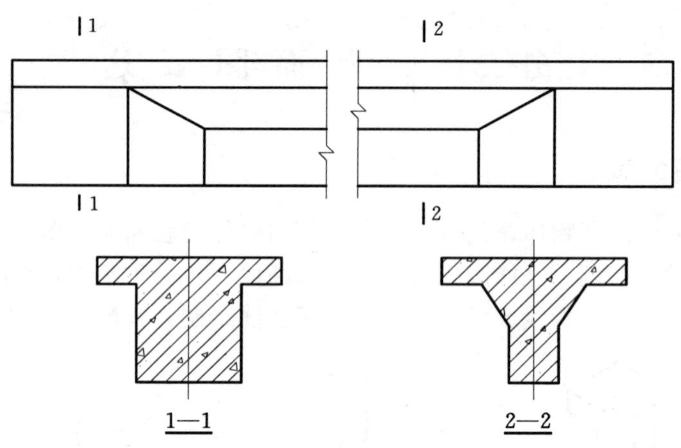

图 22-2　移出断面图

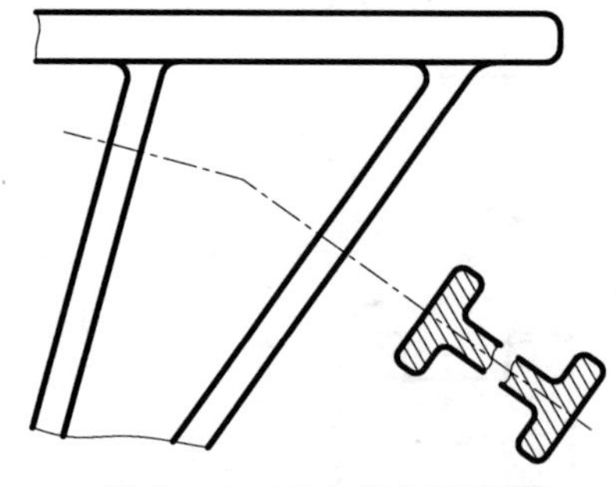

图 22-3　两个相交平面剖切的断面图画法

(3) 断面图的标注与剖面图基本相同，但不画投影方向线，而用剖切编号的注写位置表示。画在剖切延长线上的对称图形，可不标注，如图 22-3 所示。

2. 断面图画在视图的中断处

画在视图中断处的断面图，其轮廓线用粗实线绘制，不需要进行断面图标注，如图 22-4 所示。

3. 断面图画在视图的轮廓线内

直接画在视图内的断面图，又称重合断面图。当视图的轮廓线为粗实线时，重合断面的轮廓线用细实线画出，如图 22-5 所示；当视图的轮廓线为细实线时，重合断面的轮廓线用粗实线画出，如图 22-6 所示。当视图中轮廓线与重合断面轮廓线重合时，视图中的轮廓线仍应连续画出，不可间断。

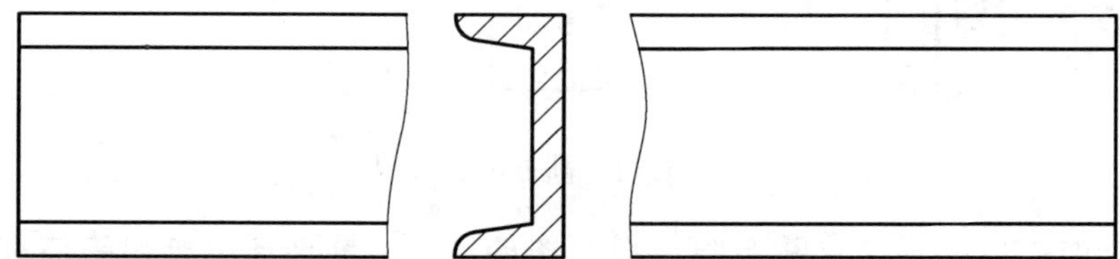

图 22-4　画在视图中断处的断面图

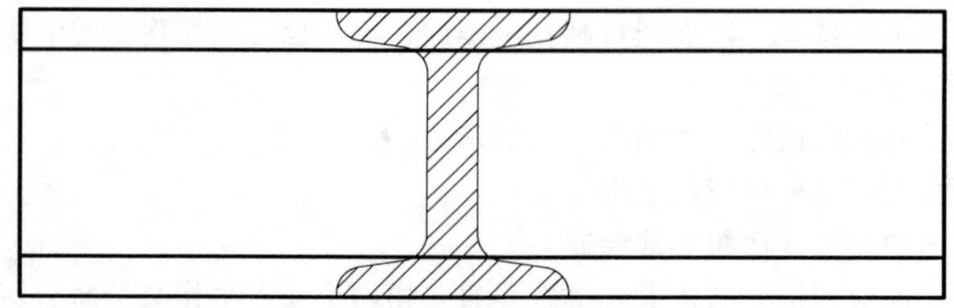

图 22-5　细实线绘制的重合断面图

当重合断面图尺寸较小时，可将断面涂黑，如图 22－7 所示。

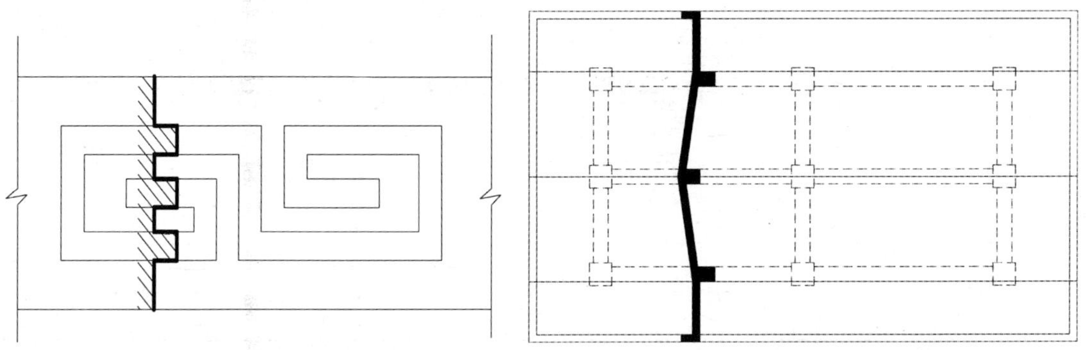

图 22－6　粗实线绘制的重合断面图　　　图 22－7　断面涂黑的断面图

三、实训

图 22－8 所示为应用断面图表达工程建筑物的实例，识读该工程图，认识断面图表达方案的优点。

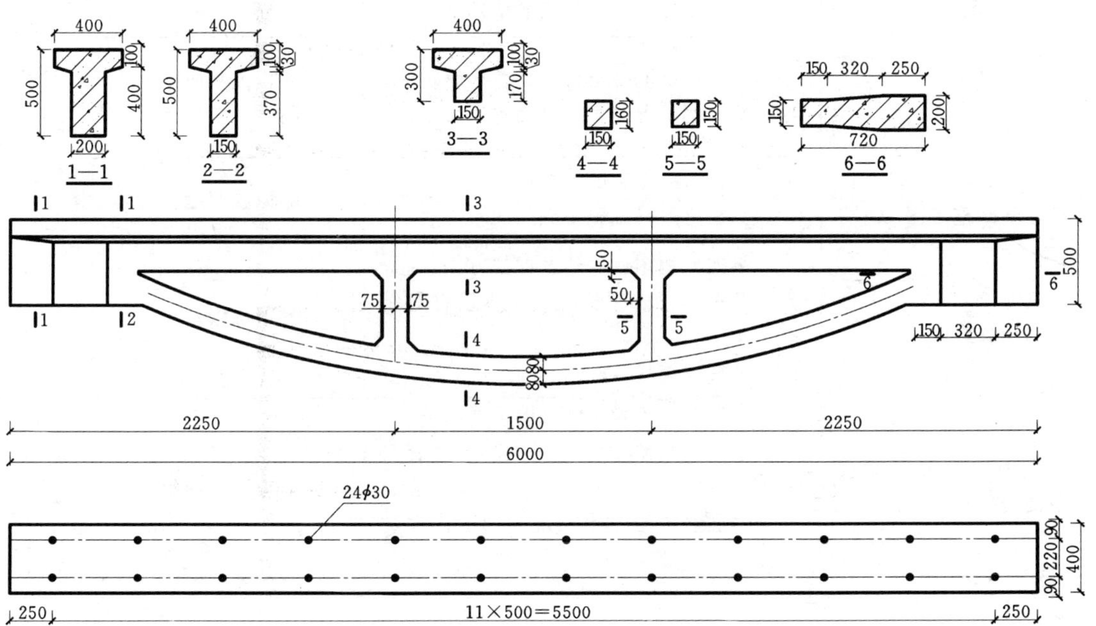

图 22－8　梁的主视图、左视图

项目八　识读和绘制房屋施工图

教学任务	教学目标	
	知识目标	技能目标
任务二十三　识读房屋施工图	1. 了解房屋施工图有关标准和规定； 2. 掌握房屋施工图的种类和表达方法	能够熟练识读房屋施工图
任务二十四　绘制房屋建筑施工图	掌握房屋建筑施工图的绘图步骤和方法	能够正确绘制房屋建筑施工图
任务二十五　识读和绘制钢筋混凝土结构图	1. 了解钢筋混凝土结构图的有关标准和规定； 2. 掌握钢筋混凝土结构的图示方法	能够识读和绘制钢筋混凝土结构图
任务二十六　识读平面整体表示法结构施工图	1. 掌握钢筋混凝土梁平面整体表示法； 2. 掌握钢筋混凝土柱平面整体表示法	能够识读平面整体表示法结构施工图
任务二十七　识读房屋基础施工图	1. 了解房屋基础的一般构造； 2. 掌握房屋基础施工图的图示方法	能够识读房屋基础施工图
任务二十八　识读钢结构施工图	1. 掌握型钢图例表达及标注方法； 2. 掌握螺栓、螺栓孔、电焊铆钉等结构图例； 3. 掌握焊缝代号标注	能够识读钢结构施工图
任务二十九　识读室内给排水施工图	1. 掌握室内给排水施工图设备图例； 2. 掌握室内给排水平面图图示内容与要求； 3. 掌握室内给排水系统图图示内容与要求	能够识读室内给排水施工图

任务二十三　识读房屋施工图

一、房屋施工图有关标准和规定

（一）房屋的类型及组成

房屋按使用功能可以分为民用建筑（居住建筑、公共建筑）、工业建筑（厂房、仓库等）和农业建筑（粮仓、饲养场等）。不同功能的房屋，虽然其使用要求、空间组合、外

形、规模等各不相同，但是构成建筑物的主要部分一般都有基础、墙、柱、梁、楼板、地面、楼梯、屋顶、门、窗等，此外还有阳台、雨篷、台阶、窗台、雨水管、明沟或散水以及其他一些构配件。

（二）房屋的建造过程和房屋施工图的分类

建造房屋主要经过设计阶段和施工阶段，在设计阶段先绘制房屋的初步设计图，用来建筑项目立项等工作，然后再完整、详细地绘制出房屋施工图。在施工阶段依据房屋施工图指导施工。

房屋施工图分为建筑施工图、结构施工图和设备施工图，简称“建施”、“结施”和“设施”。建筑施工图主要表明建筑物的总体布局、外形轮廓、内部布置、细部构造、内外装饰等情况，它包括总平面图、平面图、立面图、剖面图和详图；结构施工图主要表明建筑物各承重构件的布置、形状尺寸、所用材料及构造做法等内容，包括结构布置平面图和构件详图；设备施工图是表明建筑工程各专业设备布置和安装要求的图样，它包括给排水施工图、采暖通风施工图和电气施工图等，简称“水施”、“暖施”和“电施”。

（三）房屋施工图的有关规定

绘制和阅读房屋施工图主要遵守《房屋建筑制图统一标准》（GB/T 50001—2010），另外根据表达内容不同，还应遵守《总图制图标准》（GB/T 50103—2010）、《建筑制图标准》（GB/T 50104—2010）、《建筑结构制图标准》、《建筑给水排水制图标准》（GB/T 50106—2010）。现就下列几项简要说明有关规定的主要内容和表示方法。

1. 常用比例

建筑专业制图选用的比例，应符合《建筑制图标准》中的有关规定，见表 23-1。

表 23-1　建筑制图比例

图　名	比　例
建筑物或构筑物的平面图、立面图、剖面图	1∶50、1∶100、1∶150、1∶200、1∶300
建筑物或构筑物的局部放大图	1∶10、1∶20、1∶25、1∶30、1∶50
配件及构造详图	1∶1、1∶2、1∶5、1∶10、1∶15、1∶20、1∶25、1∶30、1∶50

2. 常用图例

建筑物和构筑物是按比例缩小绘制在图纸上的，对于有些建筑构件及建筑材料，往往不可能按实际投影画出，同时用文字注释也难以表达清楚。为了得到简单而明了的效果，《建筑制图标准》（GB/T 50104—2010）规定了统一的图例和代号，常用构造及配件图例见表 23-2。

3. 定位轴线及其编号

定位轴线是房屋中基础、墙、柱、梁和屋架等承重构件的中心线，在绘制建筑施工图时应明确表达，定位轴线标注用细点划线绘制，其编号注在直径为 8～10mm 的圆内，圆心在定位轴线的延长线或延长线的折线上。平面图上定位轴线的编号，标注在图样的下方与左侧，横向编号用阿拉伯数字从左至右顺序编写，竖向编号用大写拉丁字母（I、O、Z

表 23-2　常用构造及配件图例

名　称	图　例	说　明
楼梯	上 底层	1. 平面图； 2. 楼梯的形式和步数应按实际情况绘制
	下 上 中间层	
	下 顶层	
单层固定窗		1. 窗的名称代号用 C 表示； 2. 立面图中的斜线表示窗的开启方向，实线为外开，虚线为内开；开启方向线交角的一侧安装合页； 3. 图例中，剖面图所示左为外、右为内、平面图所示下为外、上为内； 4. 平、剖面图上的虚线，仅说明开关方式，在设计图中不需要表示
单层外开上悬窗		
单层外开平开窗		

名　称	图　例	说　明
单扇门（包括平开式单面弹簧门）		1. 门的名称代号用 M 表示； 2. 图例中剖面图左为外、右为内，平面图下为外、上为内； 3. 立面图上开启方向线交角的一侧安装合页，实线为外开，虚线为内开； 4. 平面图上门线 45°或 90°开启弧线宜绘出； 5. 立面图上的开启线在一般设计图中可不表示，在详图及室内设计图上应表示
双扇门		
单扇双面弹簧门		
墙中单扇推拉门		
双扇双面弹簧门		

除外）从下至上顺序编写，如图 23-1 所示。在标注非承重的分隔墙或次要的承重构件时，可在两根轴线之间附加轴线，附加轴线的编号应按图 23-2 所规定的方法表示。

4. 标高标注

标高是标注建筑物高程的另一种尺寸形式，标高数字以米为单位。标高分绝对标高和相对标高两种。绝对标高以黄海平均海平面为零点，相对标高以单个建筑物的室内底层地面为零点，写成±0.000。建筑施工图中的标高符号应按图 23-3（a）所示形式以细实线绘制，图 23-3（b）所示为具体画法，标注方法如图 23-3（c）所示。如在同一位置表示几个不同标高时，数字可按图 23-3（d）所示形式注写。

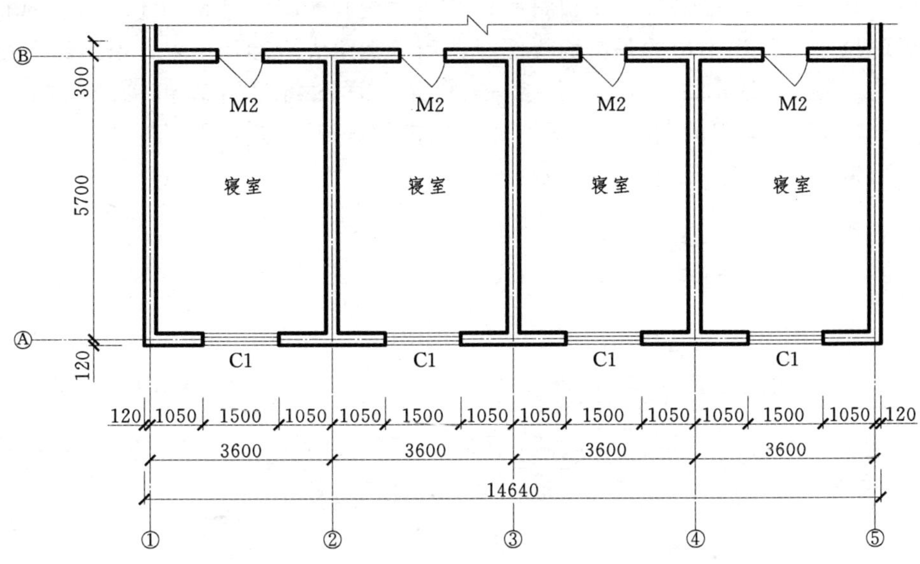

图 23-1　定位轴线标注

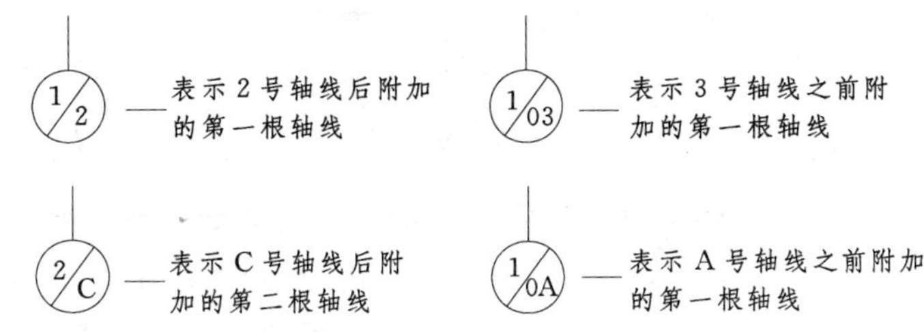

图 23-2　附加轴线及其编号

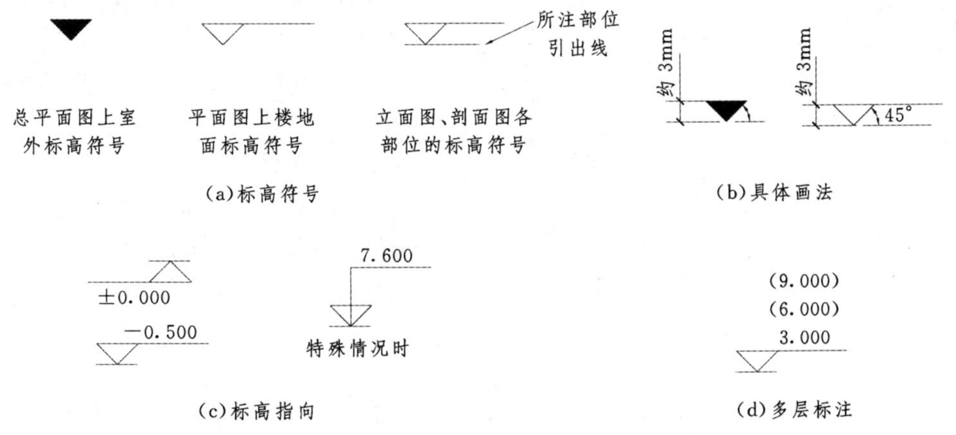

图 23-3　标高符号

5. 索引符号和详图符号

对需要另画详图表达的局部构造或构件，应在图中相应部位用索引符号索引，而索引

出的详图，则应画出详图符号。索引符号以细实线绘制，圆的直径为 10mm，引出线应指在要索引的位置上。当引出的是剖面详图时，用粗实线表示剖切位置，引出线所在的一侧为剖视方向，圆内编号的含义如图 23－4 所示。详图符号应以粗实线绘制，直径为 14mm，当详图与被索引的图样不在同一张图纸内时，可用细实线在详图符号内画一水平直径，圆内编号的含义如图 23－5 所示。

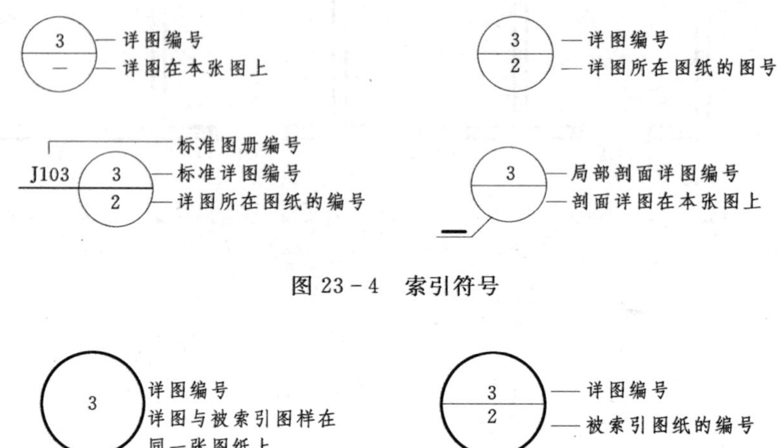

图 23－4　索引符号

图 23－5　详图符号

6．风玫瑰图和指北针

在总平面图中，除图例以外，通常还要画出带有指北方向的风向频率玫瑰图（简称风玫瑰图），用来表示该地区常年的风向频率和房屋的朝向。风玫瑰图中风的吹向是从外吹向中心，实线表示全年风向频率，虚线表示夏季风向频率，如图 23－6（a）所示。

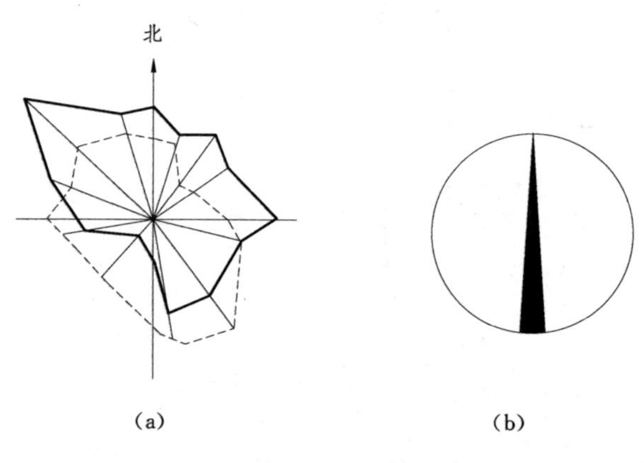

图 23－6　风玫瑰图和指北针

平面图中指北针所指方向应与总平面图中风玫瑰图的指北方向一致。指北针用细实线绘制，圆的直径为 24mm，指北针尾部宽为 3mm，指针尖端指向北，如图 23－6（b）所示。

7．材料符号简化画法

比例为 1∶100、1∶200 时，建筑平面图中的墙、柱断面可不画建筑材料图例，也可将砖墙涂红，钢筋混凝土涂黑。

8．门窗代号

门窗按规定图例绘制，代号分别为 M、C，钢门、钢窗的代号分别为 GM、GC，代号后面的阿拉伯数字是它们的编号，编号相同的门窗表示构造和尺寸完全一样。

二、建筑施工图识读举例

建筑施工图和钢筋结构施工图是本课程学习的重点内容，钢筋结构施工图在以后的任务中学习，下面以一幢住宅楼为例，介绍建筑施工图的表达与识读。

（一）建筑总平面图

将拟建工程四周一定范围内的新建、拟建、原有和拆除的建筑物连同其周围的地形地物状况，用水平投影和相应的图例所表达的图样，称为建筑总平面图。

建筑总平面图用来表明一个工程所在位置的总体布置，包括新建建筑物的位置、朝向；新建建筑物与原有建筑物之间的位置关系；新建区域地形、地貌、高程、道路、绿化等方面的内容。

建筑总平面图是新建房屋施工定位、土方施工以及其他专业（如水、暖、电、煤气等）管线总平面图设计的重要依据。

由于建筑总平面图包括的区域较大，《总图制图标准》（GB/T 50103—2010）中规定：建筑总平面图一般采用1∶500、1∶1000、1∶2000的比例。建筑总平面图中常标出新建房屋的总长、总宽和定位尺寸，新建房屋室内底层地面和室外地面的绝对标高，尺寸和标高都以米为单位，注写到小数点以后两位数字。

由于建筑总平面图采用的比例较小，各种有关物体均不便按照投影关系如实地反映出来，所以总平面图一般均用规定的图例表达。表23-3所示为《总图制图标准》规定的总平面图常用图例。

表23-3　总平面图常用图例

名　称	图　例	名　称	图　例
新建建筑物	右上角用点数或数字表示层数	填挖边坡	
		围墙及大门	
原有建筑物		落叶针叶树	
拆除的建筑物		草坪	
新建道路	15.00 R9	室内标高	(±0.00) 15.00
原有道路		室外标高	15.00
台阶	箭头表示向上	坐标	x150.00 y165.65

图23-7所示为一单位周转住宅楼的建筑总平面图，该图的比例为1∶500，地势平坦，高程在46.60m左右，单位大门朝向西面博文路，已建成12层综合办公楼和4层科

技服务中心，计划后续建设 4 层文化活动中心。新建建筑物为三座二层住宅楼，位置在单位院落的最南端，以科技服务中心西南角为参照坐标系原点，三座建筑物的 x 坐标位置分别为 0.91、45.96、91.01，y 坐标均为 −134.19。沿院墙四周和楼房间均布置绿化。

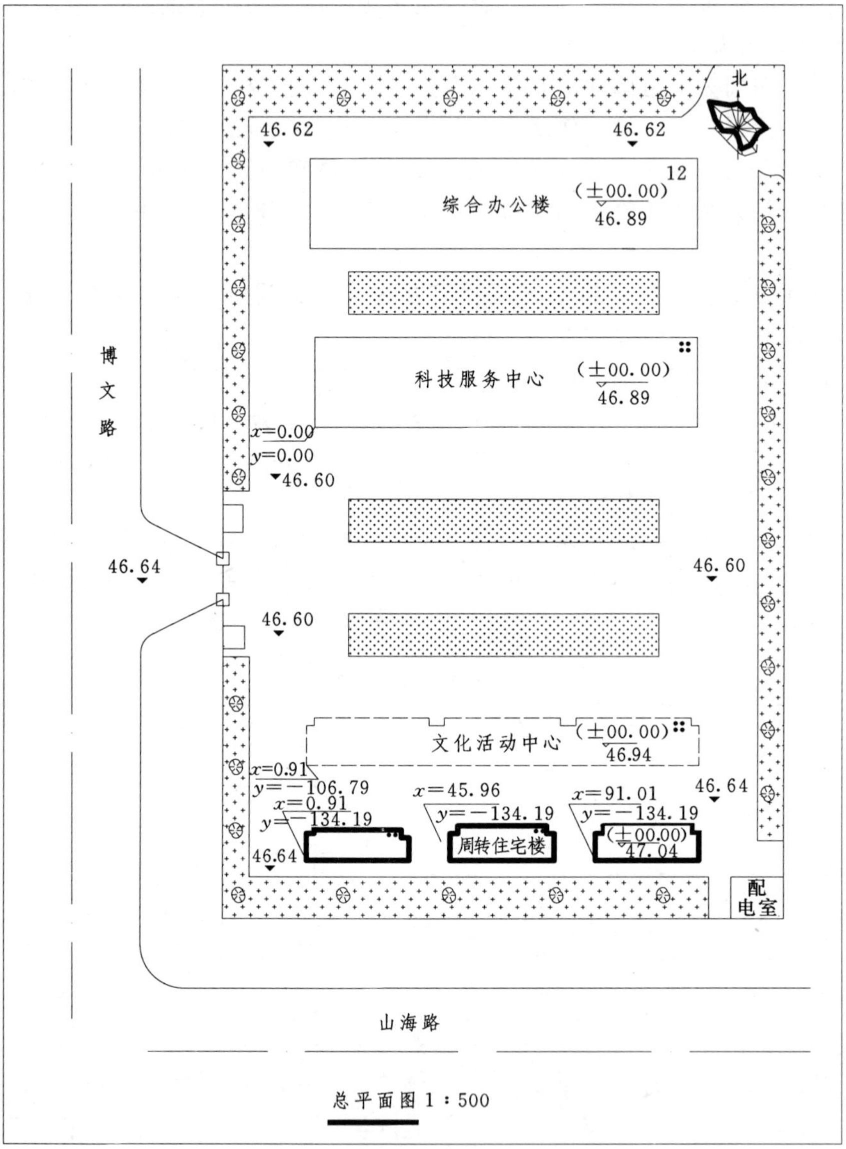

图 23－7　总平面图

（二）建筑平面图

假设用一个水平剖切平面沿门窗洞口将房屋剖切开，移去剖切平面以上部分，将余下的部分按正投影原理投射在水平投影面上所得到的图，称为建筑平面图。建筑平面图在施工过程中是放线、砌墙、安装门窗及编制概预算的依据，施工备料、施工组织都要用到平面图。建筑平面图一般有基础平面图、底层平面图、二层平面图、标准层平面图、顶层平

面图和屋顶平面图等。

在建筑平面图中，平面布置是平面图的主要内容，主要表达房间、卫生间、走道、楼梯等位置关系。图 23－8 表示图 23－7 总平面图中周转住宅楼的二层平面图，它在二层窗台之上水平剖切，可以看出该住宅楼二层由西侧楼梯进入由走廊连接大厅和内外套间的布置情况。

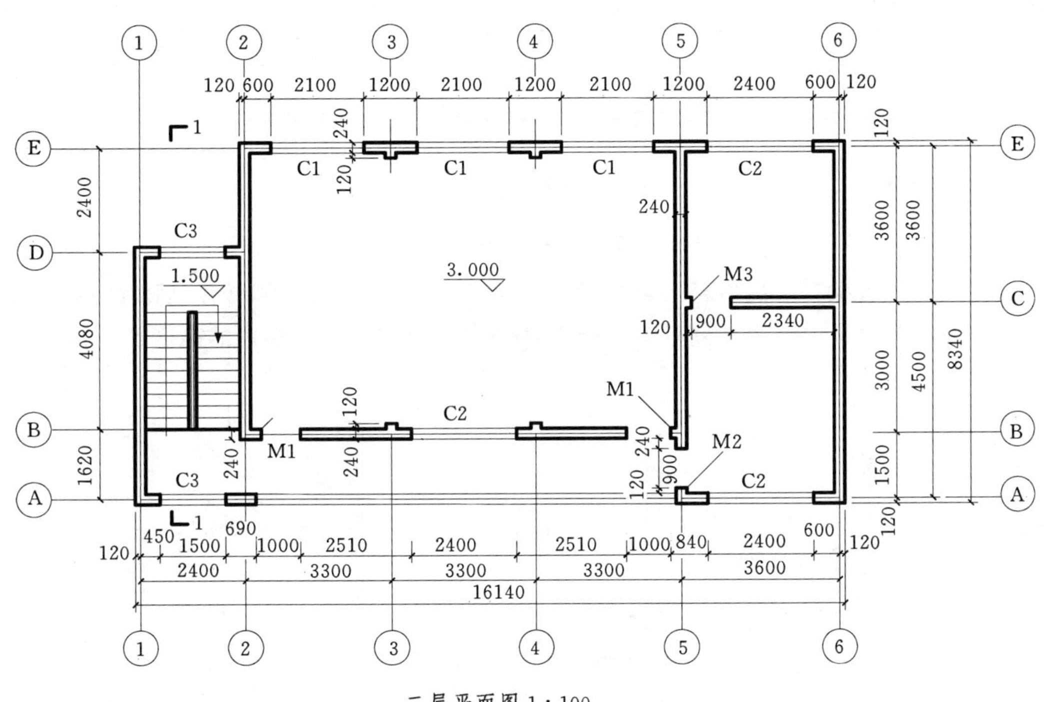

图 23－8　二层平面图

建筑平面图用定位轴线确定房间的大小、过道的宽窄以及墙、柱、梁的位置。门窗按常用建筑配件图例绘制，门用代号“M”＋数字编号标注，窗用代号“C”＋数字编号标注。楼梯用箭头表示上下的方向。

（三）建筑立面图

一般建筑物都有前后左右四个面，基本视图中主视图、后视图、左视图、右视图可以表达这四个墙面的形状。在房屋建筑图中这些表达建筑物直立墙面形状的正投影图称为建筑立面图。主视图一般命名为正立面图，后视图、左视图、右视图则被命名为背立面图、左侧立面图、右侧立面图。为了更清楚地表达房屋的地理方位，也可将其命名为南立面图、北立面图、东立面图、西立面图。

图 23－9 是总平面图周转住宅楼的正立面图，主要表达房屋的总长和总高、门窗高程等，图示房屋共两层，上下层布局相同，室外地面高程为－0.300m，一层窗子上、下檐高程分别为 2.700m 和 0.900m，二层窗子上、下檐高程为 5.700m 和 3.900m。

（四）建筑剖面图

将建筑物按指定位置剖开画出的正投影图称为建筑剖面图，剖面图用来表达建筑物的

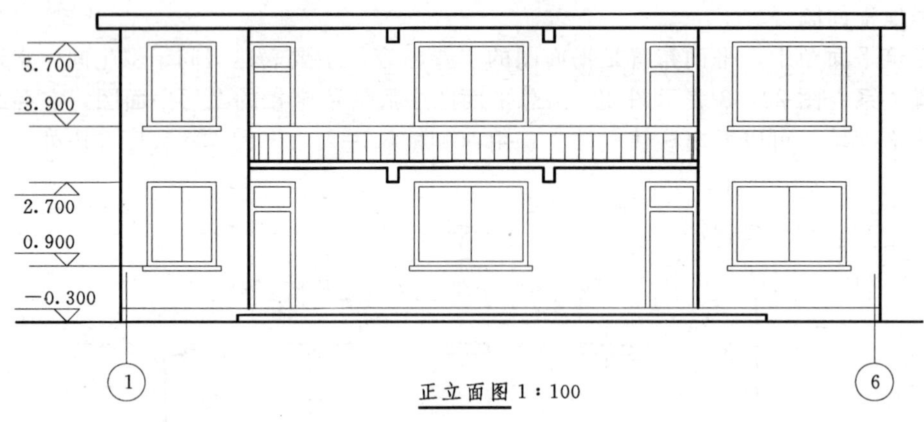

图 23－9　正立面图

结构形式、分层状况、层高以及各部位的相互关系。图 23－10 是周转住宅楼的 1—1 剖面图，剖切面如图所示位于楼梯间处，主要表达楼梯的结构尺寸和窗户的高度、高程。

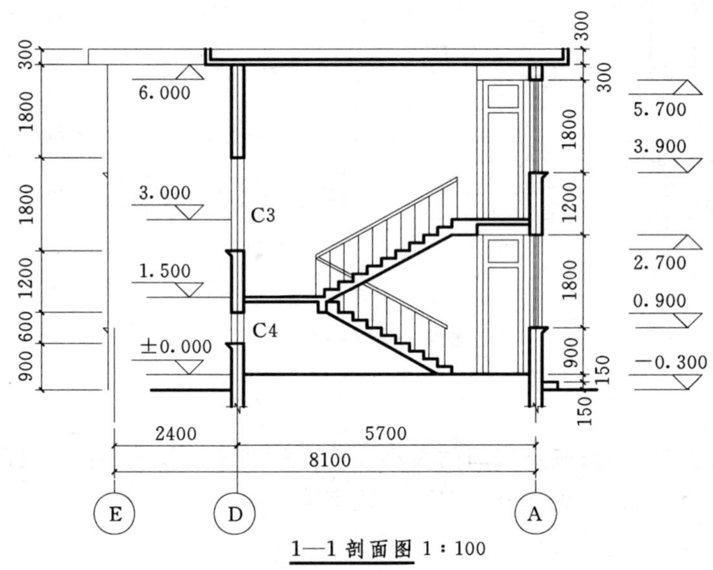

图 23－10　1－1 剖面图

（五）建筑详图

由于建筑平面图、立面图、剖面图等绘图比例较小，无法将细剖构造表达清楚，需要另绘详图来表达建筑物局部的结构和尺寸。图 23－11 是楼梯节点详图。详图中看出梯段是由楼梯梁和踏步板组成的现浇钢筋混凝土板式楼梯，踏步用 20mm 厚水泥砂浆粉面，每梯高为 150mm，宽为 300mm；栏杆和扶手用 $\phi50$ 和 $\phi16$ 圆钢管焊成。

三、实训

1. 实训任务

在教师指导下识读书末的附图一所示“宿舍楼房屋建筑施工图”。

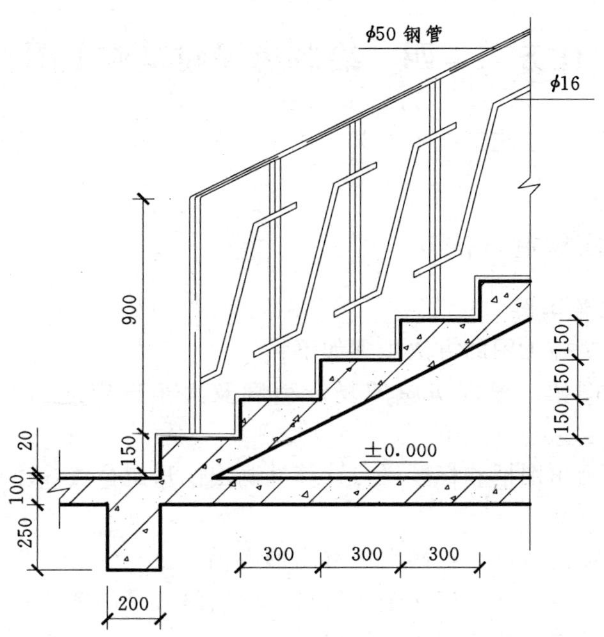

图 23－11　楼梯节点详图

2. 实训要求

采用分组教学，课堂学生讲述图纸，接受质询和评价。

四、课外拓展练习

(1) 楼层建筑平面图表达的主要内容为（　　）。

A. 平面形状、内部布置等　　B. 梁、柱等构件类型

C. 板的布置及配筋　　D. 外部造型及材料

(2) 在土建施工图中，表示构配件时常用的比例为 1：（　　）。

A. 1、5、10　　B. 10、20、50　　C. 100、200　　D. 250、500

(3) 房屋的二层建筑平面图，其水平剖切位置在（　　）。

A. 二层窗台上方　B. 二层窗台下方　　C. 二层楼板面处　　D. 二层楼顶处

(4) 房屋中门窗的型号、代号等应表示在（　　）。

A. 结构详图中　　B. 建筑详图中　　C. 结构平面图中　　D. 建筑平面图中

(5) 定位轴线的编号注在直径为（　　）的圆内。

A. 3～5mm　　B. 5～7mm　　C. 8～10mm　　D. 12～14mm

(6) 索引符号以细实线绘制，圆的直径为（　　），详图符号应以粗实线绘制，直径为（　　）。

A. 10，14　　B. 8，10　　C. 12，12　　D. 10，10

(7) 指北针用细实线绘制，圆的直径为（　　），指北针尾部宽为（　　），指针尖端指向北。

A. 24，5　　B. 15，3　　C. 24，3　　D. 15，5

任务二十四　绘制房屋建筑施工图

绘制建筑施工图是建筑施工技术人员必备技能之一，也是识读建筑施工图训练的重要环节。

一、建筑施工图绘制方法

1. 手工绘制建筑施工图

一般手工绘制建筑施工图的方法步骤如下：

（1）选比例，定图幅。根据房屋的复杂程度及大小选定适当的比例，确定幅面的大小。

（2）图面布置。画出图框和标题栏，计算并画出图形定位线，注意留出尺寸标注和文字说明的空间位置。

（3）绘制图形底稿。按尺寸绘制出所有图形底稿。

（4）图形标注。标注尺寸，标注轴线符号、索引符号、门窗符号，注写文字说明。

（5）复核图形。检查并改正图形中错误。

（6）描深图形。

2. AutoCAD 软件绘制建筑施工图

利用 AutoCAD 软件绘制建筑施工图的方法步骤如下：

（1）图层设置。建立图层，设置图线特性。

（2）绘制图形。按 1∶1 绘制图形。

（3）尺寸标注。设置尺寸样式，标注尺寸。

（4）图形注写。标注轴线符号、索引符号、门窗符号，注写文字说明。

（5）图纸布局。按图纸幅面大小绘制边框线与标题栏，按比例放大边框线和标题栏，将图形移动到图框内，放置到适当位置。

（6）图纸打印。进行页面设置，打印图形。

二、实训

（一）实训一

1. 实训任务

识读图 24-1 所示建筑平面图，手工绘制该建筑平面图。

2. 实训要求

（1）手工铅笔绘图，A3 图纸幅面，布图适当，图面清晰。

（2）图线线型和尺寸标注符合国家标准。

3. 实训指导

（1）确定绘图比例。A3 图幅与边框线尺寸如图 24-2 所示。绘图的有效空间约为 335×215，该平面图总长约为 30000mm，总宽约为 25000mm。则绘图的长度比例为 335/30000≈0.01，宽度比例为 215/25000≈0.009，则该绘图比例定为 1∶100。

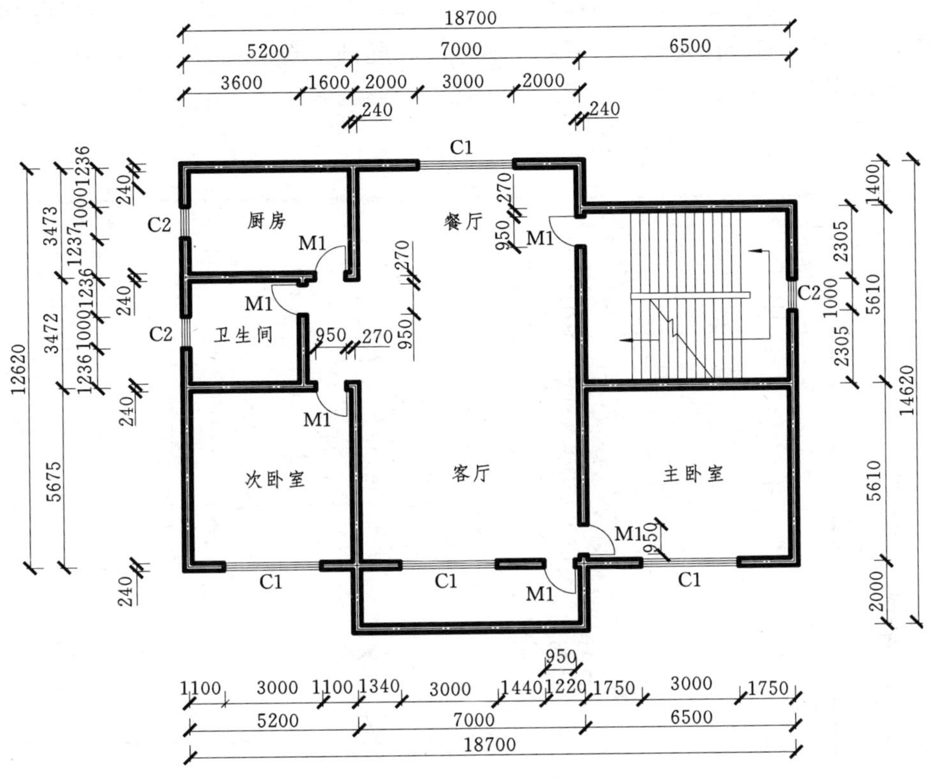

图 24-1　“多线”命令应用图例

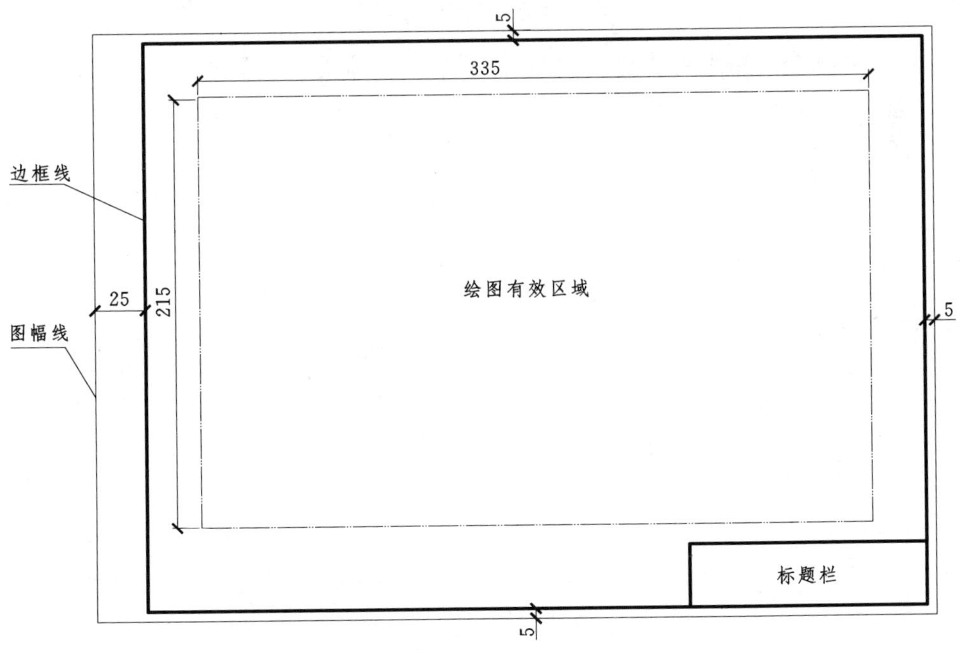

图 24-2　绘图的有效区域（估计）

（2）确定图形的起画点位置。将左上角角点定为起画点，起画点至左边框线距离为：（边框线水平长度 390－图形长度 187）÷2≈101；起画点至上边框线距离为：（边框线宽度 287－图形宽度 147）÷2≈70，考虑到标题栏的影响调整为 65，如图 24－3 所示。

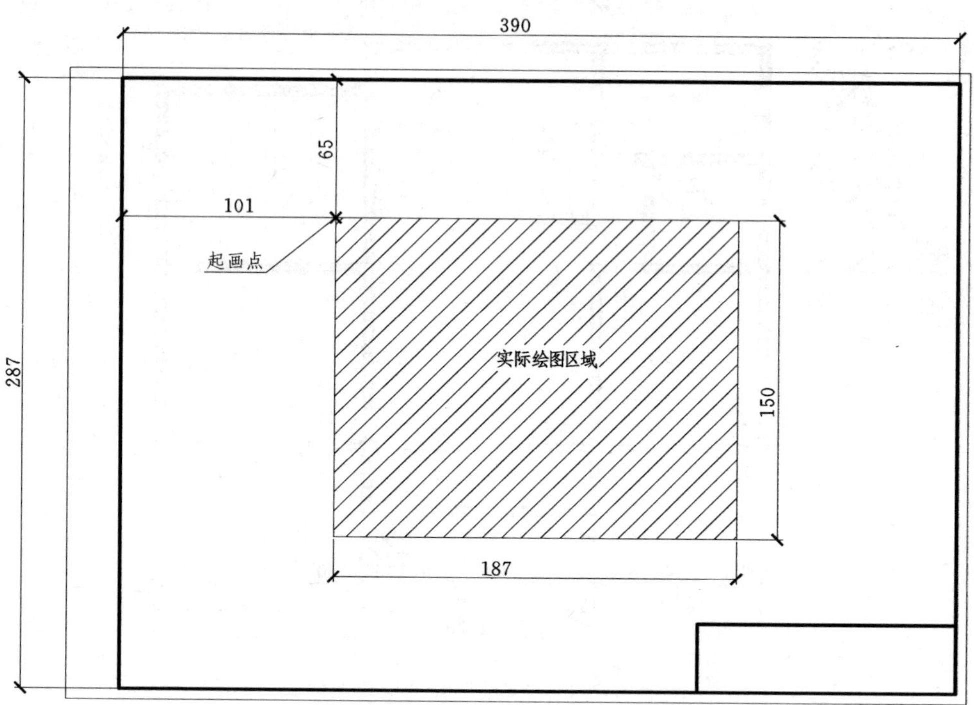

图 24－3　绘图的起画点

（3）绘制墙轴线。用点划线按 1∶100 比例绘制墙轴线，如图 24－4 所示。

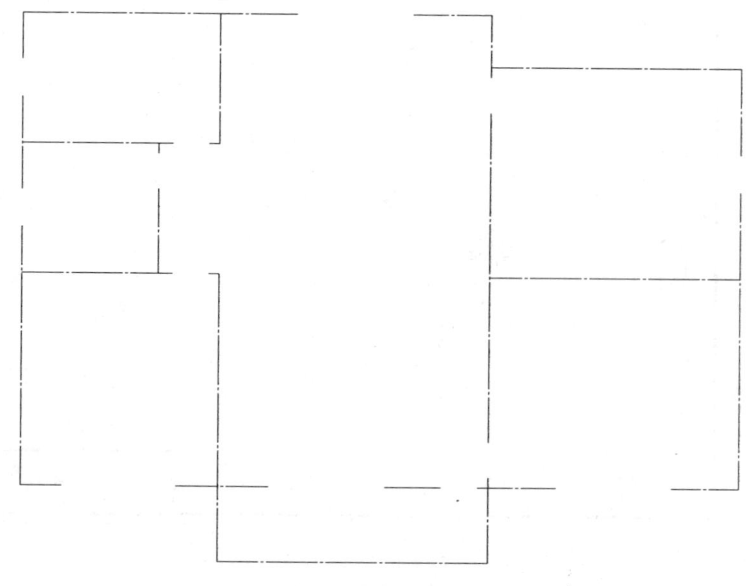

图 24－4　绘制墙轴线

(4) 绘制墙线。用点划线绘制墙轴线后，用细实线定位墙线，最后粗实线描深，如图24－5所示。

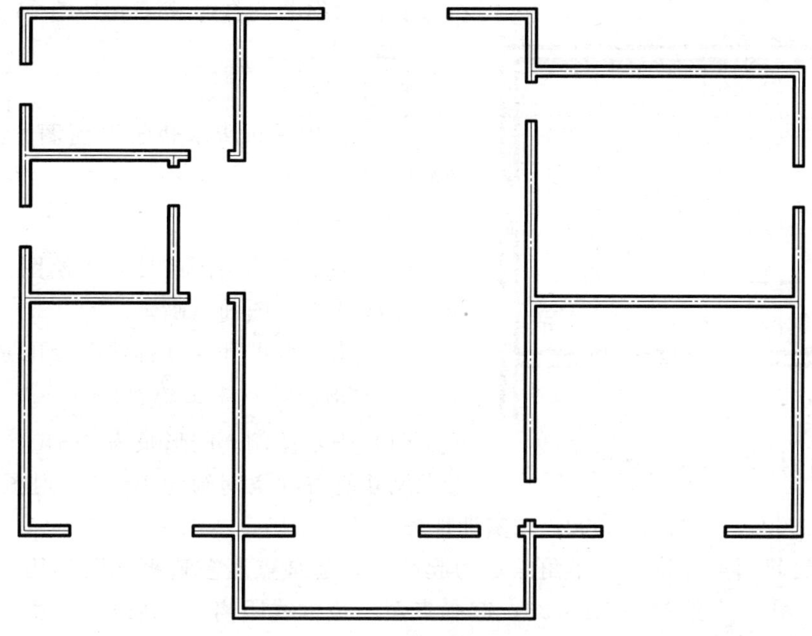

图 24－5　绘制墙线

(5) 绘制"门"、"窗"图例。用细实线绘制"门"、"窗"图例，如图24－6所示。

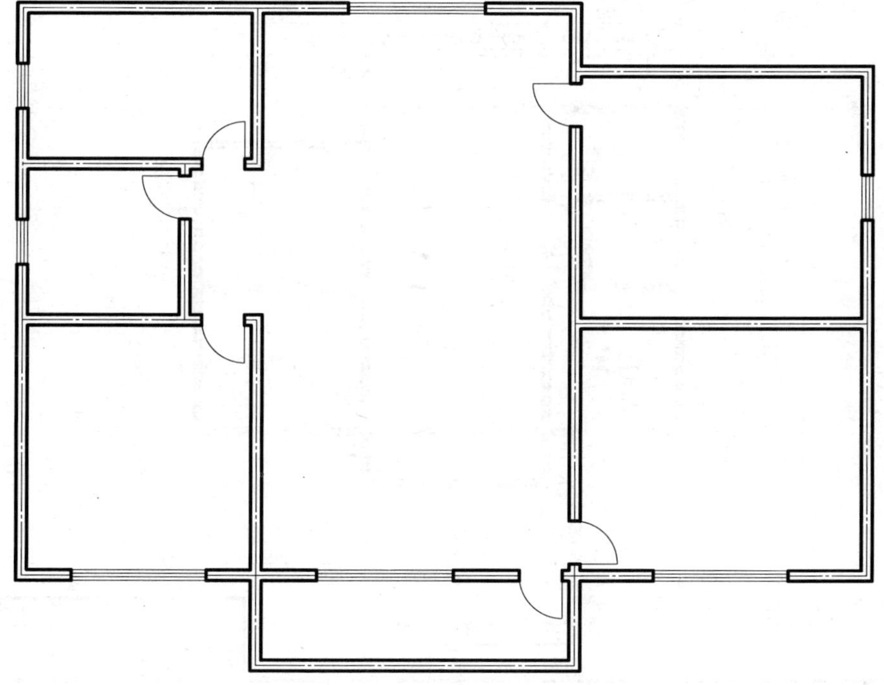

图 24－6　绘制"门"、"窗"图例

（6）绘制楼梯平面图图例。用细实线绘制楼梯的平面图，如图 24－7 所示。

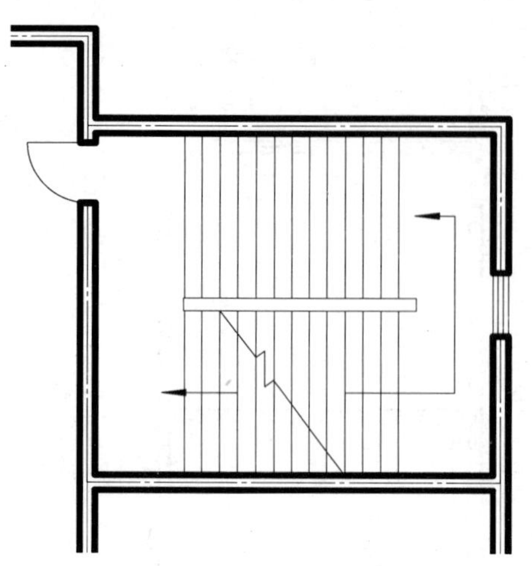

图 24－7 绘制楼梯图

（7）标注。用细实线标注尺寸，标注墙轴线符号、门窗符号，注写文字，如图 24－8 所示。

（二）实训二

1. 实训任务

识读图 24－9 所示建筑平面图，绘制该建筑平面图。

2. 实训要求

（1）手工铅笔绘图或计算机绘图，A3 图纸幅面，布图适当，图面清晰。

（2）图线线型和尺寸标注符合国家标准。

3. 实训指导（手工绘图）

（1）确定比例。图形长为 21840，宽为 15010，考虑尺寸所占的空间约为 10000，则图形实际所占空间长约为 32000，宽约为 25000，按实训任务一的方法确定本图比例仍然为 1∶100。

（2）确定起画点。将左上角角点定为起画点，起画点至左边框线距离为：（边框线水平长度 390－图形长度 218）÷2≈86；起画点至上边框线距离为：（边框线宽度 287－图形宽度 140）÷2≈74，考虑到标题栏的影响调整为 65。

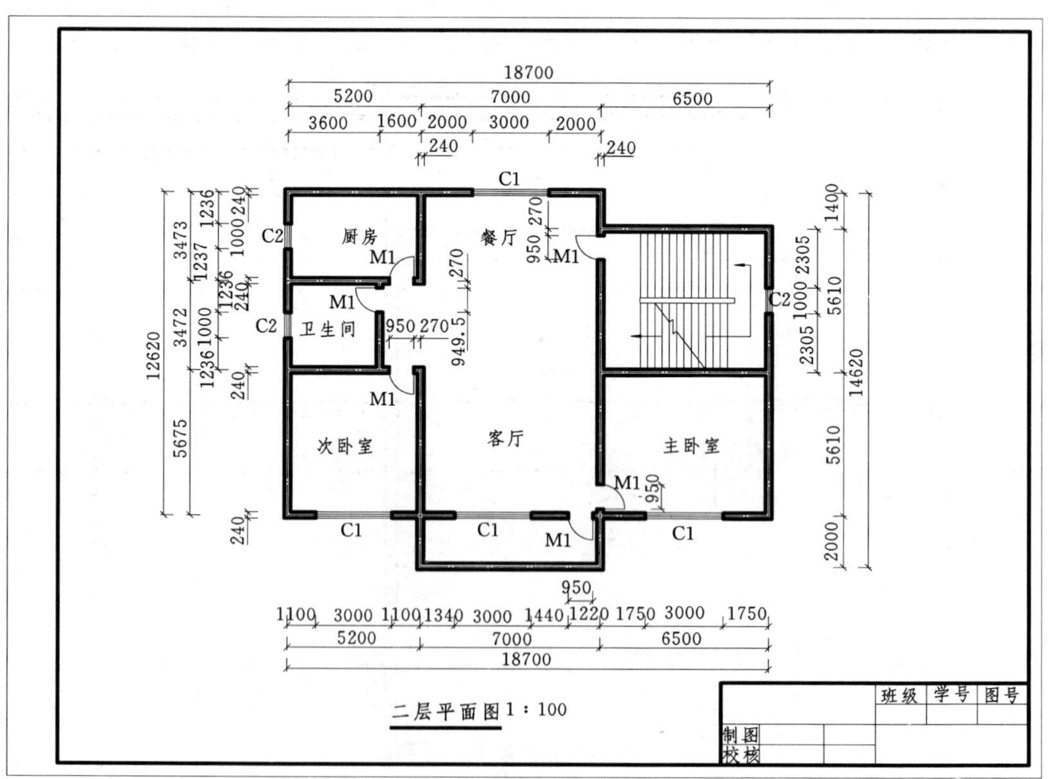

图 24－8 图形标注

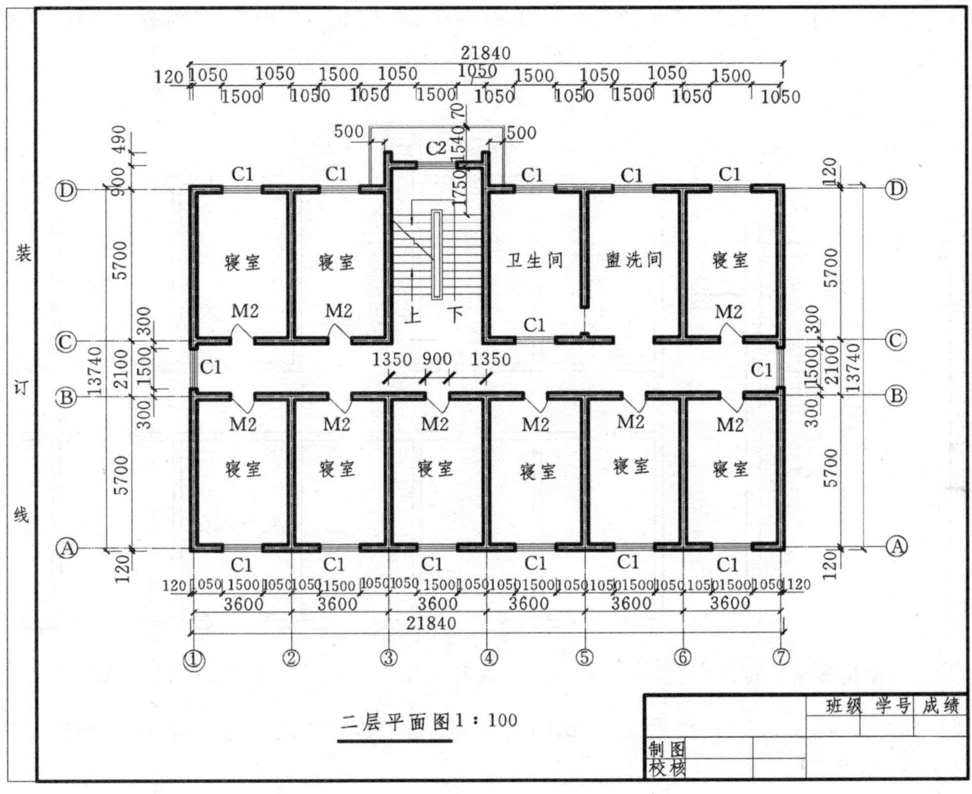

图 24－9　学生宿舍二层平面图

（3）绘制墙轴线和墙线。绘制墙轴线和墙线，如图 24－10 所示。

（4）绘制踏步和扶手。用细实线绘制楼梯踏步和扶手等线，如图 24－11 所示。

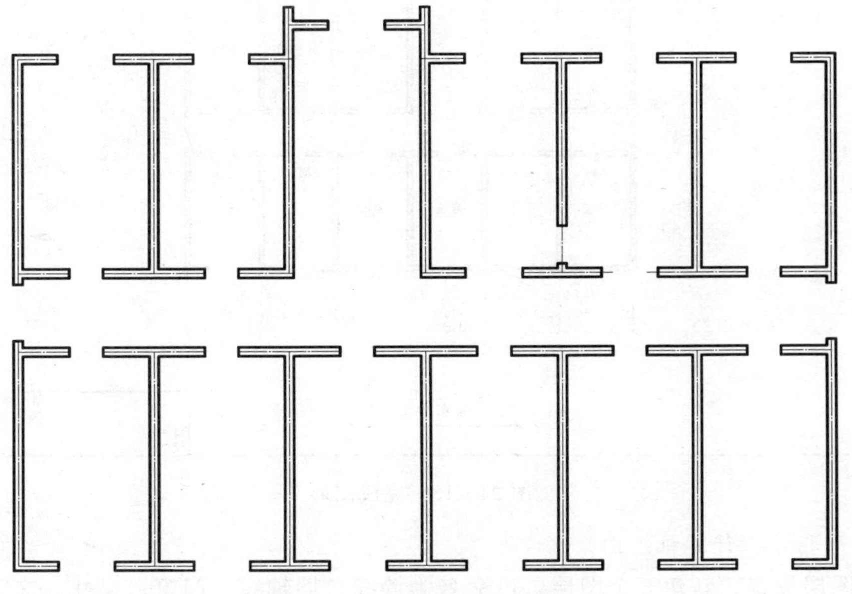

图 24－10　绘制墙线和墙轴线

（5）绘制“门”、“窗”、“雨篷”。用细实线绘制“门”、“窗”、“雨篷”等图例线，如图 24－12 所示。

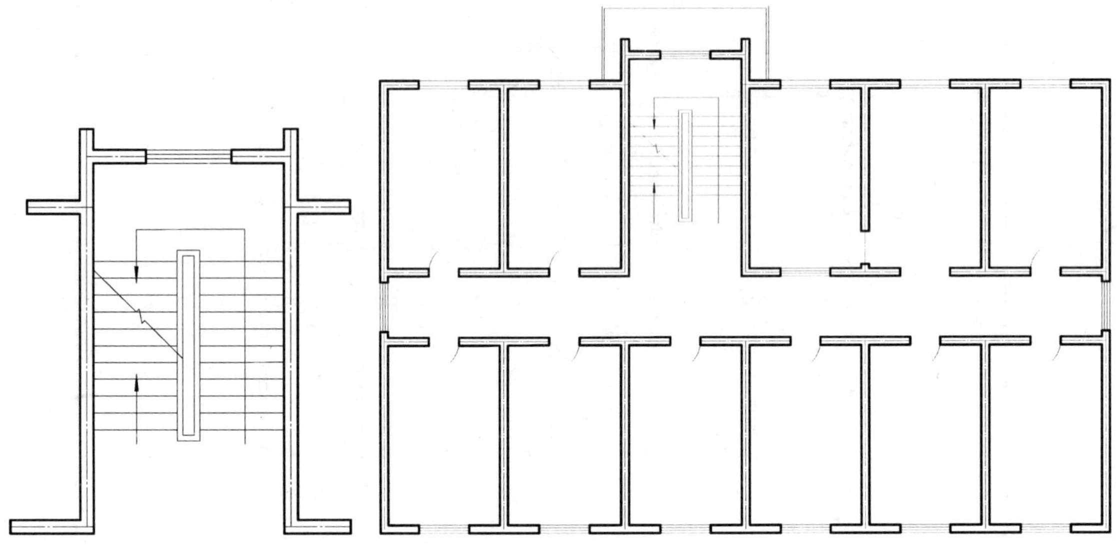

图 24－11　绘制楼梯踏步和扶手　　　　图 24－12　绘制“门”、“窗”、“雨篷”

（6）标注。标注尺寸，注写文字和门窗代号，绘制墙轴线符号，填写标题栏，完成图形如图 24－13 所示。

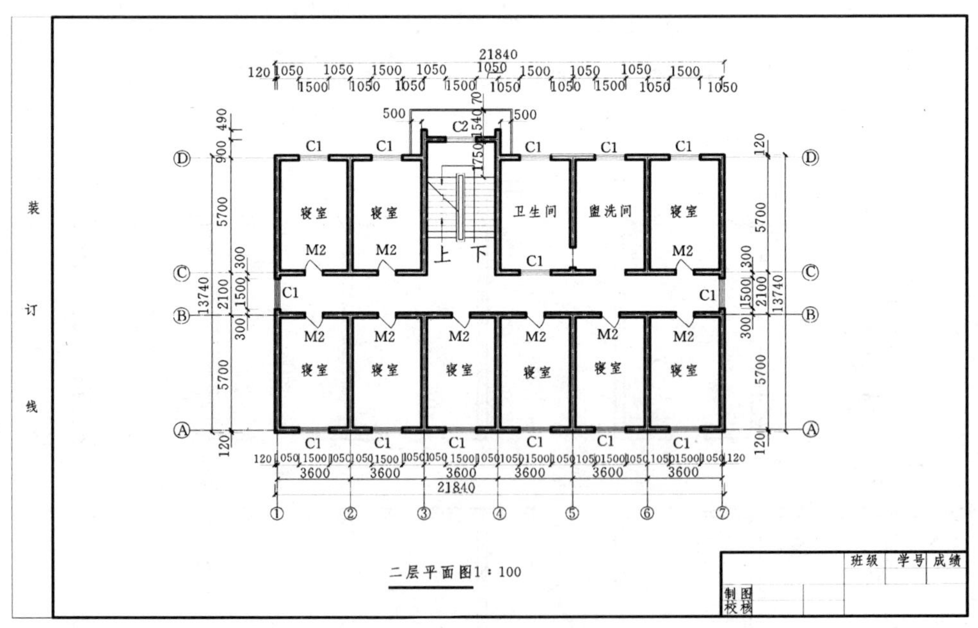

图 24－13　完成图形

4. 实训指导（计算机绘图）

（1）图层设置。新建五个图层，可命名为墙线、墙轴线、门窗、尺寸、文字。其中墙

线层线宽设为 0.5；墙轴线层线宽设为 0.13，线型设为 JIS8 _ 15；门窗、尺寸和文字层线宽为 0.13。

（2）线型比例设置。线型全局比例因子设置为 100。

（3）绘制墙轴线。将墙轴线图层设为当前层，按尺寸绘出部分墙轴线，如图 24 - 14 所示。

（4）绘制墙线。打开“新建多线样式”对话框，设置起点和端点均为“直线”封口。将墙线图层设为当前层，启用“多线”命令，在绘图前设置“对正”为“无”；“比例”为 240。绘制墙线，如图 24 - 15 所示。

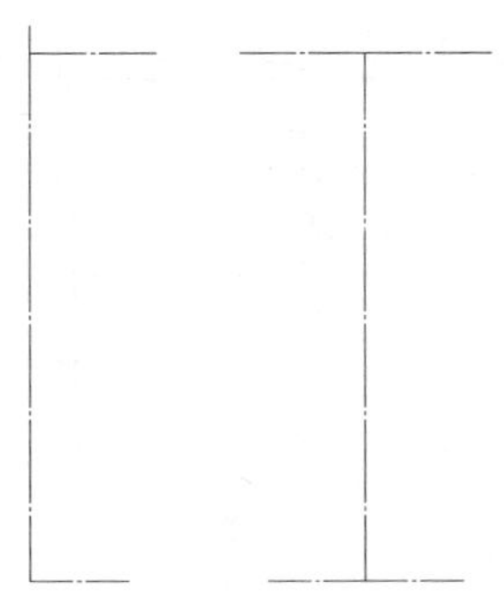

图 24 - 14　绘制墙轴线

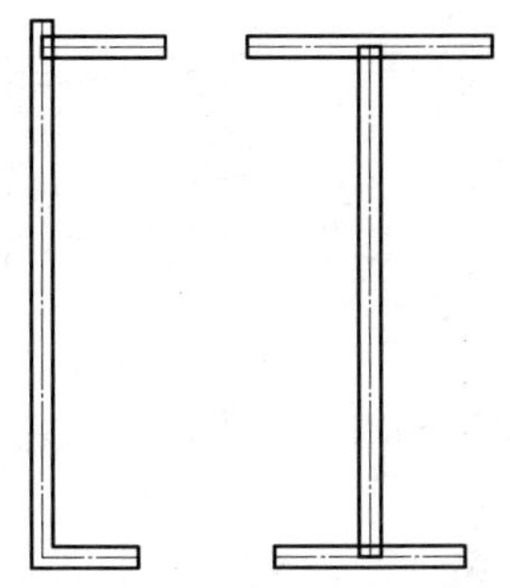

图 24 - 15　绘制墙线

（5）编辑墙线。用“多线编辑工具”，修改已绘制的墙线，如图 24 - 16 所示。

（6）绘制门、窗线。将“门窗”置为当前图层，绘制出门和窗的示意图，如图 24 - 17 所示。

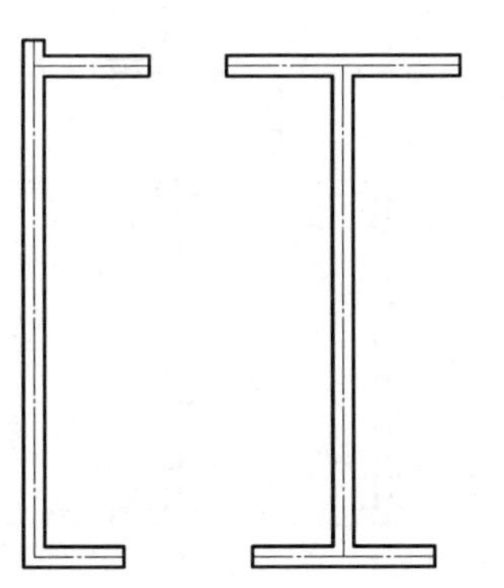

图 24 - 16　编辑墙线

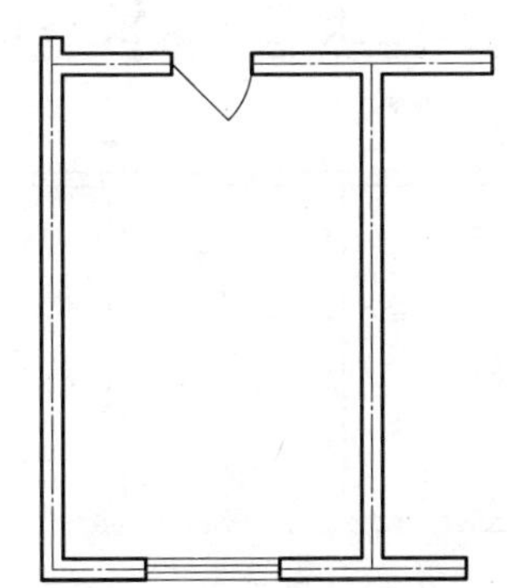

图 24 - 17　绘制门窗线

（7）阵列图形。用“矩形阵列”命令，阵列已绘出的中间墙线和门窗线，如图 24 - 18 所示。

（8）镜像边墙。用“镜像”命令，镜像边墙线，并复制出最后一个房间的门窗线，如图 24 - 19 所示。

（9）镜像已绘制图形。用“镜像”命令，镜像已绘制的图形，如图 24 - 20 所示。

（10）拉伸修改。用“拉伸”命令，修改楼梯、卫生间等处的多线，如图 24 - 21 所示。

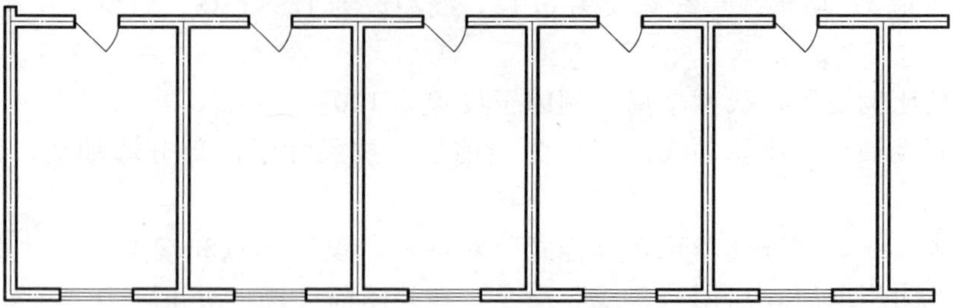

图 24-18 阵列图形

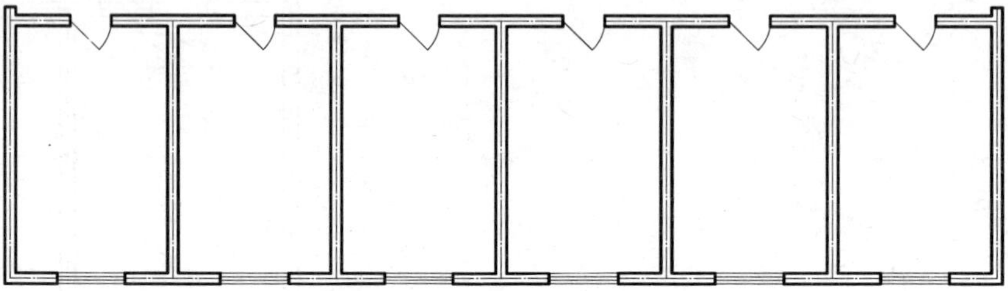

图 24-19 镜像边墙

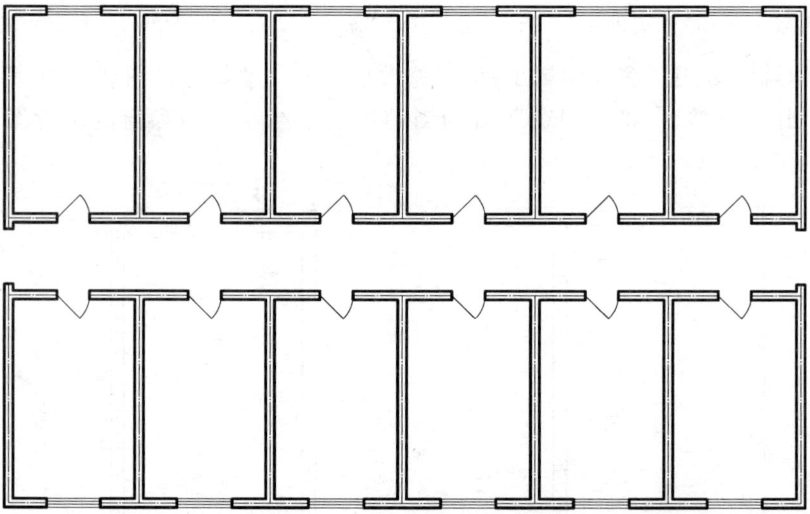

图 24-20 镜像图形

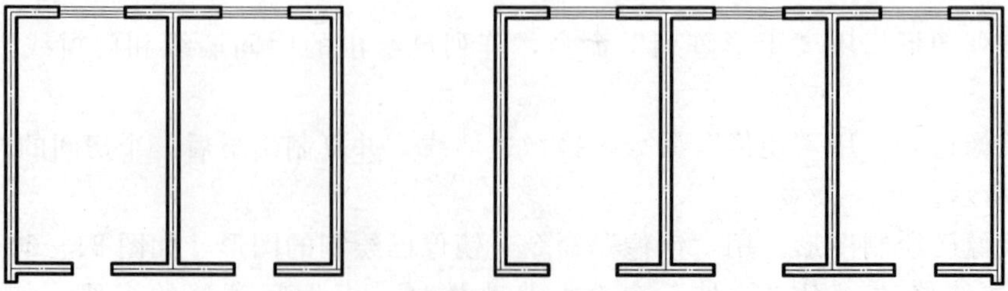

图 24-21 拉伸修改图形

（11）绘制楼梯间进口。绘制并编辑楼梯间进口处的墙轴线、墙线和窗线，如图 24－22 所示。

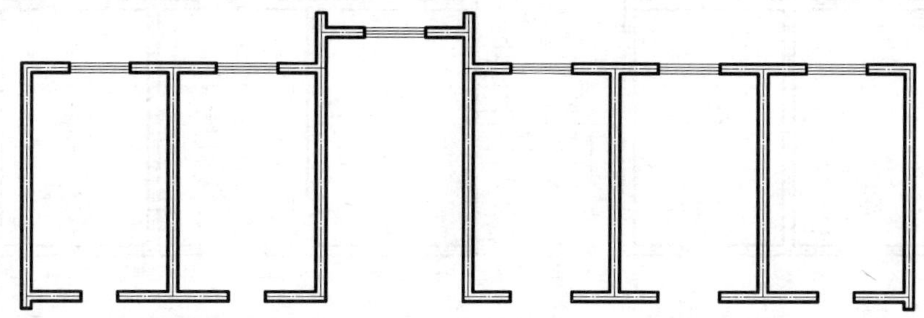

图 24－22　绘制楼梯间进口

（12）绘制踏步和扶手。将“门窗线图层”置为当前图层，绘制楼梯踏步和扶手等线，如图 24－23 所示。

（13）整理图形。绘制窗线和雨篷线，绘制和复制内门，如图 24－24 所示。

（14）注写文字。注写文字和门窗代号（文字高度设为 600，字母高度设为 400），如图 24－25 所示。

（15）标注尺寸。调出“标注”工具栏，新建并设置“标注样式”，标注全图尺寸，如图 24－26 所示。

（16）绘制墙轴线符号。绘制墙轴线符号（圆直径 800，字高 450），如图 24－27 所示。

（17）图形布局。插入图框和标题栏，并修改标题栏中的文字，如图 24－28 所示。

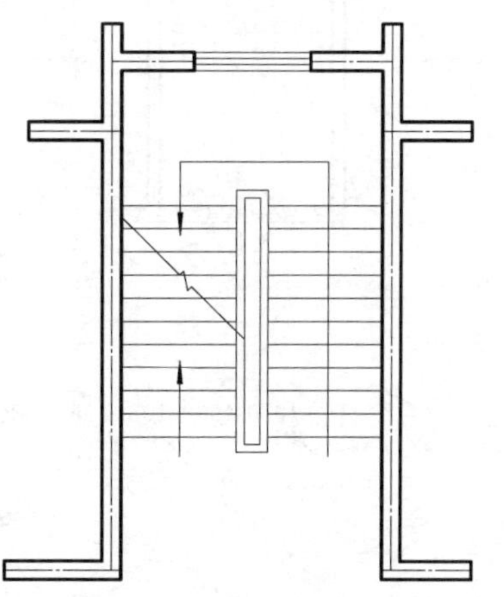

图 24－23　绘制楼梯踏步和扶手

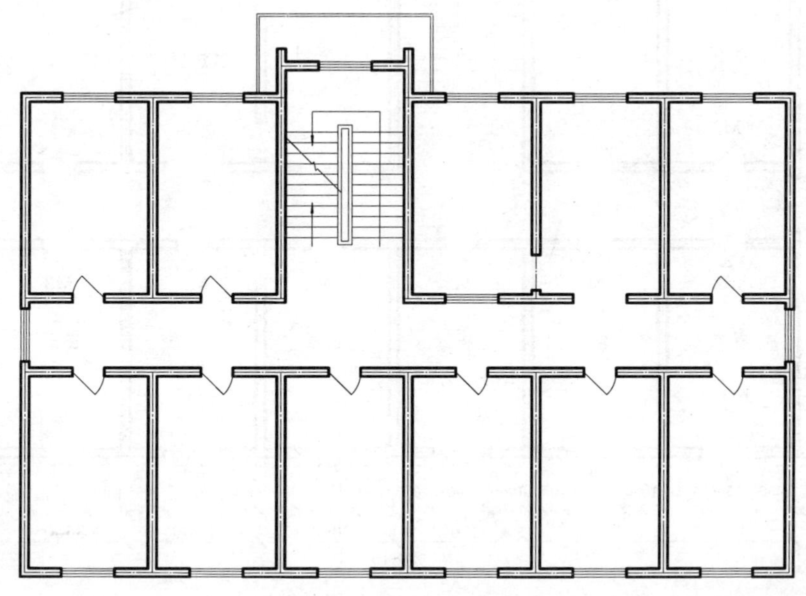

图 24－24　整理图形

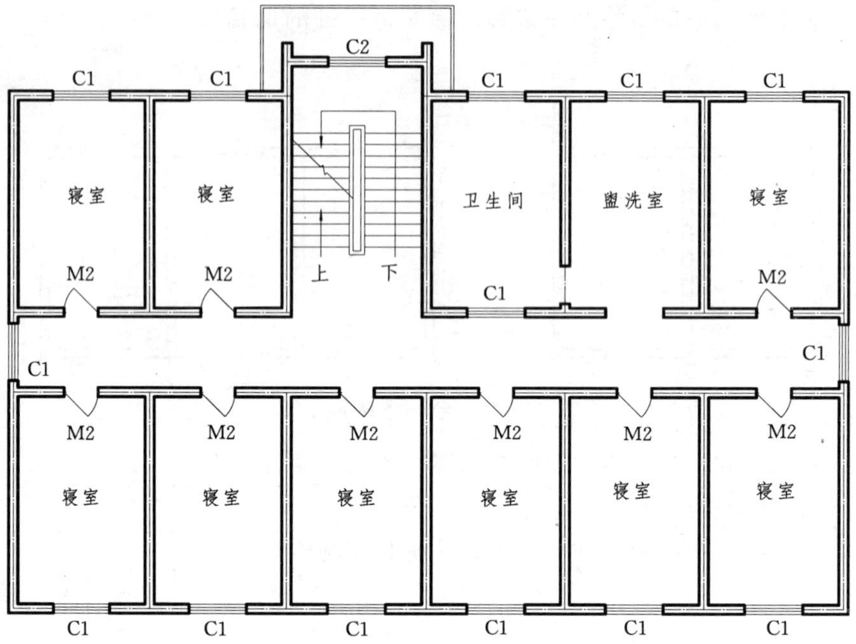

图 24-25 注写文字

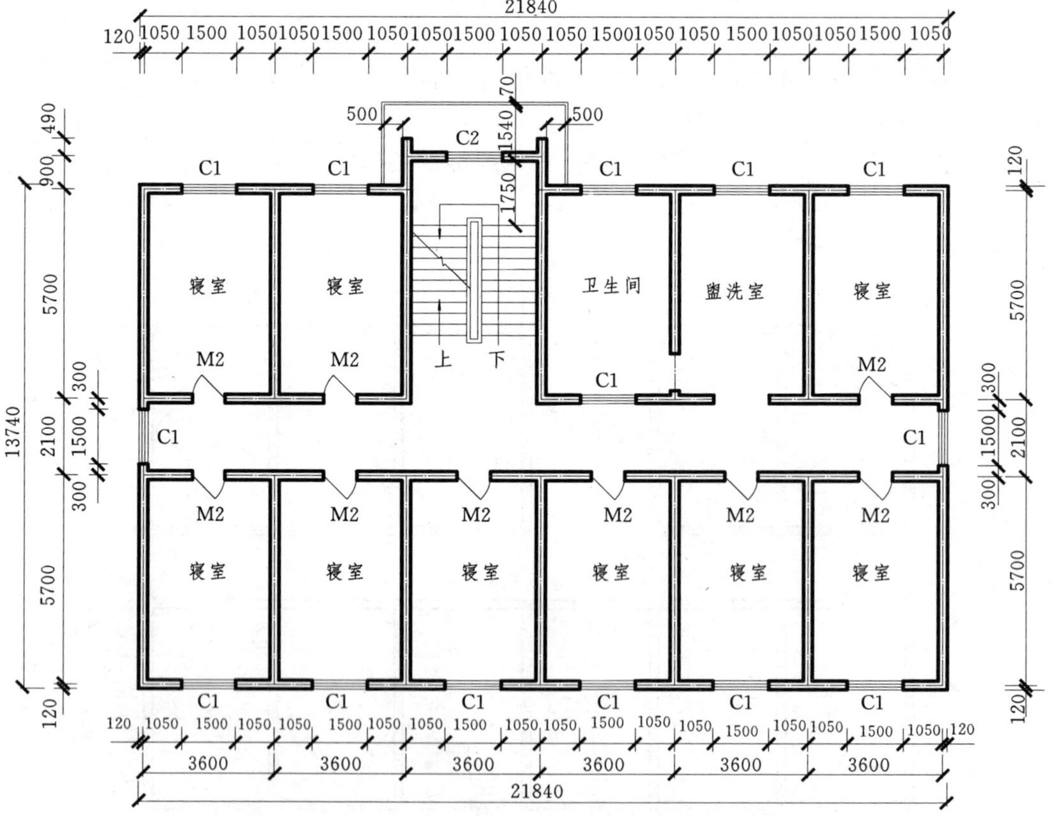

图 24-26 标注尺寸

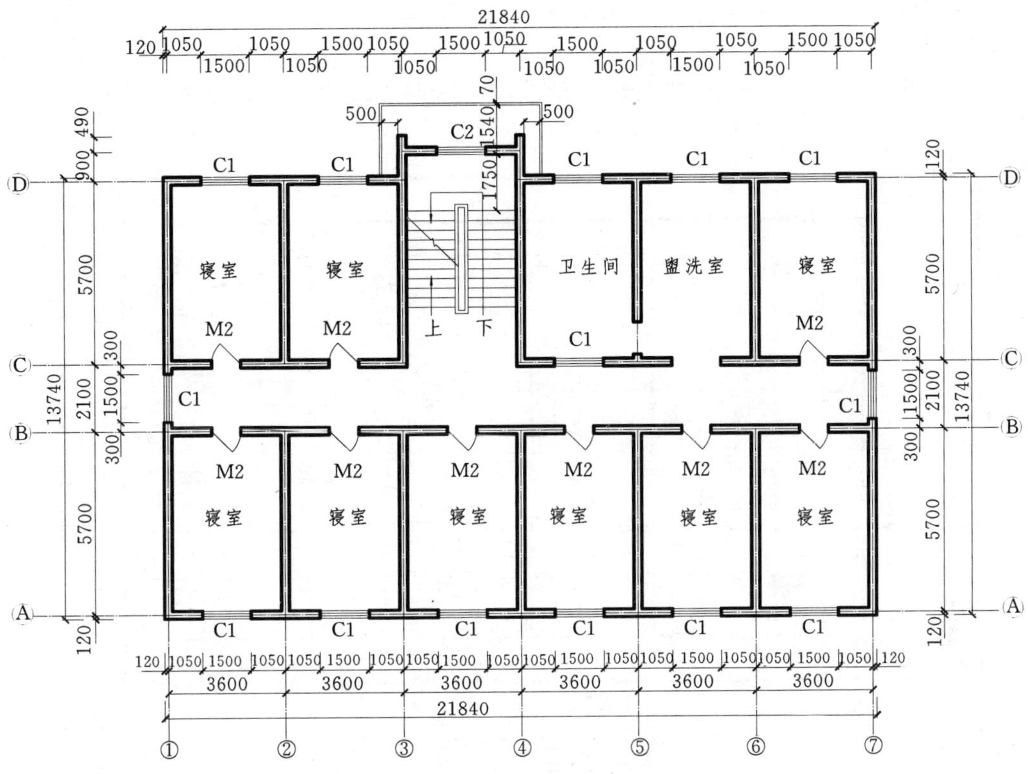

图 24－27　绘制墙轴线符号

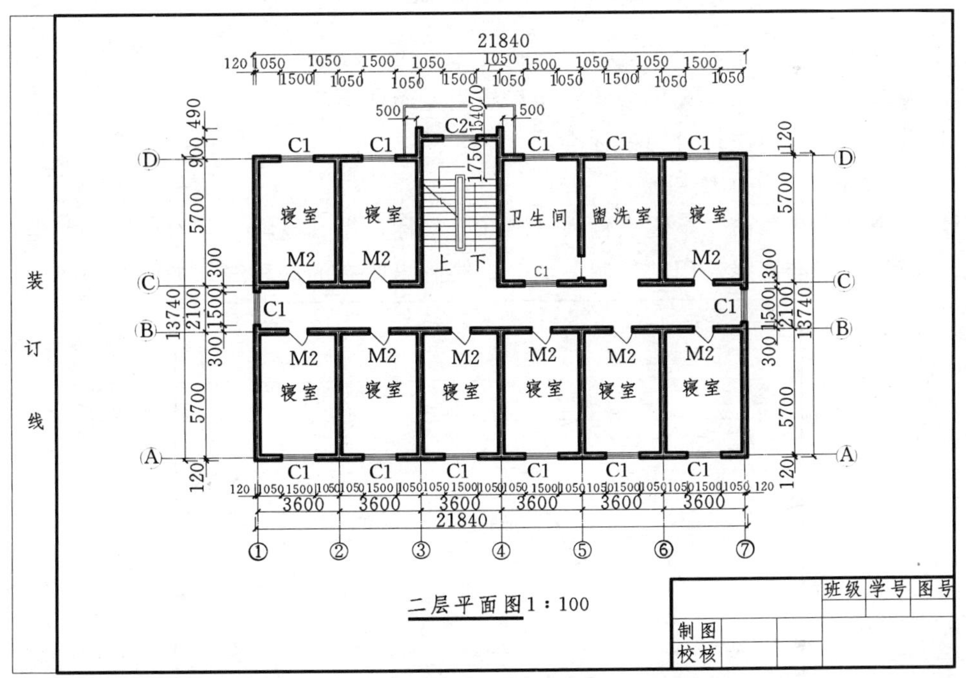

图 24－28　图形布局

（三）实训三

1. 实训任务

绘制如图 24－29 所示住宅楼建筑立面图（与图 24－28 为同一建筑物的图纸，可参考尺寸）。

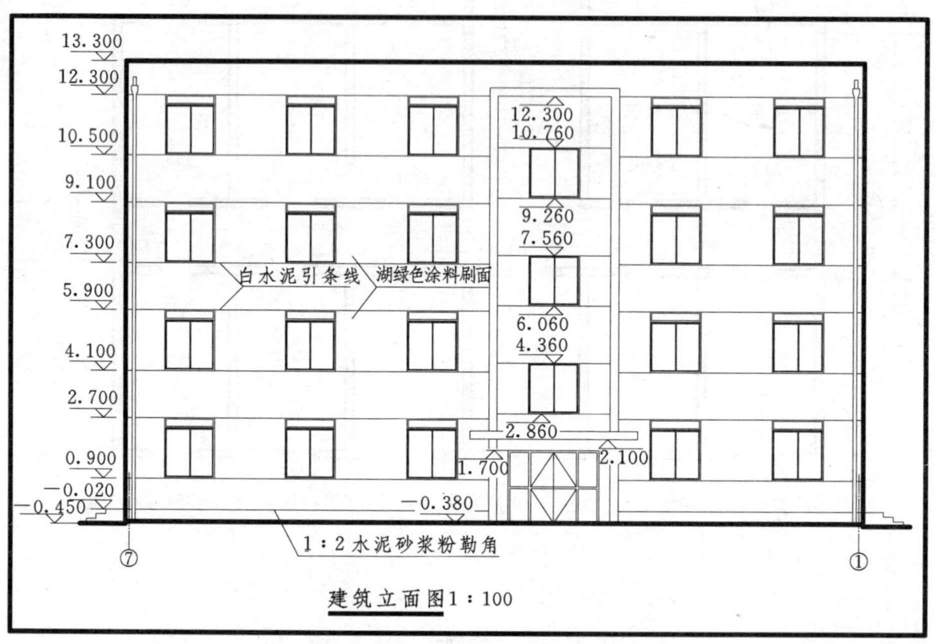

图 24－29　学生宿舍北立面图

2. 实训要求

（1）应用手工铅笔或计算机绘图，布局适当，图面清晰。

（2）图线和尺寸标注符合国家标准。

3. 实训指导（计算机绘图）

（1）启用“直线”命令，起点输入“0，0”坐标，第二点输入“21840，0”坐标，画出一条 0 高程的基准直线，用“复制”命令，绘制出所有的高程线，如图 24－30 所示。

图 24－30　绘制高程线

（2）参照平面图的位置，绘制楼梯间部分高程线，如图 24－31 所示。

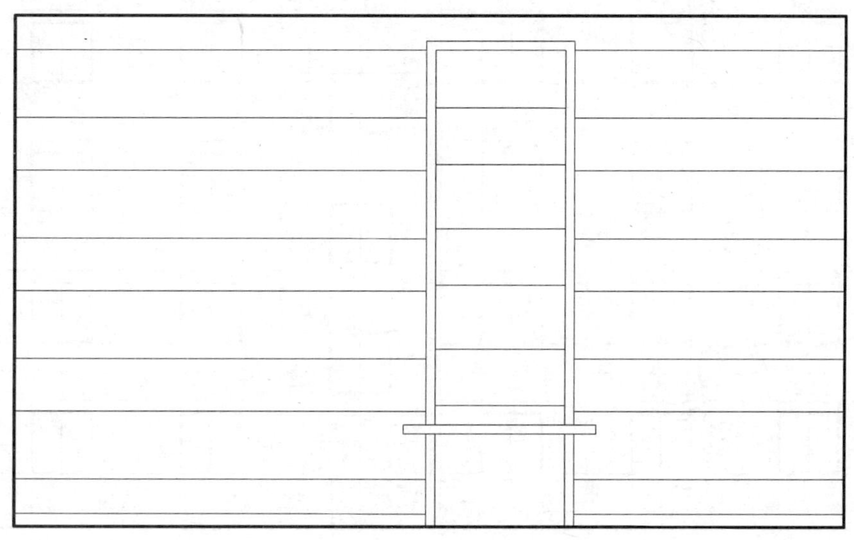

图 24－31　绘制楼梯间高程线

（3）插入或绘制窗的立面图例，如图 24－32 和图 24－33 所示。应用“多线”命令，在图中直接绘制楼门的图例，如图 24－34 所示。

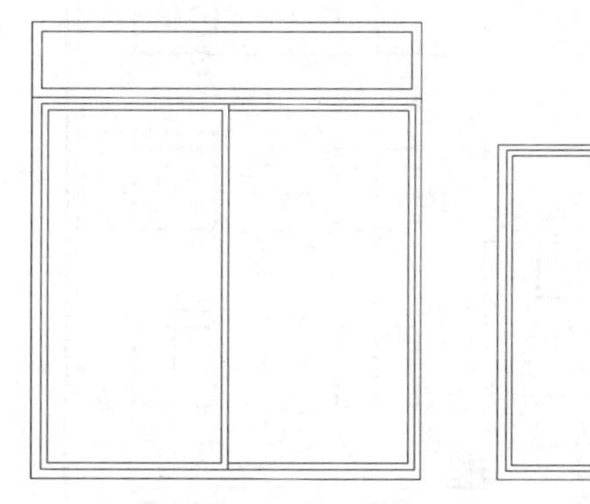

图 24－32　房间窗

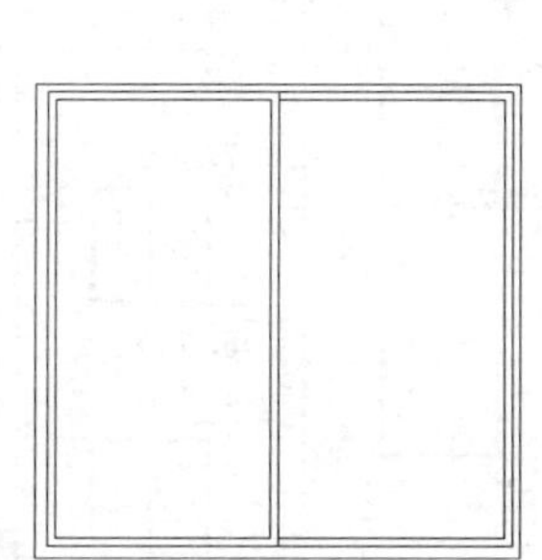

图 24－33　楼梯间窗

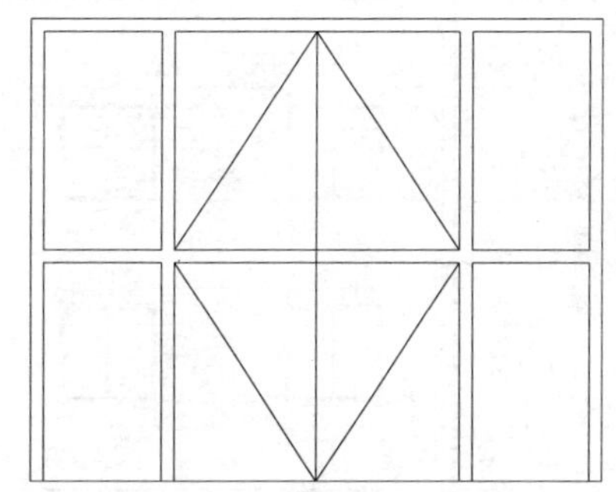

图 24－34　绘制楼门

（4）参照建筑平面图定位第一个窗子，再用“阵列”或“复制”命令，绘出所有的窗，如图 24－35 所示。

（5）新建标注样式，设置“使用全局比例”为 80，设置“文字位置”“从尺寸线偏移”为 3.5，测量单位比例因子设置为“0.001”，标注精度设为“0.000”。应用“坐标标注”命令自动生成各处高程标高数值，标注在线下的尺寸需分解后再镜像，如图 24－36 所示。

（6）绘制高程符号，尺寸高度定为 300，将其复制到各个标高尺寸下，如图 24－37 所示。

（7）整理图形、布图，如图 24－38 所示。

图 24－35　绘制门窗

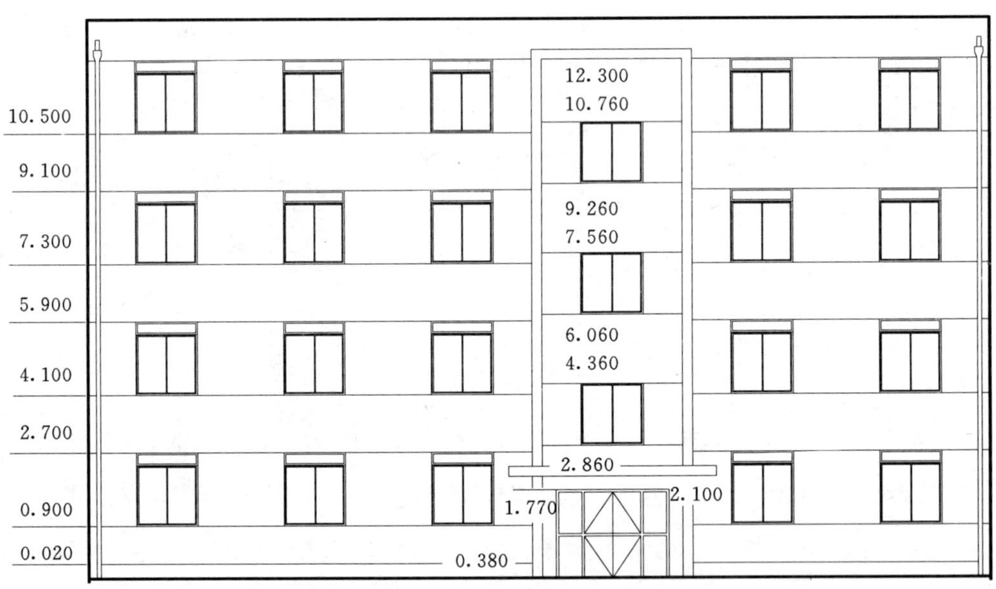

图 24－36　坐标标注

（四）实训四

1. 实训任务

绘制图 24－39 所示学生宿舍剖面图（与图 24－28 和图 24－38 为同一建筑物的图纸）。

2. 标准要求

（1）应用手工铅笔或计算机绘图，布局适当，图面清晰。

（2）图线和尺寸标注符合国家标准。

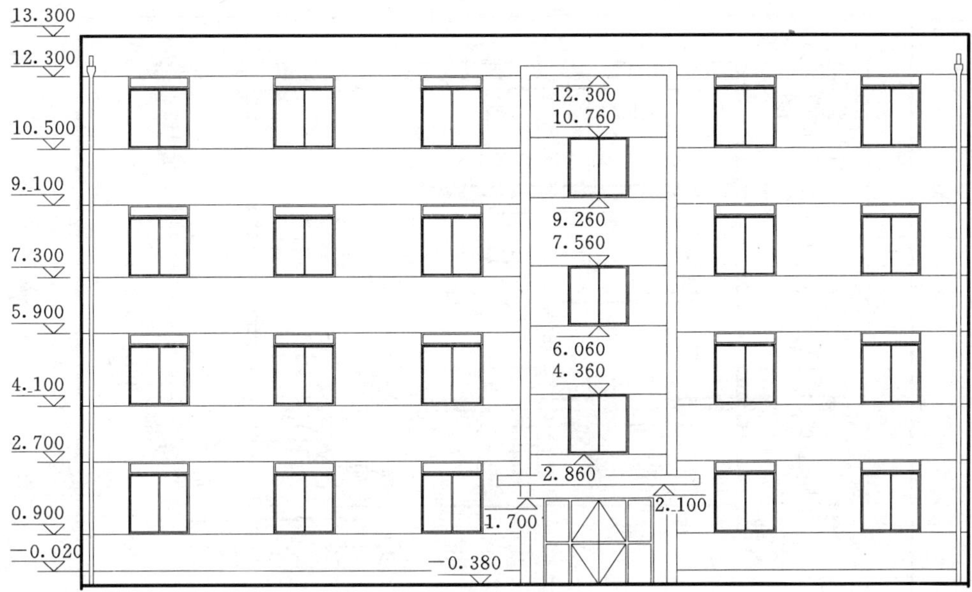

图 24－37　添加高程符号

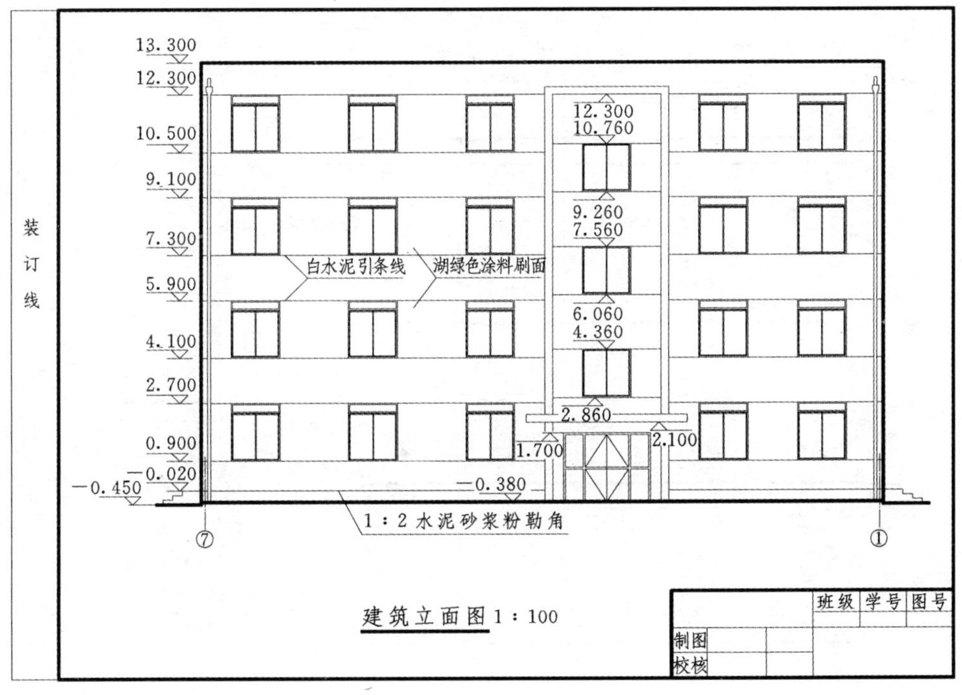

图 24－38　图形布局

3. 实训指导（计算机绘图）

（1）画出一条 0 高程的基准直线，用“复制”命令，复制出各高程直线，再对照平面图的位置或尺寸绘制墙轴线，如图 24－40 所示。

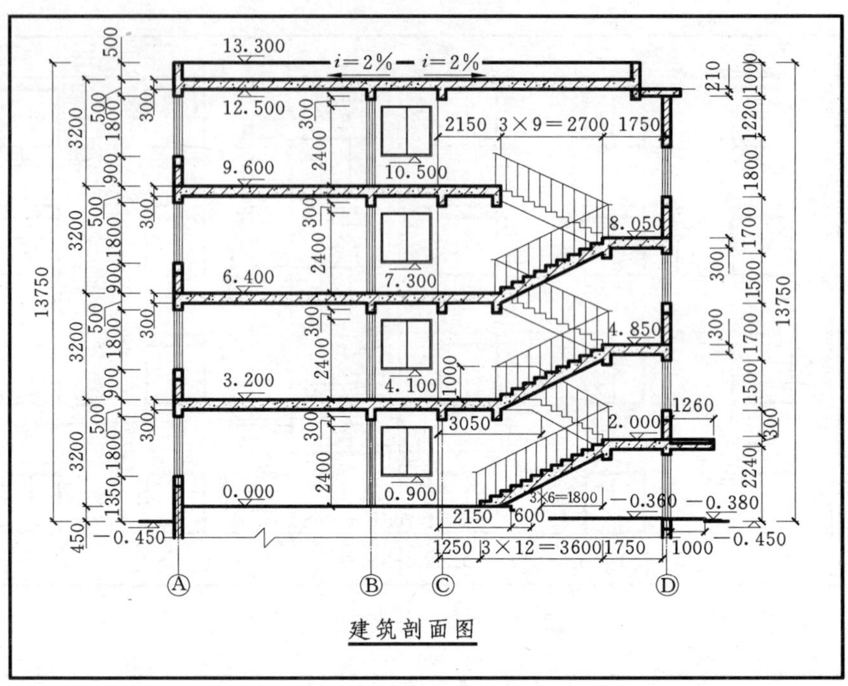

图 24-39　学生宿舍剖面图

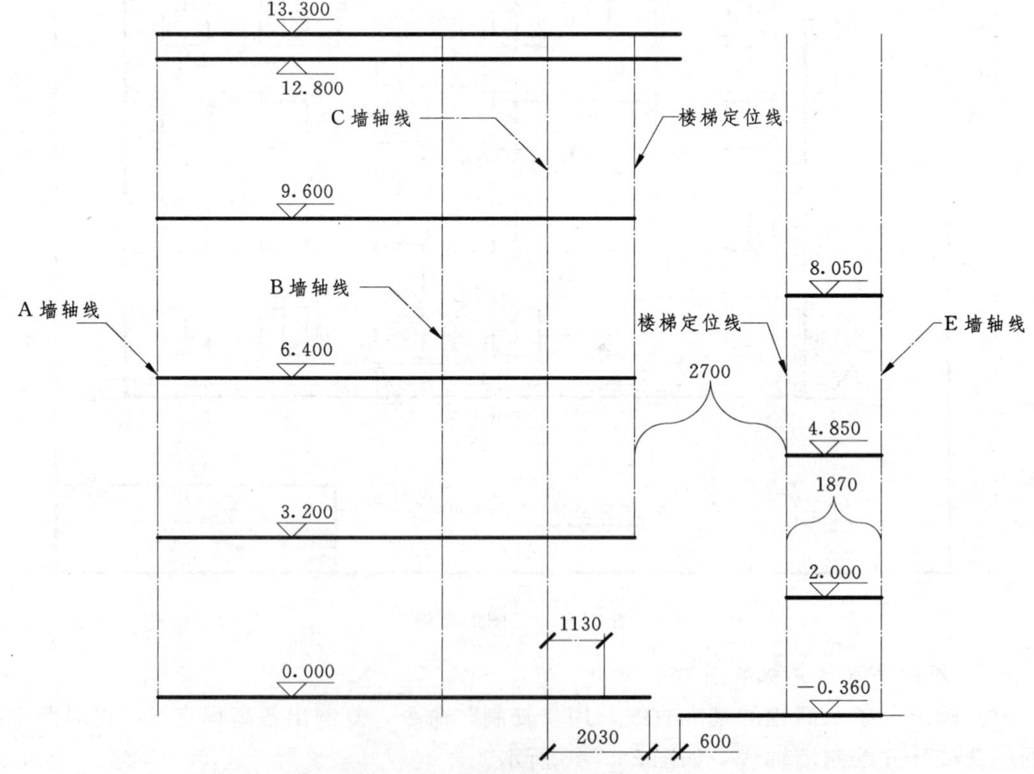

图 24-40　绘制高程线和墙轴线

(2) 在楼梯定位线之间，绘出二楼到三楼的楼梯水平长度和竖直高度辅助直线，用“点”、“定数等分”命令将水平直线9等分，竖直直线10等分。追踪两直线上的等分点画出楼梯，如图24-41所示。再用同样的方法绘制一楼到二楼的楼梯，如图24-42所示。

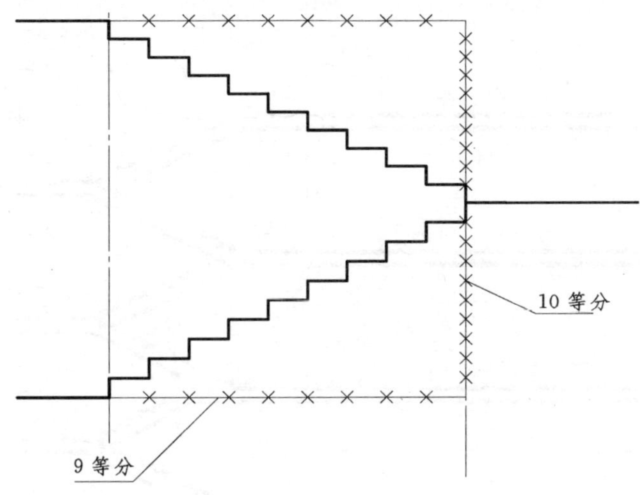

图24-41　楼梯画法

(3) 图24-43所示A、B两点为楼梯底面线的起点，绘制二楼到三楼的楼梯底面线，用同样的方法绘制一楼到二楼的楼梯底面线，再将二、三楼之间的楼梯复制到三、四楼之间，并整理楼梯图形，如图24-44所示。

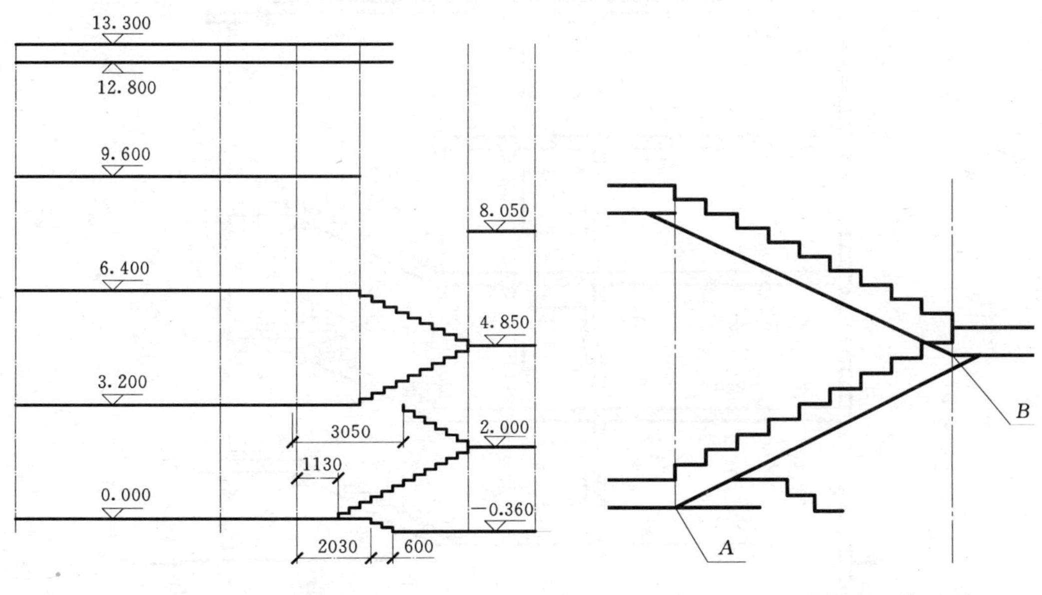

图24-42　绘制楼梯　　　　图24-43　楼梯底面线画法

(4) 用“阵列”或“复制”的方法，绘制扶手栏杆；用“多线”命令绘制扶手（高度按1100）；再绘制楼梯梁、过梁，如图24-45所示。

(5) 标注尺寸、高程、墙轴线符号，注写文字，完成图形，如图24-46所示。

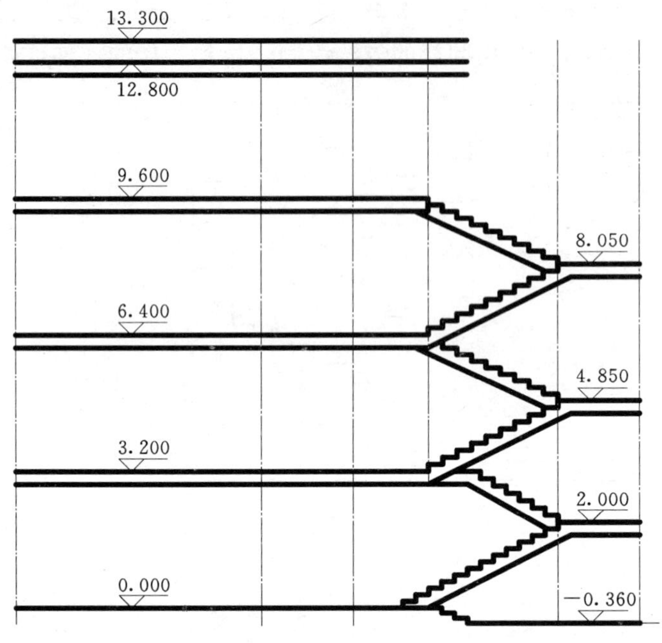

图 24-44 整理楼梯

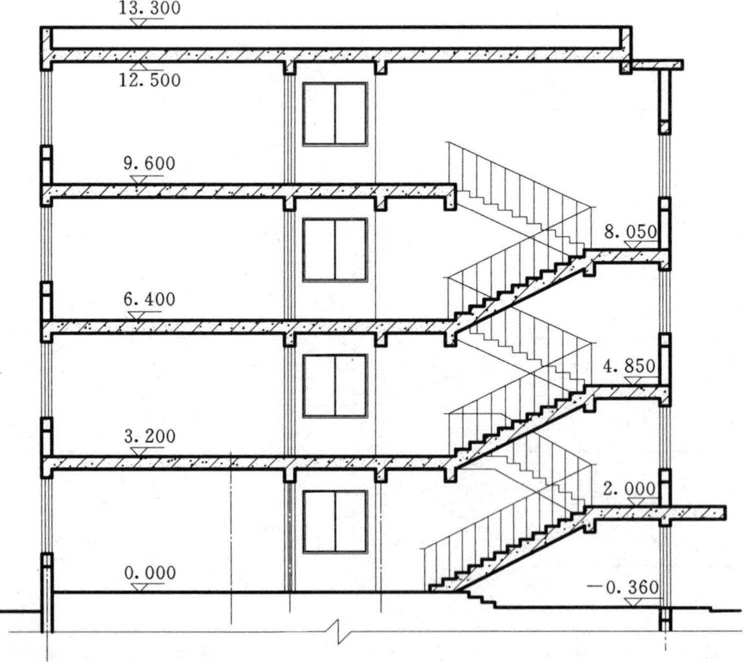

图 24-45 绘制栏杆和扶手

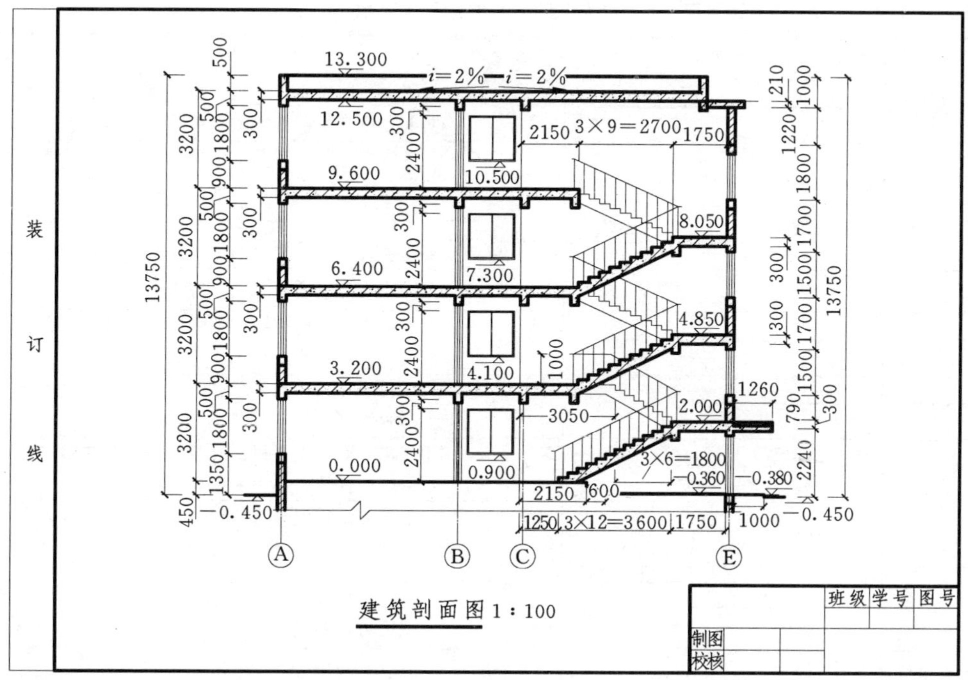

图 24－46　完成图形

任务二十五　识读和绘制钢筋混凝土结构图

一、钢筋混凝土结构图基本知识

（一）钢筋混凝土结构图概述

房屋结构施工图按房屋结构材料分为钢筋混凝土结构图、钢结构图、木结构图和砖石结构图等。

在房屋建筑中，大部分结构都是由钢筋混凝土构成，混凝土是由水泥、砂、石料和水按一定比例混合，经搅拌、浇筑、凝固、养护而成的材料，其坚硬如石。用混凝土制成的构件抗压强度较高，但抗拉强度较低，极易因受拉、受弯而断裂，因而，为了提高构件的承载力，在构件受拉区内配置一定数量的钢筋，这种由钢筋和混凝土结合而成的材料，称为钢筋混凝土。

钢筋混凝土结构图主要是表达钢筋混凝土构件内钢筋的配置情况，包括钢筋的种类、数量、等级、直径、形状、尺寸、间距等。

（二）钢筋混凝土结构图的一般规定

《房屋建筑制图统一标准》（GB 50001—2010）与《建筑结构制图标准》（GB/T 50105—2010）用于规范房屋结构施工图绘制。

1. 图线

钢筋混凝土结构施工图中各种图线的用法见表 25－1。

表 25－1　　　　结构施工图中图线的选用

名称	线型	线宽	用　途
粗实线		b	螺栓、钢筋线、结构平面图中的单线结构构件线、钢木支撑及系杆线、图名下横线、剖切线
中粗实线		$0.7b$	结构平面图及详图中剖到或可见的墙身轮廓线、基础轮廓线、钢木结构轮廓线、钢筋线
中实线		$0.5b$	结构平面图及详图中剖到或可见的墙身轮廓线、基础轮廓线、可见的钢筋混凝土构件轮廓线、钢筋线
细实线		$0.25b$	尺寸线、标注引出线、标高符号、索引符号
粗虚线		b	不可见的钢筋、螺栓线、结构平面图中的不可见的单线结构构件线及钢木支撑线
中粗虚线		$0.7b$	结构平面图中不可见构件、墙身轮廓线及不可见钢木结构构件线、不可见的钢筋线
中虚线		$0.5b$	结构平面图中不可见构件、墙身轮廓线及不可见钢木结构构件线、不可见的钢筋线
细虚线		$0.25b$	不可见钢筋混凝土构件轮廓线、基础平面图中的管沟轮廓线
粗单点长划线		b	柱间支撑、垂直支撑、设备基础轴线图中的中心线
粗双点长划线		b	预应力钢筋线
细双点长划线		$0.25b$	原有结构轮廓线

2. 常用构件代号

在结构施工图中，为了读图、绘图方便，对基础、板、梁、柱等构件的名称用代号表示。常用的构件代号见表 25－2。

表 25－2　　　　常用构件代号（GB/T 50105—2010）

类别	名称	代号	类别	名称	代号	类别	名称	代号
板	板	B	梁	过梁	GL	其他	设备基础	SJ
	屋面板	WB		连系梁	LL		承台	CT
	空心板	KB		基础梁	JL		阳台	YT
	槽形板	CB		楼梯梁	TL		桩	ZH
	折板	ZB		框架梁	KL		挡土墙	DQ
	密肋板	MB		框支梁	KZL		地沟	DG
	楼梯板	TB		屋面框架梁	WKL		柱间支撑	ZC
	盖板或沟盖板	GB	架	屋架	WJ		垂直支撑	CC
	挡雨板或檐口板	YB		托架	TJ		水平支撑	SC
	吊车安全走道板	DB		天窗架	CJ		梯	T
	墙板	QB		框架	KJ		雨篷	YP
	天沟板	TGB		刚架	GJ		梁垫	LD
梁	梁	L		支架	ZJ		预埋件	M—
	屋面梁	WL	柱	柱	Z		天窗端壁	TD
	吊车梁	DL		框架柱	KZ		钢筋网	W
	单轨吊车梁	DDL		构造柱	GZ		钢筋骨架	G
	轨道连接	DGL		暗柱	AZ		檩条	LT
	圈梁	QL	其他	基础	J		车挡	CD

图 25－1 为构件代号标注示例，6－YKB5－36－2 表示 6 块预应力空心板，板长 3600mm，板宽 500mm，荷载等级为Ⅱ级。

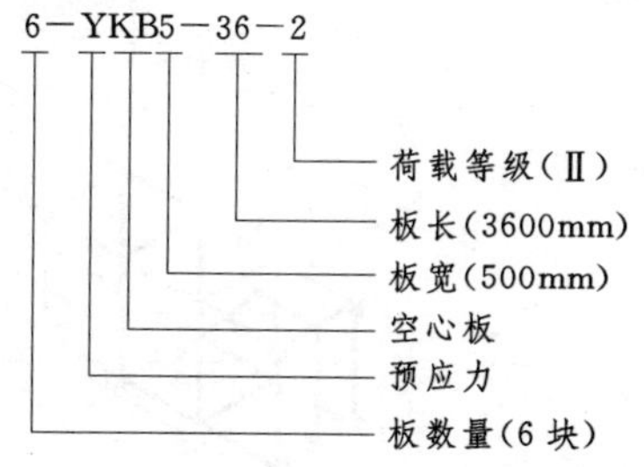

图 25－1　预应力空心板标注示意图

3. 钢筋的种类及代号

钢筋按生产工艺和抗拉强度的不同可以分为多种强度等级，根据《混凝土结构设计规范》（GB 50010—2010），常用的钢筋种类和代号见表 25－3，供标注与识别之用。

表 25－3　钢筋的种类及代号

种类	符号	d（mm）
HPB235（Q235）	Φ	6～22
HRB335（20MnSi）	Φ	6～50
HRB400（20MnSiV、20MnSiNb、20MnTi）	Φ	6～50
RRB400（K20MnSi）	$Φ^R$	6～50

表中 HPB235 为光圆钢筋；HRB335、HRB400 为人字纹钢筋；RRB400 为光圆或螺纹钢筋，其中 235、335、400 为强度值。

4. 构件中钢筋的分类和作用

如图 25－2 所示，根据在构件中所起的作用不同，钢筋可分为以下几类：

(1) 受力筋。在构件中主要用来承受拉力，有时也承受压力和剪力的钢筋。

(2) 架立筋。在构件中主要用来固定受力钢筋和箍筋的位置，一般用于钢筋混凝土梁中。

(3) 箍筋（也称钢箍）。在构件中主要用来固定钢筋的位置，承受部分拉力和剪力，使钢筋形成坚固的骨架，这种钢筋多用在梁、柱中。

(4) 分布筋。这种钢筋多用在板中，与受力筋垂直布置，将所受外力均匀地传给受力筋，并固定受力筋的位置，使受力筋和分布筋组成一个共同受力的钢筋网。

(5) 构造筋。因构件的构造要求和施工安装需要配置的钢筋。架立筋和分布筋也属于构造筋。

(6) 其他钢筋。如吊钩、锚筋以及施工中常用的支撑等。

5. 钢筋的弯钩

为了增强钢筋与混凝土之间的黏结力，不使钢筋与混凝土之间发生相对滑动，常将光圆钢筋的两端做成弯钩。弯钩的形式和尺寸有多种，可查有关规定和规范。如采用人字纹钢筋或螺纹钢筋，一般不做弯钩。如图 25－3 所示为几种弯钩的图示尺寸。

6. 钢筋的保护层

为防止钢筋不受环境影响而产生锈蚀，保证钢筋与混凝土的有效黏结，钢筋边缘到混凝土表面应留有一定厚度的混凝土，称为钢筋的保护层。混凝土保护层的最小厚度视结构的不同而异。在《混凝土结构设计规范》（GB 50010—2010）中对构件的保护层厚度作了规定，见表 25－4。

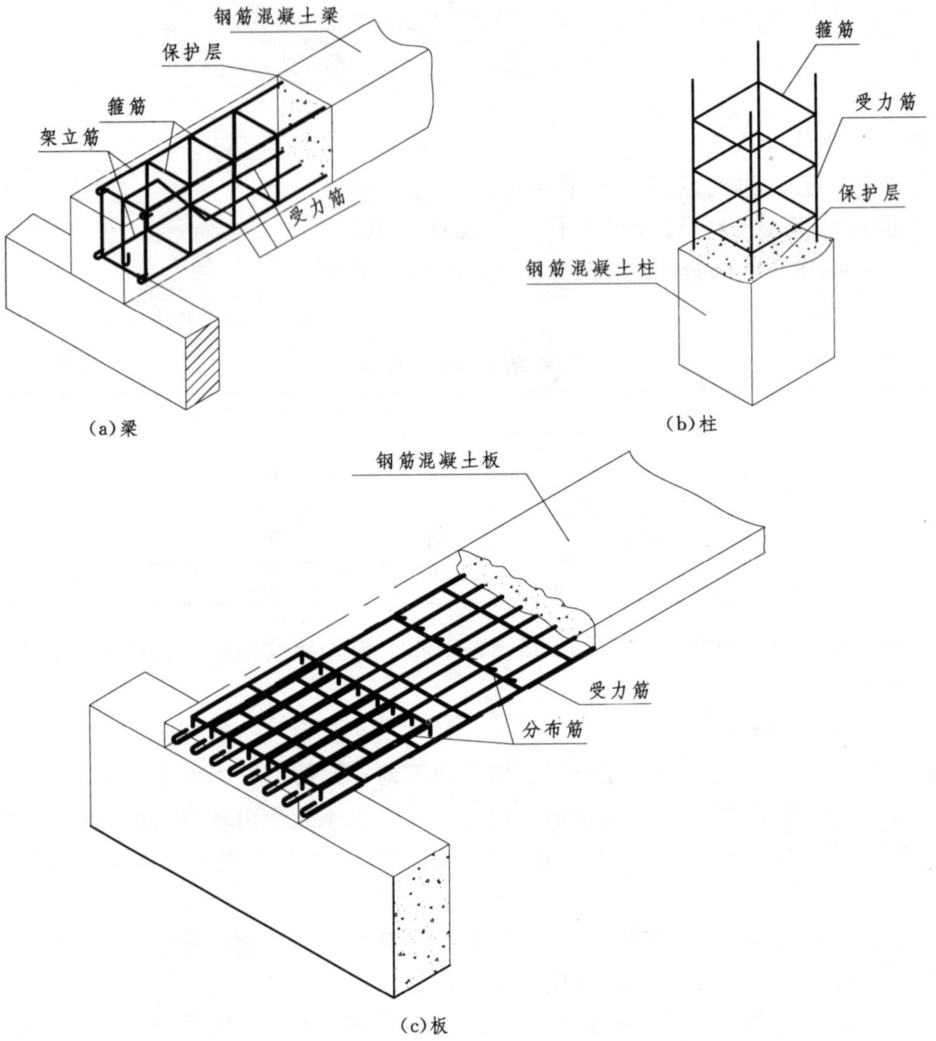

钢筋混凝土梁
保护层
箍筋
架立筋
受力筋
(a)梁
箍筋
受力筋
保护层
钢筋混凝土柱
(b)柱
钢筋混凝土板
受力筋
分布筋
(c)板

图 25-2　梁、柱、板构件中钢筋分类示意图

3d
d
3.5d
2.25d
3d
d
6.25d
2.25d
3d
45°
d
4.9d
2.25d
R=10d
R=2.5d
135°
90°
R=10d
45°

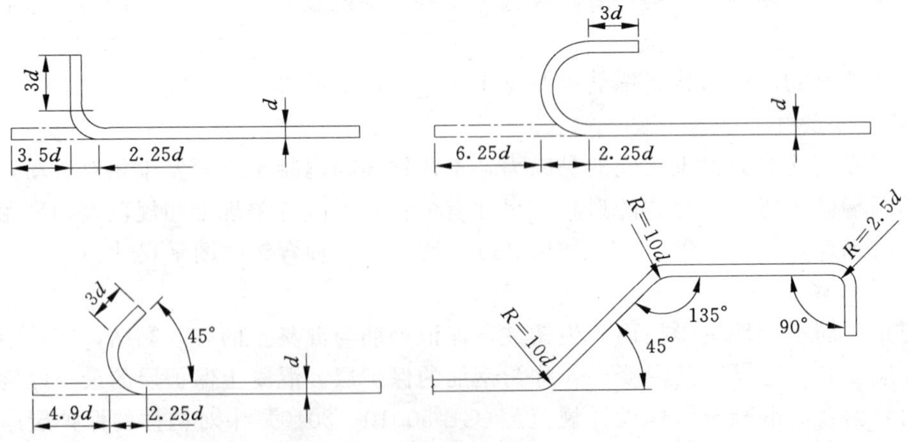

图 25-3　钢筋的弯钩形式示意图

表 25-4　　使用年限为50年的混凝土结构最小保护层厚度

环境类别	板、墙、壳	梁、柱、杆
一	15	20
二 a	20	25
二 b	25	35
三 a	30	40
三 b	40	50

7. 钢筋图例

一般常用钢筋的图例见表 25-5。

表 25-5　　一般常用钢筋图例

序号	名　称	图　例	说　明
1	钢筋横断面		
2	无弯钩的钢筋端部		下图表示长、短钢筋投影重叠时，短钢筋的端部用45°斜划线表示
3	带半圆形弯钩的钢筋端部		
4	带直钩的钢筋端部		
5	带丝扣的钢筋端部		
6	无弯钩的钢筋搭接		
7	带半圆弯钩的钢筋搭接		
8	带直钩的钢筋搭接		
9	花篮螺丝钢筋接头		
10	机械连接的钢筋接头		用文字说明机械连接的方式（如冷挤压或直螺纹等）

8. 钢筋画法

在钢筋混凝土构件图中钢筋的常规画法见表 25-6。

表 25-6　　钢筋的常规画法

序号	说　明	图　例
1	在结构楼板中配置双层钢筋时，底层钢筋的弯钩应向上或向左，顶层钢筋的弯钩则向下或向右	（底层）（顶层）

续表

序号	说　明	图　例
2	钢筋混凝土墙体配双层钢筋时，在配筋立面图中，远面（YM）钢筋的弯钩应向上或向左，而近面（JM）钢筋的弯钩向下或向右	
3	若在断面图中不能清楚地表达钢筋布置，应在断面图外增加钢筋大样图（如钢筋混凝土墙、楼等）	
4	图中所表示的箍筋、环筋等若布置复杂时，可加画钢筋大样图及说明	或
5	每组相同的钢筋、箍筋或环筋，可用一根粗实线表示，同时用一两端带斜短划线的横穿细线，表示其余钢筋及起止范围	

9. **钢筋的编号**

在钢筋混凝土构件的配筋图中，为了区分各种类型和不同直径的钢筋，钢筋必须进行编号，每类钢筋（即形式、规格、长度相同的钢筋）无论根数多少只编一个号。编号顺序应有规律，一般为自下而上、自左至右、先受力筋，后架立筋、箍筋和构造筋，有多少种同类型钢筋就编多少个号。编号采用阿拉伯数字，注写在引出线端直径为 6mm 的细实线圆中。

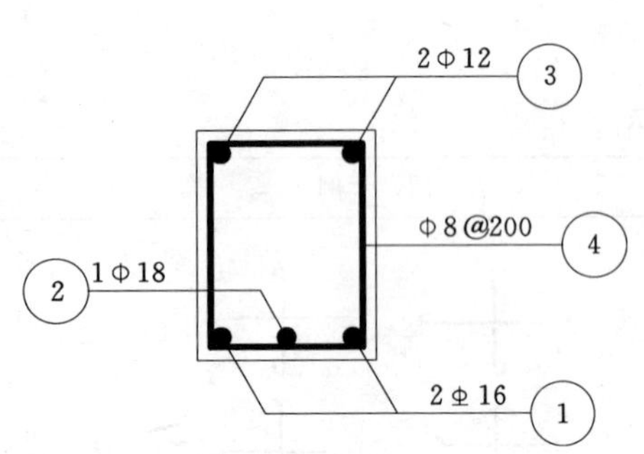

图 25-4　钢筋编号示意图

除了对同种类型的钢筋进行编号外，还应在引出线上注明该种钢筋的直径、间距和根数。下面通过图 25-4 所示示例说明钢筋的编号方式和标注含义。

图例中：

受力筋两种，包括编号为“1”的两根直径 16mm 的 HRB335 钢筋和编号为“2”的一根直径 18mm 的 HPB235 钢筋。

架立筋一种，编号为“3”的两根直径 12mm 的 HPB235 钢筋。

箍筋一种，编号为“4”的直径 8mm、间距 200mm 的 HPB235 钢筋。

二、钢筋混凝土结构图图示方法

在绘制钢筋混凝土结构图时，假设混凝土为透明体，在轮廓线内将钢筋布置情况画出，为了突出钢筋的表达，制图标准规定：图内不画混凝土剖面材料符号，钢筋用粗实线，钢筋的截面用小黑点，构件的轮廓线用细实线。钢筋混凝土结构图不仅表示混凝土构件的外部形状和尺寸，更重要的是表示钢筋在构件中的位置、数量、种类和直径等。它一般包括钢筋布置图、钢筋成型图、钢筋表等内容。

1. 钢筋布置图

钢筋布置图主要是表明构件内部钢筋的分布情况，一般选用视图、断面图综合表达。图 25 - 5 所示是用平面图表示的现浇楼板钢筋布置图，图 25 - 6 所示是用立面图来表示的钢筋混凝土梁钢筋布置图。钢筋布置图是钢筋绑扎的依据。

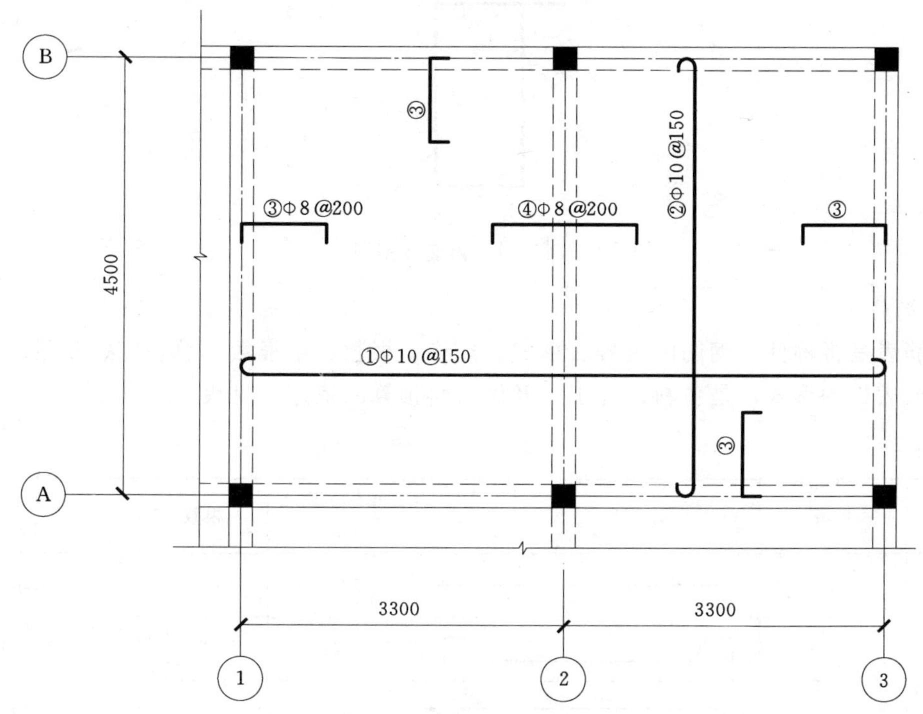

图 25 - 5　楼板结构平面布置图

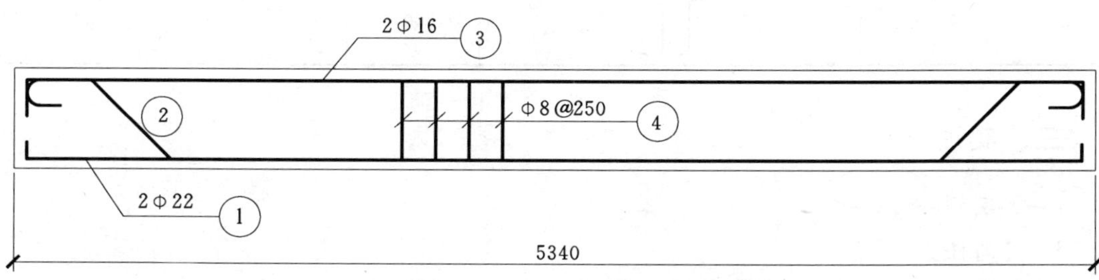

图 25 - 6　梁钢筋立面布置图

2. 钢筋成型图

钢筋成型图用来表达构件中每根钢筋加工成型后的形状和尺寸，如图 25-7 所示。在图上直接标注钢筋各部分的实际尺寸，并注明钢筋的编号、根数、直径以及单根钢筋的断料长度，是钢筋断料和加工的依据。

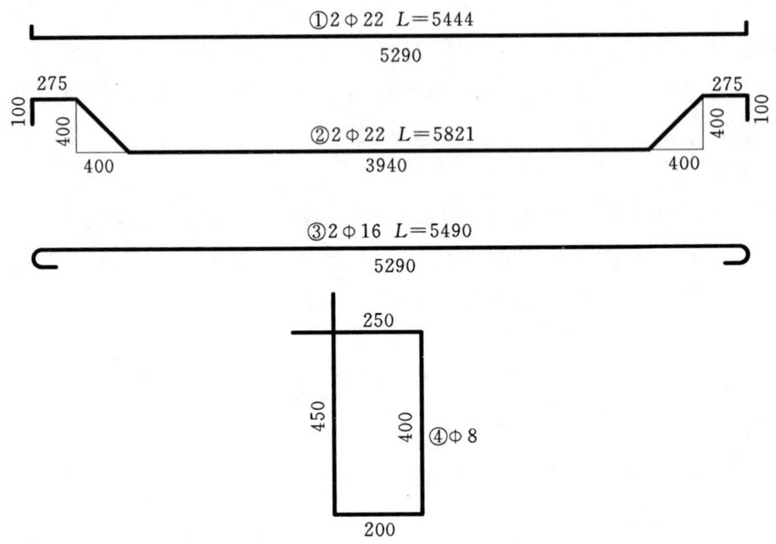

图 25-7 钢筋成型图

3. 钢筋表

钢筋表是将构件中钢筋的编号、形式、规格、根数、单根数、总长度、重量和备注等内容列成表格的形式，是备料、加工以及做材料预算的依据，见表 25-7。

表 25-7 **钢 筋 表**

编号	规格	简 图	单根长度 (mm)	根数	重量 (kg)
①	Φ22		5444	2	7.53
②	Φ22		5821	2	11.66
③	Φ16		5490	2	1.58
④	Φ18		1300	22	6.32

三、实训

(一) 实训一

1. 实训任务

识读图 25-8 所示梁钢筋结构图，并抄画该建筑结构图。

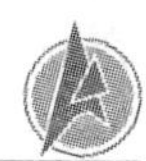

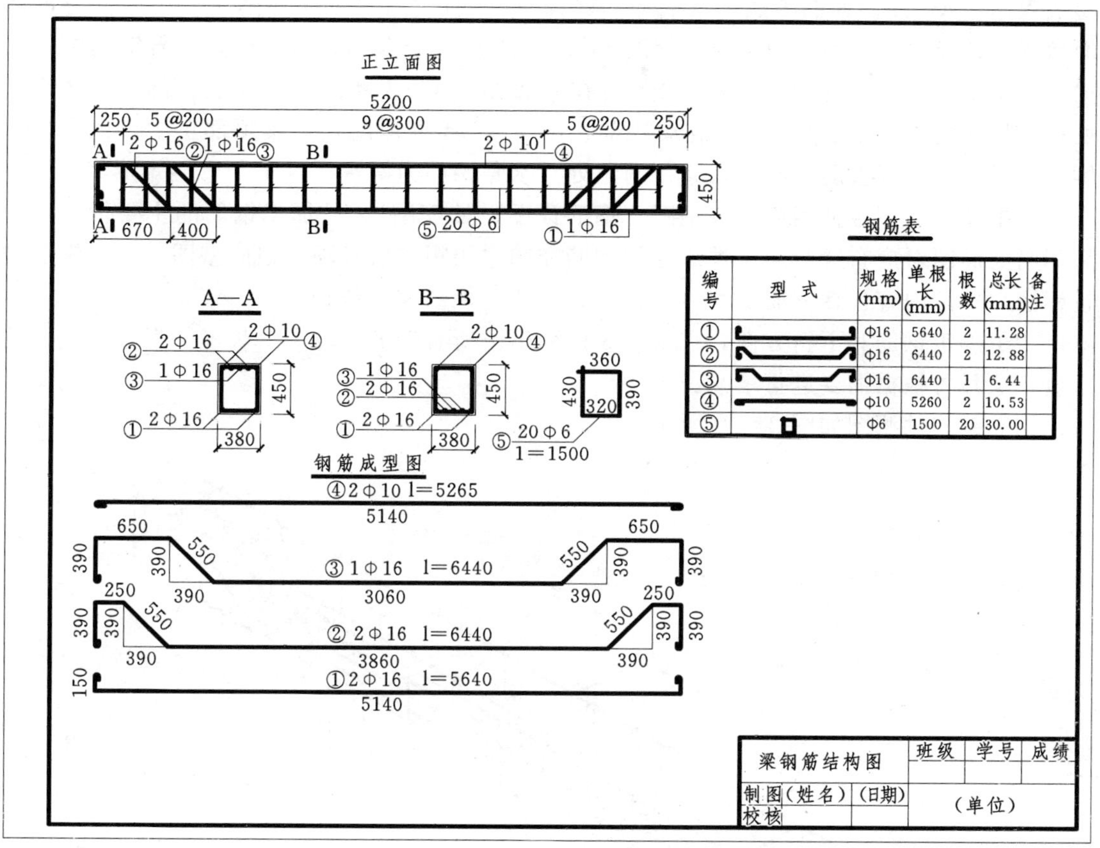
正立面图
5200
250 5@200 9@300 5@200 250
2Φ16 ② 1Φ16 ③
2Φ10 ④
450
670 400
⑤ 20Φ6
① 1Φ16
A—A
B—B
② 2Φ16
③ 1Φ16
① 2Φ16
2Φ10 ④
380
20Φ6
l=1500
钢筋成型图
④2Φ10 l=5265
5140
③ 1Φ16 l=6440
3060
② 2Φ16 l=6440
3860
① 2Φ16 l=5640
钢筋表
编号 型式 规格(mm) 单根长(mm) 根数 总长(mm) 备注
① Φ16 5640 2 11.28
② Φ16 6440 2 12.88
③ Φ16 6440 1 6.44
④ Φ10 5260 2 10.53
⑤ Φ6 1500 20 30.00
梁钢筋结构图
班级 学号 成绩
制图（姓名）（日期）
校核
（单位）

图 25－8　梁钢筋结构图

2. 实训要求

（1） A3 图纸，按教师要求进行手工绘图或计算机绘图。

（2） 正确进行绘图过程设计，尺寸标注符合国家标准。

（3） 图面布局适当，图线、标注清晰。

3. 实训指导（识图）

图 25－8 为一单跨简支梁的钢筋结构图，包括配筋立面图、配筋断面图、钢筋成型图和钢筋表。

在配筋立面图中，梁长 5200mm，梁的轮廓线用中实线，各种规格的钢筋用粗实线。其中①号钢筋 2 根，为两端带有半圆弯钩的受力筋，配置在梁底；②号钢筋 2 根，为弯起受力筋，中间段在梁底，距梁两端 670mm 时向上弯起，弯起角度为 45°至梁顶，到梁两端时又垂直向下弯起至梁底部；③号钢筋 1 根，也为弯起受力筋，中间段在梁底，距梁两端 1070mm 时向上弯起，弯起角度为 45°至梁顶，到梁两端时又垂直向下弯起至梁底部；④号钢筋 2 根，为配置在梁顶的架立筋，沿梁通长布置，不带弯钩；⑤号钢筋 20 根，为沿梁纵向布置的箍筋，中部 10 根间距为 300mm，两端各 5 根间距 200mm。

图中 *A—A*、*B—B* 为该梁的配筋断面图，主要表达了梁的截面形状、尺寸大小、各钢筋的位置和箍筋的形状，不画混凝土的材料图例。梁断面轮廓线用细实线，各钢筋用粗实线表达。A—A 断面图表达了梁端部的断面形状，B—B 断面图表达了梁中间部分的断面形状。通过这两个断面图可知，梁的断面是 380mm×450mm 的矩形，①号钢筋配置在梁底两角处；②号钢筋 B—B 断面外配置在梁底部，A—A 断面配置在梁顶部，为弯起钢筋；③号钢筋 B—B 断面外配置在梁底部正中，A—A 断面配置在梁顶部正中，也为弯起钢筋；④号为 2 根直筋，配置在梁顶两角处；⑤号钢筋为两端带有 135°弯钩矩形箍筋。

图中还画出了各种钢筋的成型图（钢筋详图、抽筋图），是加工钢筋的主要依据，应和钢筋立面图对应布置。同一种编号的钢筋在图中用粗实线只画一根成型图，并对钢筋进行标注，标注内容包括钢筋的编号、直径、种类、根数和下料长度。

为了加工钢筋和下料方便，在钢筋表中列出了所有钢筋的种类、长度、根数和钢筋的重量，项目可根据需要进行增减。

钢筋结构轴测图如图 25 - 9 所示。

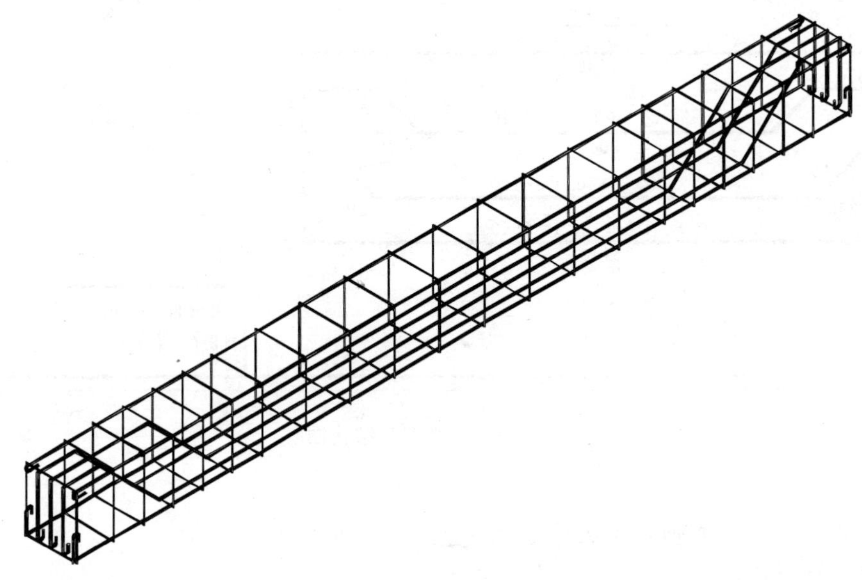

图 25 - 9　钢筋结构轴测图

4. 实训指导（绘图）

（1）先按尺寸绘制受力筋和架立筋成型图，如图 25 - 10 所示。

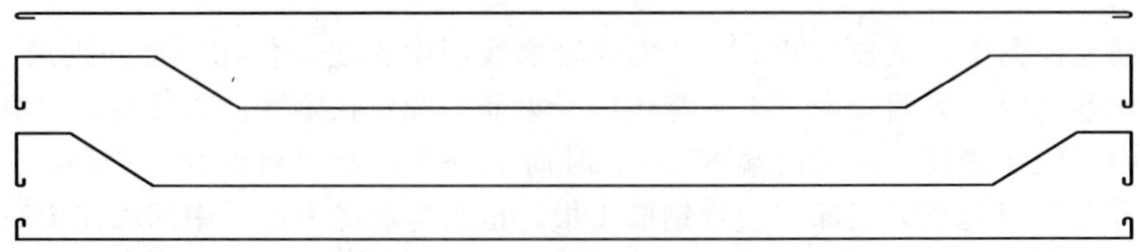

图 25 - 10　绘钢筋成型图

（2）复制受力筋和架立筋成型图，按结构位置叠加，再绘制保护层，如图 25 - 11 所示。

（3）绘制和复制箍筋，如图 25 - 12 所示。

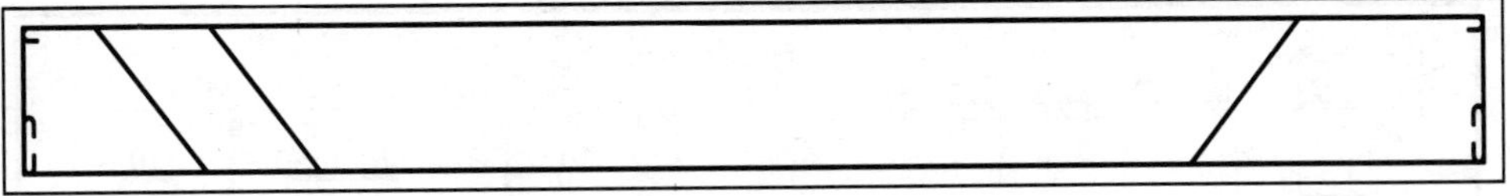

图 25 - 11　绘受力筋和架立筋

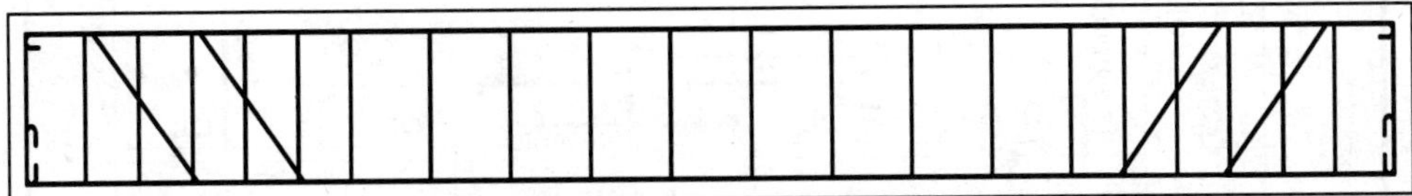

图 25 - 12　绘箍筋

(4) 绘制箍筋成型图和断面图，如图 25 - 13 所示。表示钢筋的黑点用“圆环”命令，内径设为零绘制。

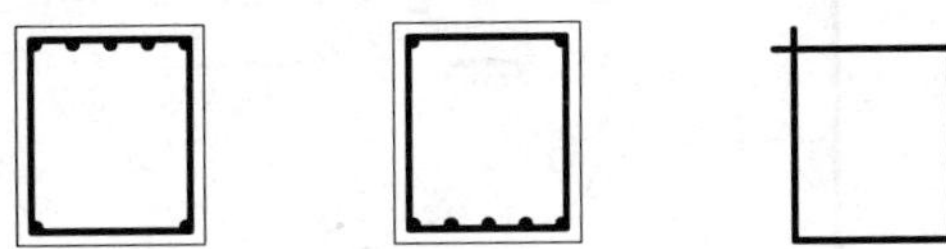

图 25 - 13　绘箍筋成型图和断面图

(5) 绘制表格，缩放和复制钢筋成型图置于表格，填写文字，如图 25 - 14 所示。

编号	型　式	规格 (mm)	单根长 (mm)	根数	总长 (mm)	备注
①		Φ16	5640	2	11.28	
②		Φ16	6440	2	12.88	
③		Φ16	6440	1	6.44	
④		Φ10	5260	2	10.53	
⑤		Φ6	1500	20	30.00	

图 25 - 14　绘钢筋表

(6) 标注钢筋符号和尺寸，调入 A3 图框和标题栏，布图并打印。

(二) 实训二

1. 实训任务

识读图 25 - 15 所示楼面板钢筋结构平面图，并抄画该建筑结构图。

2. 实训要求

(1) A3 图纸，按教师要求进行手工绘图或计算机绘图。

(2) 正确进行绘图过程设计，尺寸标注符合国家标准。

(3) 图面布局适当，图线、标注清晰。

3. 实训指导（识图）

图 25 - 15 所示为楼层结构平面图，是在所要表达的结构层没有抹灰时的上表面处水平剖开得到的水平投影图，表达现浇钢筋混凝土板的钢筋布置情况，以及楼层的梁、板、柱、墙等承重构件的平面位置。

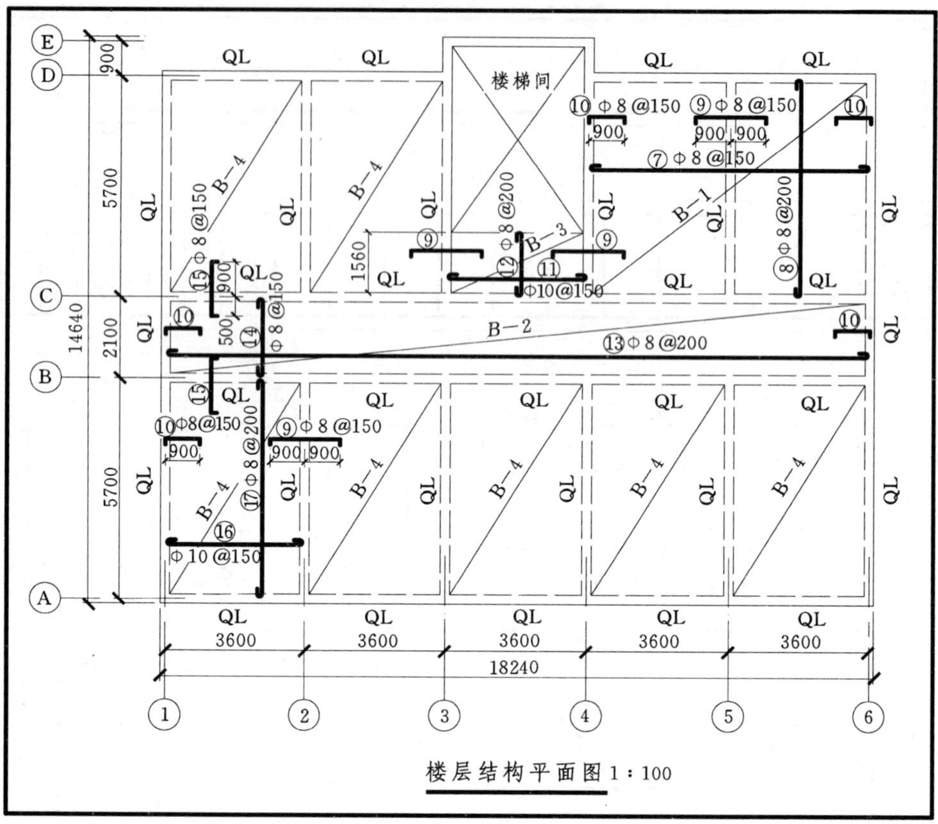

图 25－15　楼面板钢筋结构平面图

图中钢筋用粗实线表达，并表明了钢筋的配置和弯曲情况，每种型号的钢筋只需画一根并标出其规格、间距；其中⑦、⑧、⑪、⑫、⑬、⑭、⑯、⑰号钢筋为两端带有向左或向上弯起半圆弯钩的 HPB235 受力筋，配置在板底；⑨、⑩、⑮号钢筋为两端带有向右和向下弯起的直弯钩的 HPB235 构造筋，配置在板顶。

楼面板钢筋结构图轴测图（局部）如图 25－16 所示。

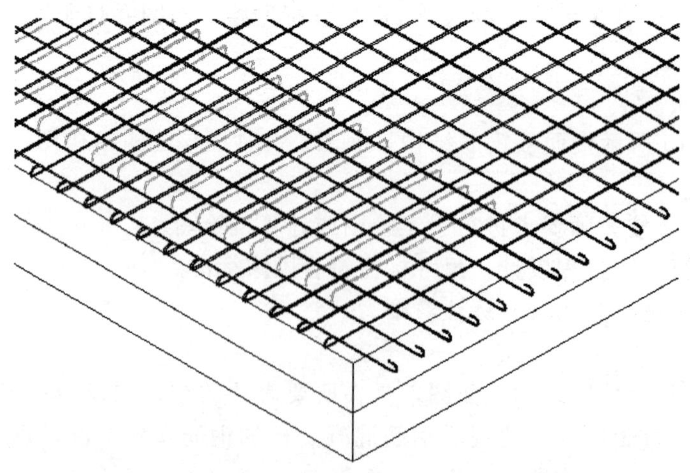

图 25－16　楼面板钢筋结构轴测图

4. 实测指导（绘图）

（1）绘制楼板钢筋基础墙体，如图 25－17 所示。

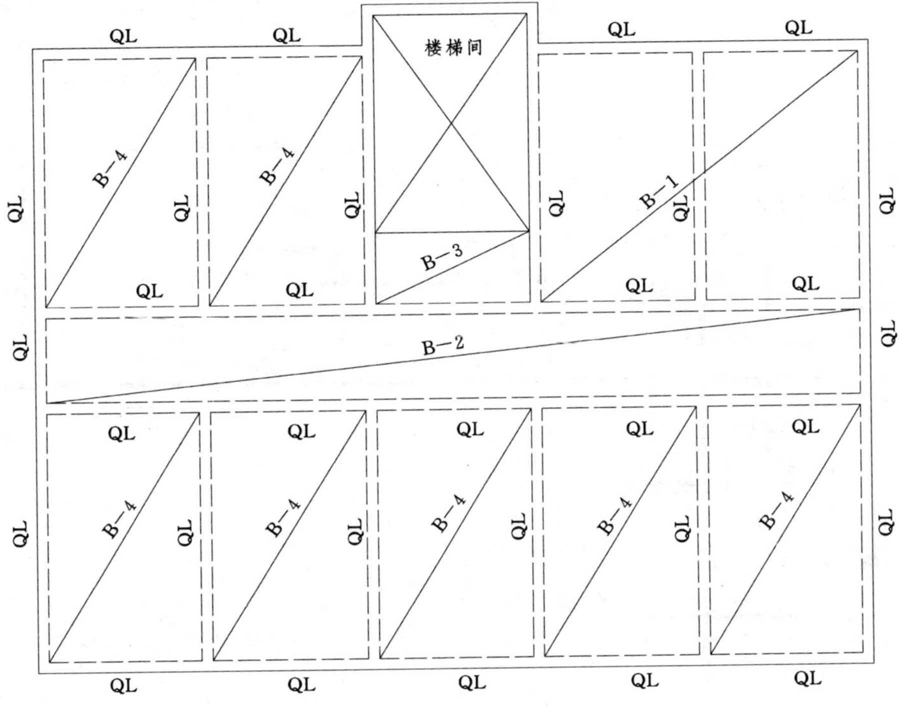

图 25－17　绘基础墙体

（2）绘制平面钢筋布置图，如图 25－18 所示。

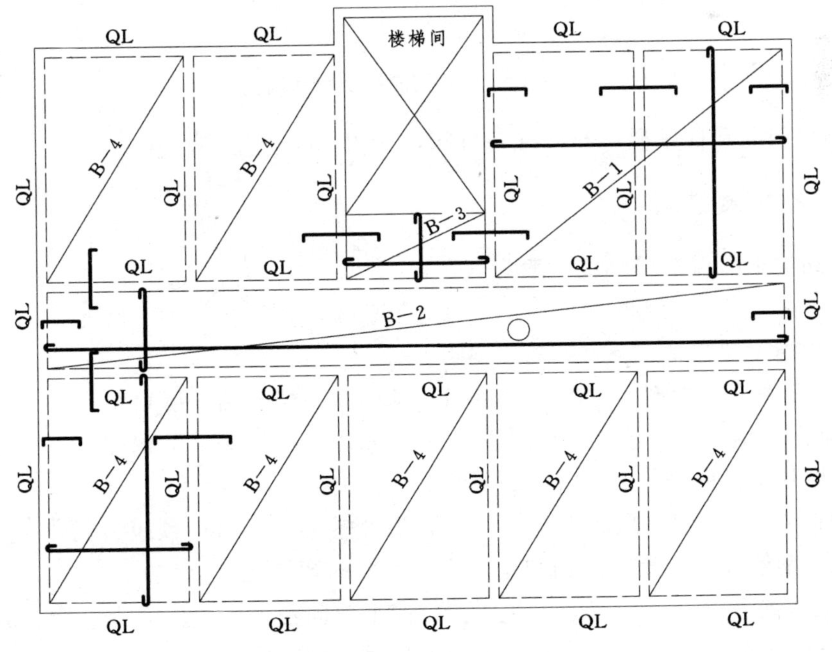

图 25－18　绘平面钢筋布置图

(3) 标注钢筋符号和基础尺寸，如图 25－19 所示。

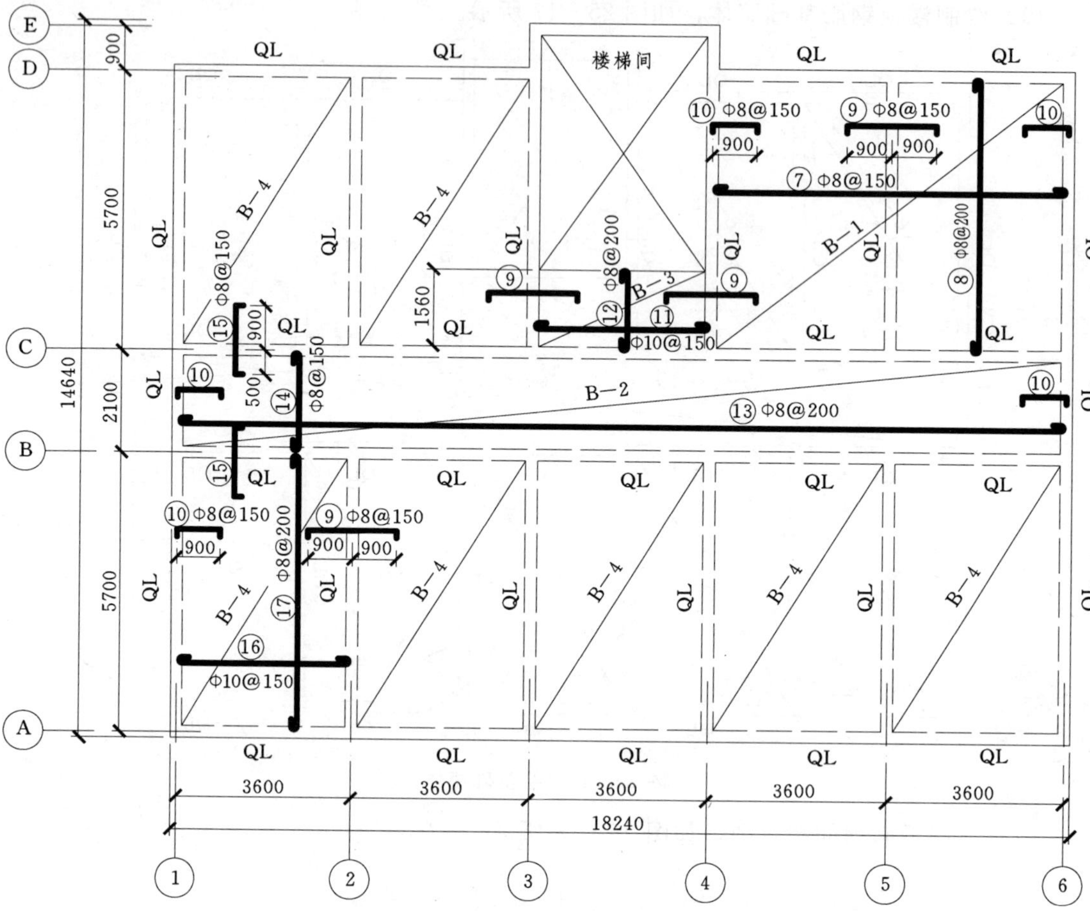

图 25－19　标注钢筋符号和基础尺寸

(4) 调用图框和标题栏，布图准备打印，如图 25－20 所示。

四、课外拓展练习

(1) 梁和柱子的保护层厚度一般为（　　）。

A. 15mm　　B. 25mm　　C. 35mm　　D. 10mm

(2) 结构施工图包括（　　）等。

A. 总平面图、平立剖面、各类详图　B. 基础图、楼梯图、屋顶图

C. 基础图、结构平面图、构件详图　D. 配筋图、模板图、装修图

(3) 在结构平面图中，YTB 代表构件（　　）。

A. 楼梯板　　B. 预制板　　C. 阳台板　　D. 预应力板

(4) 现浇钢筋混凝土板的配筋图中，底层钢筋的弯钩应（　　）。

A. 向上或向右　　B. 向上或向左

C. 向下或向右　　D. 向下或向左

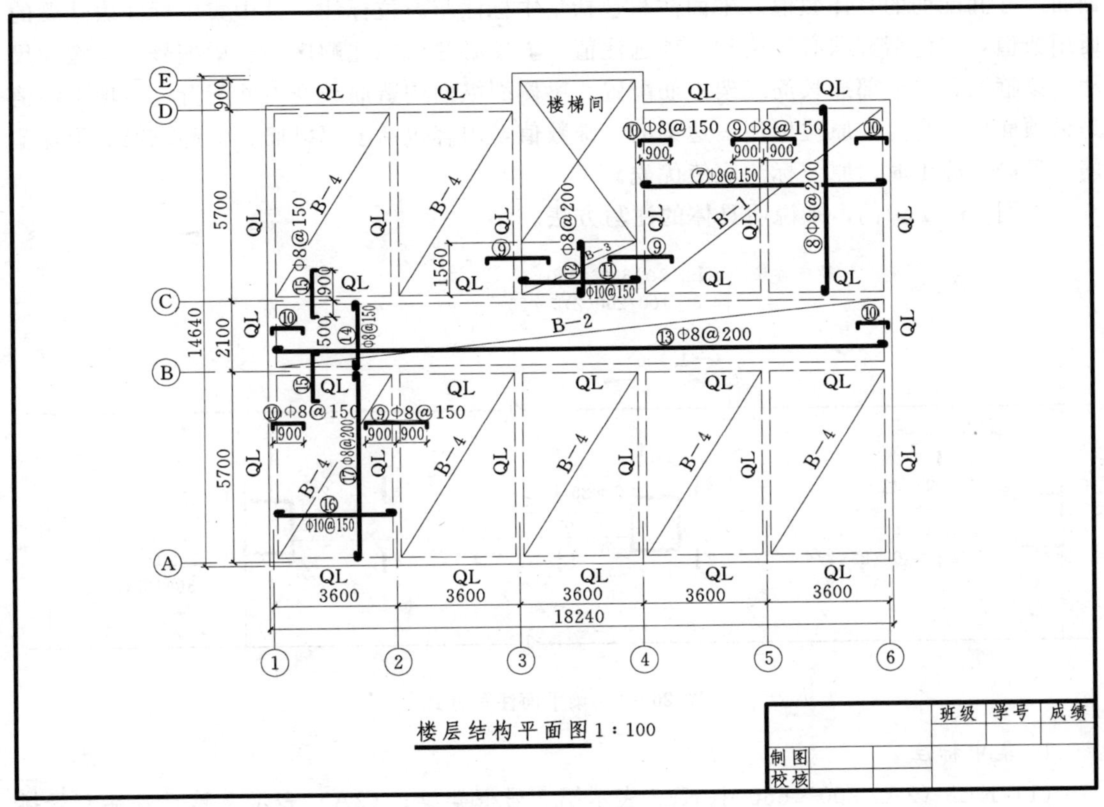

图 25-20　图纸布局

任务二十六　识读平面整体表示法结构施工图

一、平面整体表示法结构施工图的内容和特点

混凝土结构施工图平面整体表示法就是选择与施工顺序完全一致的结构平面布置图，把结构构件的尺寸、配筋等按相应的制图规定，整体的一次性表达出来。这样可降低传统设计中大量同值性重复表达的内容，并将这部分内容用可以重复使用的通用标准图的方式固定下来，从而使结构设计方便，表达准确、全面，数值统一，易随机修正，使施工看图和查找方便，利于施工质量检查。因此目前在结构设计中得到广泛的应用。

在平面图上表示各构件的尺寸和配筋的常用方式有平面注写方式和截面注写方式。平面整体表示法施工图主要绘制梁、柱、板的构造配筋图，由于板的平面整体表示法与传统法相同，故在此仅介绍梁、柱的平面整体表示法。

二、钢筋混凝土梁平面整体表示法

（一）梁的平面注写方式

梁的平面注写是在梁平面布置图上，分别在不同编号的梁中各选一根梁，在其上注写截面尺寸和配筋的具体数值。平面注写包括集中标注与原位标注，其中集中标注表达梁的通用数值，它包括五项必注值和一项选注值，五项必注值标注顺序是：梁编号、梁截面尺寸、梁箍筋、梁上部通长筋或架立筋配置、梁侧面纵向构造筋或受力筋配置；一项选注值是梁顶面标高高差。原位标注表达梁的特殊数值，内容包括上部纵筋、下部纵筋、附加箍筋或吊筋。施工时，原位标注取值优先。

以图 26－1 为例，来说明具体的注写方法。

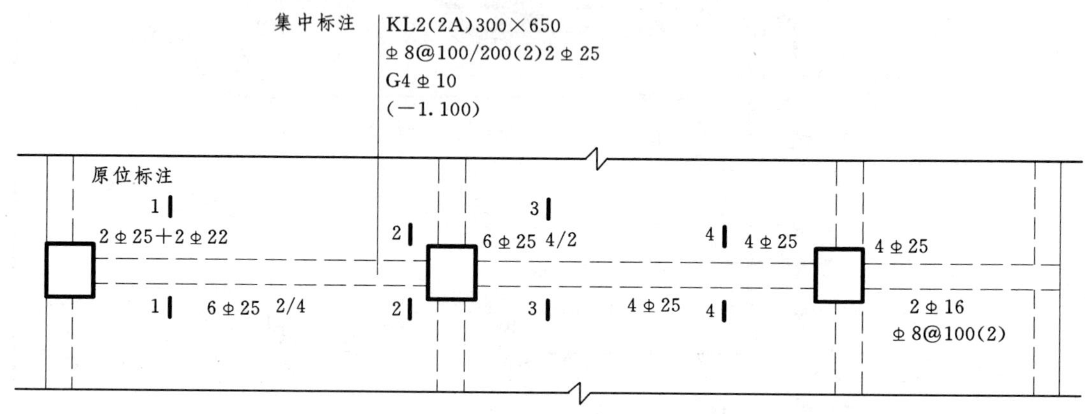

图 26－1 梁平面注写方式

1. 集中标注

(1) KL2 (2A) 300×650 中 KL2 表示第 2 号框架梁；(2A) 表示 2 跨，一端有悬挑 (B 表示两端有悬挑)；300×650 表示梁的截面尺寸。

(2) Φ8@100/200 (2) 2Φ25 中Φ8@100/200 (2) 表示箍筋为Φ8，加密区间距为 100，非加密区间距为 200，均为四肢箍；2Φ25 表示梁的上部有 2 根直径为 25 的通长筋。

(3) G4Φ10 表示梁的两个侧面共配置 4Φ10 的纵向构造筋，每侧各配置 2Φ10。

(4) (－1.100) 表示梁的顶面低于所在结构层的楼面标高，高差为 1.100m。

2. 原位标注

(1) 梁支座上部纵筋。

1) 2Φ25＋2Φ22 表示梁支座上部有两种直径钢筋共 4 根，中间用"＋"相连，其中 2Φ25 放在角部，2Φ22 放在中部。

2) 6Φ25 4/2 表示梁上部纵筋为两排，用斜线将各排纵筋自上而下分开。上一排纵筋为 4Φ25，下一排纵筋为 2Φ25。

3) 4Φ25 表示梁支座上部配置 4 根直径为 25mm 的钢筋。

(2) 梁支座下部纵筋。

1) 6Φ25 2/4 表示梁下部纵筋为两排，用斜线将各排纵筋自上而下分开。上一排纵筋为 2Φ25，下一排纵筋为 4Φ25。

2) 4Φ25 表示梁下部中间配置 4 根直径为 25mm 的钢筋。

3) Φ8@100 (2) 表示箍筋为Φ8，间距为 100，为两肢箍。

图 26－2 给出了传统的表示方法，用于对比按平面注写方式表达的同样内容。当采用

平面注写方式表达时，不需绘制梁截面配筋图和图 26－1 中相应截面号。

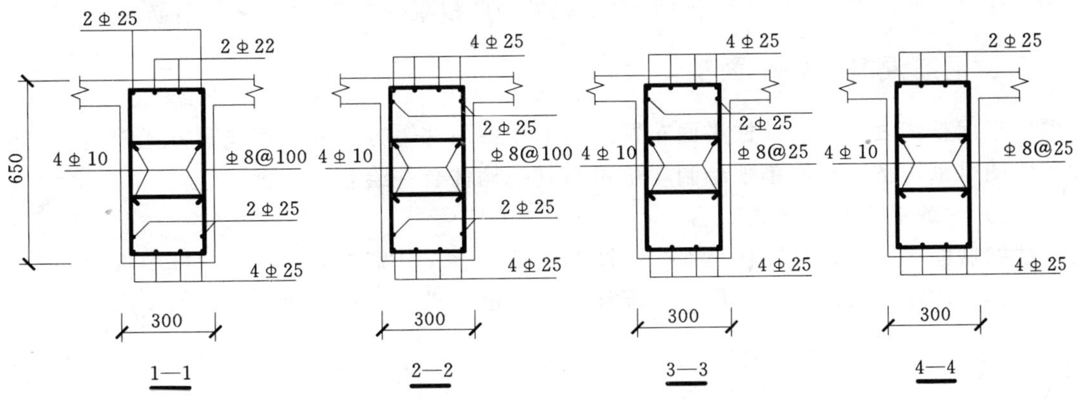

图 26－2　传统梁截面表示法

（二）梁的截面注写方式

梁截面注写方式，是在梁平面布置图上，分别在不同编号的梁中各选择一根梁用剖面号引出配筋图，并在其上注写截面尺寸和配筋的具体数值，如图 26－3 所示。

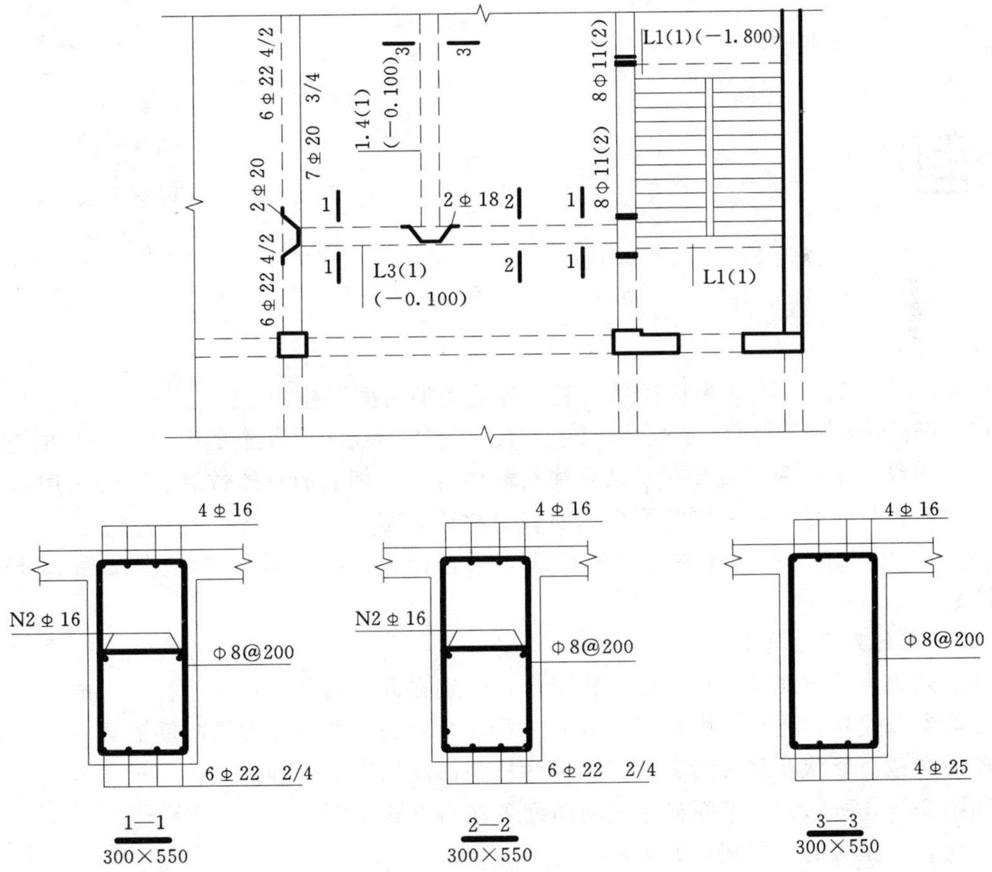

图 26－3　梁截面注写方式

主次梁相交处的加密箍筋或附加吊筋直接画在平面图主次梁交点的主梁上，并加注。如图上注有 2 ⌀ 20 的“⌴”符号，表示此处为两根直径为 22“⌴”钢筋。

三、钢筋混凝土柱平面整体表示法

柱平面整体表示法是在柱平面布置图上采用截面注写方式或列表注写方式表达。柱平面布置图可采用适当比例单独绘制，也可与其他构件合并绘制。

（一）柱的截面注写方式

柱的截面注写方式是在柱平面布置图的柱截面上，分别在同一编号的柱中选择一个截面，以直接注写方式注写截面尺寸和配筋具体数值。具体注写方式如图 26－4 所示。

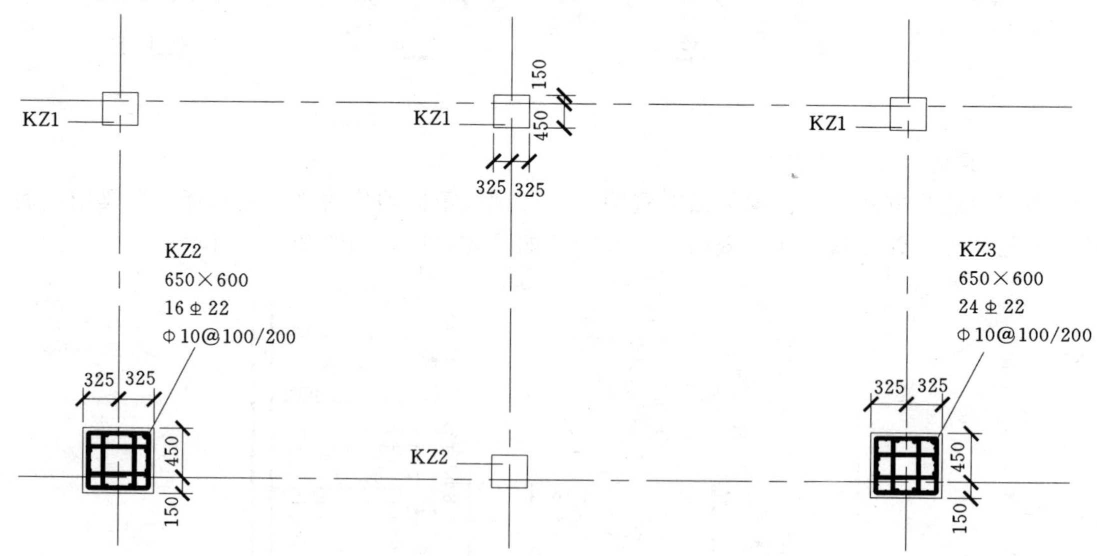

图 26－4　柱截面注写方式

在图中：

（1）KZ1、KZ2、KZ3 为柱代号，表示柱的类型为框架柱。

（2）650×600 表示柱的截面尺寸。16 ⌀ 22、24 ⌀ 22 表示柱中纵筋的级别、直径和数量。

（3）当纵筋采用两种直径时，须再注写截面各边中部筋的具体数值，对于采用对称配筋的矩形截面柱，可仅在一侧注写中部筋，对称边省略不注。

（4）Φ10@100/200 表示柱中箍筋的级别、直径和间距，用“/”区分加密和非加密区的间距。

（二）柱的列表注写方式

柱的列表注写方式是在柱平面布置图上，分别在同一编号的柱中选择一个或几个截面标注几何参数代号，在柱表中注写柱号、柱段起止标高、几何尺寸与配筋的具体数值，并配以各种柱截面形状及其箍筋类型图来表达柱整体配筋图的一种方式。

如图 26－5 所示为柱平面整体配筋图列表注写方式示例。

柱列表中注写的内容规定如下：

（1）柱号。柱号由类型代号和序号组成。KZ5，即序号为 5 的框架柱。

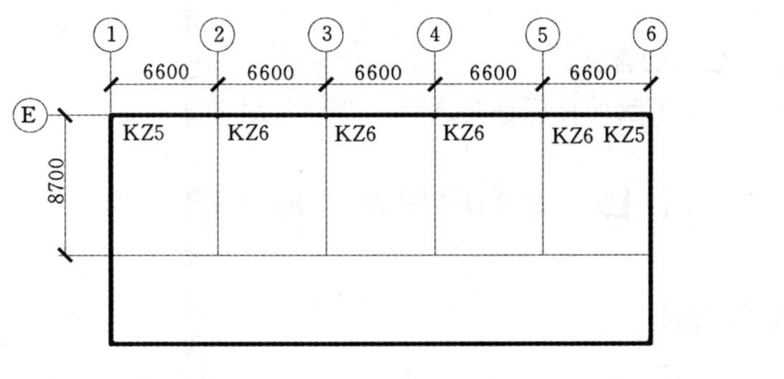

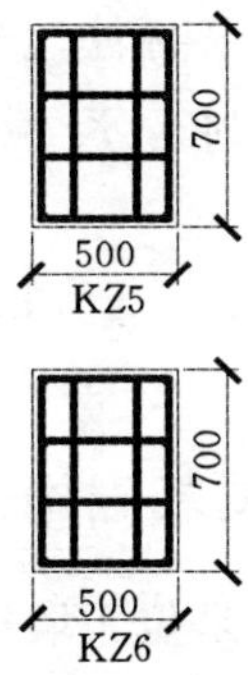

柱号	标高	$b\times h$	$b1$	$b2$	$h1$	$h2$	全部纵筋	角筋	b 边中一侧	h 边中一侧	箍筋类型	箍筋
KZ5	－3.180～6.570	500×700	120	380	580	120	10⌀25,6⌀20	4⌀25	3⌀25	3⌀20	1(4×4)	8@10
KZ6	－3.180～6.570	500×700	250	250	580	120	10⌀25,6⌀20	4⌀25	3⌀25	3⌀20	1(4×4)	8@100/200

图 26－5　柱列表注写方式

（2）标高。柱的起止标高，自柱根部往上以变截面位置或截面未变但配筋改变处为界分段注写。KZ5 柱起点标高－3.180，上端标高 6.570。

（3）$b\times h$。各段柱的截面尺寸。KZ5 断面尺寸为 500mm×700mm。$b1$、$b2$、$h1$、$h2$ 为截面与轴线的关系尺寸，有 $b=b1+b2$，$h=h1+h2$。

（4）全部纵筋。柱的纵筋参数，包括根数、级别、直径。柱的纵筋分角筋、截面 b 边中部筋和 h 边中部筋三项。如图所示柱表中 KZ5，配筋情况是：角筋为 4 根直径 25mm 的Ⅰ级钢筋；截面 b 边一侧中部筋为 3 根直径 25mm 的Ⅰ级钢筋；截面 h 边一侧中部筋为 3 根直径 20mm 的Ⅰ级钢筋。

（5）箍筋类型。箍筋类型号及箍筋肢数。如图 26－5 所示，在柱表的右上部为该工程的箍筋类型图，该柱的箍筋类型采用的是类型 1，括号中 4×4 表示的是箍筋肢数组合。

（6）箍筋。注写柱箍筋，包括钢筋级别、直径与间距。KZ6 为“ϕ8@100/200”，表示直径为 8mm 的一级钢筋，加密区间距 100mm，非加密区间距为 200mm。

具体注写方式也可查阅有关的标准图集。

四、实训

（一）实训一

1．实训任务

识读书末的附图二所示梁平法施工图，并抄画该图。

2．实训要求

（1）熟悉各标注代号、数值的含义。

（2）按教师要求 A3 图纸手工或计算机抄画图形，并标注尺寸。

（二）实训二

1．实训任务

识读书末的附图三所示柱平法施工图，并抄画该图。

2. 实训要求

(1) 熟悉各标注代号、数值的含义。

(2) 按教师要求A3图纸手工或计算机抄画图形，并标注尺寸。

任务二十七　识读房屋基础施工图

一、房屋基础施工图概述

房屋基础是位于墙壁或柱下面的承重构件，它承受房屋的全部荷载，并传递给基础下面的地基。地基可以是天然土壤，也可以是经过加固的土壤。

房屋基础施工图是表示基础部分的平面布置和详细构造的图样，它是施工时在基础上放灰线（用石灰粉线定出房屋定位轴线、墙身线、基础底面线）、开挖基坑和砌筑基础的依据。

房屋基础的结构形式与房屋上部结构形式密切相关，一般墙体的基础为条形基础；柱的基础为块形独立基础。图27-1是常见基础的示意图。基础图通常包括基础平面图和断面详图。

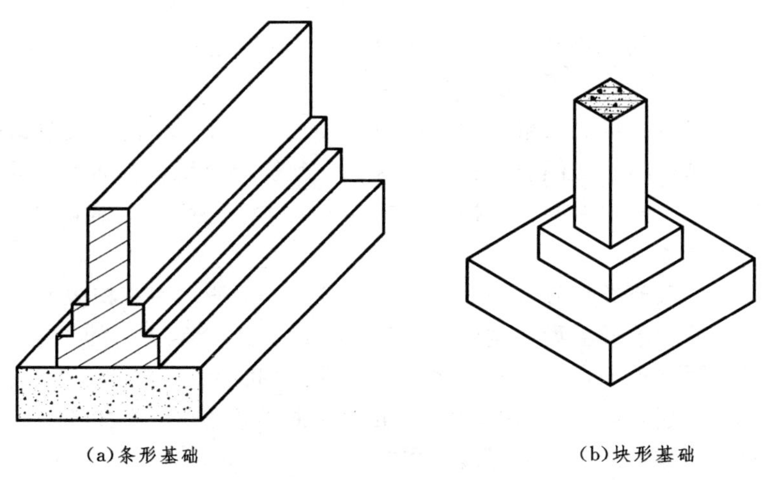

(a)条形基础　　(b)块形基础

图27-1　常见基础

二、基础平面图的图示内容与识读

1. 图示内容和要求

基础平面图是表示基础平面布置的图样，是沿房屋的地面与基础之间剖切的基础水平投影图。

基础平面图内容包括：图名、比例、纵横定位轴线及其编号、剖切符号及编号；基础墙、柱以及基础底面的形状、大小及其与轴线的关系；轴线间距、基础定形尺寸和定位尺寸等；基础梁的位置和代号。

基础平面图一般采用与建筑平面图相同的比例。在基础平面图中，只画出基础墙、柱

和基础底面轮廓线；梁和墙身的投影重合时，梁可用单线结构构件画出；基础、大放脚等细部的可见轮廓线省略不画，这些细部形状将具体反映在基础详图中。在基础平面图中，剖切到的基础墙画中实线，基础底面画细实线，可见的梁画粗实线，不可见的梁画粗虚线，如果剖切到钢筋混凝土柱，则用涂黑表示。

基础平面图中应标注各部分的定形尺寸和定位尺寸。基础的定形尺寸即基础墙宽度、柱外形尺寸以及基础的底面尺寸，这些尺寸可直接标注在基础平面图上，也可以用文字加以说明（如图 27－2 中基础墙宽均为 240）；基础定位尺寸也就是基础墙、柱的轴线尺寸，轴线编号应和建筑施工图中的底层平面图一致。

2. **基础平面图识读**

图 27－2 是某教学楼的条形基础平面图。图中可看出该楼共有 1～5 五种不同的条形基础，它们的构造、尺寸和配筋，分别由编号为 J_1～J_5 的剖切平面所剖切到的断面详图来表达；JL－1 和 JL－2 是基础梁，它们的构造、尺寸和配筋也将由详图表达。通常将基础梁与基础浇捣在一起，基础梁 JL－1 可表示在 J_3 的详图中，而 JL－2 可表示在 J_1 和 J_2 的详图中。

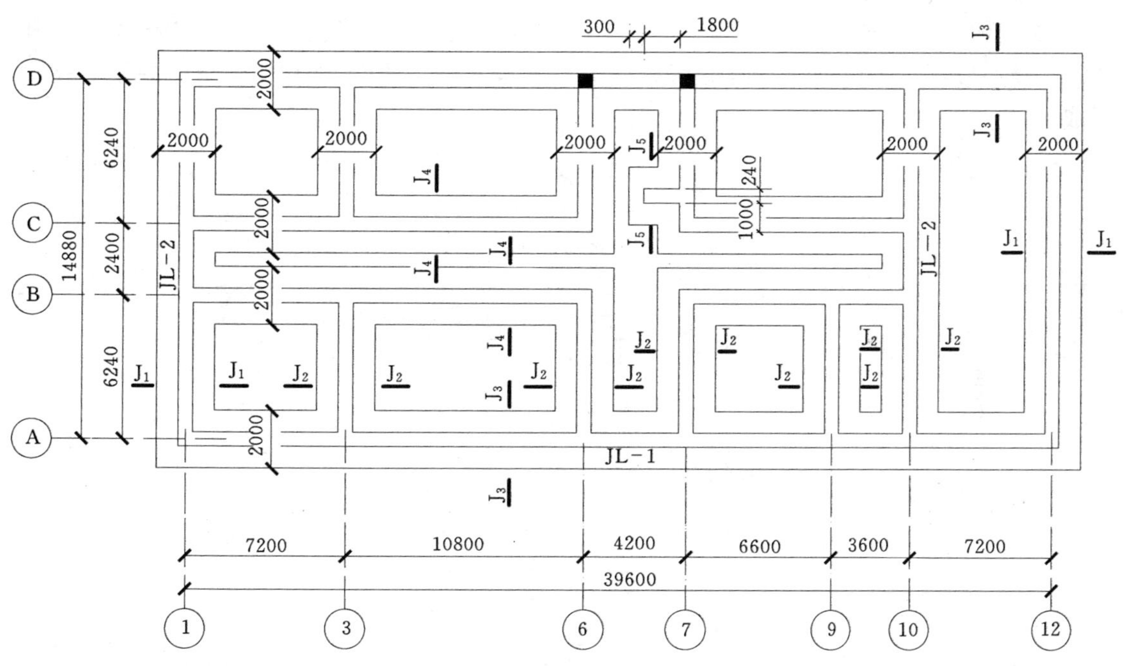

图 27－2　基础平面图

基础平面图只表明了基础的平面布置，而基础各部分的形状、大小、材料、构造以及基础的埋置深度等都没有表达出来，这就需要画出各部分的断面详图，作为砌筑基础的依据。

三、基础详图识读

1. 图示内容和要求

基础详图就是基础的垂直断面图，其内容包括：图名、比例；定位轴线及其编号；基础墙厚度、大放脚每步的高度及宽度；基础断面的形状、大小、材料以及配筋；基础梁的宽度、高度及配筋；室内外地面、基础垫层底面的标高；防潮层的位置和做法等。

在基础详图中应标注出基础各部分（如基础墙、柱、基础垫层等）的详细尺寸、钢筋尺寸（包括钢筋搭接长度）以及室内地面标高和基础底面（基础埋置深度）标高。

2. 基础详图识读

图 27－3 是住宅楼的外墙基础详图，上面是砖砌的基础墙，下面的基础采用钢筋混凝土结构。因为是通用详图，所以在定位轴线圆圈内不注写编号。在钢筋混凝土基础下铺设 100mm 厚的混凝土垫层，使用垫层的作用是使基础与地基有良好的接触，以便均匀地传布压力，并且使基础底面处的钢筋不与泥土直接接触，以防止钢筋锈蚀。从室外设计地面到基础垫层底面之间的深度称为基础的埋置深度，图中所示基础的埋置深度为 －0.600m－（－2.000m）＝1.400m。另外还在基础梁中配置了钢筋，如图中的 4 Φ 12 和 4 Φ 14 及四肢箍Φ 8@200，四肢箍可以由大小钢箍组成，也可以由两个相同的矩形钢箍拼成。

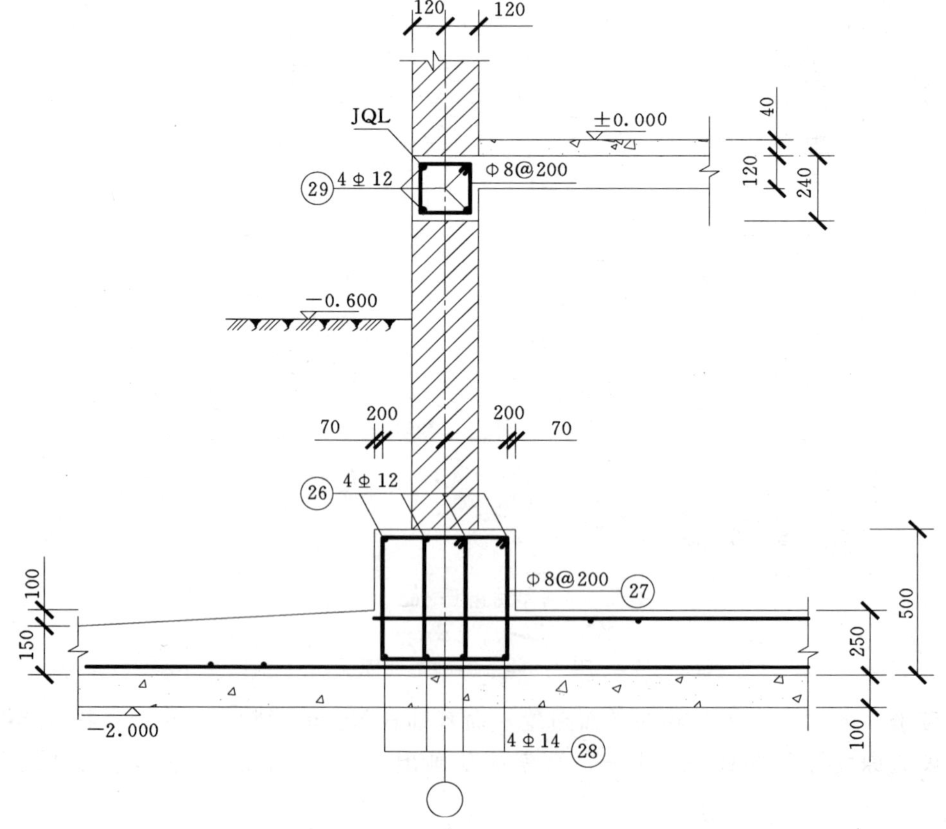

图 27－3　外墙基础详图

外墙室内地面下连通的钢筋混凝土基础圈梁 JQL，断面尺寸为 240mm×240mm，配置了纵向钢筋 4 Φ 12 和钢箍Φ 8@200。

四、实训

（一）实训一

1. 实训任务

识读并抄画图 27－4 所示房屋建筑基础平面图和基础详图。

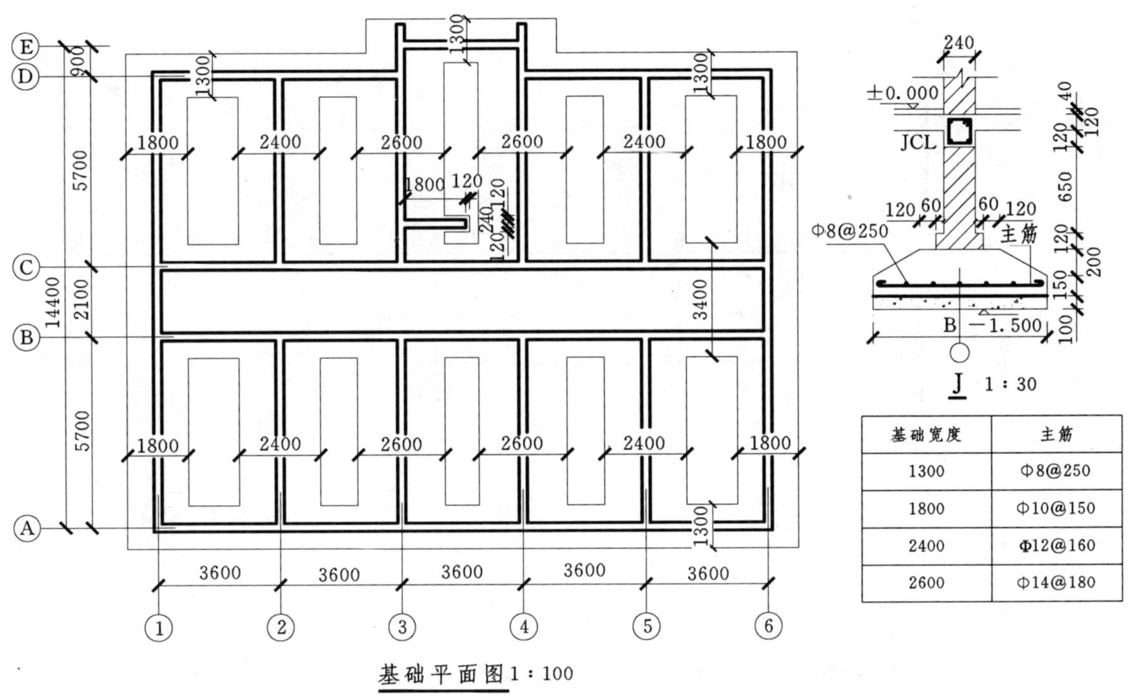

基础宽度	主筋
1300	Φ8@250
1800	Φ10@150
2400	Φ12@160
2600	Φ14@180

图 27－4　房屋建筑基础平面图和基础详图

2. 实训要求

（1）了解一般民用建筑基础平面图和基础详图的表达内容和图示特点。

（2）用 A3 图纸抄画，基础平面图比例为 1：100，基础详图比例为 1：10。

（3）图面布局清晰，图线符合国家标准。

（二）实训二

1. 实训任务

识读并抄画图 27－5 所示工业厂房建筑基础平面图和基础详图。

2. 实训要求

（1）了解一般工业厂房基础平面图和基础详图的表达内容和图示特点。

（2）用 A3 图纸抄画该基础平面图，比例为 1：200，基础详图比例 1：20 和 1：30。

（3）图面布局清晰，图线符合国家标准。

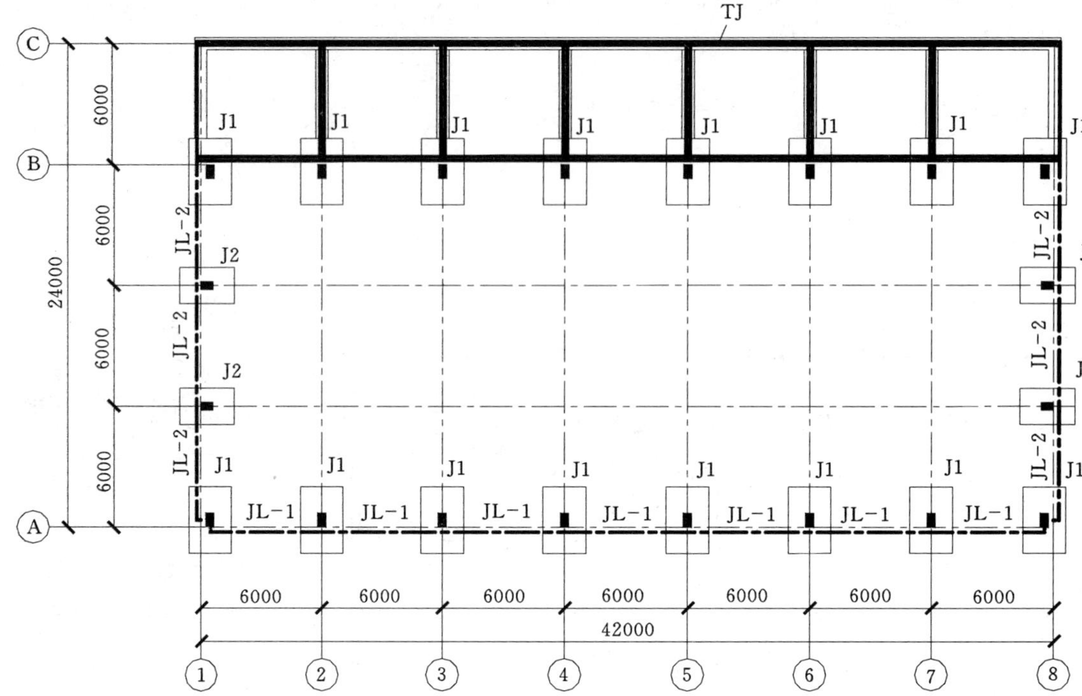

基础平面图1：200

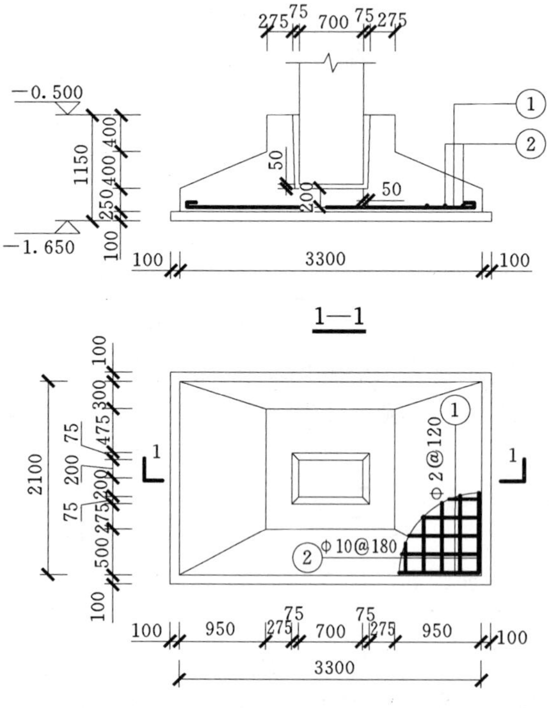

J1配筋图1：30

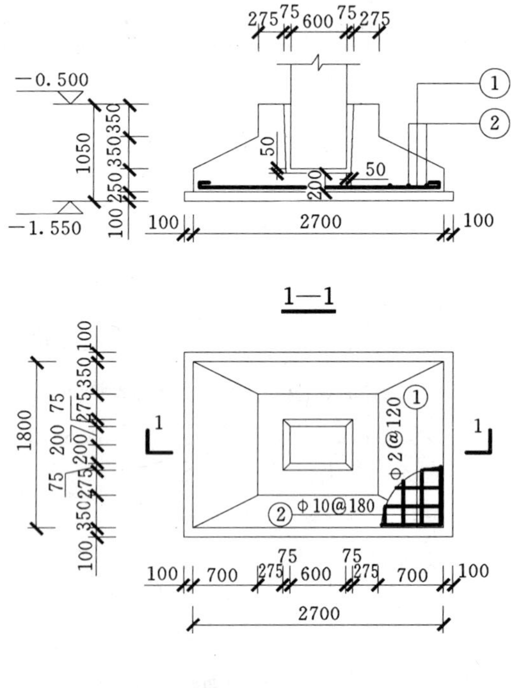

J2配筋图1：30

图 27-5（一）　工业厂房建筑基础平面图与基础详图

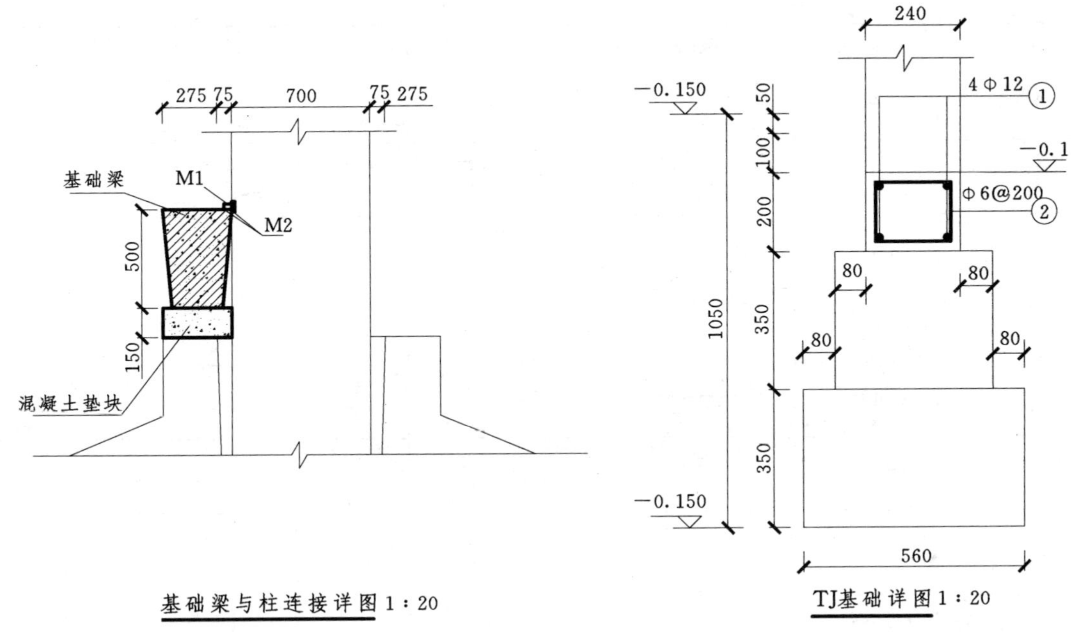

图 27-5（二）　工业厂房建筑基础平面图与基础详图

任务二十八　识读钢结构施工图

一、钢结构施工图的内容及特点

钢结构是用型钢或钢板，根据设计和使用者的要求，通过焊接、螺栓连接、铆钉连接组成的承重结构。与钢筋混凝土结构、木结构和砖石结构相比，钢结构具有强度高、构件小、自重轻等优点，因此在工程建设中广泛应用于跨度大、高度高、承载重的结构以及经常拆装的结构，常见的有钢厂房、桥梁、景观建筑等。

钢结构施工图的特点是：型钢由于是工业成品一般用图例表达，钢结构构件尺寸和构件之间的连接方式一般用规定标注表达。钢结构施工图执行的有关国家标准主要有《建筑结构制图标准》（GB/T 50105—2010）和《焊缝符号表示法》（GB 324—2008）。

二、常用型钢图例及标注

常用的型钢有角钢、工字钢和槽钢，其图例、截面种类和标注方法见表 28-1。

表 28-1　　**常用型钢的标注方法**

序号	名称	截面	标注	说　明
1	等边角钢	∟	∟ $b\times t$	b—肢宽； t—肢厚
2	不等边角钢	B ∟	∟ $B\times b\times t$	B—长肢宽； b—短肢宽； t—肢厚

续表

序号	名称	截面	标注	说　　明
3	工字钢		N　Q N	轻型工字钢加注Q字 N—工字钢的型号
4	槽钢		N　Q N	轻型槽钢加注Q字 N—槽钢的型号
5	方钢	b	b	
6	扁钢	b	—— $b\times t$	
7	钢板		$-\frac{-b\times t}{l}$	$\frac{宽\times厚}{板长}$
8	圆钢		$\phi\ d$	
9	钢管		$DN\times\times$ $d\times t$	内径 外径×壁厚
10	薄壁方钢管		B　$b\times t$	薄壁型钢加注B字 t—壁厚
11	薄壁等肢角钢		B　$b\times t$	
12	薄壁等肢卷边角钢	a	B　$b\times a\times t$	
13	薄壁槽钢	h	B　$h\times b\times t$	
14	薄壁卷边槽钢	a	B　$h\times b\times a\times t$	
15	薄壁卷边Z型钢	h　a	B　$h\times b\times a\times t$	
16	T型钢		TW×× TM×× TN××	TM—宽翼缘T型钢； TM—中翼缘T型钢； TN—窄翼缘T型钢
17	H型钢		HW×× HM×× HN××	HW—宽翼缘H型钢； HM—中翼缘H型钢； HN—窄翼缘H型钢
18	起重机钢轨		QU××	详细说明产品规格型号
19	轻轨及钢轨		××kg/m钢轨	

三、螺栓、孔、电焊铆钉结构图例

在绘制钢结构图时，螺栓、孔、电焊铆钉等结构用图例表示，具体名称和规定见表28-2。

表 28－2　　**螺栓、孔、电焊铆钉的表示方法**

序号	名　称	图　例	说　明
1	永久螺栓	M ϕ	1. 细“＋”线表示定位线； 2. M 表示螺栓型号； 3. ϕ 表示螺栓孔直径； 4. *d* 表示膨胀螺栓、电焊铆钉直径； 5. 采用引出线标注螺栓时，横线上标注螺栓规格，横线下标注螺栓孔直径
2	高强螺栓	M ϕ	
3	安装螺栓	M ϕ	
4	胀锚螺栓	*d*	
5	圆形螺栓孔	ϕ	
6	长圆形螺栓孔	ϕ *b*	
7	电焊铆钉	*d*	

四、焊缝代号标注

钢结构采用的主要连接方式为焊接，它具有构造简单、不削弱构件截面和节约钢材等优点。在焊接的钢结构图中，必须把焊缝的位置、形式和尺寸标注清楚，国家标准规定钢结构图采用“焊缝代号”标注。焊缝代号如图 28－1 所示，由指引线、基本符号、焊缝尺寸、辅助符号和补充符号组成。

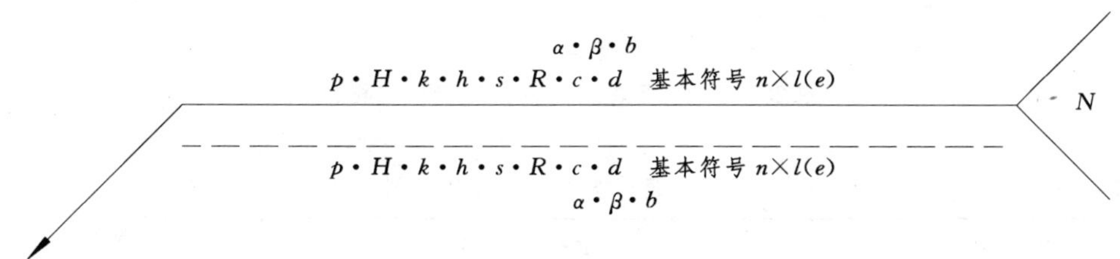

图 28－1　焊缝代号

1. 指引线

指引线由箭头线和基准线（实线和虚线）组成，如图 28－1 所示。箭头指向的一侧为“接头的箭头侧”，与之相对的另一侧为“接头的非箭头侧”。基本符号在实线侧时，表示焊缝在箭头侧，基本符号在虚线侧时，表示焊缝在非箭头侧，如图 28－2 所示。双面焊缝可省略虚线，如图 28－3 所示，

2. 基本符号

基本符号是表示焊缝横断面形状的符号，用粗实线绘制。常用焊缝的基本符号见表 28－3。

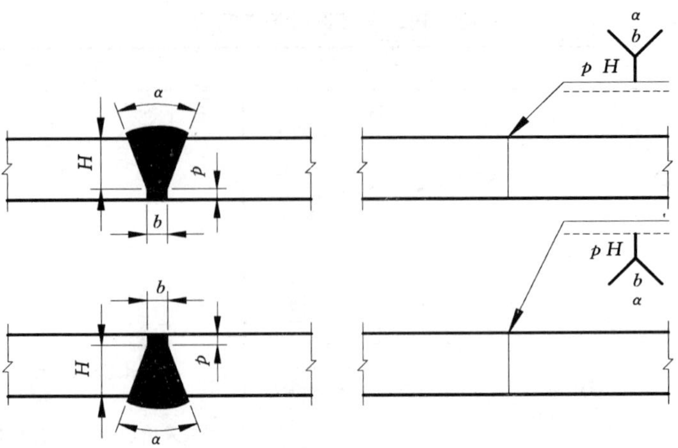

图 28－2　单面焊缝位置与焊缝代号标注

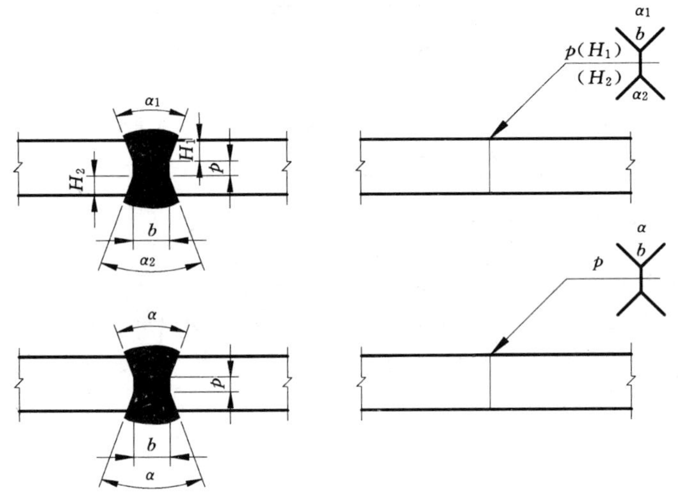

图 28－3　双面焊缝位置与焊缝代号标注

表 28－3　　常用焊缝基本符号及标注示例

序号	焊缝名称	形　式	标　注　法	符号尺寸
1	Ⅰ形焊缝	b	b	1～2　4
2	单边 V 形焊缝	β　b	β　b	45°　4
3	带钝边单边 V 形焊缝	β　p　b	β　pb	45°　3　1
4	带垫板带钝边单边 V 形焊缝	β　p　b	β　pb	7　3

续表

序号	焊缝名称	形　式	标　注　法	符号尺寸
5	带垫板 V 形焊缝			
6	Y 形焊缝			
7	带垫板 Y 形焊缝			
8	双 V 形焊缝			
9	带钝边 U 形焊缝			
10	角焊缝			
11	双面角焊缝			

3. 辅助符号

辅助符号是表示焊缝表面特征的符号，用粗实线绘制，见表 28－4。在不需要确切说明焊缝表面形状时，可以不用辅助符号。

表 28－4　　辅助符号及标注示例

序号	名称	辅助符号	示　意　图	标　注　示　例	说　　明
1	平面符号				表示焊缝表面齐平（一般通过加工）
2	凹面符号				表示焊缝表面凹陷
3	凸面符号				表示 V 形焊缝表面凸起

4. 补充符号

补充符号是为了补充说明焊缝的某些表面特征而采用的符号，用粗实线绘制，见表 28－5。

表 28－5　补充符号

序号	名称	符号	说明
1	平面	—	焊缝表面通常经过加工后平整
2	凹面	◡	焊缝表面凹陷
3	凸面	 ◠	焊缝表面凸起
4	圆滑过渡		焊趾处过渡圆滑
5	永久衬垫	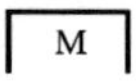 M	衬垫永久保留
6	临时衬垫	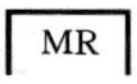 MR	衬垫在焊接完成后拆除
7	三面焊缝	⊏	三面带有焊缝
8	周围焊缝	 ○	沿着工件周边施焊的焊缝 标注位置为基准线与箭头线的交点处
9	现场焊缝		在现场焊接的焊缝
10	尾部	 <	可以表示所需的信息

5. 焊缝尺寸

焊缝尺寸标注在规定位置，常用焊缝尺寸符号及标注示例见表 28－6。

表 28－6　常用焊缝尺寸符号及标注示例

符号	名称	示意图	符号	名称	示意图
δ	工件厚度	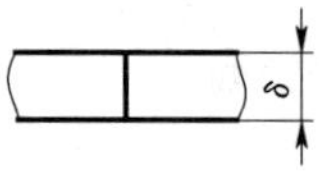 δ	p	钝边	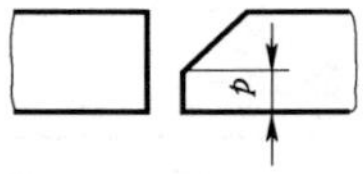 p
α	坡口角度	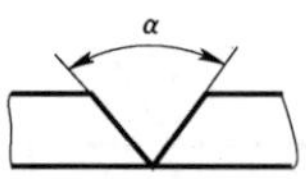 α	R	根部半径	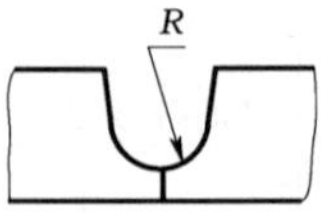 R
β	坡口面角度	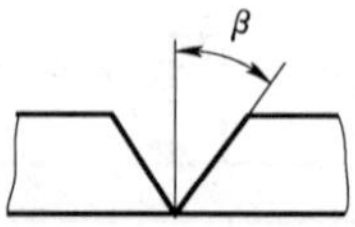 β	H	坡口深度	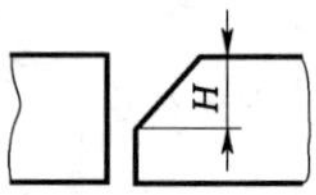 H
b	根部间隙	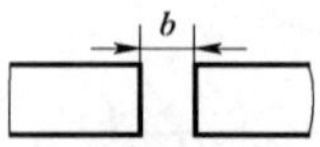 b	S	焊缝有效厚度	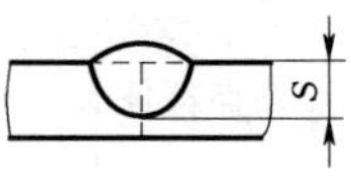 S

续表

符号	名称	示意图	符号	名称	示意图
c	焊缝宽度	c	l	焊缝长度	l
K	焊脚尺寸	K	e	焊缝间距	e
d	点焊：熔核直径 塞焊：孔径	d	N	相同焊缝数量	N=3
n	焊缝段数	n=2	h	余高	h

五、实训

1. 实训任务

在教师指导下识读书末的附图四所示的广告牌支架钢结构施工图。

2. 实训要求

（1）看懂钢结构的框架构造，各构件之间的连接方式。

（2）看懂施工图中标注符号、数值的含义。

任务二十九　识读室内给排水施工图

一、室内给排水施工图的内容及特点

室内给排水施工图是用来表示卫生设备、管道及其附件的类型、大小及其在房屋中的位置、安装方法等的图样。室内给排水施工图通常由给排水平面图、系统图、安装详图、施工说明等组成。

给排水施工图的特点是采用规定的图例和符号表示各种设备、器件、管网、线路等。图例示意性地表示设备、器件、管线的相对位置、连接方式等，并不完全根据投影原理按比例绘制。给水与排水设备图例和符号执行《建筑给水排水制图标准》的规定。

二、给排水施工图常用图例

给水与排水工程中管道很多，它们都按一定方向通过干管、支管，最后与具体设备相连接。如室内给水系统的流程为：进户管—水表—干管—支管—用水设备；室内排水系统的流程为：排水设备—支管—干管—户外排出管。常用J作为给水系统和给水管的代号，用 F 作为废水系统和废水管的代号，用 W 作为污水系统和污水管的代号。这些给水和排水的器具、仪表、阀门和管道，绝大部分都是工业部门的定型系列产品，一般只须按设计需要，选用其相应的规格产品即可。由于在房屋建筑工程和给排水工程设计中，一般用 1∶50～1∶100 的比例，在这样相对较小比例的图样中，不必详细表达它们的形状。在给排水工程图中，各种管道及附件、管道连接、阀门、卫生器具、水池、设备及仪表等，都采用统一的图例表示。

表 29－1 中摘录了《建筑给水排水制图标准》中规定的一部分图例，不敷应用时，可直接查阅该国家标准。对于标准中尚未列入的图例，则可自行拟设，但应在图纸上专门画出，并加以说明，以免引起误解。

表 29－1　　给排水施工图中常见图例

名称	图例	名称	图例
生活给水管	J	自动冲洗箱	
废水管	F	闸阀	
污水管	W	截止阀	DN≥50　DN<50
雨水管	Y	浮球阀	平面　系统
管道交叉	下面或后面的管道断开	放水龙头	平面　系统
三通连接		台式洗脸盆	
四通连接		浴盆	
多孔管		坐式大便器（坐便器）	
存水弯		淋浴喷头	
立管检查口		水表	
		圆形地漏	

三、给排水平面图识读

给排水平面图一般采用与建筑平面图相同的比例，主要反映卫生设备及水池、管道及其附件在房屋中的平面位置。

1. 图示内容和要求

在给排水平面图中，房屋轮廓线应与建筑施工图一致，墙、柱、门窗等都用细实线表示。抄绘建筑平面图的数量，宜视卫生设备和给排水管道的布置情况而定。对于多层房屋，底层由于室内管道需与室外管道相连，一般需单独画出一个完整的平面图（限于教材篇幅，仅画出卫生间及厨房部分平面图，其余部分省略，用折断线断开）。楼层建筑平面图只抄绘与卫生设备和管道布置有关的部分即可，一般应分层抄绘，如楼层的卫生设备和管道布置完全相同时，只需画出一个平面图，但在图中必须注明各楼层的层次和标高。设有屋顶水箱的楼层，可单独画出屋顶给排水平面图。

为了使土建施工与管道设备的安装协调统一，在各层给排水平面图上，均须标明墙、柱的定位轴线，并在底层平面图的定位轴线间标注尺寸；同时还应标注出各层平面图上的有关标高。

各类卫生设备及水池均可按表 29－1 的图例绘制，用中实线画出其平面图形的外轮廓。各种室内给排水管道，不论直径大小，应按表 29－1 所述图例画出。给排水管的管径尺寸应以 mm 为单位，以公称直径 DN 表示，如 $DN15$、$DN50$ 等。

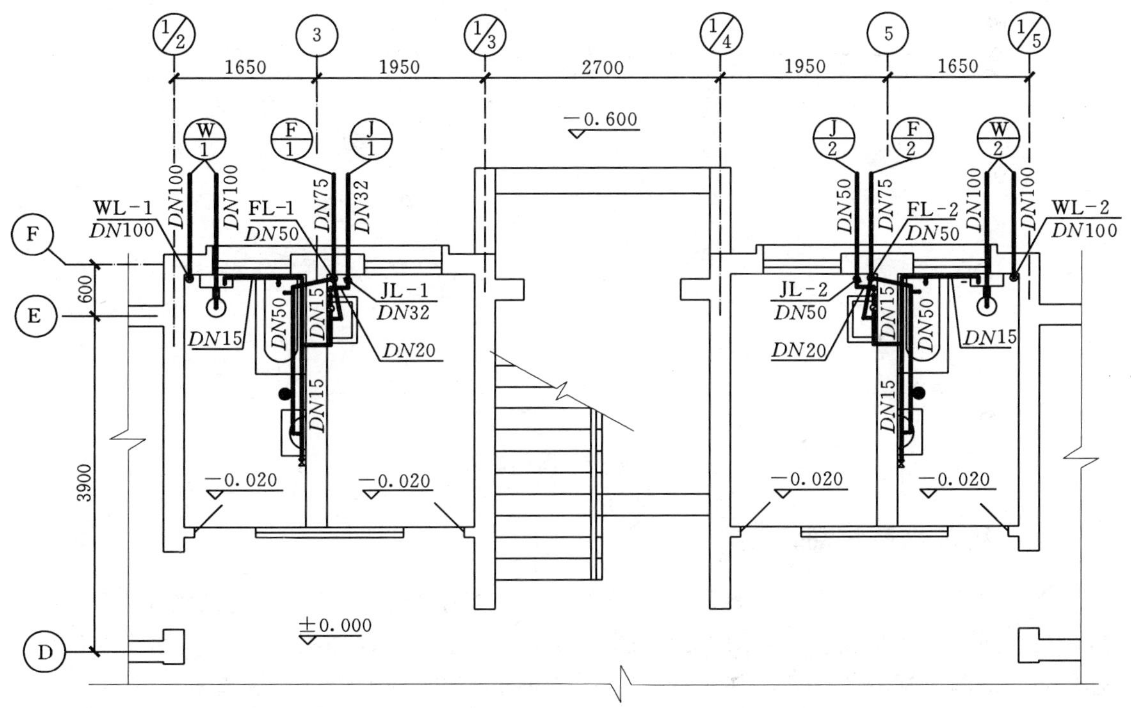

图 29－1　底层给排水平面图

当室内给排水管道系统的进出口数为两个或两个以上时，宜用阿拉伯数字编号。编号圆用细实线绘制，直径为 12mm，直接画在管道进出口处，也可用指引线与引入管或排出管相连。在水平细实线以上注写的是管道类别的代号，以汉语拼音字头表示；在水平细实线以下注写的是管道的编号，用阿拉伯数字表示，如图 29－1 所示。

给排水立管是指穿过一层及多层的竖向供水管道和排水管道。立管在平面图中以空心小圆圈表示，并用指引线注明管道类别代号。当一种系统的立管数量多于一根时，宜用阿拉伯数字编号，如JL－1中的J表示给水管、L表示立管、1表示编号。

管道的长度是在施工安装时，根据设备间的距离直接测量截割的，所以在图中不必标注。

2. 平面图识读

图29－1是住宅楼底层给排水平面图，西边住户的给排水系统编号为1，东边住户的给排水系统编号为2。在给水系统2中，设有通向水箱的给水立管JL－2，管径为50mm；在给水系统1中，设有给水立管JL－1，管径分别为32mm和20mm。在污水系统1和2中，设有污水立管WL－1和WL－2，管径为100mm。在废水系统1和2中，设有废水立管FL－1和FL－2，管径为50mm。

为了使图形表达得更清晰，给水管、废水管、污水管等自设图例，如图29－2所示。

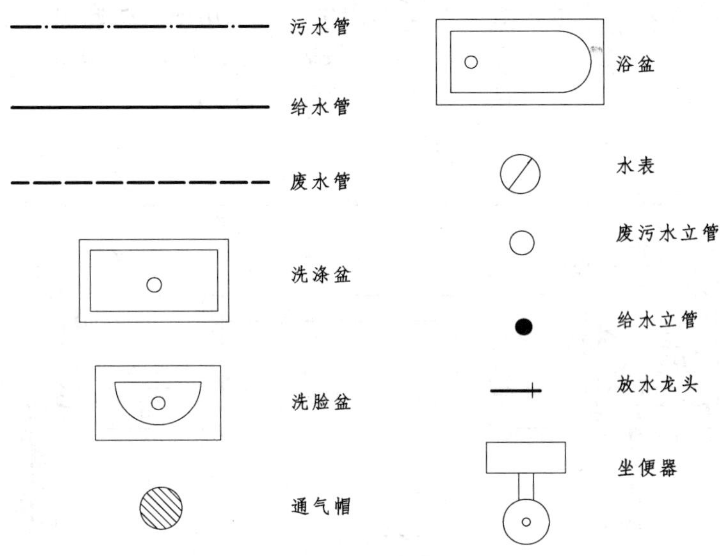

图29－2　图例说明

四、给排水系统图识读

给排水平面图按投影关系表示了管道的平面布置和走向，但输水管道的形体是细长的，在空间往往转折较多，采用多面视图来表达时，显得交叉重叠，不易表达完整清晰。通常将管道画成轴测图，显示其在空间三个方向的延伸，称为给排水系统图。

给排水系统图分为给水系统图和排水系统图，它们是根据各层给排水平面图中卫生设备、管道及竖向标高，用斜等轴测投影方法绘制而成的图形，分别表示给水系统和排水系统的上下、前后和左右的空间位置关系。给排水系统图一般采用和平面图相同的比例。

1. 图示内容和要求

《建筑给水排水制图标准》（GB/T 50106—2010）规定，给水排水轴测图宜按45°正面斜轴测投影法绘制，我国习惯采用正面斜等轴测来绘制轴测图，其轴间角和轴向伸缩系数如图29－3所示。

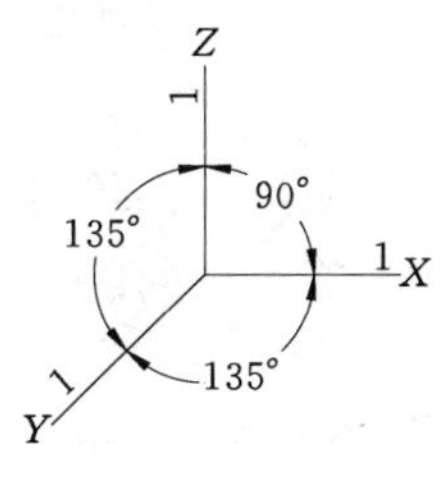

图 29－3　正面斜等轴测图

给排水系统图中每个管道应编号，编号与底层给排水平面图中管道进出口的编号相一致。在管道系统图中的水表、截止阀、放水龙头等，可用图例画出，但不必每层都画，相同布置的各层，只需将其中的一层画完整，其他各层只在立管分支处用折断线表示即可。

为了反映管道和房屋的联系，轴测图中还要画出被管道穿越的墙、地面、楼面、屋面的位置，一般用细实线画出地面和墙面，并画出材料图例线，用一条水平细实线画出楼面和屋面，如图 29－4 所示。

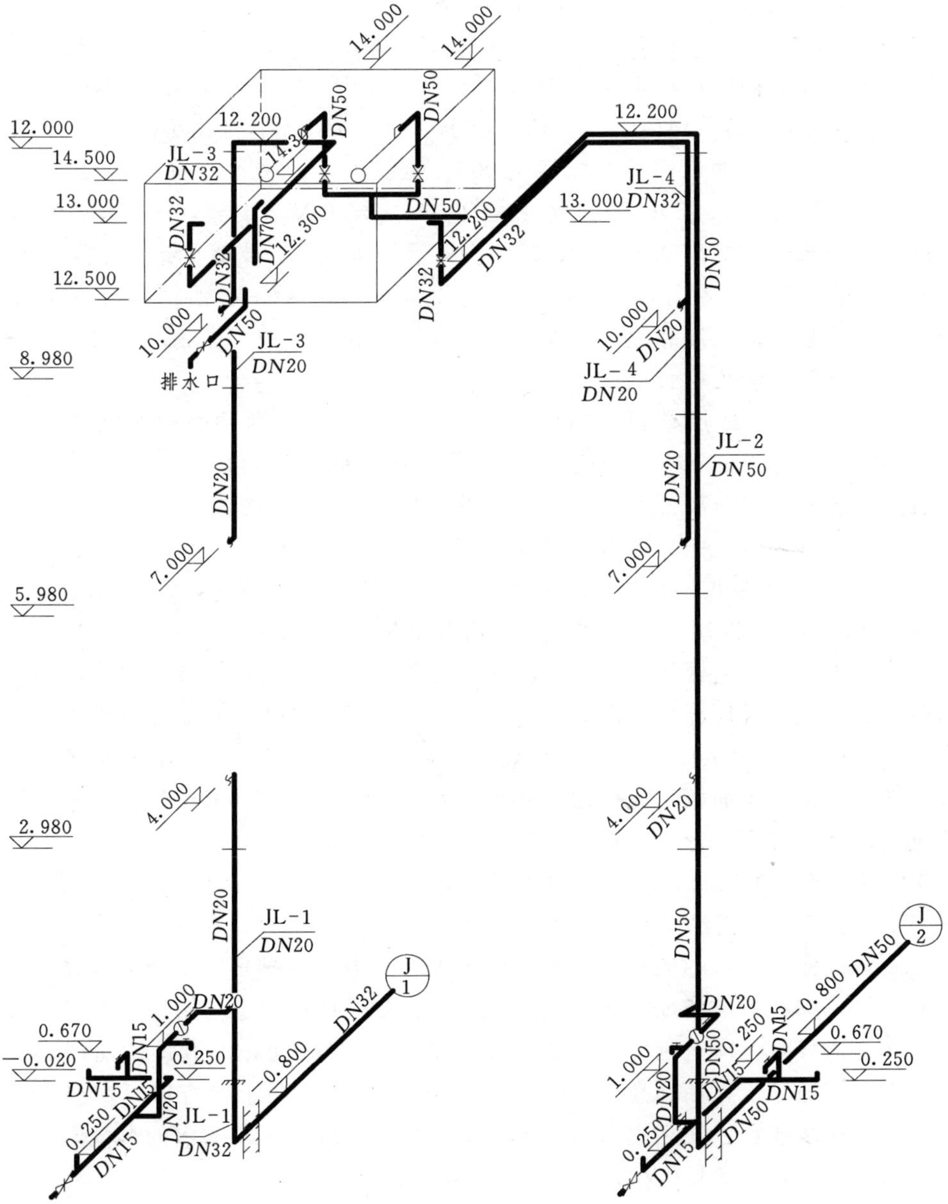

图 29－4　给水系统图

当管道在系统图中交叉时，在交叉处将可见的管道画成连续线，而将不可见的管道画成断开线。

管道的管径一般标注在管道旁边，标注空间不够时，可用引线引出标注，室内给排水管道标注公称直径 DN，管道各管段的管径要逐段注出，当连续几段的管径都相同时，可以仅标注它的始段和末段，中间段可以省略不注。

室内给排水系统图中标注的标高是相对标高，即底层室内主要地面为±0.000m。在给水系统中，标高以管中心为准，一般要注引水管、阀门、放水龙头、卫生设备的连接支管、各层楼地面、屋面、水箱的顶面和底面等处的标高。在排水系统图中，横管的标高以管道内底为准，一般应标注立管上的通气帽、检查口、排出管的起点标高。

2. 系统图识读

图 29-4 为住宅楼底楼给水系统图。给水系统 2 中，2 号给水管（*DN*50）从户外相对标高−0.080m 处穿墙入户后，向上转折成 JL-2（*DN*50），穿出标高为−0.020m 的地面，进入东边底层住户的厨房。在标高 1.000m 处接有 *DN*20 水平支管，接阀门、水表、水龙头后向下，在标高 0.250m 处穿墙进入卫生间，接 *DN*15 支管，向南接洗脸盆上的水龙头，向北折向东后在标高 0.670m 处，接浴盆上的水龙头，支管的最东边接坐便器的给水口。JL-2 继续上行，在标高 2.98m 处穿过二层楼板，在标高为 4.000m 处，接水平支管，为西边二层住户的厨房和卫生间配水。1 号给水管只供应西边底层和二层两户用水，与西边完全相同，读者可自行识读。

JL-2 穿过三层、四层楼板和屋面板，到达屋顶，分东西两路向水箱供水。在标高 12.500m 的水箱底面有一 *DN*50 的竖管向下，向南接阀门后再向下，为一排污口。水箱前壁上方正中，有一 *DN*70 的溢流管，当水箱的浮球阀失去控制时，发生溢流，排出箱内多余积水。水箱西壁上引出 3 号给水立管 JL-3，分别在标高 10.000m 和 7.000m 处接水平支管，为西边四层和三层住户的厨房和卫生间配水。水箱东壁上，向东引 4 号给水立管 JL-4，分别向东边四层和三层住户的厨房和卫生间配水。

图 29-5 为四层住宅楼排水系统图。图中可看出 1 号排污系统有两根排出管，一根直接排出西边底层住户大便器所排出的污水；另一根排出由 WL-1 汇总的西边二、三、四层住户大便器所排出的污水。WL-1 在接了顶层大便器的支管后，作为通气管，向上延伸，穿出四层楼板和屋面板，成为通气孔。污水立管在标高 1.600m 和 7.600m 处各装有一个检查口。2 号排污系统与 1 号排污系统情况基本相同，读者可自行识读。

1 号废水系统的排出管，在西边底层住户的厨房穿墙出户，标高为−1.100m，管径为 *DN*75，西边四户的废水，都汇总到 FL-1 中，然后由 1 号废水排出管排出。图中可看出，排出厨房洗涤盆废水的支管，在各层楼地面的上方，而排出卫生间洗脸盆、地漏和浴盆废水的支管，则在各层楼地板的下方。FL-1 在四层楼面之上与厨房中洗涤盆废水支管连接后，作为通气管，向上延伸出屋面，至标高 12.700m 处，加镀锌铁丝球通气帽。为了便于检查和疏通管道，在标高 1.600m 和 7.600m 处设置两个检查口。在卫生设备的泄口处，要设置存水弯，以便利用弯内存水形成的水封，阻止废水管内的臭气向卫生间或厨房外溢。2 号废水系统与 1 号废水系统情况基本相同。

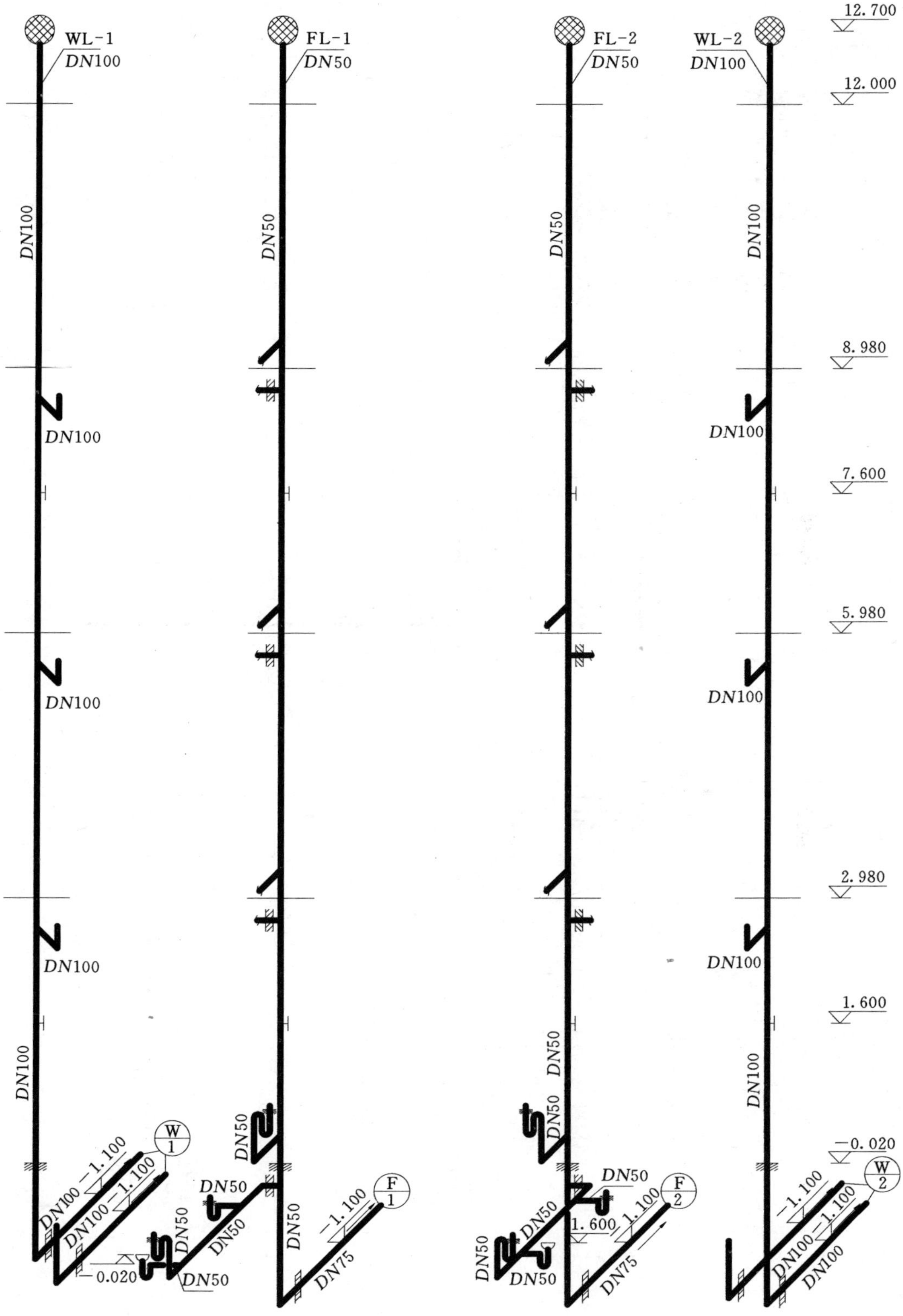

图 29－5　排水系统图

五、实训

1. 实训任务

识读图 29－6 所示室内卫生间给排水施工图。

2. 实训要求

（1）熟悉施工图中各标注代号、数值的含义，掌握卫生间给排水管道、附件的类型及安装方法。

（2）掌握给排水管线设备的位置、材料、数量及大小。

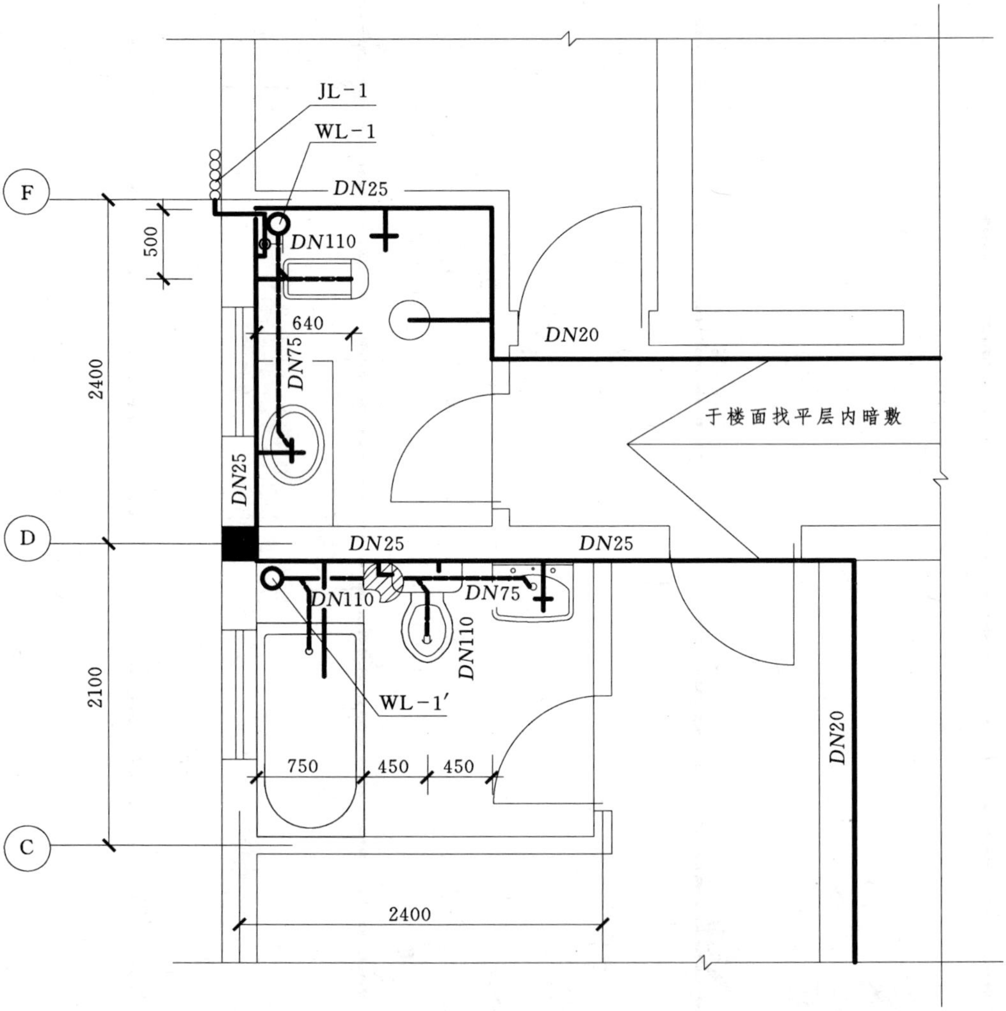

(a)　卫生间给排水平面图

图 29－6（一）　室内卫生间给排水施工图

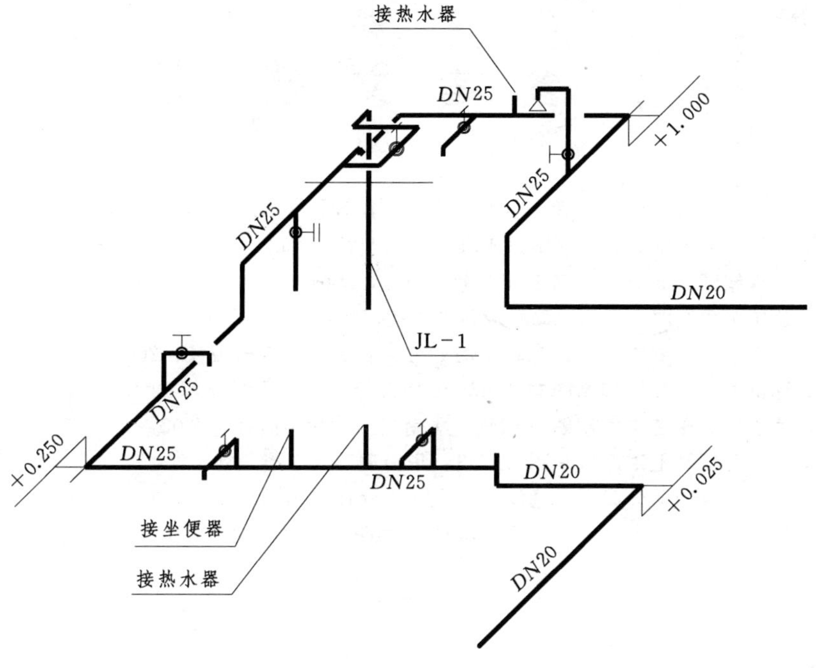

(b)卫生间给水系统图

设备材料图例

序号	名　称	图例	型号及规格
1	排水混凝土管		DN250～DN300
2	UPVC 排水管		DN50～DN200
3	热镀锌钢管		DN50～DN150
4	PP－R 给水管		DN20～DN90
5	蹲式大便器		建设方自定
6	蹲便器自闭式冲洗阀		DN20
7	单管淋浴器		DN15
8	陶瓷芯水嘴		DN15
9	洗脸盆		建设方自定
10	坐便器		建设方自定
11	浴缸		建设方自定
12	不锈钢洗菜池		建设方自定
13	防臭地漏		DN75
14	截止阀		DN50
15	截止阀		DN20
16	闸阀		DN100
17	闸阀		DN70

(c)室内给排水设备图例与型号规格表

图 29－6（二）　室内卫生间给排水施工图

参 考 文 献

[1] 张多峰.AutoCAD建筑制图.郑州：黄河水利出版社，2011.
[2] 张多峰.建筑工程制图.北京：中国水利水电出版社，2007.
[3] 倪化秋.工程制图.北京：中国水利水电出版社，2009.
[4] 杨忠贤.建筑工程制图.郑州：黄河水利出版社，2002.
[5] 何铭新，郎宝敏，陈星铭.建筑工程制图.北京：高等教育出版社，2001.
[6] 关俊良，孙世青.土建工程制图与AutoCAD.北京：科学出版社，2004.
[7] 李国生，黄水生.土建工程制图.广州：华南理工大学出版社，2002.
[8] 黄永生.画法几何及土木建筑制图.广州：华南理工大学出版社，2003.
[9] 乐荷卿.土木建筑制图.武汉：武汉理工大学出版社，2005.
[10] 焦鹏寿.建筑制图.北京：中国电力出版社，2004.

附图一　宿舍楼房屋建筑施工图

建筑设计说明

1. 工程名称

山东水利职业学院日照生活区一期工程E楼。

2. 建筑概况

建筑高度20.60m，建筑东西长66.550m，南北长13.490m，总建筑面积3905m^2。

建筑等级为二级，耐久年限为二级，抗震设计按7度设防。

建筑地上五层半，砖混结构，屋面防水等级为3级，建筑合理使用年限为50年。

设计标高半层室内地面为0高程，室内外高差为0.3m。

3. 设计依据

《民用建筑设计通则》(JGJ 37—87)。

《屋面工程质量验收规范》(GB 50207—2002)。

《民用建筑节能设计规范》(JGJ 26—95)。

《建筑设计防火规范》(GB 50016—2006)。

《住宅建筑设计规范》(GB 50096—1999)。

4. 采用图集

均为山东省通用标准图集。

北
储藏
水表间
电表间
管道井
M2618
M2327
M1018
M1418
C1209
−0.300
−0.100
墙身大样
ϕ100PVC落水管
其余均同
22240
13490
储藏室平面图 1∶100
日照市
建筑设计研究院
资质证书编号 1501291
注册师印章编号 1501291-007
山东水利职业学院日照校区生活区一期工程
储藏室平面图
审定
院审
室(所)审
项目负责人
专业负责人
复核
设计
绘图
图号 E-01
专业 建筑
日期 2003.05
第1张 共16张
建筑专业
结构专业
给排水专业
电气专业
暖通专业

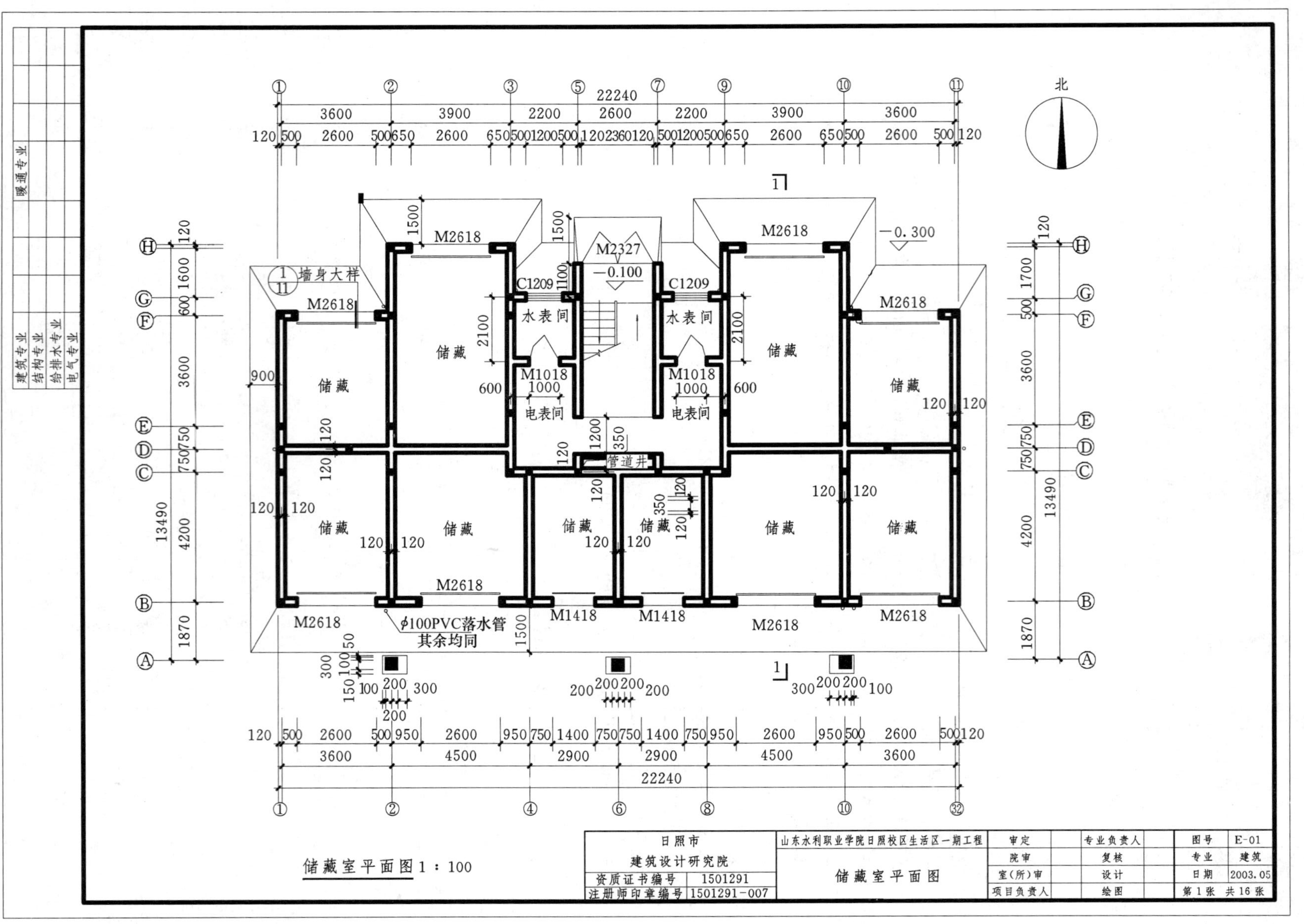

附图一(1)

一层平面图 1∶100
日照市
建筑设计研究院
资质证书编号 1501291
注册师印章编号 1501291-007
山东水利职业学院日照校区生活区一期工程
一层平面图
审定
院审
室(所)审
项目负责人
专业负责人
复核
设计
绘图
图号 E-02
专业 建筑
日期 2003.05
第2张 共16张
建筑专业
结构专业
给排水专业
电气专业
暖通专业
卧室
餐厅
客厅
挂衣柜
储物柜
管道井
空调机座
下
上
C1
C1212
C1418
C1818
LM1
LM2
M1
M0921
M1021
22240
13490

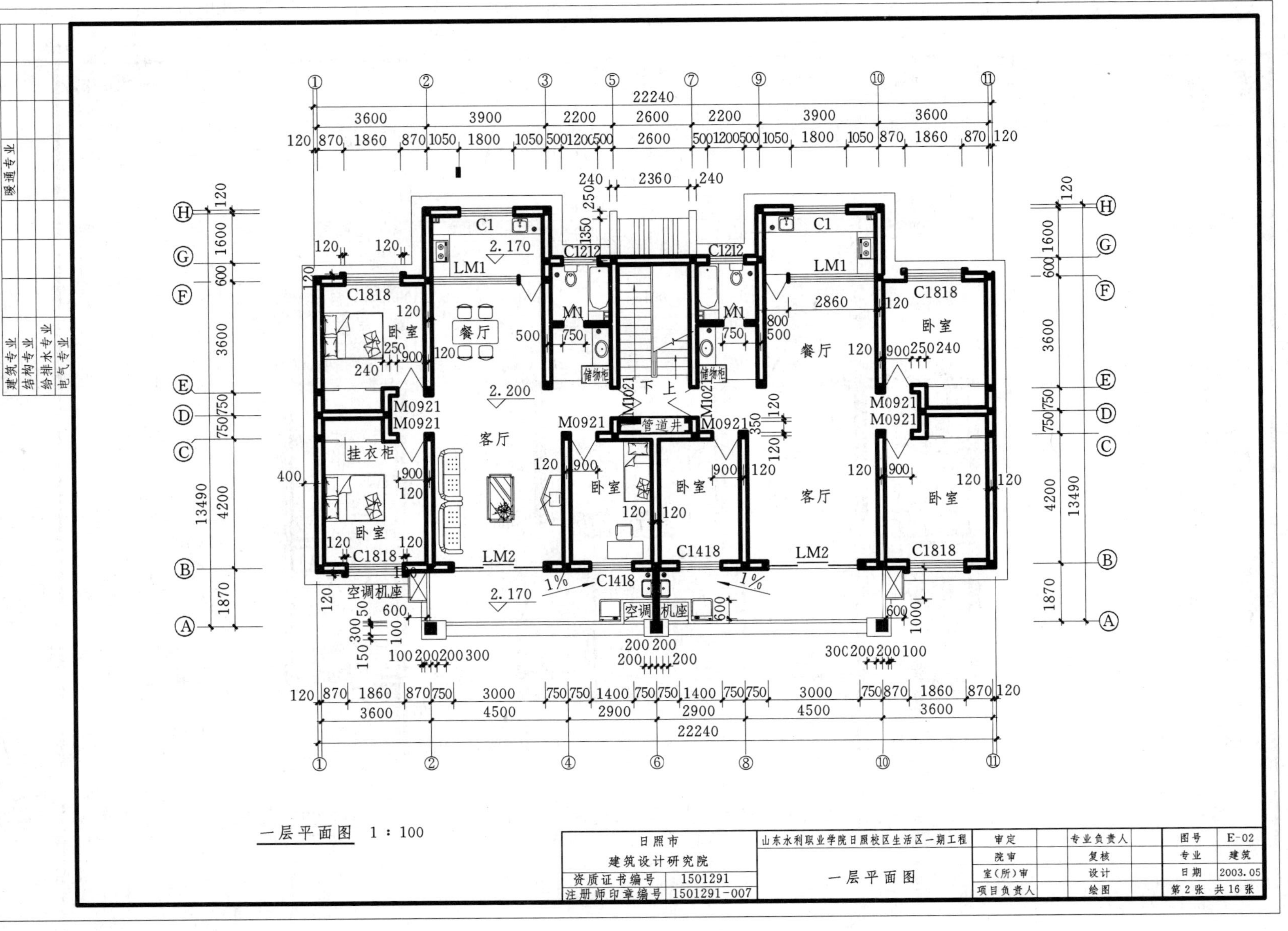

附图一(2)

二一四层平面 1∶100
日照市
建筑设计研究院
资质证书编号 1501291
注册师印章编号 1501291-007
山东水利职业学院日照校区生活区一期工程
二一四层平面
审定
院审
室(所)审
项目负责人
专业负责人
复核
设计
绘图
图号 E-03
专业 建筑
日期 2003.05
第3张 共16张
建筑专业
结构专业
给排水专业
电气专业
暖通专业
卧室
餐厅
客厅
空调机座
挂衣柜
储物柜
管道井
C1
C1212
C1618
C1818
C1418
LM1
LM2
M1
M0921
M1021
22240
13490

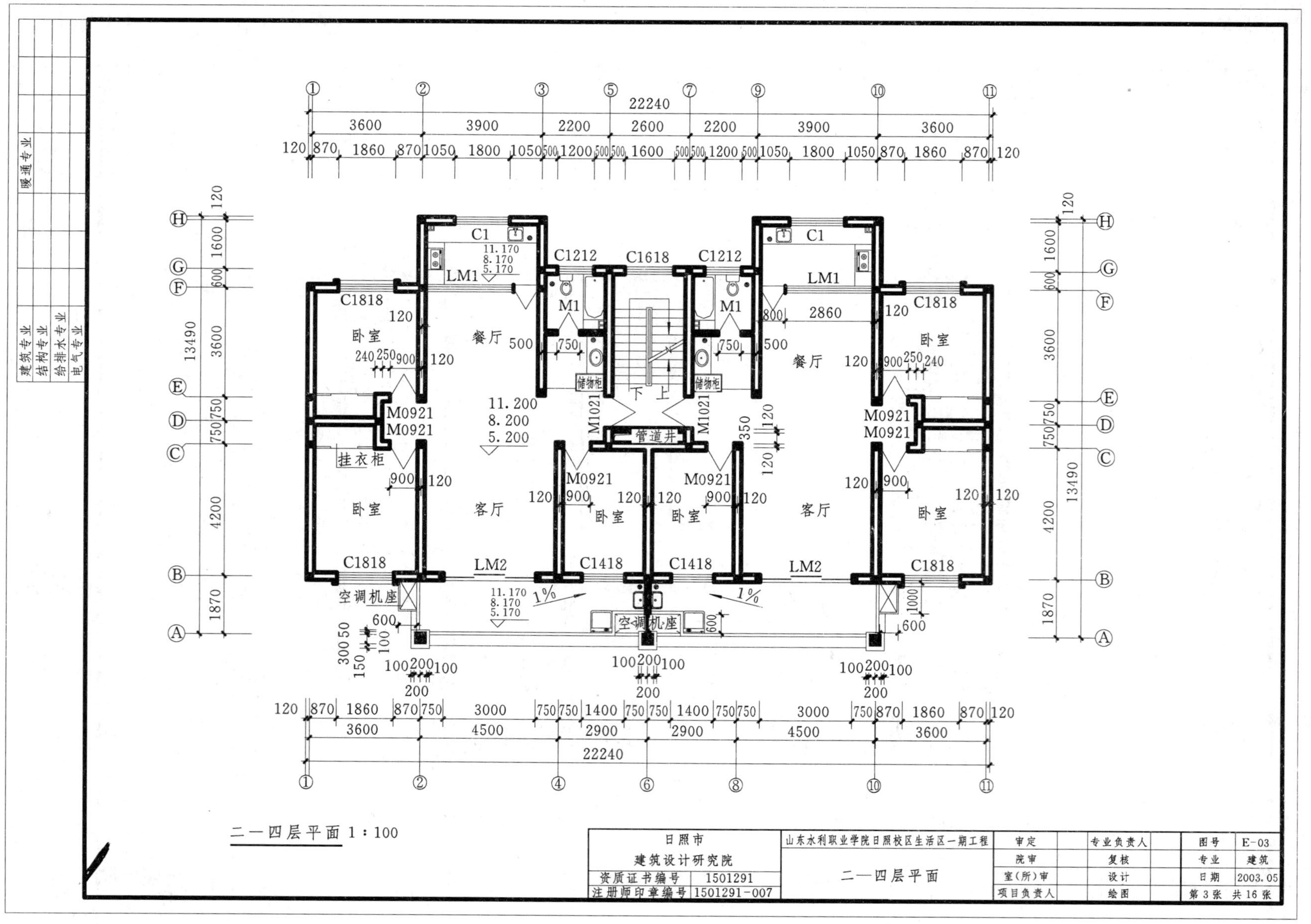

附图一(3)

五层平面图1：100
卧室
餐厅
客厅
储物柜
管道井
挂衣柜
空调机座
14.170
14.200
C1
C1212
C1618
C1818
C1418
LM1
LM2
M1
M0921
M1021
22240
13490
日照市
建筑设计研究院
资质证书编号 1501291
注册师印章编号 1501291-007
山东水利职业学院日照校区生活区一期工程
五层平面图
审定
院审
室(所)审
项目负责人
专业负责人
复核
设计
绘图
图号 E-04
专业 建筑
日期 2003.05
第4张 共16张
建筑专业
结构专业
给排水专业
电气专业
暖通专业

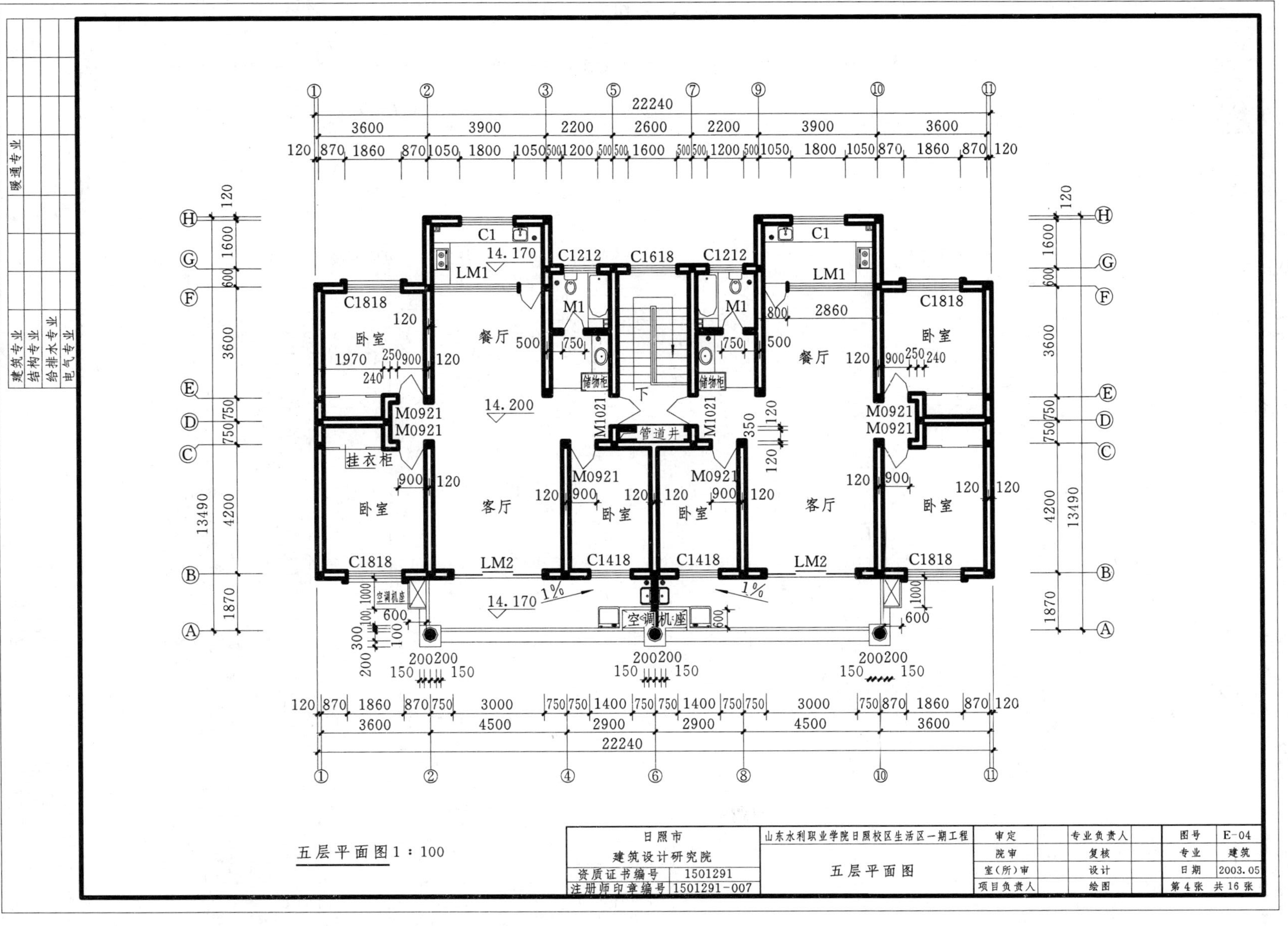

附图一(4)

共用 ϕ100PVC 落水管
其余均同
太阳能
太阳能
太阳能
太阳能
太阳能
2%
1%
23840
13490
屋顶平面图 1:100
日照市
建筑设计研究院
资质证书编号 1501291
注册师印章编号 1501291-007
山东水利职业学院日照校区生活区一期工程
屋顶平面图
审定
院审
室(所)审
项目负责人
专业负责人
复核
设计
绘图
图号 E-05
专业 建筑
日期 2003.05
第5张 共16张
建筑专业
结构专业
给排水专业
电气专业
暖通专业

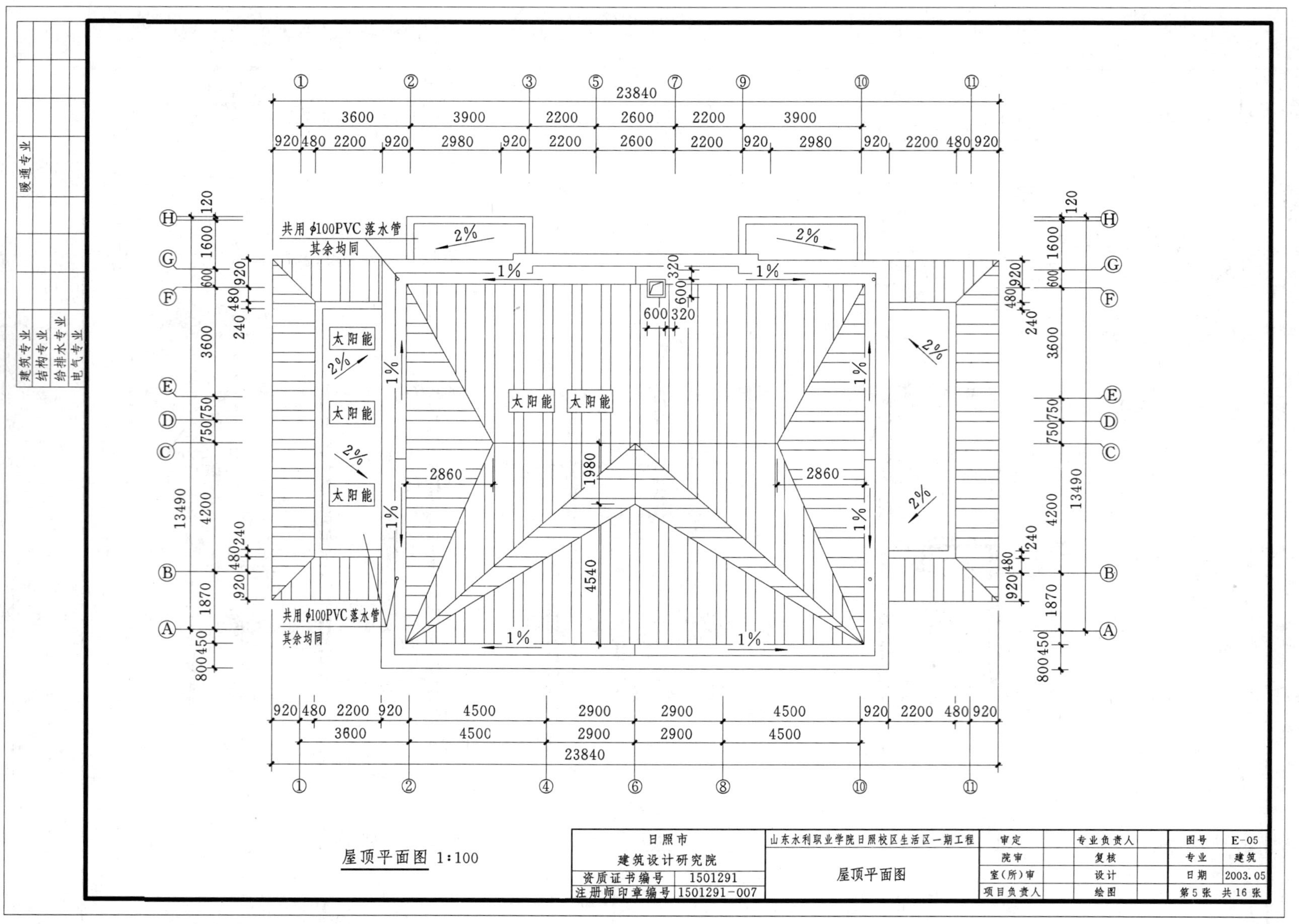

附图一(5)

蓝灰色机制水泥瓦
黄色乳胶漆涂料
白色乳胶漆色带
宽 300
白色乳胶漆涂料
棕色乳胶漆涂料
南立面图 1:100
日照市
建筑设计研究院
资质证书编号 1501291
注册师印章编号 1501291-007
山东水利职业学院日照校区生活区一期工程
南立面图
审定
院审
室(所)审
项目负责人
专业负责人
复核
设计
绘图
图号 E-06
专业 建筑
日期 2003.05
第6张 共16张
建筑专业
结构专业
给排水专业
电气专业
暖通专业

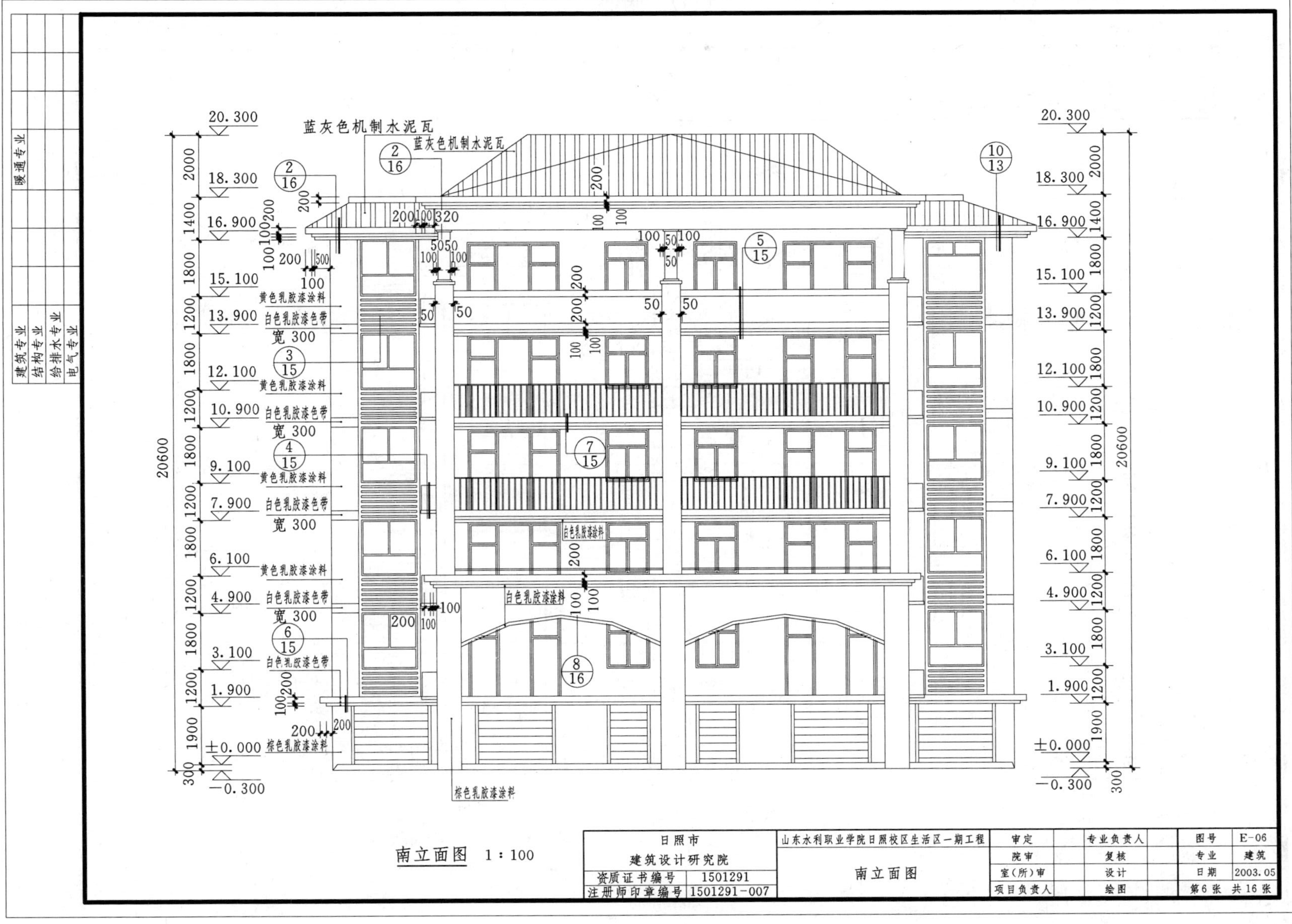

附图一(6)

蓝灰色机制水泥瓦
黄色乳胶漆涂料
白色乳胶漆色带
宽 300
白色乳胶漆涂料
棕色乳胶漆涂料
20.300
18.300
16.900
15.100
13.900
12.100
10.900
9.100
7.900
6.100
4.900
3.100
1.900
±0.000
−0.300
4.600
3.700
2.600
0.900
20600
北立面图 1:100
日照市
建筑设计研究院
资质证书编号 1501291
注册师印章编号 1501291-007
山东水利职业学院日照校区生活区一期工程
北立面图
审定
院审
室(所)审
项目负责人
专业负责人
复核
设计
绘图
图号 E-07
专业 建筑
日期 2003.05
第7张 共16张
建筑专业
结构专业
给排水专业
电气专业
暖通专业

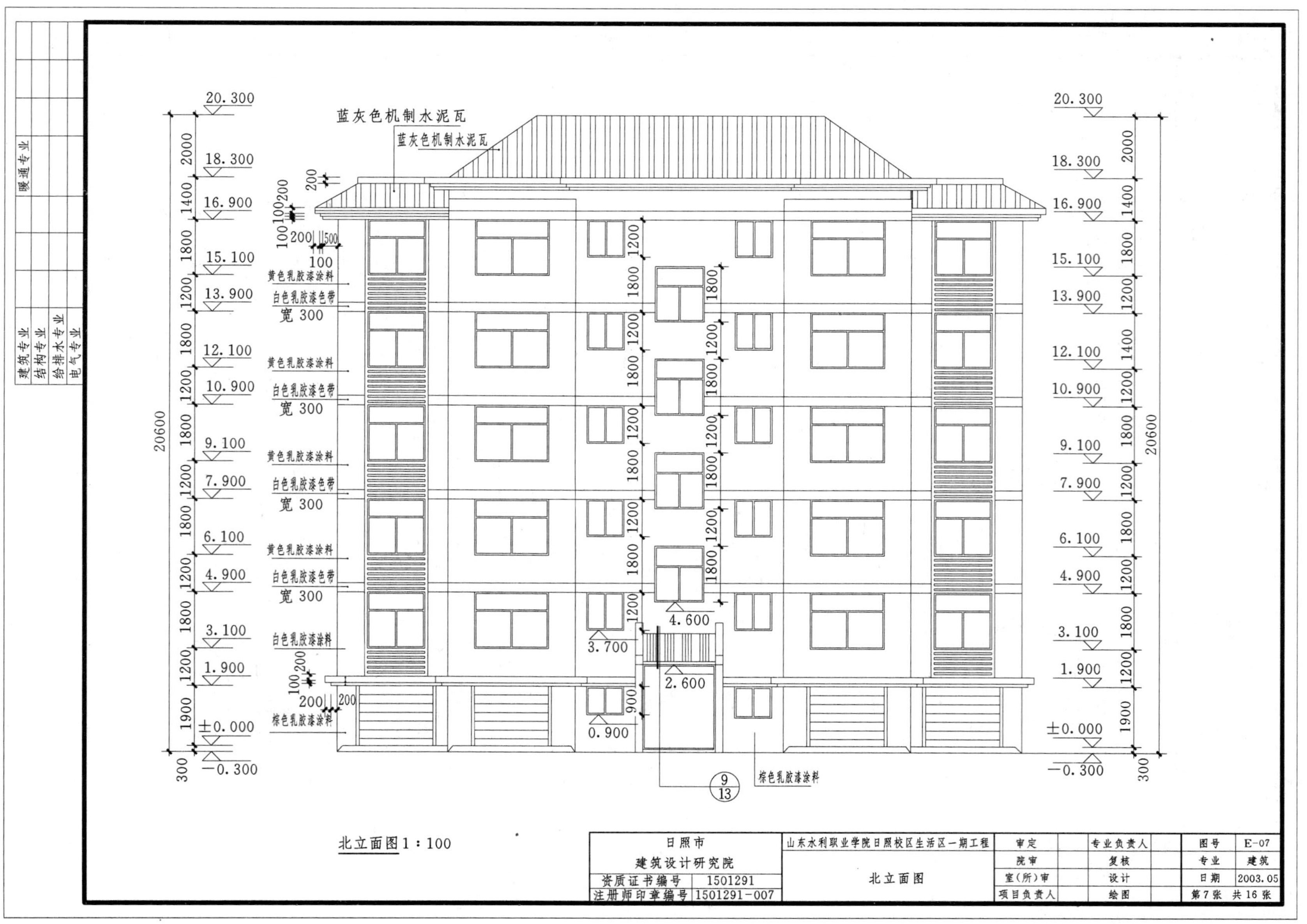

附图一(7)

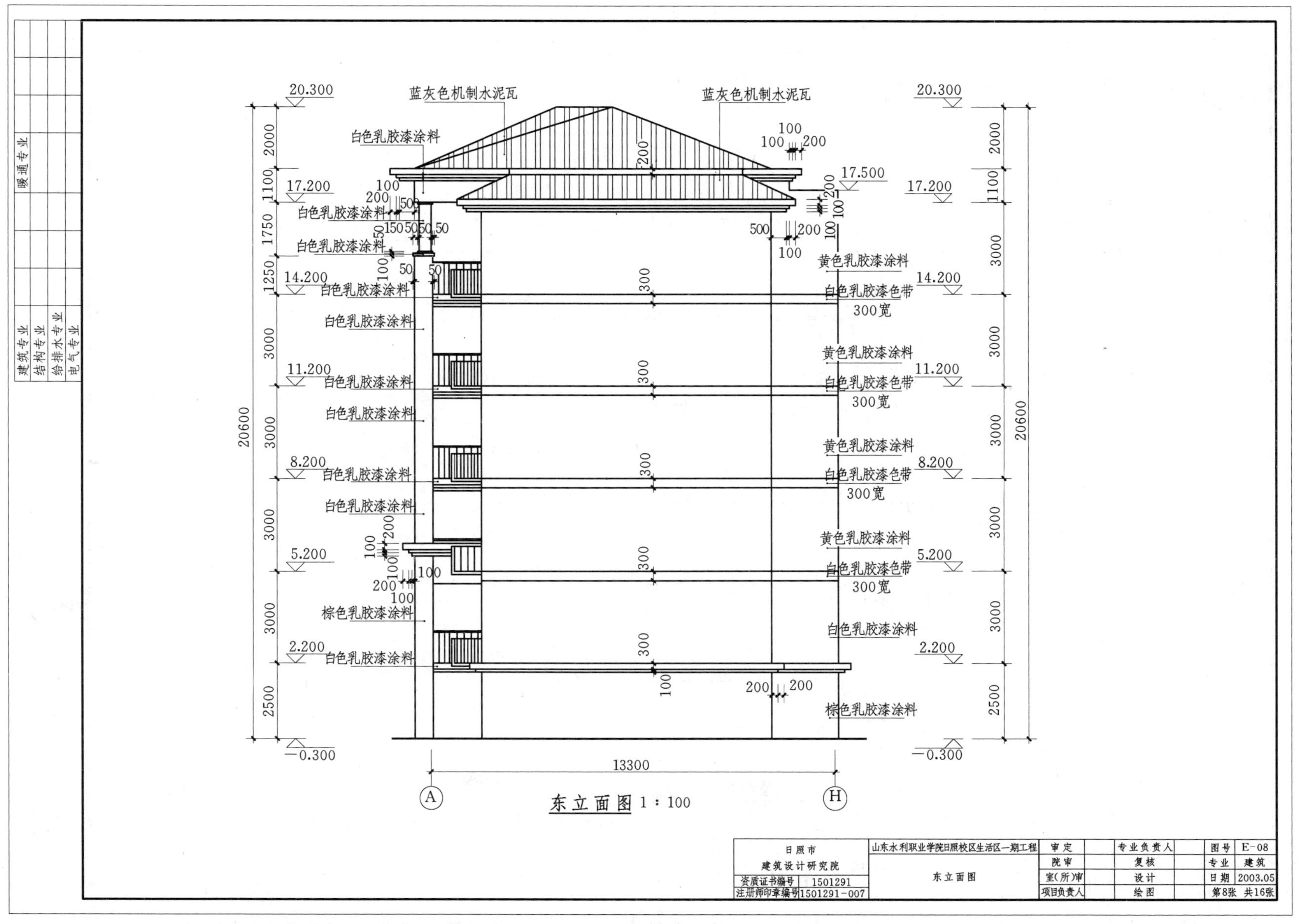

附图一(8)

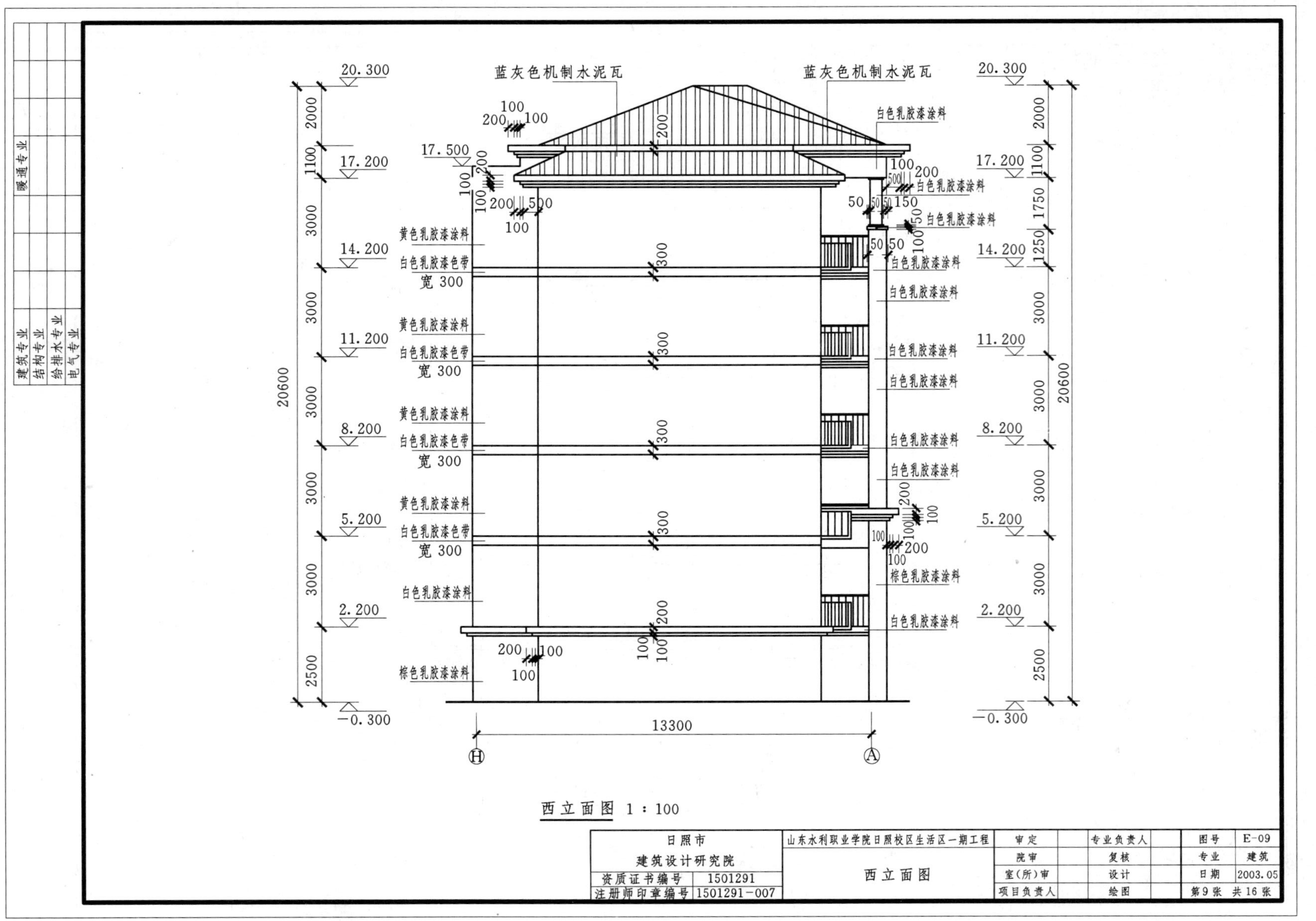

附图一(9)

1—1 剖面图 1：100
20.300
17.500
18.300
17.200
14.200
11.200
8.200
5.200
2.200
±0.000
−0.300
20600
13300
2100
日照市
建筑设计研究院
资质证书编号 1501291
注册师印章编号 1501291-007
山东水利职业学院日照校区生活区一期工程
剖面图
审定
院审
室(所)审
项目负责人
专业负责人
复核
设计
绘图
图号 E-10
专业 建筑
日期 2003.05
第 10 张 共 16 张
建筑专业
结构专业
给排水专业
电气专业
暖通专业

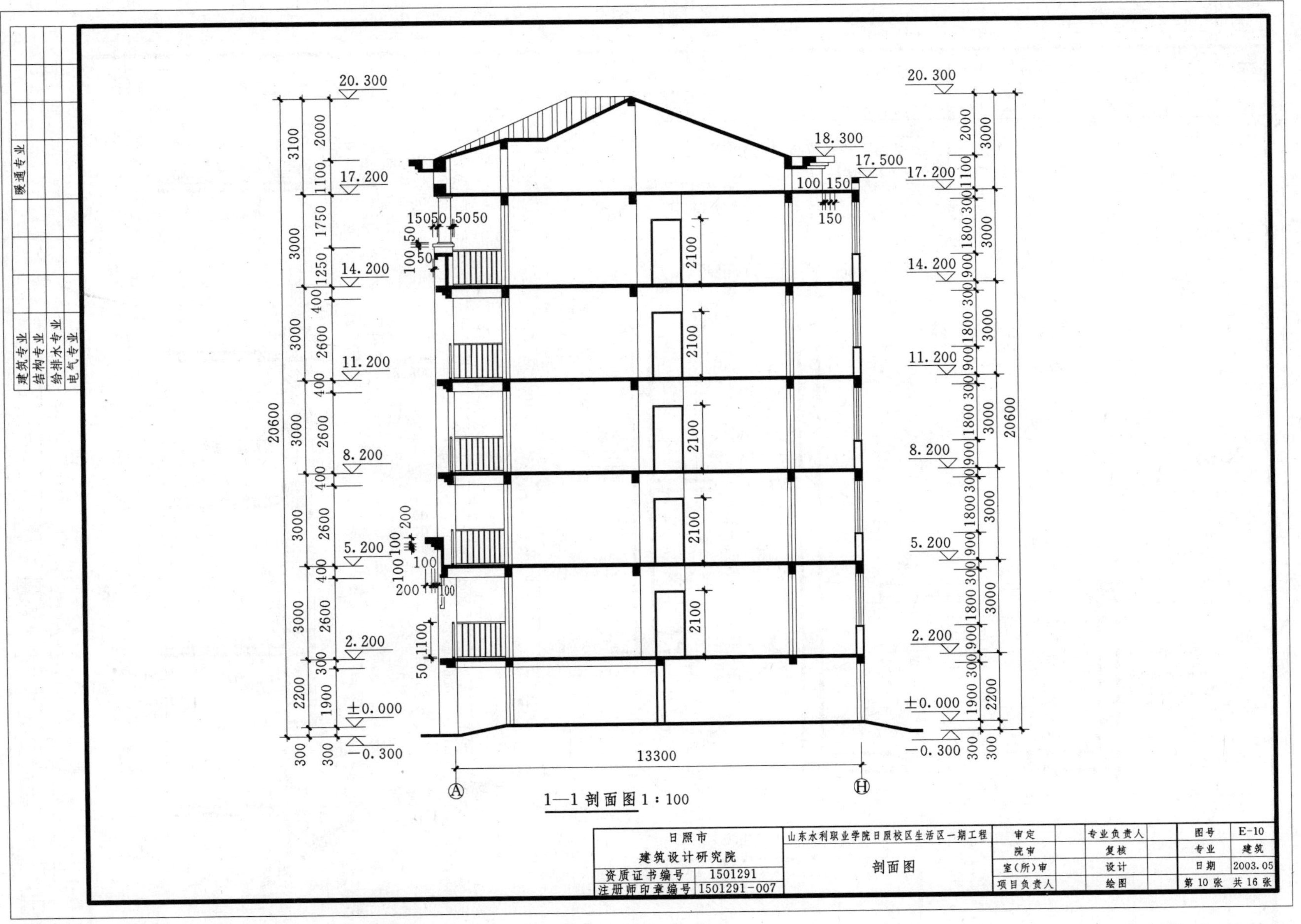

附图一(10)

蓝灰色机制瓦
1:3水泥沙浆找平厚20
TS-C防水卷材
聚苯板
1:3水泥沙浆找平厚20
现浇板
1:3水泥沙浆找平厚20
18.200
17.200
14.200
11.200
8.200
5.200
2.200
±0.000
-0.300
予制水磨石窗台板
详见装饰表
水泥沙浆嵌缝
1/01 墙身大样 1:20
ϕ75 地漏
洗菜盆
铺瓷砖操作台面高 650
宽 500
烟道
煤气灶台
高600宽600
煤气灶
厨房
14.170
11.170
8.170
5.170
2.170
坐便器
浴盆
管道井
排气道
洗脸盆
花岗岩台面
木制储物柜
甲方装修定
1%
厨房、卫生间大样 1:50
日照市
建筑设计研究院
资质证书编号 1501291
注册师印章编号 1501291-007
山东水利职业学院日照校区生活区一期工程
详图
审定
院审
室(所)审
项目负责人
专业负责人
复核
设计
绘图
图号 E-11
专业 建筑
日期 2003.05
第 11 张 共 16 张
建筑专业
结构专业
给排水专业
电气专业
暖通专业

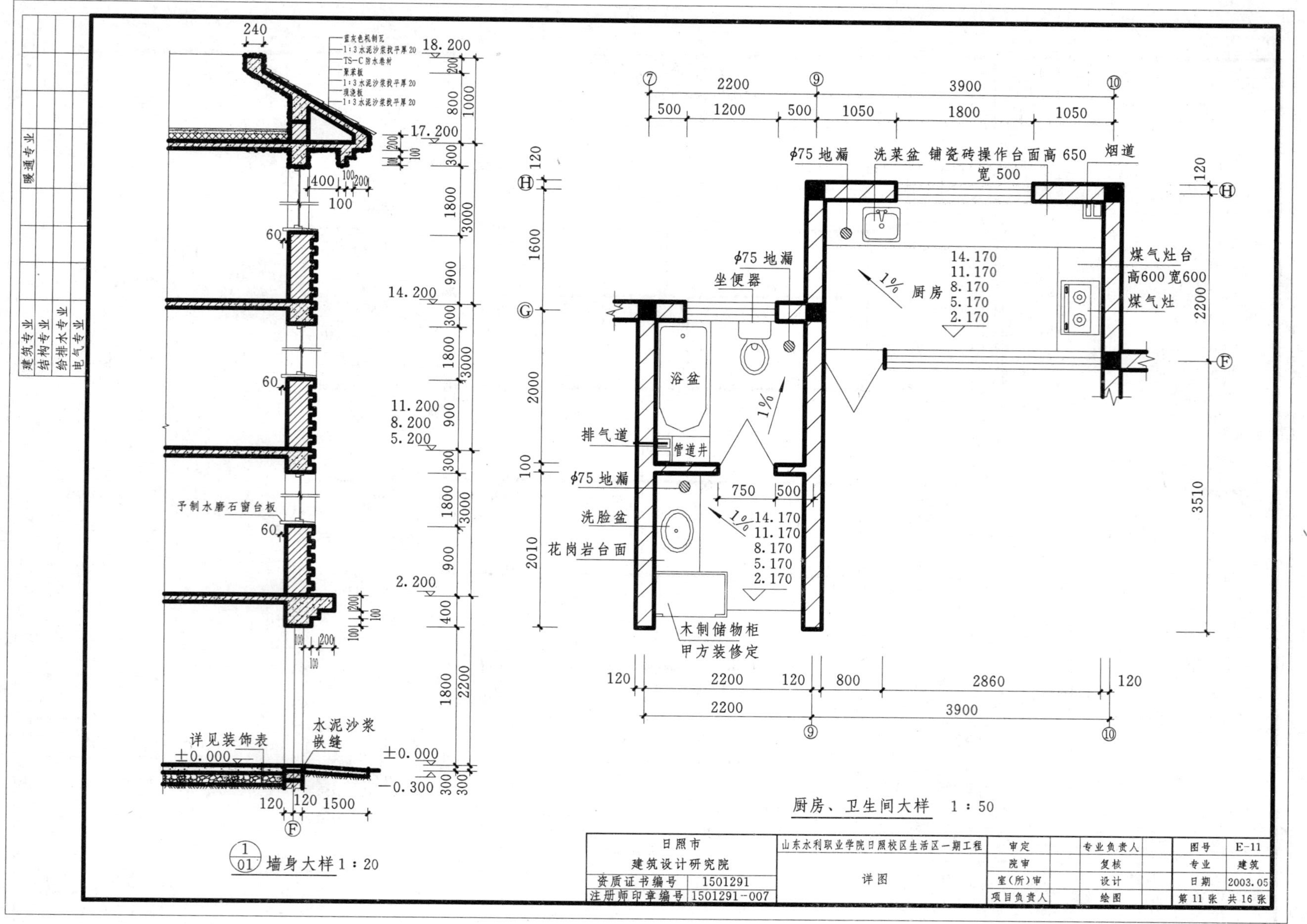

附图一（11）

窗大样1：50
C—C 1：50
1：20
空调机座大样1：20
D—D 1：20
日照市
建筑设计研究院
资质证书编号 1501291
注册师印章编号 1501291-007
山东水利职业学院日照校区生活区一期工程
详图
图号 E-12
专业 建筑
日期 2003.05
第12张 共16张
建筑专业
结构专业
给排水专业
电气专业
暖通专业

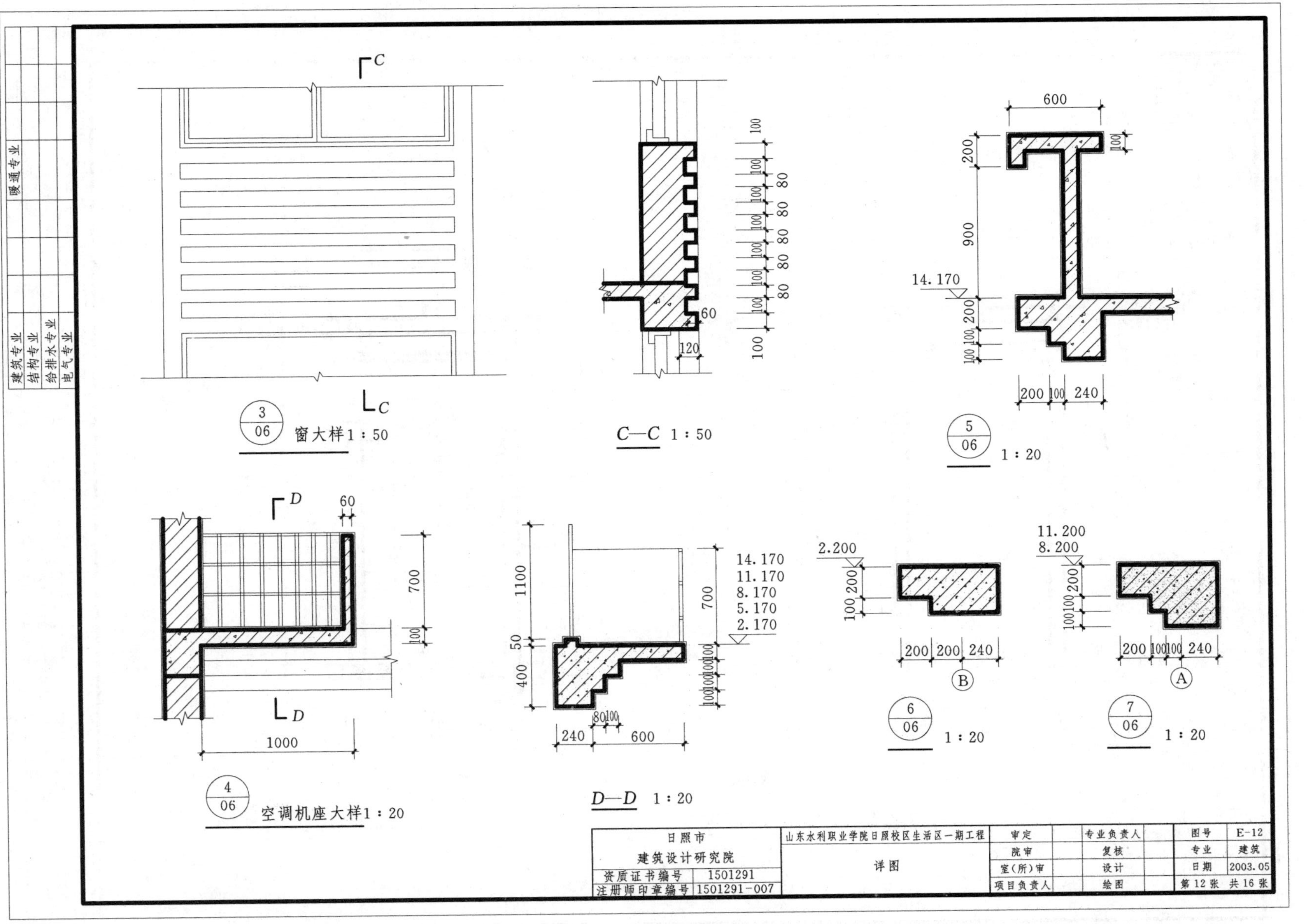

附图一（12）

建筑专业
结构专业
给排水专业
电气专业
暖通专业
2600
120
1150
60
1150
120
1260
9×270=2430
1300
470
5700
9.700
6.700
3.700
11.200
8.200
5.200
下
上
二—四层楼梯平面图 1：50
12.700
14.200
五层楼梯平面图 1：50
日照市
建筑设计研究院
资质证书编号 1501291
注册师印章编号 1501291-007
山东水利职业学院日照校区生活区一期工程
楼梯平面图
审定
院审
室(所)审
项目负责人
专业负责人
复核
设计
绘图
图号 E-13
专业 建筑
日期 2003.05
第13张 共16张

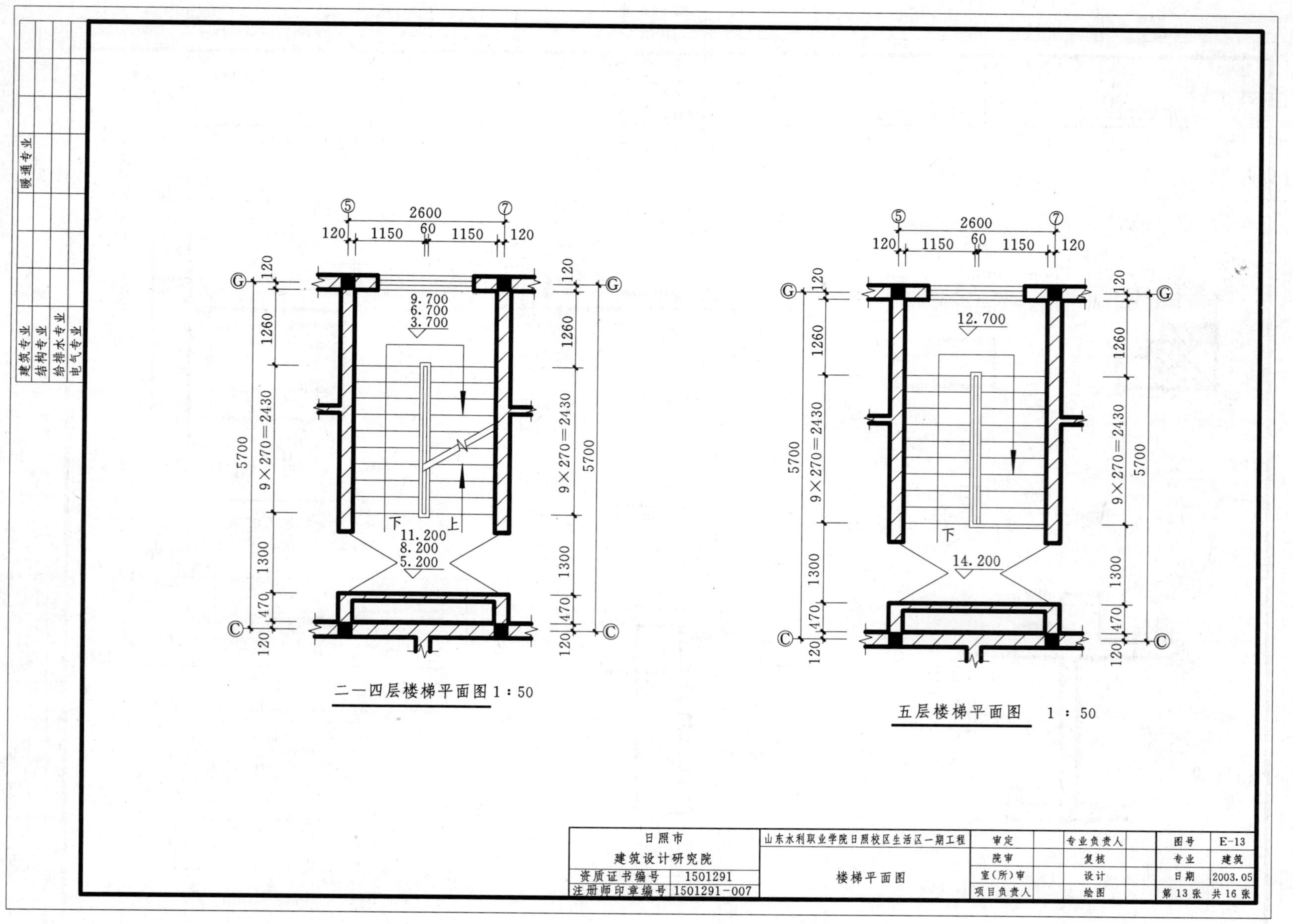

附图一(13)

18.300

南立面 1∶20 (2/06)

18.300

东立面 1∶20 (2/06)

6.100

1∶100 (8/06)

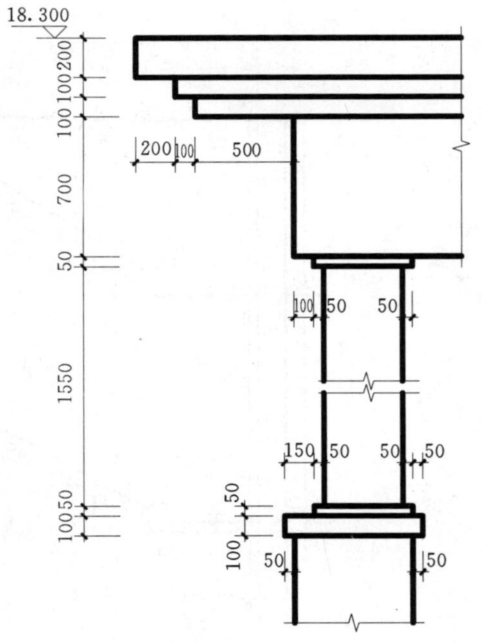

6.100

B—B 1∶50

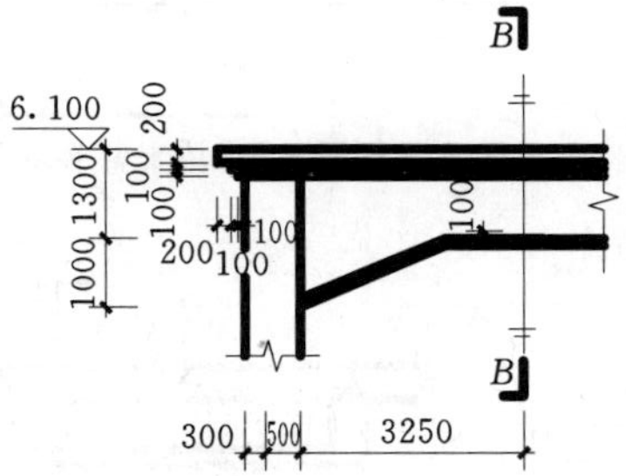

建筑专业	暖通专业
结构专业	
给排水专业	
电气专业	

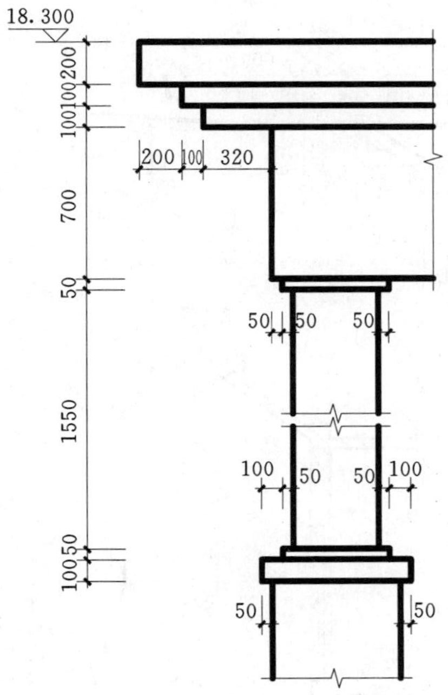

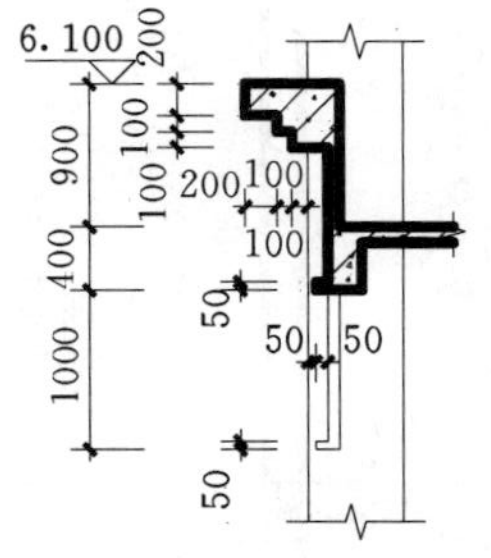

日照市 建筑设计研究院		山东水利职业学院日照校区生活区一期工程	审定		专业负责人		图号	E-14
			院审		复核		专业	建筑
资质证书编号	1501291	详图	室(所)审		设计		日期	2003.05
注册师印章编号	1501291-007		项目负责人		绘图		第14张	共16张

附图一(14)

A—A 剖面图 1:50
储藏室楼梯平面图 1:50
5600
120 1260 9×270=2430 1300 470 120
14.200
12.700
11.200
8.200
5.200
9.700
6.700
3.700
2.600
2.200
−0.100
3000
3000
2300
10×150=1500
14×164=2300
1050
2100
2700
350
690
300
250 250
500 1100 300 13×270=3510 1300 120 350 120
1600 5700
2600
120 1150 60 1150 120
1100 120 980 300 13×270=3510 300 1000 470 120
5700
−0.100
±0.000
上
A
日照市
建筑设计研究院
资质证书编号 1501291
注册师印章编号 1501291-007
山东水利职业学院日照校区生活区一期工程
剖面图
楼梯平面图
审定
院审
室(所)审
项目负责人
专业负责人
复核
设计
绘图
图号 E-15
专业 建筑
日期 2003.05
第15张 共16张
建筑专业
结构专业
给排水专业
电气专业
暖通专业

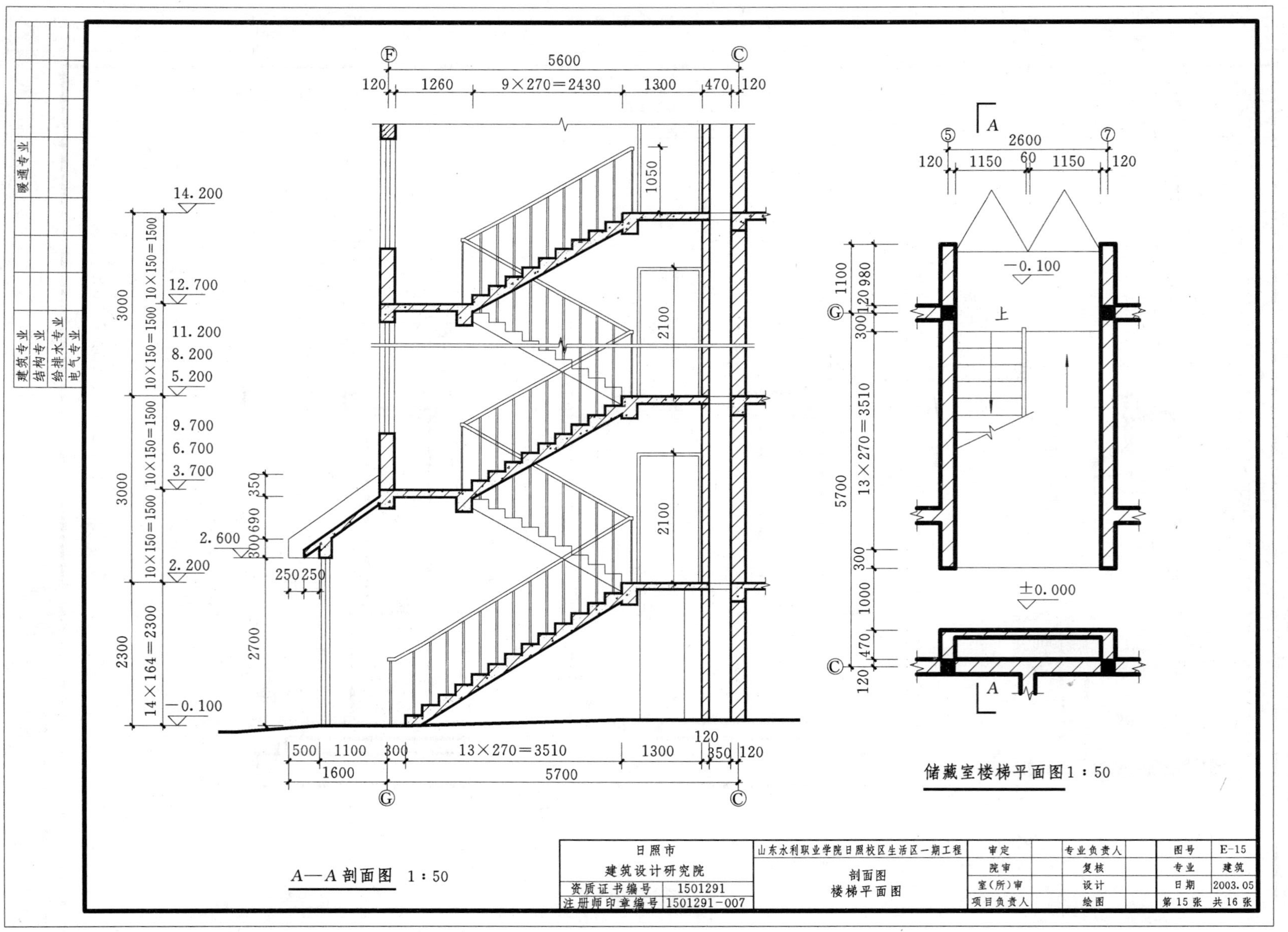

附图一(15)

1400
240
200
800
200
100
100
17.200
200
100
100
400
120
120
B
10
06
1 : 20
350
3.700
690
2.600
300
250
250
200
780
120
500
1100
G
9
07
1 : 20
⑤
2600
⑦
120
1150
60
1150
120
1600
250
1350
300
13×270=3510
5700
1300
470
120
1260
9×270=2430
下
上
2.200
一层楼梯平面图 1 : 50
日照市
建筑设计研究院
资质证书编号 1501291
注册师印章编号 1501291-007
山东水利职业学院日照校区生活区一期工程
楼梯平面图
详图
审定
院审
室(所)审
项目负责人
专业负责人
复核
设计
绘图
图号 E-16
专业 建筑
日期 2003.05
第16张 共16张
建筑专业
结构专业
给排水专业
电气专业
暖通专业

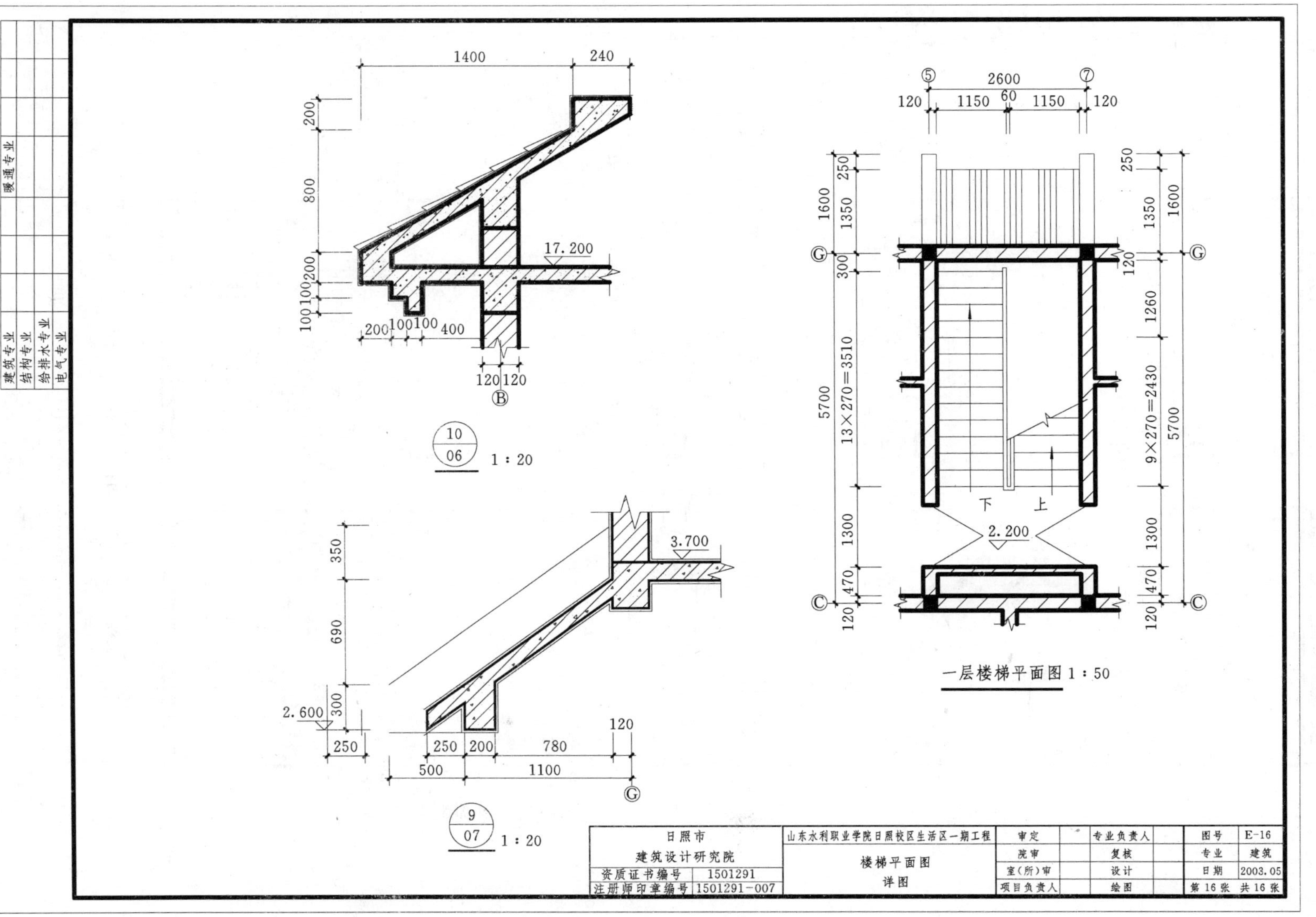

附图一（16）

附图二　梁平法施工图

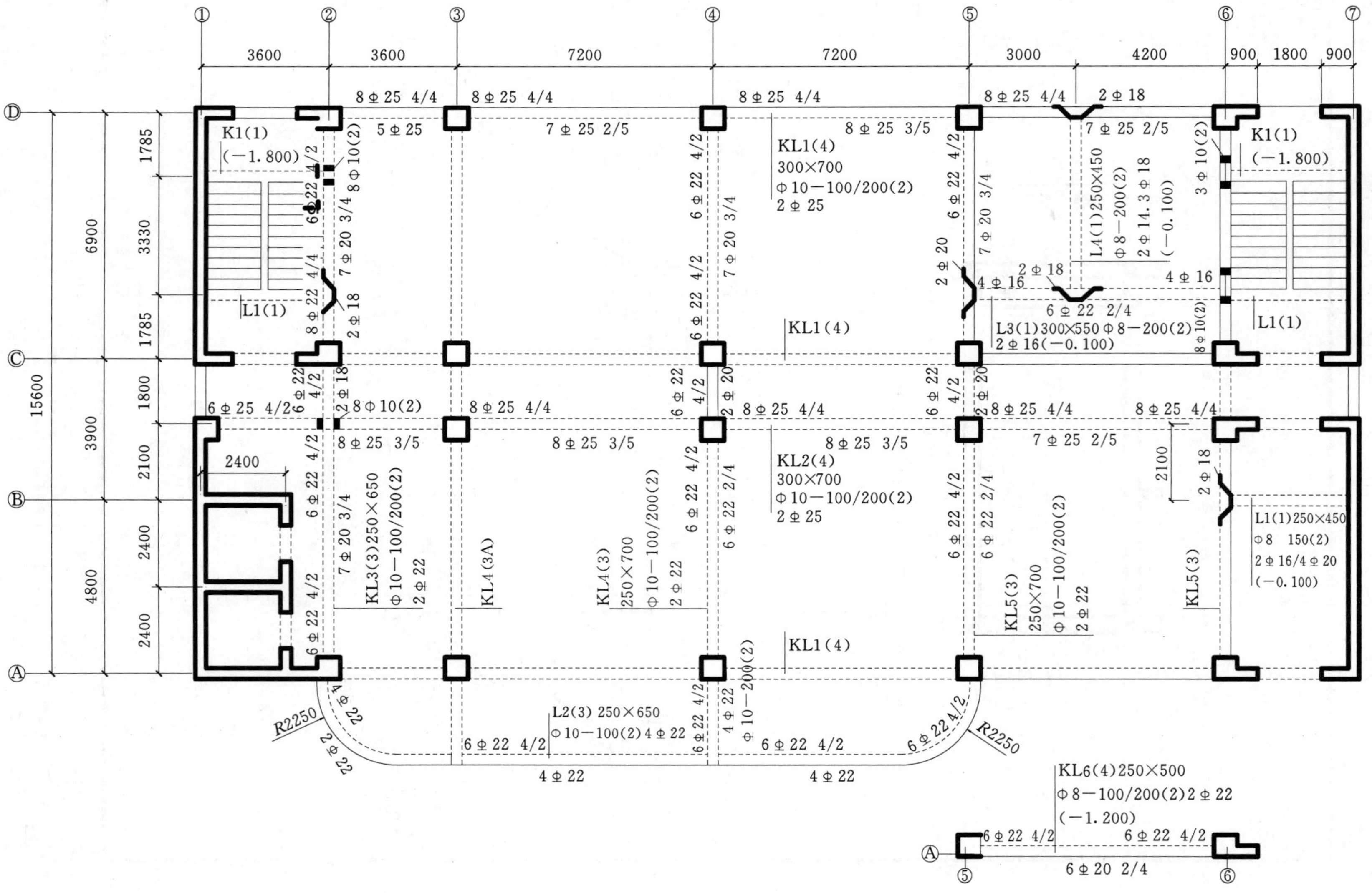

①　②　③　④　⑤　⑥　⑦

3600　3600　7200　7200　3000　4200　900　1800　900

Ⓓ　Ⓒ　Ⓑ　Ⓐ

15600　6900　3900　4800

1785　3330　1785　1800　2100　2400　2400

KL1(4)
300×700
Φ10—100/200(2)
2Φ25

KL2(4)
300×700
Φ10—100/200(2)
2Φ25

KL3(3)250×650
Φ10—100/200(2)
2Φ22

KL4(3)
250×700
Φ10—100/200(2)
2Φ22

KL4(3A)

KL5(3)
250×700
Φ10—100/200(2)
2Φ22

KL6(4)250×500
Φ8—100/200(2)2Φ22
(—1.200)

L1(1)250×450
Φ8　150(2)
2Φ16/4Φ20
(—0.100)

L2(3) 250×650
Φ10—100(2)4Φ22

L3(1)300×550Φ8—200(2)
2Φ16(—0.100)

L4(1)250×450
Φ8—200(2)
2Φ14.3Φ18
(—0.100)

K1(1)
(—1.800)

L1(1)

8Φ25 4/4　5Φ25　7Φ25 2/5　8Φ25 3/5　6Φ22 4/2　7Φ20 3/4　6Φ22 2/4　2Φ18　2Φ20　4Φ16　6Φ22 4/2　6Φ20 2/4　4Φ22　2Φ22　8Φ10(2)　3Φ10(2)　Φ10—200(2)　6Φ25 4/2

R2250　2400　2100

附图三 柱平法施工图

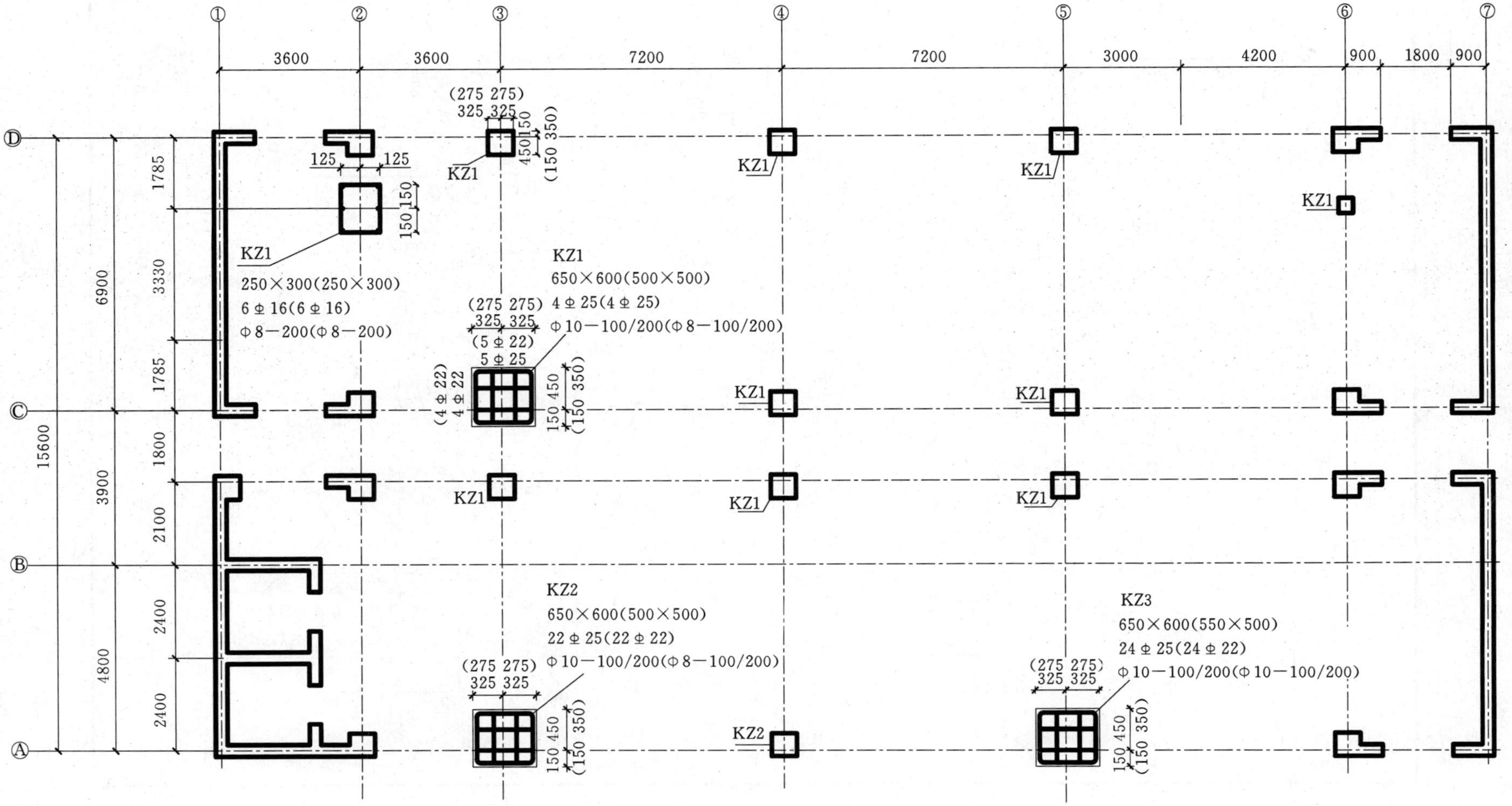

KZ1
250×300(250×300)
6Φ16(6Φ16)
Φ8－200(Φ8－200)

KZ1
650×600(500×500)
4Φ25(4Φ25)
Φ10－100/200(Φ8－100/200)

KZ2
650×600(500×500)
22Φ25(22Φ22)
Φ10－100/200(Φ8－100/200)

KZ3
650×600(550×500)
24Φ25(24Φ22)
Φ10－100/200(Φ10－100/200)

(275 275)
325 325
(5Φ22)
5Φ25
(4Φ22)
4Φ22
150 450
(150 350)
125
125
150 150

① ② ③ ④ ⑤ ⑥ ⑦
3600 3600 7200 7200 3000 4200 900 1800 900

Ⓐ Ⓑ Ⓒ Ⓓ
1785 3330 1785 1800 2100 2400 2400
6900 3900 4800
15600

KZ1 KZ2

附图四　钢 结 构 施 工 图

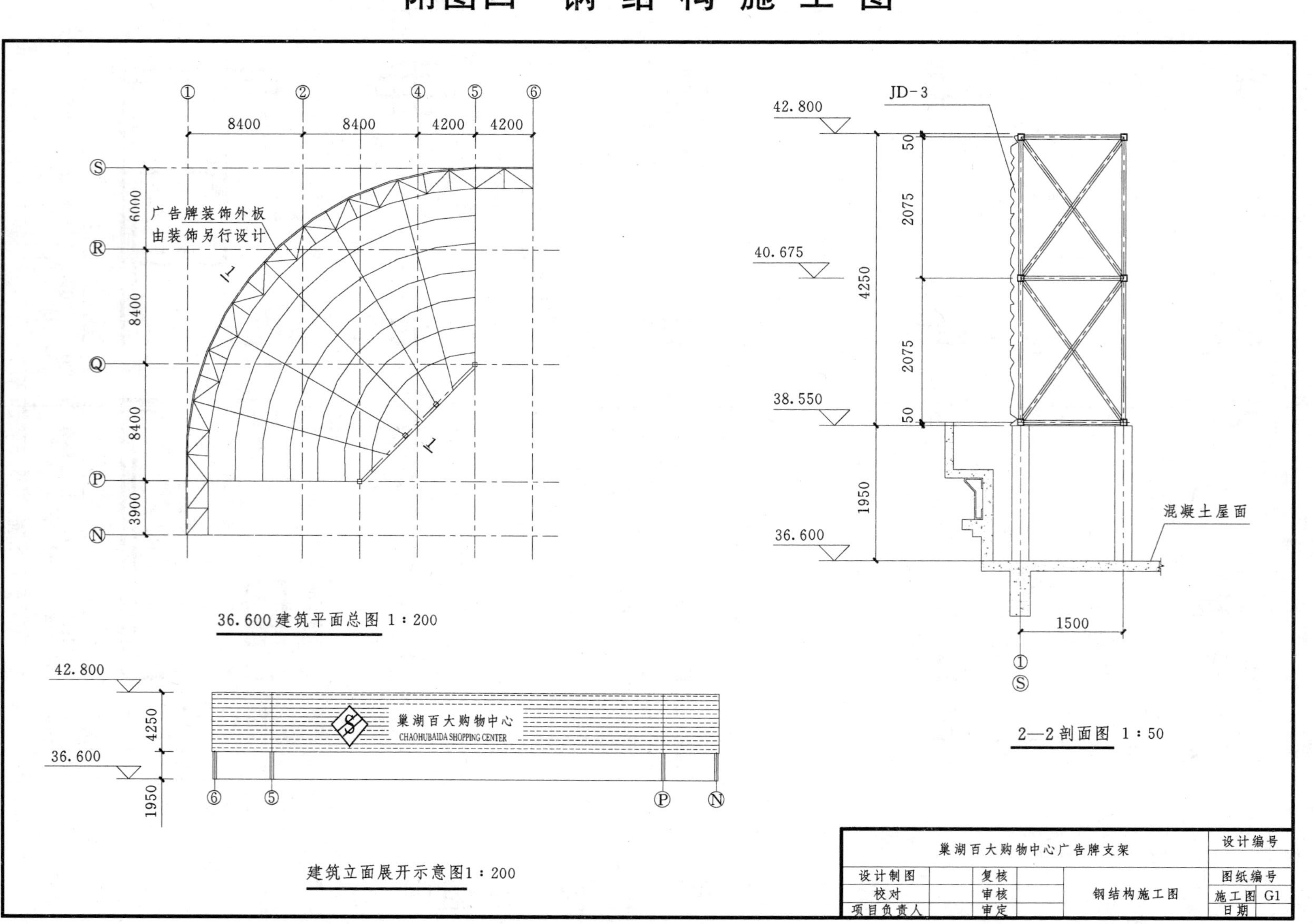

附图四　钢结构施工图(1)

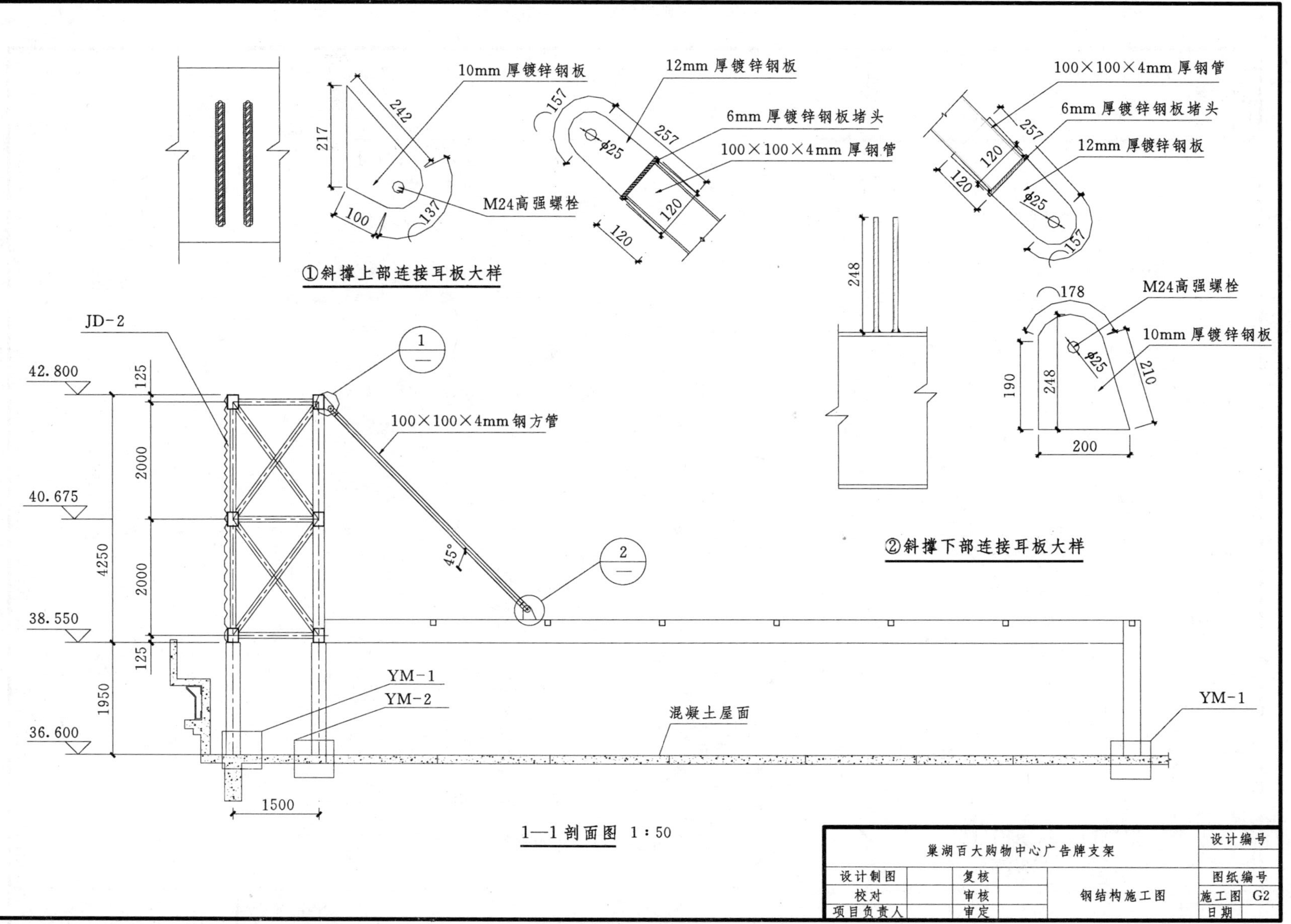

巢湖百大购物中心广告牌支架					设计编号
设计制图		复核		钢结构施工图	图纸编号
校对		审核			施工图 G2
项目负责人		审定			日期

附图四 钢结构施工图(2)

中区36.600预埋件平面布置图1：100
YM-1
YM-2
GL1
YM-1
450×450×16
GZ1
混凝土柱
6M20
化学锚栓
36.600
YM-2
450×300×16
混凝土梁
5M20
说明：
1. 图中预埋件位置需按实际情况核对布置。
2. 图中虚线部分为混凝土梁。
巢湖百大购物中心广告牌支架
钢结构施工图
设计编号
图纸编号
施工图 G3
日期
设计制图
校对
项目负责人
复核
审核
审定

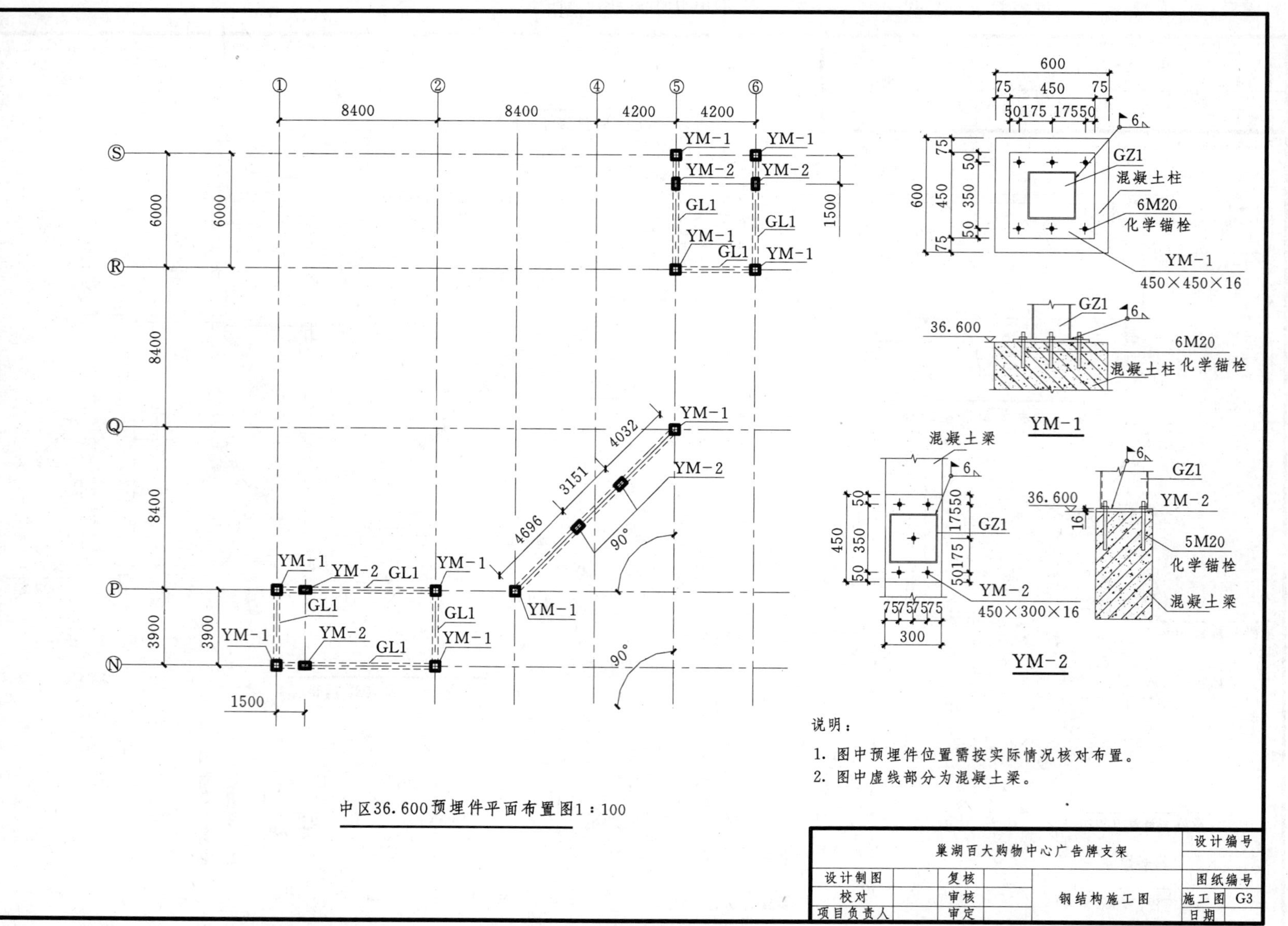

附图四　钢结构施工图(3)

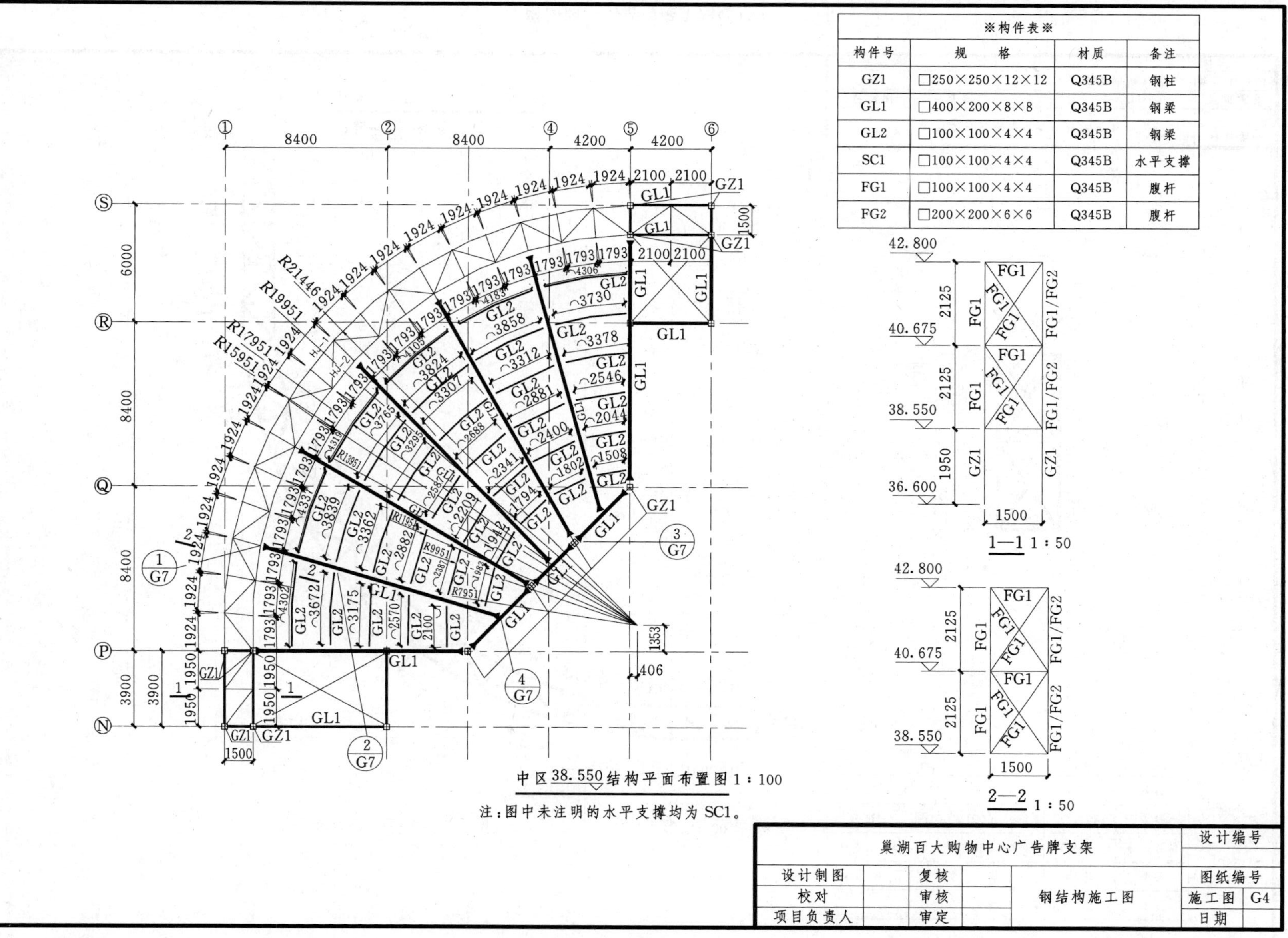

※构件表※

构件号	规格	材质	备注
GZ1	□250×250×12×12	Q345B	钢柱
GL1	□400×200×8×8	Q345B	钢梁
GL2	□100×100×4×4	Q345B	钢梁
SC1	□100×100×4×4	Q345B	水平支撑
FG1	□100×100×4×4	Q345B	腹杆
FG2	□200×200×6×6	Q345B	腹杆

附图四　钢结构施工图(4)

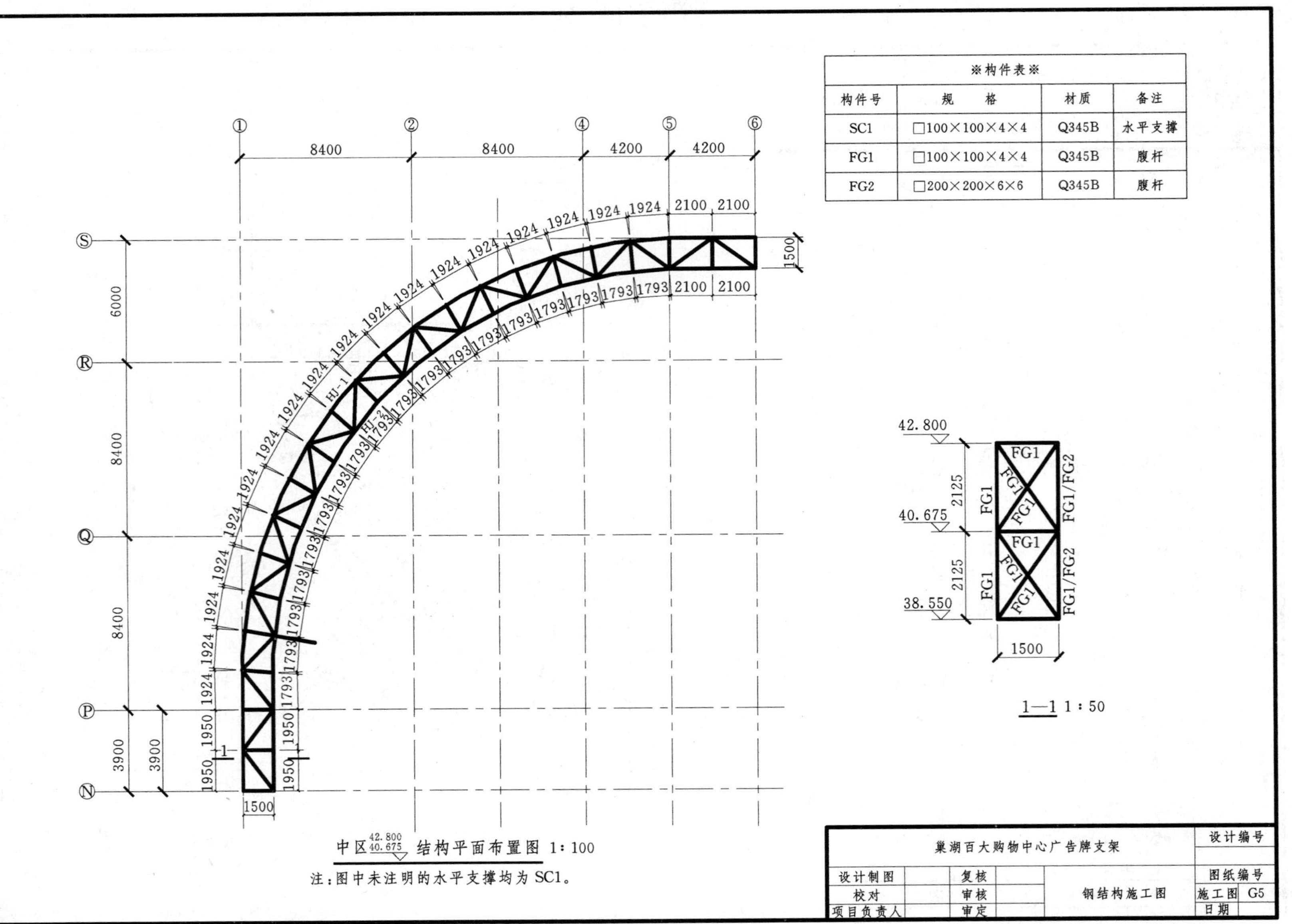

※构件表※

构件号	规　　格	材质	备注
SC1	□100×100×4×4	Q345B	水平支撑
FG1	□100×100×4×4	Q345B	腹杆
FG2	□200×200×6×6	Q345B	腹杆

附图四　钢结构施工图(5)

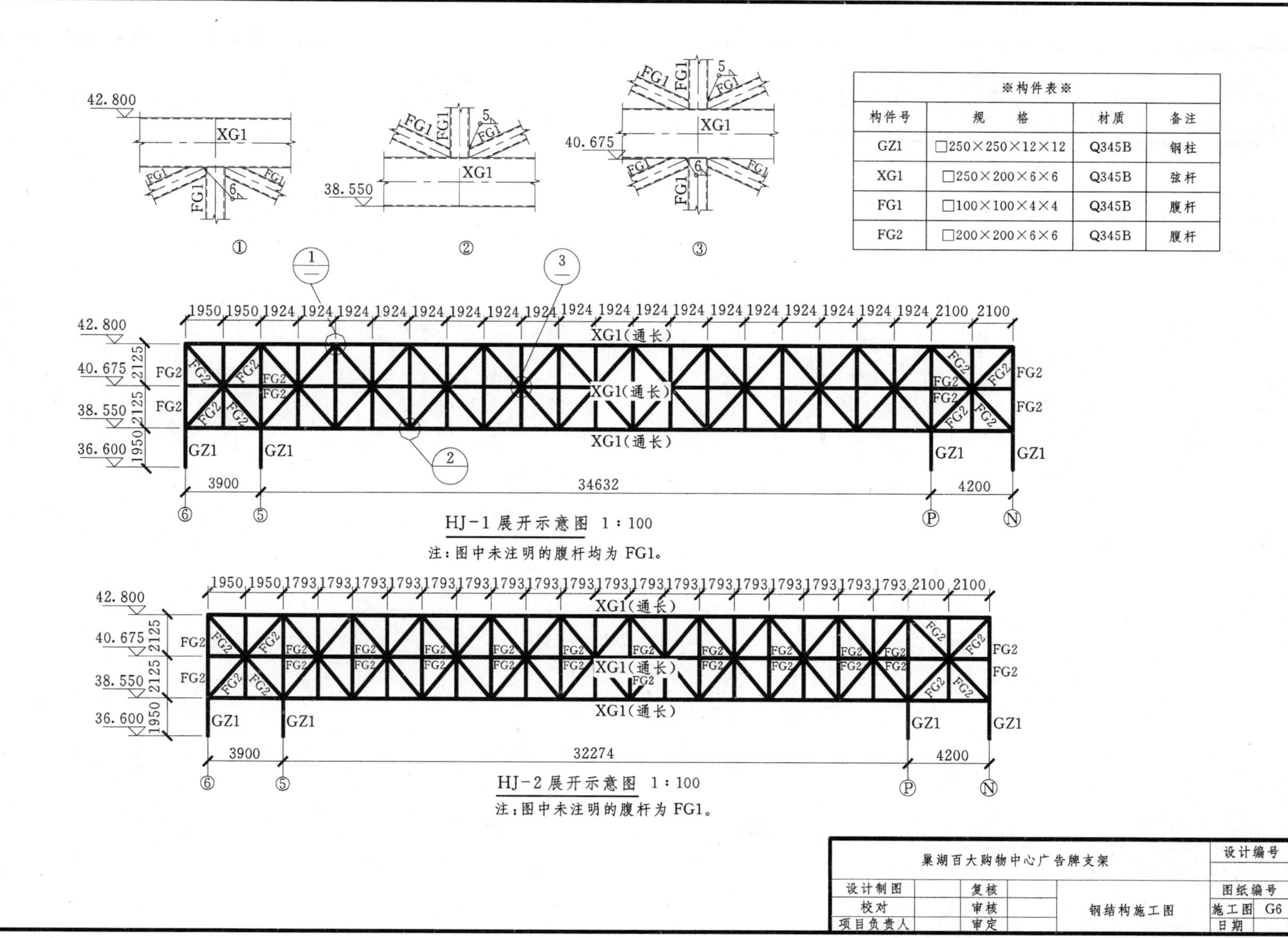

※构件表※			
构件号	规　格	材质	备注
GZ1	□250×250×12×12	Q345B	钢柱
XG1	□250×200×6×6	Q345B	弦杆
FG1	□100×100×4×4	Q345B	腹杆
FG2	□200×200×6×6	Q345B	腹杆

巢湖百大购物中心广告牌支架					设计编号
设计制图		复核		钢结构施工图	图纸编号
校对		审核			施工图 G6
项目负责人		审定			日期

附图四　钢结构施工图(6)

FG2
XG1
GL1
1—1
38.950
38.550
60
—6
余同
2—2
GL2
FL2
3—3
—16封板
4—4
巢湖百大购物中心广告牌
设计编号
设计制图
校对
项目负责人
复核
审核
审定
钢结构施工图
图纸编号
施工图 G7
日期

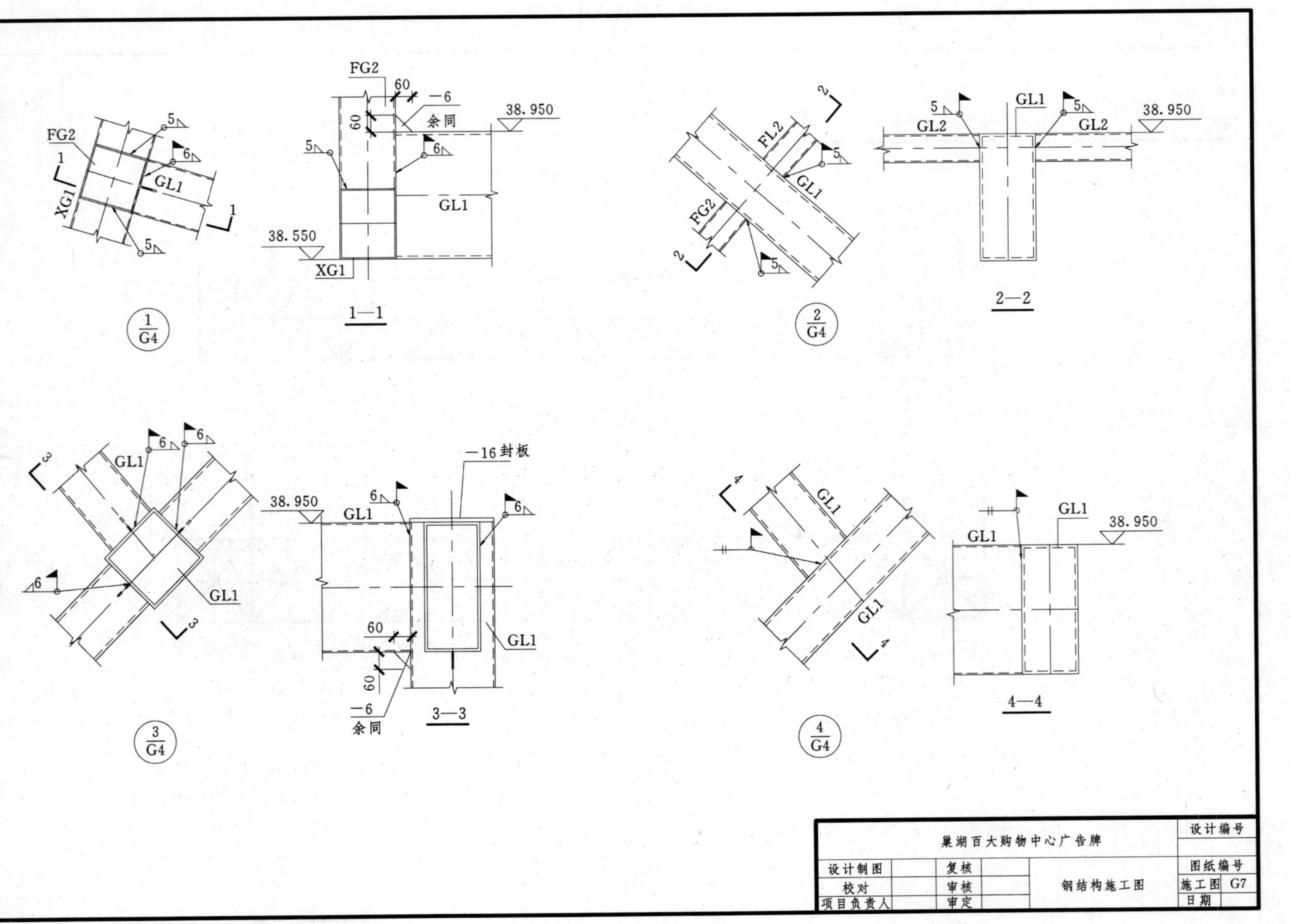

附图四　钢结构施工图(7)